高等学校计算机专业系列教材

# C++程序设计教程

宋存利 张雪松 编著

*Programming in C++*

U0280787

机械工业出版社
CHINA MACHINE PRESS

**图书在版编目（CIP）数据**

C++ 程序设计教程 / 宋存利，张雪松编著 . -- 北京：机械工业出版社，2021.2（2024.6 重印）

（高等学校计算机专业系列教材）

ISBN 978-7-111-67557-0

I . ① C… Ⅱ . ①宋… ②张… Ⅲ . ① C 语言 - 程序设计 - 高等学校 - 教材 Ⅳ . ① TP312.8

中国版本图书馆 CIP 数据核字（2021）第 032415 号

　　本书基于作者多年的授课经验，通过概念结合案例的形式讲解 C++ 相关知识。全书由 13 章构成：第 1～3 章涉及 C++ 程序设计基础，包括标识符、数据类型、表达式、控制结构、名字空间、函数等；第 4～11 章介绍面向对象的程序设计，包括类与对象、运算符重载、继承、多态、模板、字符串、异常处理、输入输出流和文件等；第 12 章阐述 C++ 标准模板库（STL），包括容器、迭代器及各种算法；第 13 章讲解如何利用 C++ 进行综合案例开发。

　　本书可作为高等院校计算机、软件工程及相关专业的本科生教材，也可作为初学者学习 C++ 语言的参考书。

出版发行：机械工业出版社（北京市西城区百万庄大街 22 号 邮政编码：100037）

责任编辑：姚 蕾 游 静　　　　　　　　　责任校对：马荣敏

印　　刷：北京捷迅佳彩印刷有限公司　　　版　　次：2024 年 6 月第 1 版第 2 次印刷

开　　本：185mm×260mm　1/16　　　　　印　　张：21.75

书　　号：ISBN 978-7-111-67557-0　　　　定　　价：59.00 元

客服电话：（010）88361066　88379833　68326294

# 前　　言

面向对象程序设计的核心是设计对象，通过对象交互来解决问题。这种设计理念和方法与现实世界的构成有着密切联系，例如现实世界由各种事物构成，事物之间通过交互来处理各种问题等。对象将数据和对数据进行的操作进行了有效的封装，同时增加了信息隐藏的特性，这使得对象很容易被复用、维护和理解。因此，面向对象程序设计技术更有利于软件的设计与开发，在很长一段时间内是软件开发的一种主流技术。

C++ 是一门面向对象程序设计语言，它兼容 C，在 C 语言的基础上扩展而来，因此它既支持面向过程程序设计，又支持面向对象程序设计。C++ 程序结构灵活、代码简洁、可移植性好，同时安全性好、执行效率高、可兼容性和可扩展性强，因而被广泛应用于各种应用领域和系统软件开发中。

21 世纪是一个集信息化、网络化、智能化于一体的时代。在这个时代，信息处理、网络控制、智能算法研究等都离不开程序设计，因此掌握一门程序设计语言将是中高端人才必备的技能。而编写 C++ 教材也是作者多年的心愿，正是在此背景下，我们编写了本书。

## 本书特点

本书融入了作者多年教授程序设计语言课程的体会和感受，对学生容易弄混或不易理解的地方通过案例、提示、注意等进行反复强调，从而加深学生的理解。同时将程序设计的思路尽量用日常生活中的事件进行解释，避免抽象。对每个知识点，通过提出待解决问题、设计分析、实现、运行结论分析等环节来逐一讲解。书中本着案例不在多和难、贵在精的原则，引导学生抓住问题本质。每章结束都有本章小结来总结所学知识点，并提供习题，习题答案同步提供在网上<sup>⊖</sup>，学生可自行检测学习效果。

## 本书内容

全书由 13 章构成，其中前三章为程序设计基础，是 C 和 C++ 共有的知识部分，没有 C 语言学习经历的学生可通过学习这三章奠定基础。这部分内容包括编程本质、编写程序的思路、面向对象程序概念、标识符、控制结构、数据类型、表达式、名字空间、函数等。

第 4 章到第 11 章为面向对象程序设计部分，这部分内容采用循序渐进的方式逐一展开介绍，重点介绍面向对象概念，包括类与对象、运算符重载、组合与继承、多态、模板、字符串、异常处理、输入输出流和文件等。通过这部分内容的学习，学生应掌握面向对象程序设计的核心思想。

第 12 章为 C++ 标准模板库（STL），包括容器、迭代器以及各种算法，这是一些类模板和函数模板，它们体现了 C++ 泛化程序设计的思想，在 C++ 程序开发中可以直接使用。通

---

过本章内容的学习，希望学生能在学习别人经验的同时，体会泛化程序设计的思想，并思考如何能更好地进行代码复用，从而养成对设计成果积累的习惯，以提高编程效率。

第 13 章为利用 C++ 开发的综合案例，通过旅行商问题、贪吃蛇游戏和学生信息管理系统案例的学习，希望学生能在软件开发中进一步提高问题分析、设计、实现、调试等能力。

## 对学生的学习要求

程序设计实践性较强，因此课后练习非常重要，学生在学习知识点的过程中，建议首先将书中案例在计算机上进行调试，根据理解分析程序运行结果并用程序的实际输出结果验证分析，从而能够读懂程序、理解程序、掌握相关知识点，并能够举一反三，利用掌握的相关知识点完成课后的编程练习。

## 课时安排

根据多年的教学经验，建议学时为 64，其中理论 32 学时、实验 32 学时。编程基础是程序设计的基石，基础不好，将会极大地降低学生的学习兴趣，因此建议前三章内容的教学进度慢一点，反复夯实基础，再开始后面内容的学习。本书同时配有课件和习题答案，如有需要，可到机工网站下载。

本书第 10 章和第 11 章由张雪松编写，其余章节由宋存利编写，全书统稿由宋存利完成。本书在编写过程中，得到了不少专家、学者的指导，同时也参考了学生学习程序设计语言课程的一些想法，在此对他们表示感谢。由于时间匆忙，书中难免有表述不当之处，欢迎您对书中内容提出批评和修改建议，我们将不胜感激。如需回函，请务必写明您的电子邮件地址。作者联系方式如下。

E-mail：scunli@163.com

微信号：scunli1975

作　者

2020 年 10 月于大连交通大学

# 目 录

# 第 1 章　程序设计概述

编写程序的目的就是利用计算机强大的数据处理能力来帮助人们处理数据，以便得出想要的数据结果或辅助人们进行决策。目前程序设计技术主要有两种。一种是面向过程的程序设计技术，代表性的程序设计语言有 C、PASCAL、BASIC 等；另一种是面向对象的程序设计技术，代表性的程序设计语言有 C++、JAVA、C# 等。面向对象程序设计技术利用对象来模拟客观世界中的事物，使得程序与客观世界具有很大的相似性，因此降低了软件设计开发的难度，同时由于面向对象的程序具有封装、继承、信息隐藏、多态等特性，提高了程序的可复用性和可维护性。这些特性使得面向对象程序设计技术非常适合大型、复杂软件的设计与开发。

本章主要介绍 C++ 程序设计语言的发展历史，面向对象程序设计的概念、特点及其优势和构成，并介绍第一个 C++ 程序。

## 1.1　程序设计的基本概念

计算机程序：计算机能够识别和执行的一组计算机指令。

计算机指令：计算机能够识别的命令。

计算机指令系统：一台计算机硬件系统能够识别的所有指令的集合构成该计算机的指令系统。

要让计算机辅助人类进行各种数据处理，就需要向其发布指令以指挥其工作，这就需要利用计算机指令来编写程序。

由于计算机硬件只能识别 0 和 1，因此计算机指令系统的每条指令均是由 0 和 1 构成的二进制信息，这样的指令集构成了**机器语言**（第一代编程语言）。用机器语言编写的程序可直接被 CPU 识别和执行，因此程序的执行效率高。但这样的程序很难被程序员读懂、维护困难且不容易被移植到别的计算机上去执行（不同的计算机指令系统有可能不同），而且机器语言也很难掌握。

**汇编语言**（第二代编程语言）将机器指令用一组容易记忆和理解的助记符表示，如用 ADD 代表数字逻辑上的加法、用 MOV 代表数据传递等。使用汇编语言编写程序在一定程度上更容易了，但程序员仍需要考虑大量的机器硬件环境，程序的可移植性较差。

**高级语言**（第三代编程语言）的出现是计算机编程语言的一大进步，它屏蔽了机器硬件的具体细节，使程序设计语言更接近人类的自然语言，因此易于学习、理解和维护，程序的可移植性也容易得到保证。高级语言由于采用类自然语言编写程序，因此需要编译器或解释器将其翻译成对应计算机的机器语言才能执行，这就是编译或解释过程。按照程序设计思想的不同，高级语言又分为面向过程的程序设计语言和面向对象的程序设计语言。面向过程的程序设计语言以问题处理的操作步骤为研究重点，每个操作采用函数或过程来实现；面向对象的程序设计语言以对象为程序设计的核心，通过对象之间的通信来解决问题。20 世纪 80 年代后，面向对象程序设计逐渐成为一种主流的程序设计技术。

### 1.1.1　面向对象的基本概念

面向对象程序设计（Object Oriented Programming，OOP）是一种程序设计思想，它的设计出发点是描述客观世界存在的事物以及事物之间的关系，通过事物之间的交互解决问题。这就是说一个 C++ 程序由多个对象构成，对象与对象之间通过发送消息进行交互，从而使问题得到解决。

面向对象程序设计的概念有类、对象、封装、信息隐藏、继承、多态等。

**类**：对一批具有相同属性（即数据）和相同操作（函数）的事物的抽象化描述。

人类通过对现实世界中的事物不断进行分类而认识世界，在分类的过程中，我们不断地对事物进行抽象，即忽略事物的非本质特征，只注重那些与我们目前所关心问题有关的方面，从而更好更快地认识事物。

以长方形类的描述为例，一个长方形的属性有长、宽、颜色、二维坐标中的位置等，其常见操作有改变长方形的长、改变长方形的宽、计算面积、计算周长、输出颜色值等。但假如涉及的关于长方形的问题只需要完成长方形面积和周长的计算，那么长方形的颜色及其在二维坐标中的位置这些属性因与周长、面积没有关系将被忽略，同时被忽略的还有输出长方形的颜色这个操作。因此长方形类可用统一建模语言（Unified Modeling Language，UML）来描述（如图 1.1 所示），即用一个矩形来表示一个类，类由三部分构成——类的名称、属性以及类的操作。

**对象**：类的实例化，即一个个具体的实实在在的个体。

对象可以是现实世界中实际存在的有形个体，也可以是没有物理形态的抽象个体。例如张三家的加菲猫、李四家的泰迪狗、某大学的学生王五等都是有形的物理实体，而交通规则等则是不具有具体物理形态的个体。图 1.1 中长方形类的一个具体的长方形对象 rec1 的 UML 模型如图 1.2 所示，它是一个长为 3、宽为 4 的具体的长方形对象。

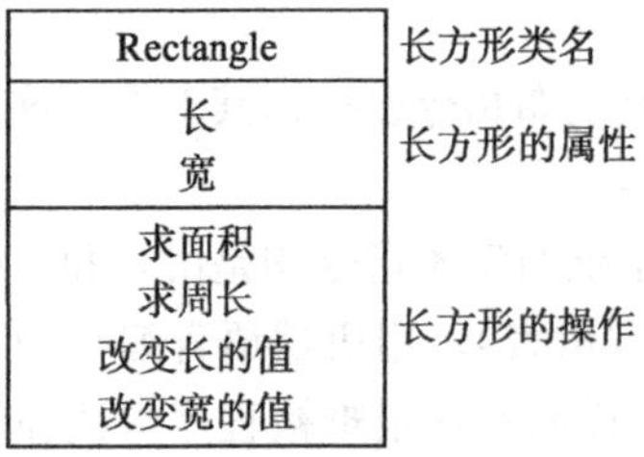

| Rectangle | 长方形类名 |
|---|---|
| 长<br>宽 | 长方形的属性 |
| 求面积<br>求周长<br>改变长的值<br>改变宽的值 | 长方形的操作 |

图 1.1　长方形类的 UML 模型

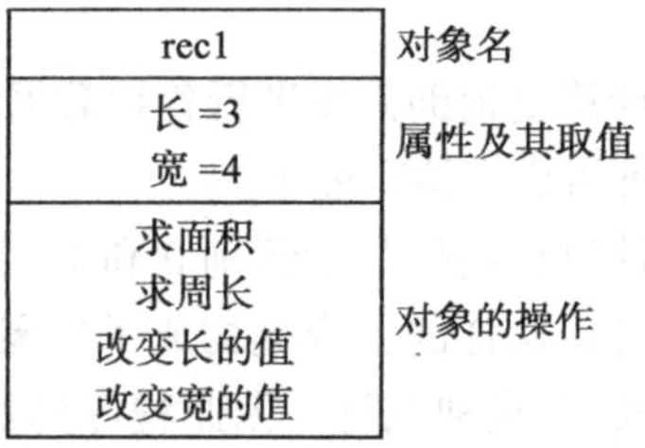

| rec1 | 对象名 |
|---|---|
| 长 =3<br>宽 =4 | 属性及其取值 |
| 求面积<br>求周长<br>改变长的值<br>改变宽的值 | 对象的操作 |

图 1.2　长方形对象 rec1 的 UML 模型

类是一种事物的抽象化描述，比如长方形类，而具体问题是通过类的实例即对象来具体解决的，就像我们可以通过长方形对象 rec1 来求解长为 3、宽为 4 的长方形的面积和周长一样。

**封装**：将一批相关数据及对这批数据进行处理的操作（即函数）放在同一个单元体中，就是封装。

图 1.1 中的长方形类就是封装体。

在封装的基础上，增加**信息隐藏**，一方面可大大减轻使用某个类编写程序的程序员的负担，因为程序员不用关心类内部的具体细节，只需学习该类对外的接口，了解这些接口的功能并加以应用即可。另一方面，**信息隐藏**使得一个类的设计者可以很容易地对类进行升级，只要该类对外的原有接口保持不变，就不用担心使用该类的程序受到影响，也就不用担心该类的使用者（程序员）的使用方式受到太大影响。

这里我们以现实世界中常见的一类事物——电视机为例来介绍封装和信息隐藏的意义。一种电视机的设计方案可比作一个电视机类。电视机类**封装**了电视机的所有相关**特性**和**动**

作，这使得电视机成为一个独立的个体。从看电视的角度来说，看电视的用户只需了解电视机对外的功能按钮（**非隐藏部分**，即公开部分）如何使用，不用关心电视机内部的其他细节（**隐藏部分**，即电视机铁壳内部的部分），这样看电视的用户学习如何使用电视机的工作量就减少了，这就是信息隐藏带来的好处。用户购买的电视机就是厂家根据电视机的设计方案（电视机类）生产的一台台具体的电视机对象，用户通过了解电视机的功能按钮就可操作电视机看电视了，当厂家更新电视机的设计方案时，只要电视机对外的功能按钮没变，用户操作电视机的方式就不需改变，这就好似当类的设计改变时，只要对外公开的部分不变，应用该类的程序就不受或少受影响，这样引入的维护工作就少。

**继承**：是指一个类可以在一个已有类的基础上，通过继承已有的类，而自动复用已有类的属性和操作的一种机制，它提高了代码的复用率。被继承的类称为基类或父类，继承基类的类称为派生类或子类。

以长方形为基类，在此基础上可以定义长方体类，两者之间的继承关系可用 UML 模型表示，如图 1.3 所示。

在图 1.3 中，长方体继承了长方形，因此就具有了长方形的数据和操作，在此基础上，又增加了属性高、求体积和改变高的值的操作。通过继承，派生类长方体复用了长方形的属性和操作，提高了代码的复用率，同时通过增加新的属性和操作，在原有功能的基础上又具有了解决新问题的能力，这就是继承的意义。

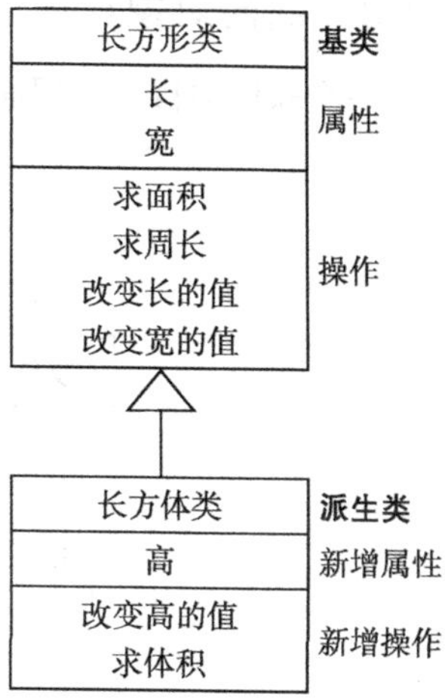

**多态**：同一操作作用于不同的对象，可以有不同的解释，产生不同的执行结果，这就是多态。

以求一个数的绝对值为例。当对整数求绝对值时，得出的是该整数的绝对值；当对一个实型数据求绝对值时，求出的是该实型数据的绝对值。这就是多态。多态可提高程序的可扩展性和可维护性。具体将在第 3 章和第 7 章进行讲解。

图 1.3 类的继承关系

## 1.1.2 面向对象程序设计的优势

### 1. 程序设计思路更容易形成

面向对象的程序由一系列对象构成，而这一形态和现实社会的组成有相通之处。例如，一个家庭由爸爸、妈妈、孩子、房子、电视机、沙发、电冰箱、床等对象组成，这些对象之间相互交互使家庭生活得以正常进行。以孩子看电视为例，为了看电视，孩子开启了电视机的电源，这就是孩子对象和电视机对象之间的一次交互；为了看自己喜欢的电视节目，孩子对象按动了遥控电视机对象的某个数字按钮，这是孩子对象和电视机对象的又一次交互。孩子通过和电视机之间的交互，顺利地完成了看电视这一活动。这就是典型的现实社会对象之间通过交互解决问题的例子。而面向对象程序设计的思想正是基于对象之间的交互来解决问题，其思想和灵感也来源于此，因此利用面向对象这一思想进行程序设计在现实社会中更容易找到相应的模型，从而更容易形成设计思路。

### 2. 程序更容易维护

面向对象程序设计支持封装和信息隐藏。封装将数据及对数据进行处理的操作放在同一个单元体（对象）中。这就像我们家里的电视机、冰箱和洗衣机一样，它们每个都是独立封装的个体，电视机出现故障了，很容易判断它故障的原因和冰箱或洗衣机关系不大，而是和电视机内部的各个元件有关。维护人员只需将其精力重点放在电视机上去查找问题即可，即封装支持错误隔离。这个例子很好地说明了现实世界中对象的封装特性带来的好处，**即维护人员比较容易定位错误。**

信息隐藏将对象内部具体的实现细节隐藏起来，使得外界只能通过对象对外的接口和它打交道。以电视机为例，电视机铁壳内有多少个晶体管、有多少个电子管、它们之间都是如何连接的等对看电视的人是不可见、隐藏的。因此看电视的人不用了解电视机铁壳内的内容，这就减少了用户的学习负担。当电视机制造商对电视机的制造工艺进行改进的时候，他们只需保证电视机对外提供的接口不变，比如电视机开关、红外信号接收器（遥控）以及其他功能按钮等不变。看电视的人和新电视机之间的交互方式就不受影响或影响很小，这样厂家对电视机的升级换代就方便了。同样，信息隐藏也给面向对象程序设计带来了好处，即方便维护，因为类的设计者将来对类进行升级时，只要类的对外接口不变就不会影响使用该类的程序。

### 1.1.3　面向对象程序的构成

一个软件项目若采用面向对象技术进行开发，则它的组成可以用图1.4来说明。

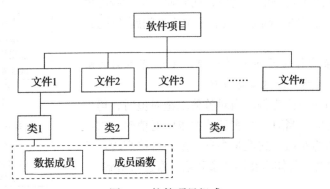

图 1.4　软件项目组成

从图1.4可见，面向对象程序由若干个文件构成，每个文件中包含若干个类或其他标识符的定义，每个类都是数据和函数的封装体。当然，文件也可以包含其他项目中涉及的文件，比如数据文件等。

## 1.2　C++ 语言的发展历史

C++ 语言是在 C 语言的基础上发展起来的，1979 年由 Bjarne Stroustrup 在贝尔实验室开始开发，它是 C 语言的进一步扩展和完善，其中最重要的是对面向对象程序设计的支持。C++ 最初为带类的 C，后来在 1983 年被命名为 C++，它完全兼容 C，因此用 C 语言编写的程序在 C++ 编译环境下完全可以编译执行。

1998 年，国际标准化组织（International Standard Organization，ISO）制定了第一个C++ 标准——C++98。采用此标准编程，能够确保程序在不同 C++ 编译器环境下都能通过编译，从而确保了程序的可移植性。此后 ISO 又陆续发布了新的标准，不断对其进行补充和扩展，比如 2011 年发布了 C++11，2014 年发布了 C++14 等。不同的 C++ 编译器都支持 C++

标准但同时又有自己的特性，建议大家编写程序时采用各类编译器都支持的 C++ 标准以提高程序的可移植性。

C++ 作为一种通用的、区分大小写的编译性高级程序设计语言，它同时支持面向过程编程（与 C 语言兼容的那部分）、面向对象编程和泛型编程。

## 1.3 C++ 语言的特点

C++ 语言保留了 C 语言的原有特性和优点，在支持 C 语言程序设计的同时对 C 语言进行了扩展，例如对 C 语言的数据类型进行了改革和扩充，增加了面向对象程序设计，它是 C 语言的超集。C++ 语言具有的特点如下：

- 高效性。允许直接访问物理地址，支持直接对硬件进行编程和位（bit）操作，能够实现汇编语言的大部分功能，产生的目标代码质量高，程序运行效率高，比较适合编写底层系统软件。
- 灵活性。既支持面向过程编程，又支持面向对象编程，很好地支持了面向对象程序的特性，即封装、信息隐藏、继承、多态等。
- 丰富的数据类型和运算符。具有丰富的数据类型，不仅提供了 int、char、bool、double、float 等内置数据类型，同时还允许用户自己定义数据类型，如结构体、共用体、枚举、类等。运算符则提供了算术运算、关系运算、逻辑运算、条件运算、二进制的位运算等。
- 增加了泛型编程的机制。泛型即支持模板（template）。模板的思想其实很简单，就是用类型作为参数。换句话说，就是把一个原本特定于某种具体类型的算法或类当中的类型信息抽出来做成模板参数 T，使得该函数或类可以处理更多数据类型的同类问题，从而进一步提高代码的复用率，这些内容可通过第 9 章来了解和掌握。

## 1.4 C++ 程序的构成

C++ 语言兼容 C 语言，因此 C++ 程序的构成和 C 语言程序的构成大致相同，一个 C++ 程序可由多个文件构成，例如源文件、头文件以及其他需要的文件。同 C 语言程序一样，**一个 C++ 程序包含且仅包含一个主函数 main()**。主函数 main() 必须在源文件中定义，源文件的扩展名一般为 .cpp，也有的是 .c 或 .cp，建议用 .cpp 作为扩展名。

一个源文件一般由以下两部分内容构成。

### 1. 声明部分

声明部分通常包括头文件的包含、全局变量或全局常量的定义或声明、函数的定义或声明等内容。声明的作用是向编译器介绍一些在程序中用到的标识符。

**头文件**中一般包含一些标识符的定义或声明语句，例如类、函数、全局变量、全局常量等的定义或声明。**标识符的定义**是告诉编译器要在此处创建此标识符；而**标识符的声明**则是介绍标识符的一些信息，避免编译器因不认识该标识符而在编译时出错，编译器并不需要在此处创建该标识符。

当在另一个文件中需要用到某个头文件中定义或声明的标识符时，可以用编译预处理指令 #include 将相应的头文件包含进来。

C++ 编译系统提供了一个 C++ 标准库，这是 C++ 编译器开发商根据 ISO 标准开发的类库和函数集合，程序员在编写 C++ 程序时可以直接使用标准库中提供的某个类、函数或其他标识符，使用时需要将相应的类、函数或标识符所在的头文件包含进相应的文件中。高版本的 C++ 编译器的 C++ 标准库的头文件不带扩展名，因此只需包含文件名即可。而 C 语言的标准库头文件都带有扩展名，这部分头文件在 C++ 编译器中仍可使用，也可去掉原有头文件的扩展名并在头文件名前加字母 c，例如 C 库中的头文件 math.h 在 C++ 中为 cmath。

**注意**：为了保护知识产权，头文件中一般只包含类或函数的声明，它们的实现代码则被编译成二进制代码放在了不同的库文件中。

为了提高代码的复用率，软件企业或程序员也可定义一些头文件，以方便将来的程序开发使用。一般用户编写的头文件的扩展名为 .h。

### 2. 主函数部分

同 C 语言一样，C++ 程序从主函数 **main()** 开始顺序执行，遇到主函数结束的花括号"**}**"或 **return** 语句时结束执行。

C++ 源程序编辑完成后，需要编译器首先对其进行编译生成目标文件（.obj 或 .o 文件，即机器语言文件），然后进行链接操作，将目标文件和其他库文件链接成一个可执行文件（.exe 文件），最后执行。

**【例 1-1】**一个简单的 C++ 程序，该程序的功能是在计算机显示器上输出"hello world!!"。

```
// first_1.cpp
1. #include <iostream>
2. // C++ 标准头文件包含方式
3. using namespace std; // 名字空间的声明
4. void main()
5. {
6.     cout<<"hello world!!" <<endl;
7. }
```

**说明**：为了方便对程序进行说明，每个语句的前面都增加了一个行号，这不是程序的一部分。本书后面程序中的行号也是此作用，将不再说明。

编译链接并运行该程序，显示器上输出如下信息：

```
hello world!!
```

**分析**：本程序第 1 行以"#"开始的语句是编译预处理指令，它不是 C++ 的语句。#include 预处理指令的作用是在该指令处展开被包含的头文件。这里是将 C++ 标准库中的输入输出流头文件 iostream 在此处展开，该文件中包含标识符 cout、endl 和插入运算符"<<"等的声明，因此需要提前包含进来，以方便后续第 6 行语句使用。

**提示**：预处理指令 #include 通常有两种使用方法。

```
#include <xxx>
```

或

```
#include "xxx.h"
```

第一种方法将待包含的头文件使用尖括号（< >）括起来，通常用于包含 C++ 系统自带的头文件。预处理程序会在系统默认目录或者按照括号内的路径查找该头文件，找到后将其在此处展开。

第二种方法将待包含的头文件使用双引号（" "）引起来，通常用于包含程序员编写的头文件。预处理程序会在程序源文件所在目录查找该头文件，如果未找到则去系统默认目录查找，找到就展开，否则给出错误提示。

第 2 行为一个注释（comment）行，注释不影响程序，它不是程序中的语句，主要是对程序进行解释说明，帮助程序员阅读和理解程序。**编写注释是一个良好的编程习惯。**

**提示**：C++ 支持行注释和多行注释，注释中的所有字符均会被 C++ 编译器忽略。

1）以 "//" 开始的为行注释，说明从 "//" 开始到本行结束的内容均为注释。

2）以 "/*" 开始、以 "*/" 结尾的为多行注释。它们之间的内容是注释内容，可跨越多行。

第 3 行语句声明一个名字空间，它告诉编译器下面用到的全局标识符来自 std 这个名字空间。

**提示**：名字空间是 C++ 相对 C 语言新增的内容，目的是解决多个程序员编程时出现的命名冲突问题，从而实现多人合作编程。

这类似于同一个班有两个或多个学生叫 "张明"，其中有一个来自湖南，一个来自湖北，为了避免点名时的冲突问题，老师事先声明下面点的是湖南的学生，因此当老师点到张明时，张明就会很清楚老师点的是谁，这就避免了冲突。有关名字空间的详细说明将在第 2 章中介绍。

第 4 行为主函数 main() 的函数头。C++ 程序和 C 语言程序一样，必须包含且只能包含一个主函数，程序的执行从主函数开始，结束于主函数的 return 语句或主函数的最后一个花括号 (})。

第 5 行和第 7 行是表示函数开始与结束的一对花括号，它是函数的边界。

第 6 行是一条输出语句，其功能是把用双引号（" "）引起来的字符串常量 "hello world!!" 送到显示器输出，其中标识符 cout 和 endl 来自标准名字空间 std，cout 代表标准的输出设备——显示器，" << " 是输出运算符（插入运算符），endl 产生一个新行，它们均在头文件 iostream 中进行了声明。

**提示**：和 C 语言一样，C++ 程序也用分号 ";" 代表一条语句的结束。一条 C++ 语句可以写在一行，也可以写在多行上，一行也可以写多条语句，但**建议一行只写一条语句**。

## 1.5　Windows 平台下 C++ 环境的配置

想配置 C++ 语言环境，需要确保电脑上有两款可用的软件，即文本编辑器和 C++ 编译器。通过编辑器创建的文件通常称为源文件，源文件包含程序源代码。源文件必须经过编译器编译成机器语言，CPU 才能执行它。在 Windows 环境下，最常用的编辑器是 notepad（此工具不需要额外安装，Windows 系统都会自带），而最常用的免费的编译器是 GNU 的 C/C++ 编译器。为了在 Windows 上安装 GNU，需要安装 MinGW。请访问 MinGW 的主页 www.mingw.org 下载安装 MinGW 即可，这里不再详述。

在 Windows 环境下，使用集成开发环境（IDE）开发 C++ 程序更为便捷。常用的集成开发环境有 Visual C++ 6.0、Visual Studio（VS）、CodeBlocks 等，下面以 Visual Studio 的使用为例。首先到官网 https://www.visualstudio.com/zh-hans/downloads/ 下载 Visual Studio 社区版（可免费使用），然后按照向导指示进行安装即可。安装完成后，编写第一个 C++ 程序，具体步骤如下。

第一步：首先启动 Visual Studio，进入界面，如图 1.5 所示。

第二步：单击 "创建新项目" 选项，进入如图 1.6 所示的界面。

图 1.5    VS 的启动界面

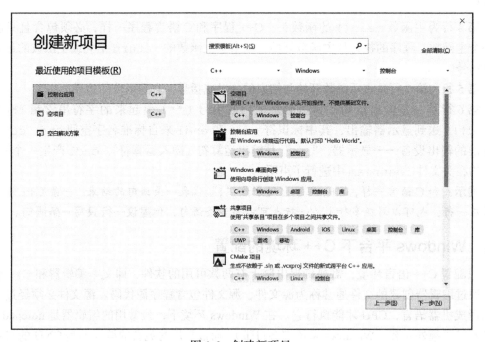

图 1.6    创建新项目

第三步：选择右侧的"控制台应用"选项，单击"下一步"按钮进入如图 1.7 所示的界面，在此可设置项目名称、项目保存位置等信息。

第四步：输入项目名称，设置项目位置，单击"创建"按钮，则进入如图 1.8 所示的界面。

若想要编辑其他的源程序或头文件，可单击图 1.8 中的"解决方案资源管理器"选项卡，进入如图 1.9 所示的界面。

鼠标右击相应的项目，例如源文件，则出现如图 1.10 所示的界面。

单击"添加"→"新建项"，则出现如图 1.11 所示的界面。

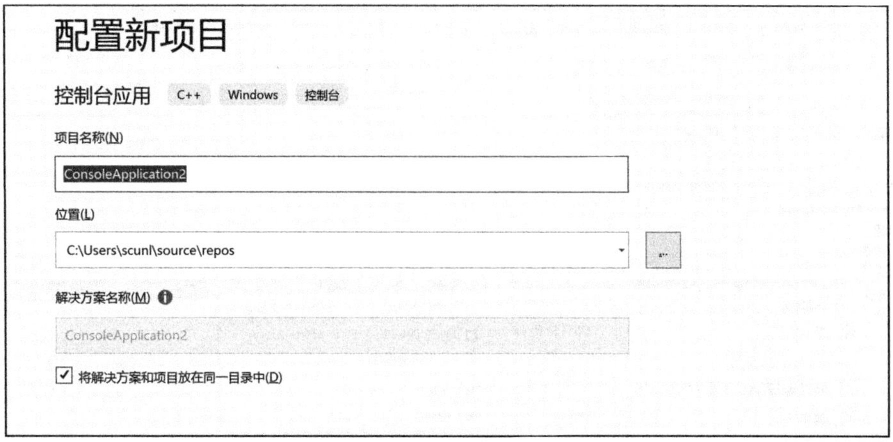

图 1.7　配置新项目

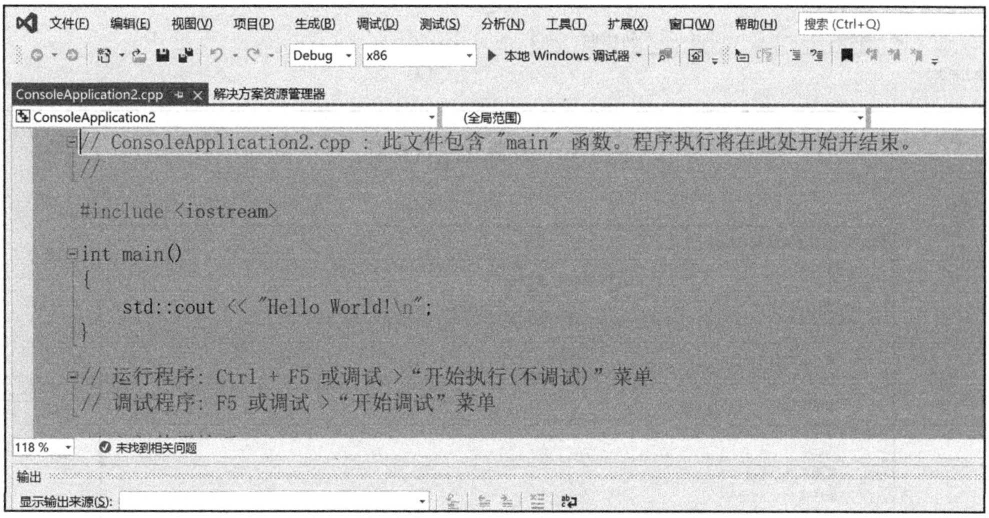

图 1.8　C++ 源程序编辑窗口

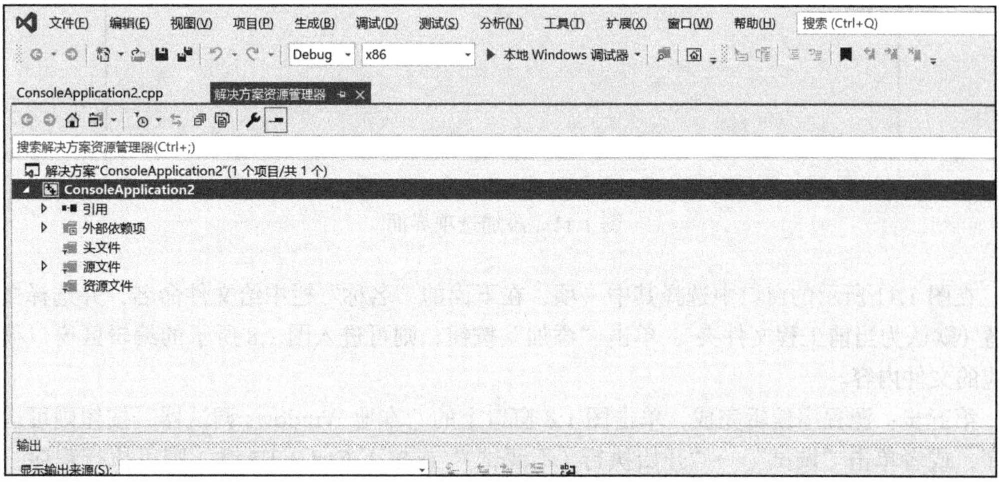

图 1.9　解决方案资源管理器

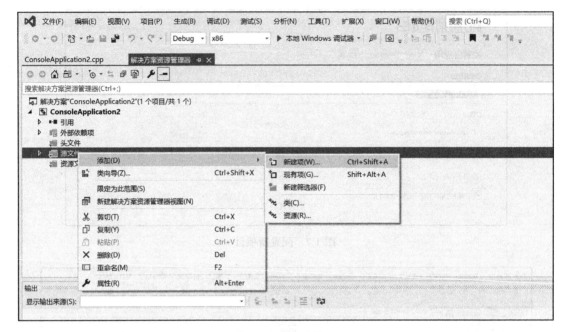

图 1.10　资源管理器界面

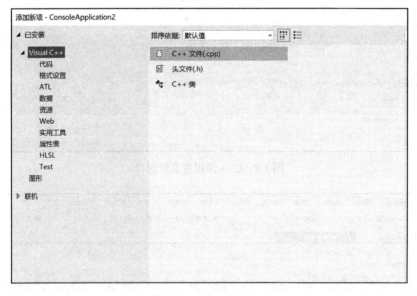

图 1.11　添加选项界面

在图 1.11 所示的窗口中选择其中一项，在下面的"名称"栏中给文件命名，并选择文件位置（默认为当前工程文件夹），单击"添加"按钮，则可进入图 1.8 所示的编辑区窗口编辑相应的文件内容。

第五步：源程序编辑完成，单击图 1.8 窗口上的"本地 Windows 调试器"按钮则可运行程序，或者单击"调试"→"开始执行（不调试）"或按下 Ctrl + F5 键，则可执行程序，其界面如图 1.12 所示。

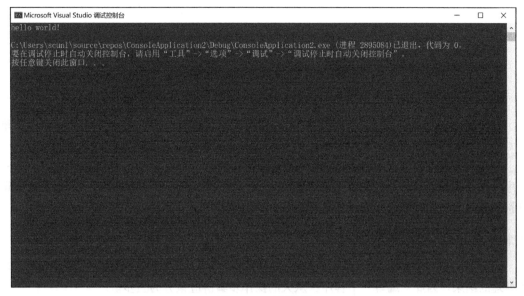

图 1.12 运行结果

## 1.6 本章小结

本章介绍了程序设计的基本概念及 C++ 语言的特点、构成和 C++ 的集成开发环境。

- 计算机程序：计算机能够识别和执行的一组计算机指令。
- 计算机指令：计算机能够识别的命令。
- 计算机指令系统：一台计算机硬件系统能够识别的所有指令的集合构成该计算机的指令系统。

面向对象程序设计的概念有类、对象、封装、信息隐藏、继承、多态等。

- 类：对一批具有相同属性（即数据）和相同操作（函数）的事物的抽象化描述。
- 对象：类的具体实例化，即一个个具体的实实在在的个体。
- 封装：将一批相关数据及对这批数据进行处理的操作（即函数）放在同一个单元体中，就是封装。
- 继承：是指一个类可以在一个已有类的基础上，通过继承已有的类，而自动复用已有类的属性和操作的一种机制，它提高了代码的复用率。

C++ 语言是在 C 语言的基础上发展起来的，1979 年由 Bjarne Stroustrup 在贝尔实验室开始开发，它是 C 语言的进一步扩展和完善，其中最重要的是对面向对象程序设计的支持。C++ 程序中应该至少包含且仅包含一个主函数 main()，程序从主函数开始顺序执行，当执行完 main() 的所有语句或遇到 return 语句时，程序执行完成。

# 第 2 章　C++ 编程基础

C++ 完全兼容 C，是对 C 语言的扩展，因此本章在讲解 C 语言基础知识的同时也将增加 C++ 扩展的基础知识。

本章的目的是介绍 C++ 的程序设计基础知识，通过本章的学习，读者将掌握编写 C++ 程序的基本思路、C++ 中的标识符及其命名规则、内置数据类型、变量和 const 常量、运算符、表达式、控制结构、编译预处理指令、引用、名字空间等。

## 2.1　编写程序的基本思路

用计算机编写程序解决问题，狭义地讲就是利用程序对数据进行处理，处理完数据后输出处理的结果。因此，编写一个程序，从大的操作步骤讲应该分为三步。

第一步：输入要处理的数据。这一步的实质就是把要处理的数据读入内存，这里涉及数据结构，即数据在内存中的存储结构，数据结构不同，可进行的处理方式也不同。

第二步：对数据进行处理，即算法设计。这一步需要设计一系列的 CPU 操作步骤来处理数据，得出相关结论。

第三步：输出处理结果。这一步是计算机把处理结果从内存中输出反馈给客户，如在显示器上输出结果、将结果数据写入磁盘或进行打印。

在上述三个步骤中，问题的关键是第二步，即计算机采用何种方法处理数据，这涉及确定数据的存储结构和算法问题。接下来，需考虑第一步和第三步，即输入数据和输出数据的方式，这就是软件工程领域常常介绍的解决问题的方法——**逐步求精**，即集中精力处理当前最主要的问题，然后再考虑其他细节问题，最终使所有的问题都获得解决。

下面以一个简单的编程问题来说明上面的操作步骤。

【例 2-1】已知圆的半径，编写程序求圆的面积。

首先，该问题由主函数来解决，可包含 3 个语句块，其伪代码如下：

```
int main()
{
    输入圆的半径 ;   // 输入语句块
    计算圆的面积 ;   // 处理语句块
    输出圆的面积 ;   // 输出语句块
}
```

第二步对上面 3 个语句块求精。

显然，**处理语句块**是目前最重要的工作，即求精计算圆的面积问题，而计算圆的面积的公式为：

$$圆的面积 = \pi \times 圆的半径 \times 圆的半径$$

在计算出圆的面积后，需要暂时将其存放在内存，因此需要定义一个圆面积变量，其类型是数值型。至此，计算圆面积的问题就解决了。

接下来求精**输入语句块**，即输入圆的半径以及数学意义上 π 的值。圆的半径可以通过键盘输入，也可从文件输入，在此不妨采用键盘输入。输入的数据要存入内存才能访问，需要定义变量来存储它，同时圆的半径是数值型的，因此可以定义 double、float 和 int 等变量类型来存储半径（不同类型需要的内存空间不同，可进行的操作也不同）。而 π 是一个实型常量数据，所以它的类型可以定义为 const float 类型或 const double 类型，至此，计算圆面积需要的已知数据均已考虑完，输入语句块分析完成。

最后求精**输出语句块**。圆的面积可以输出到显示器，也可输出到文件，在此题目中，假如我们只需要知道圆的面积，不做其他操作，则将结果输出到显示器更方便。

根据以上分析，具体实现 main() 函数如下：

```cpp
// second_1.cpp
#include <iostream>
using namespace std;
const float PI=3.14;              // 定义常量 π
int   main()
{
    double radius, area;          // 定义存储数据的变量：radius 存储半径，area 存储圆的面积
    cin>>radius;                  // 通过键盘输入半径数据
    area=PI*radius*radius;        // 求圆的面积
    cout<<area<<endl;             // 输出圆的面积
}
```

在 VS 编译环境下编辑上述程序，单击"本地 Windows 调试器"运行该程序，假如输入圆的半径 1，回车，则程序的输出结果显示为：

```
3.14
```

**提示：** 在程序设计过程中，要尽量保证程序的可读性、可理解性、可维护性、安全性、可靠性、健壮性等特性。

## 2.2　标识符

在上面的程序中用到了一系列的字符序列，例如 PI、main、cin、radius、area、cout 以及 endl，在 C++ 中将它们统称为标识符。定义标识符的目的就是给程序中用到的元素起个名字，以方便在程序中引用它们。这就好比每个人都有个名字一样，方便在交往中对其称呼。下面给出标识符的概念。

**标识符**（identifier）是用来标识变量、函数、对象、数据类型等的字符序列。

**标识符的命名规则如下。**

1）标识符由字母、下划线或数字（0～9）组成，但必须由字母（a～z 或 A～Z）或下划线（_）开头。

例如：abc、_123、s_2t 都是合法标识符，但 x*y、#sum、3tatoo 不是合法标识符。

2）C++/C 中的标识符是大小写敏感的，即 cout 和 Cout 是两个不同的标识符。

3）标识符理论上可以是任意长度，但为了**提高程序的可移植性**，建议标识符的长度不要超过 32 个字符，以保证程序在各种编译环境下都能正常编译。

**提示：** 定义标识符时应尽量做到见名知意，且在同一个程序中，建议标识符采用一致的命名规则，从而提高程序的可读性。

例如，下面的标识符就是有意义且一致的。

priceOfApple、weightOfApple、colorOfApple

下面的标识符虽有意义但不一致，在编程过程中由于标识符命名没有规律可循，因此容易出错，降低了程序的可读性。

priceofApple、appleWeight、colorApple

**提示**：C++ 中的标识符必须先定义后使用，这也是在编写 C++ 程序时要先声明的原因。

C++ 中有一批系统预定义的标识符，被称为**关键字**（key word），也称为**保留字**，它们对编译器来说是有特殊意义的标识符，因此不能把它们再定义为别的意义的标识符。C++ 98 标准定义的关键字如表 2.1 所示。

表 2.1　C++ 98 标准关键字

| asm | do | if | return | typedef |
|---|---|---|---|---|
| auto | double | inline | short | typeid |
| bool | dynamic_cast | int | signed | typename |
| break | else | long | sizeof | union |
| case | enum | mutable | static | unsigned |
| catch | explicit | namespace | static_cast | using |
| char | export | new | struct | virtual |
| class | extern | operator | switch | void |
| const | false | private | template | volatile |
| const_cast | float | protected | this | wchar_t |
| continue | for | public | throw | while |
| default | friend | register | true | |
| delete | goto | reinterpret_cast | try | |

## 2.3　数据类型

现实世界中的数据有各种类型，不同类型的数据所需要的计算机内存空间不同，可进行的处理方式也不同。因此，为了和现实世界匹配，增强程序设计语言的处理能力，各种程序设计语言都提供了自己的内置数据类型。同时，在内置数据类型基础上，用户还可根据自己的需要自定义新的数据类型，即用户自定义数据类型。

### 2.3.1　C++ 的内置数据类型

C++ 中常用的内置数据类型有 int、float、double、char 和 bool，下面来具体进行介绍。

**1. 整型——int**

整型数据是不包含小数的数值型数据，int 为整型数据关键字，用来说明一个变量是整型变量。整型数据又可分为 8 种类型，分别为短整型、整型、长整型、超长整型、无符号短整型、无符号整型、无符号长整型、无符号超长整型。不同整数类型占用的内存空间大小不同，表达的数据范围也不同，但能进行的操作基本相同。在 VS 2019 编译系统环境下，具体的整型数据如表 2.2 所示。

表 2.2　整型数据

| 数据类型 | 标识符 | 占用字节数 | 数值范围 | 数值范围 |
|---|---|---|---|---|
| 短整型 | short [int] | 2 | − 32 768 ～ 32 767 | $-2^{15} \sim 2^{15}-1$ |

（续）

| 数据类型 | 标识符 | 占用字节数 | 数值范围 | 数值范围 |
|---|---|---|---|---|
| 整型 | int | 4 | − 2 147 483 648 ～ 2 147 483 647 | − $2^{31}$ ～ $2^{31}$ − 1 |
| 长整型 | long [int] | 4 | − 2 147 483 648 ～ 2 147 483 647 | − $2^{31}$ ～ $2^{31}$ − 1 |
| 超长整型 | long long [int] | 8 | − 9 223 372 036 854 775 808 ～ 9 223 372 036 854 775 807 | − $2^{63}$ ～ $2^{63}$ − 1 |
| 无符号短整型 | unsigned short [int] | 2 | 0 ～ 65 535 | 0 ～ $2^{16}$ − 1 |
| 无符号整型 | unsigned [int] | 4 | 0 ～ 4 294 967 295 | 0 ～ $2^{32}$ − 1 |
| 无符号长整型 | unsigned long [int] | 4 | 0 ～ 4 294 967 295 | 0 ～ $2^{32}$ − 1 |
| 无符号超长整型 | unsigned long long [int] | 8 | 0 ～ 18 446 744 073 709 551 615 | 0 ～ $2^{64}$ − 1 |

**提示**：整型数据在内存中采用补码存储，关于十进制整型如何转换成补码，请学习数制转换的内容。另外，整型数据可采用十进制、八进制（以 0 开始）和十六进制（以 0x 或 0X 开始）表示。其中，十进制整数如 23、−45；八进制整数如 023、−065，但 086 是错误的，因为八进制只能采用 0 ～ 7 的数字表示；十六进制数用 0 ～ 9、A（10）、B（11）、C（12）、D（13）、E（14）和 F（15）共 16 个字符表示，如 −0X3C、0xFFFE 等。

无符号整数（unsigned）和有符号整数（signed）的区别在于，在内存中存储时，无符号整数的每一个二进制位都为数值位，因此它只能表示非负数。而有符号整数在内存中存储时，最高位上的二进制位为符号位，其中 0 表示正号（+），1 表示负号（−）。

### 2. 实型——float 和 double

C++/C 支持三种实型数据，分别为 float（单精度实数）、double（双精度实数）、long double（长双精度实数，可存储的有效数字最多、精确度最高）。在 VS 2019 编译系统环境下，实型数据如表 2.3 所示。

表 2.3　实型数据

| 数据类型 | 标识符 | 占用字节数 | 数值范围 | 有效数字 |
|---|---|---|---|---|
| 单精度实数 | float | 4 | 3.4e−038 ～ 3.4e+038 | 6 ～ 7 位 |
| 双精度实数 | double | 8 | 1.7e−308 ～ 1.7e+308 | 15 ～ 16 位 |
| 长双精度实数 | long double | 8 | 1.7e−308 ～ 1.7e+308 | 15 ～ 16 位 |

### 3. 字符型——char

在 C++/C 中，字符型数据是使用单引号引起来的单个字符，一般采用 1 个字节来存储，通常存储的是字符的 ASCII 码值。由于字符的 ASCII 编码值是一个整数，因此字符型数据也可以像整型数据一样进行各种运算。

### 4. 布尔型——bool

布尔型数据也称逻辑型数据，其值只有两个，即 `true`（真）和 `false`（假）。在算术表达式中，把布尔型数据当作整型数据来处理，`true` 为 "1"，`false` 为 "0"，布尔型数据在内存中占用 1 个字节的内存空间。

至此，C++ 系统提供的常用内置数据类型已经介绍完了。下面是一个程序案例，通过运行该程序，读者可了解计算机系统中各种内置数据类型占用的内存空间的字节数，同时也可了解一些库函数的应用。

【例2-2】本案例的目的是编写程序验证计算机系统中各种数据类型占用的字节数、各种数据类型支持的最大值和最小值。程序名称为 second_2.cpp。

```
// second_2.cpp
1. #include <iostream>
2. #include <string>
3. #include <limits> //该文件中定义了一些常量标识符，在程序中可直接引用
4. using namespace std;
5. int main(){
6. cout << "type: \t\t\t" << "***********size***********"<< endl;
7. cout << "short: \t\t\t" << "字节数: " << sizeof(short) <<endl;
8. cout << "最大值: " << (numeric_limits<short>::max)();
9. cout << "\t\t 最小值: " << (numeric_limits<short>::min)() << endl;
10. cout << "int: \t\t\t" << "字节数: " << sizeof(int) <<endl;
11. cout << "最大值: " << (numeric_limits<int>::max)();
12. cout << "\t 最小值: " << (numeric_limits<int>::min)() << endl;
13. cout << "unsigned: \t\t" << "字节数: " << sizeof(unsigned) <<endl;
14. cout << "最大值: " << (numeric_limits<unsigned>::max)();
15. cout << "\t 最小值: " << (numeric_limits<unsigned>::min)() << endl;
16. cout << "long: \t\t\t" << "字节数: " << sizeof(long) <<endl;
17. cout << "最大值: " << (numeric_limits<long>::max)();
18. cout << "\t 最小值: " << (numeric_limits<long>::min)() << endl;
19. cout << "unsigned long: \t\t" << "字节数: " << sizeof(unsigned long) <<endl;
20. cout << "最大值: " << (numeric_limits<unsigned long>::max)();
21. cout << "\t 最小值: " << (numeric_limits<unsigned long>::min)() << endl;
22. cout << "double: \t\t" << "字节数: " << sizeof(double) <<endl;
23. cout << "最大值: " << (numeric_limits<double>::max)();
24. cout << "\t 最小值: " << (numeric_limits<double>::min)() << endl;
25. cout << "long double: \t\t" << "字节数: " << sizeof(long double) <<endl;
26. cout << "最大值: " << (numeric_limits<long double>::max)();
27. cout << "\t 最小值: " << (numeric_limits<long double>::min)() << endl;
28. cout << "float: \t\t\t" << "字节数: " << sizeof(float) <<endl;
29. cout << "最大值: " << (numeric_limits<float>::max)();
30. cout << "\t 最小值: " << (numeric_limits<float>::min)() << endl;return 0;
31. }
```

编译运行该程序，则运行结果如下。

```
type:                   ***********size***********
short:                  字节数: 2
最大值: 32767           最小值: -32768
int:                    字节数: 4
最大值: 2147483647      最小值: -2147483648
unsigned:               字节数: 4
最大值: 4294967295      最小值: 0
long:                   字节数: 4
最大值: 2147483647      最小值: -2147483648
unsigned long:          字节数: 4
最大值: 4294967295      最小值: 0
double:                 字节数: 8
最大值: 1.79769e+308    最小值: 2.22507e-308
long double:            字节数: 8
最大值: 1.79769e+308    最小值: 2.22507e-308
float:                  字节数: 4
最大值: 3.40282e+038    最小值: 1.17549e-038
```

**分析：**第3行 limits 头文件是标准模板库（STL）提供的头文件，它包含 numeric_

limits 模板类，主要是把 C++ 中的一些内置数据类型进行了封装。比如 numeric_limits <int> 是一个实例化后的类，从这个类的成员变量与成员函数中，我们可以了解 int 的很多特性，例如 int 可以表示的最大值和最小值、值是否是精确的、值是否有符号等，而利用 numeric_limits<float> 类则可了解单精度型数据的信息，同理该模板类也可用于其他内置类型。关于模板类的概念可参见第 9 章，这里不再赘述。

第 7 行中，sizeof 是一个运算符，类似于 +、-，其后圆括号中的参数可以是表达式，也可以是具体的数据类型名，功能是返回该表达式或数据类型在内存中占用的字节数。

第 8 行中，(numeric_limits<short>::max)() 表示访问实例化的短整型类 numeric_limits<short> 的成员函数 max，尖括号里 short 的意思是向模板类 numeric_limits 传递具体的类型参数 short int，根据此参数，模板类就实例化为一个具体的类模板，也就是一个具体的类。该表达式的意思是访问该类模板的成员函数 max，max 函数的功能是返回短整型数据在计算机系统中的最大值。同理可对 min 函数进行解释。结合程序的运行结果，请自行对后面的语句进行逐行阅读和分析，以加强对程序的理解。

## 2.3.2  常量

在程序运行期间，值不能发生变化的数据称为**常量**，常量包括字面常量和命名常量。

### 1. 字面常量

字面常量是相应字符直接表达出来的意义，有整型常量、实型常量、字符型常量、布尔常量和字符串常量等。

#### （1）整型常量

整型常量可以是十进制、八进制或十六进制的常量。前缀指定基数：0x 或 0X 表示十六进制，0 表示八进制，不带前缀则默认表示十进制。

整型常量既可以是 int 类型，也可以是 long int 类型，这主要由常量的大小来决定。若要表示一个整型常量是 long int 类型，也可在整型常量的后面加 L 或 l。例如：

```
-123L    // 长整型
123      // 整型
```

正的整型常量可以是有符号整型常量，也可以是无符号整型常量，若要表示无符号常量，则可在整型常量的后面加字符 U 或 u。例如：

```
23U、45L、234ul
```

整型常量可以没有后缀，也可以带后缀。后缀是 U 或 L，U 表示无符号整型（unsigned），L 表示长整型（long）。后缀可以是大写，可以是小写，也可以是 U 和 L 的组合后缀，U 和 L 的顺序任意。例如：

```
81        // 十进制整型常量
0123      // 八进制整型常量
0x2b      // 十六进制整型常量
-123L     // 长整型常量
45u       // 无符号整型常量
45ul      // 无符号长整型常量
089       // 不合法，因八进制整数只能包含数字 0 ~ 7
```

**（2）实型常量**

实型常量有两种表示方法，即小数表示法和指数表示法。

**小数表示法**由数字 0～9 和小数点组成，且必须有小数点，小数点前或后可以没有数字，但不能两边都没有。例如：

38.9、-51.7、.123、96. 都是合法的实型数据。

-38、+.、23A.3 作为实型数据是不合法的。

**指数表示法**对应数学上的科学记数法，可以表示很大或很小的实型数据，它对应的实型数据由两部分构成，即小数部分和指数部分。

例如，数学上的 $1.23 \times 10^{25}$ 在 C++ 中表示为 1.23E+25，其中 1.23 为小数部分，+25 为指数部分。此处 E 代表数学上的 10，它可大写，也可小写。

指数表示法的小数部分可以是小数，也可以是整数，但指数部分必须为整数。例如：

35.6E-10、27e+8、-32E-5 等都是合法的。

2.3e+3.4 不合法，指数部分不能为小数。

E+4.5 不合法，它没有小数部分；-12.4E 也不合法，它没有指数部分。

在 C++/C 系统中，实型常量通常作为双精度型常量处理，若想表示单精度常量，则在实型常量数据后加 f 或 F，例如 12.3f 或 12.3F。

**（3）字符型常量**

字符型常量通常是使用单引号引起来的单个字符，如 'f'、'C'、'#' 等。但有些字符显示不出来（例如换行、制表符、回车等），或者无法通过键盘输入（例如响铃等）。这样的字符在 C++ 中用转义字符来表示，如 ' \ n' 表示回车，' \ b' 表示退格，表 2.4 说明了转义字符及其对应的意义。

**表 2.4 转义字符**

| 转义字符 | 意　义 | ASCII 码值（十进制） |
|---|---|---|
| \a | 响铃（BEL） | 007 |
| \b | 退格（Backspace），将当前位置移到前一列 | 008 |
| \f | 换页（FF），将当前位置移到下页开头 | 012 |
| \n | 换行（LF），将当前位置移到下一行开头 | 010 |
| \r | 回车（CR），将当前位置移到本行开头 | 013 |
| \t | 水平制表（HT）(跳到下一个 Tab 位置) | 009 |
| \v | 垂直制表（VT） | 011 |
| \\ | 代表一个反斜线字符 '\' | 092 |
| \' | 代表一个单引号（撇号）字符 | 039 |
| \" | 代表一个双引号字符 | 034 |
| \? | 代表一个问号 | 063 |
| \0 | 空字符（NULL） | 000 |
| \ddd | 1～3 位八进制数所代表的任意字符 | 3 位八进制 |
| \xhh | 1～2 位十六进制数所代表的任意字符 | 2 位十六进制 |

**注意：**任何一个字符都可以用八进制或十六进制的 ASCII 码来表示。

例如：字符 a 的十进制 ASCII 值为 97，对应的十六进制为 61，于是 'a' 也可表示为 '\x61'，对应的八进制为 141，因此也可表示为 '\141'。

如果一个字符是单引号，则表示为 '\''。

**（4）布尔常量**

布尔常量仅有两个，即 true 和 false。在 C 语言中，也经常采用非零数据表示 true，用零表示 false。

**（5）字符串常量**

字符串常量简称字符串，它是使用双引号引起来的字符序列，例如 "hello world"、"123"、"a" 都是字符串。由于双引号是字符串的边界，因此当字符串中出现双引号时，要用转义字符来表示，双引号的转义字符为 '\"'。阅读下面的程序，判断程序的输出结果。

```cpp
#include <iostream>
int main()
{
    std::cout<<"please enter \"yes\" or \"no\""<<std::endl;
}
```

程序的输出结果为：

```
please enter "yes" or "no"
```

**提示**：字符串常量在存储时，每个字符占用一个字节，为了标志字符串的结束，编译器在字符串的末尾会存入字符 '\0'。

因此字符串常量 "hello" 在内存中的存储形式为：

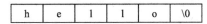

| h | e | l | l | o | \0 |
|---|---|---|---|---|---|

**注意**：字符常量 'a' 和字符串常量 "a" 是不同的，字符常量 'a' 在存储时只需一个字节来存储字符 a，而字符串常量 "a" 在存储时需要占用两个字节，一个字节存储字符 a，另一个字节存储 \0。

**2. 命名常量**

命名常量通过定义一个标识符来表示一个常量。C++ 中有两种方式来定义命名常量。

**（1）采用预处理指令来定义命名常量**

常用形式如下：

```
#define   常量标识符   常量值
```

例如，数学上圆周率 π 的定义：

```
#define  PI  3.14   // 注意在常量标识符和常量之间要加空格隔开
```

预处理指令不是 C++ 的语句，它的处理时机是在编译之前，也就是说编译器在对源程序进行编译之前，会用 3.14 来替换程序中出现的所有 PI 标识符。

例如，下面的程序在编译预处理前为：

```cpp
#include <iostream>
using namespace std;
#define PI  3.14
int main()
{
    double area = PI * 3 * 3;
    cout <<"半径为 3 的圆的面积为: "<<area << endl;
}
```

编译预处理后，程序将变为：

```
#include <iostream>              // 具体应该展开该文件，此处先忽略
using namespace std;
int main()
{
    double area =3.14 * 3 * 3;   // 用 3.14 替换了 PI
    cout <<" 半径为 3 的圆的面积为: "<<area << endl;
}
```

**（2）采用 C++ 语句来定义命名常量**

其语法格式为：

```
const 数据类型  常量标识符 = 常量值;
```

或者

```
数据类型 const   常量标识符 = 常量值;
```

其中，const 为定义命名常量的关键字，与 define 指令不同，它是 C++ 语句。在定义一个命名常量时，要求同时指明常量的数据类型，且必须给常量标识符赋初值。

例如，数学上圆周率 π 的定义采用 const 定义的格式为：

```
const double PI=3.14;   // 该语句在编译阶段处理
```

**提示**：没有一成不变的常量，所以在程序中建议使用命名常量而不是字面常量，这样做可以提高程序的可读性和可维护性。

试想在一个程序中，若想要将 π 的精度提高，由原来的 3.14 改为 3.1415926，采用命名常量只需修改定义语句即可，但采用字面常量则需要程序员找到程序中每个代表圆周率的 3.14 进行修改，这很麻烦，且容易漏掉一些 3.14，还有一些 3.14 也许并不代表圆周率而被当成圆周率错误地修改了。

**提示**：为了方便，C++ 头文件 limits 中定义了一些命名常量，其中 INT_MIN 表示最小的整数、INT_MAX 表示最大的整数、LONG_MIN 表示最小的长整数、LONG_MAX 表示最大的长整数、FLT_MIN 表示最小的单精度型数据、FLT_MAX 表示最大的单精度型数据、DBL_MIN 表示最小的双精度型数据、DBL_MAX 表示最大的双精度型数据，这些常量可以在包含头文件 limits 后直接在程序中引用。

## 2.3.3  变量

**变量**的本质是内存中某个内存空间的名字，通过对变量名的引用，程序员可以对相应的内存空间进行操作，例如向内存写数据、读取内存数据、修改内存数据等。

**变量**的值在程序运行期间是可以改变的。

### 1.变量的定义

编写程序就是要对各种数据进行处理，因此必须将数据写入内存，然后 CPU 才能读取它们进行处理。而要把数据写入内存首先就要分配内存空间，一种方法就是在程序中定义变量，告诉编译器需要什么类型的内存空间，编译器接收到这样的指令后，就会为此变量分配相应类型的内存，而对此内存空间的操作就可以通过变量名进行，如对内存进行写操作、读操作等。

在 C++ 程序中，变量必须先定义（包括名称和类型）后使用。程序运行时，编译器会根据变量的类型等信息在相应内存中为变量分配与之类型匹配的内存空间，在变量生存期间，可通过该变量名来操作内存空间。

变量的命名要符合标识符（identifier）的命名规则，定义变量的一般格式为：

数据类型名　变量名 1，变量名 2，…，变量名 n；

其中，数据类型可以是 C++ 系统提供的内置数据类型，也可以是用户自定义类型，它告诉编译器相应变量需要什么样的内存空间。一个变量定义语句可以定义一个变量，也可同时定义多个变量，若定义多个变量，则变量之间用逗号 (,) 隔开。

以下是变量定义的例子：

```
int count;                // 定义一个整型变量
float sum, average;       // 定义两个单精度型变量，一个是 sum，另一个是 average
char a;                   // 定义一个字符变量
```

**提示**：变量在定义时尽量按照变量存储的数据的意义来命名，这样可以提高程序的可读性。

变量在定义的同时也可以直接赋初值，一条变量定义语句可以对所有变量都赋初值，也可以部分赋初值。

例如：

```
double radius=0;          // 定义一个表示半径的变量，并赋初始值为 0
```

它等价于：

```
double radius;
radius=0;
```

例如：

```
float sum=0,average;      // 部分赋初值
char a='s';               // 定义一个字符变量并赋初值
```

**提示**：在 C++ 中，定义变量的同时进行初始化也可以采用下面的语句。

```
double radius(0);         // 它等价于 double radius=0;
char a('s');              // 定义一个字符变量并赋初值
```

变量一经定义，只要在其生命周期内，就可对其进行操作，如赋值、输出它的值、参与表达式运算等。

### 2. 变量的作用域及生命周期

**变量的作用域**指变量能发生作用的区域，根据变量的作用域大小，变量可分为局部变量和全局变量。

在函数内部定义的变量为**局部变量**，局部变量只能在其所在的函数内部使用。而不在函数中定义的变量则为**全局变量**，全局变量一经定义，则在整个程序中都可访问。

**变量的生命周期**是指变量从在内存中创建开始到从内存中销毁这一段时间。

**局部变量**在程序运行到它所在作用域的定义语句时，在内存中被创建，程序走出其作用域时，其占用的内存被销毁（也就是回收）。**全局变量**在主函数 main 运行前在内存中被创

建，在主函数运行结束时被销毁。

　　一个程序要运行，必须要进入内存，为了弄清楚变量的作用域和生命周期，首先来了解一下程序在运行期间会占用哪些内存空间。一般程序运行涉及的内存空间有以下几个。

　　1）**程序代码空间**：程序代码存放的内存空间。

　　2）**全局数据区**：程序中的全局变量和静态数据（static）存放的区间，此区间中的数据由 C++ 编译器创建，对于没有初始化的变量，系统会自动初始化。此区间中的数据直到程序运行结束才会释放内存空间，它们的生命周期最长。

　　3）**栈区**：程序中的局部变量（排除静态局部变量）存放在此区间，此类变量只有所在函数被调用时，才在栈区分配内存空间，函数执行结束则释放内存空间。

　　4）**堆区**：程序中的动态数据，如用 new、malloc 等分配的内存区间。此类内存由程序员管理，程序员可利用动态内存分配函数（如 malloc、calloc 和 realloc）或 new 运算符分配内存，当不用时可用 free 函数或 delete 运算符释放内存。其中用 malloc、calloc 和 realloc 函数分配的空间在不用时最好用 free 函数释放；用 new 分配的空间则用 delete 释放。

　　在变量的作用域内，程序员均可访问相应变量，但出了变量的作用域，则不能访问。在同一作用域内，不可以定义同名的变量。在不同作用域中，允许定义同名的变量。当多个同名变量的作用域有叠加时，则系统默认优先访问当前作用域中的那个局部变量。当一个局部变量和一个全局变量同名时，可以在变量名前面加作用域限定符 "::" 来表示全局变量。

　　为帮助了解变量作用域，下面给出一个关于变量作用域的程序。

　　**【例 2-3】** 变量作用域的案例。

```
    // second_3.cpp
 1. #include <iostream>
 2. using namespace std;
 3. int n=100;              //全局变量 n 的定义，它的作用域从此处开始一直到程序结束
 4. int main()
 5. {    int n=1;           //此 n 为局部变量，它的作用域从此处开始到第 13 行结束
 6.      int a=5;           //a 为局部变量，它的作用域从此处开始到第 13 行结束
 7.      cout<<"a="<<a<<"n="<<n<<endl;
 8.      {
 9.          int c=2*a;     //c 为局部变量，它的作用域从此处开始到第 11 行结束
10.          cout<<"a="<<a<<"n="<<n<<"c="<<c<<endl;
11.      }
12.      cout<<"a="<<a<<"n="<<::n<<"c="<<c<<endl;// cout<<"a="<<a<<"n="<<::n<<endl;
13. }
```

　　**分析**：在上面的程序中，每个变量定义的位置均增加了注释，请仔细阅读注释，以了解变量的作用域。同时请根据此程序中变量的不同作用域，找出其中的一处错误。

　　**你找到了吗？** 此程序在第 12 行访问了局部变量 c，但 c 的作用域到第 11 行就结束了，因此在第 12 行不能访问局部变量 c。将第 12 行的语句改为后面注释的语句，请分析一下程序的输出结果，对照下面的程序输出结果，你分析对了吗？

```
a=5n=1
a=5n=1c=10
a=5n=100
```

　　**提示**：本程序中有两个同名的变量 n，请确定每个变量 n 的作用域，并注意两个变量在作用域叠加处系统是怎么区分的。

其中，全局变量 n 的作用域从第 3 行定义语句开始到程序结束；局部变量 n 的作用域从第 5 行定义语句开始到程序结束。它们有作用域叠加的地方，观察叠加的地方引用的每个变量 n 对应的是全局变量还是局部变量。

答案是第 7 行语句中的 n 为局部变量，第 10 行语句中的 n 也为局部变量，第 12 行语句中的 n 为全局变量。第 12 行语句中的运算符 "::" 为作用域运算符。你的判断对吗？

**说明：** 当一个程序想要访问来自不同作用域的多个同名变量时，编译器解决冲突的方法类似于日常生活中解决名字冲突的方法——加限定词。例如：社会上和张明同名的有很多，但是，在张明家里我们说张明时，大家都知道默认的是家里的张明，而如果大家在张明家想要讨论另一位来自不同省份的张明，则我们会增加限定词，比如湖南的张明，这样就解决了同名冲突。在 C++ 系统中，编译器为解决同名变量冲突问题而引入的名字空间所采用的就是这个思想。

**提示：**
- 若全局变量应用过多，一个程序中多个函数的关系将变得紧密，而这会降低程序的可读性和可维护性。
- 对局部变量系统不会自动初始化，而对全局变量系统会自动初始化；对于不同类型的变量，系统初始化的值不同，具体初始化的值如表 2.5 所示。

表 2.5　系统默认初始化值

| 数据类型 | 默认初始化值 |
| --- | --- |
| int | 0 |
| char | '\0' |
| float | 0 |
| double | 0 |
| 指针 | NULL |

### 3. 变量的存储类别

存储类别定义程序中变量或函数的范围（可见性）和生命周期，这些说明符通常在定义变量或函数时放置在修饰它们的数据类型之前。

C++ 中常用的存储类别关键字有 auto、static、extern、mutable、thread_local、register（被弃用）。

**（1）auto**

C++ 98 中 auto 关键字用于定义自动变量，一般很少使用。从 C++ 11 开始，auto 关键字被用作类型占位符，在声明变量时，编译器可根据初始化表达式自动推断变量的类型，声明函数时根据 return 语句的返回值推断函数的返回值类型。具体应用如下所示：

```
auto f=3.14;              // 根据 3.14 的类型推断变量 f 为 double 类型
auto s="hello";           // 根据 "hello" 推断变量 s 为 const char* 类型
auto x1=2,x2=3,x3=4.5;     // 错误，因为三个变量的初始值不同，无法推断变量类型
```

**提示：**
- 用 auto 定义变量必须在定义时初始化，因为编译器要根据初始值推断变量类型。
- 用一个 auto 定义多个变量时，多个变量的初始值类型必须是同一类型。

- auto 不能用于函数的参数，但可用于函数返回值的推断。
- 在第 12 章标准模板库中，当遍历容器时，定义迭代器经常会用到 auto 来推导迭代器类型，使用非常方便。但过多地使用 auto 定义变量会降低程序的可读性。

（2）`static`

用 static 修饰一个局部变量时，告诉编译器在程序的生命周期内保持该局部变量一直存在，而不需要在每次进入或离开它的作用域时进行创建和销毁。因此，使用 static 修饰局部变量可以在函数调用之间保持局部变量的值。

用 static 修饰全局变量或全局函数时，告诉编译器该全局变量或全局函数的作用域仅限于定义它的文件内。

static 也可以修饰类中的成员（包括数据成员和成员函数），此时它告诉编译器该成员被类的所有对象共享。这种情况将在第 4 章中讲述。

下面通过案例来了解用 static 修饰的局部变量的特点。建议在学习完第 3 章之后再学习此内容。

【例 2-4】用 static 修饰局部变量的案例。

```cpp
// second_4.cpp
1.  #include <iostream>
2.  using namespace std;
3.  int func(int n)         // 函数
4.  {
5.      static int f=0;     // 静态局部变量的定义
6.      f=f+n;
7.      return f;
8.  }
9.  int main()              // 主函数
10. {
11.     int i;
12.     for(i=1;i<=5;i++)
13.     cout<<" 函数第 "<<i<<" 次调用结果为 "<<func(i)<<endl;
14. }
```

编译并运行此程序，运行结果为：

```
函数第 1 次调用结果为 1
函数第 2 次调用结果为 3
函数第 3 次调用结果为 6
函数第 4 次调用结果为 10
函数第 5 次调用结果为 15
```

**分析：** 在此程序中，变量 f 在函数 func 内定义，被 static 修饰，因此为静态局部变量，其作用域在第 5 行至第 8 行语句之间，但它的生命周期为函数 func 第一次被调用时创建，在整个主函数执行结束时才销毁。在主函数中，根据循环控制变量 i 值的变化情况，可判断 for 循环将重复调用函数 func 5 次。当函数 func 第 1 次被调用时，首先执行第 5 行语句，局部变量 f 被创建并初始化为 0，当第 1 次调用结束时，局部变量 f 中存放的数值为 1，由于 static 修饰了它，因此编译器不销毁该变量。当第 2 次调用函数 func 时，第 5 行的语句将不被执行，这就意味着局部变量 f 的值仍为 1，当执行第 6 行语句时，变量 f 的值将变为 3，因此函数第 2 次的调用结果为 3。同理，当第 3 次调用函数 func 时，直接执行第 6 行语句，变量 f 的结果就变为 6。第 4 和第 5 次的调用留给读者自己来分析。

去掉本程序第 5 行语句中的 `static` 关键字，运行此程序，程序运行结果为：

```
函数第 1 次调用结果为 1
函数第 2 次调用结果为 2
函数第 3 次调用结果为 3
函数第 4 次调用结果为 4
函数第 5 次调用结果为 5
```

**分析：** 去掉 `static` 后，变量 f 在函数 func 中为局部变量，当程序执行到其对应语句时创建它，当遇到 `return` 语句时离开 func 函数，此时变量 f 被销毁，因此每次主函数 main 调用函数 func 时，均返回 0+n 的值。在主函数中，函数 func 在 for 循环体中被调用 5 次，每次传递给 n 的值为变量 i，而变量 i 的值在 5 次调用中分别为 1、2、3、4 和 5，因此程序输出了以上结果。

**（3）`extern`**

`extern` 声明的全局变量或函数在本程序的其他文件中有定义。

当程序包含多个文件时，若某个文件中定义了一个可以在其他文件中使用的全局变量或函数，则可以在其他文件中使用 `extern` 声明相应的全局变量或函数，以便能正常引用。

**【例 2-5】** 关于 `extern` 用法的案例。源程序中包含的文件有 second_5_1.cpp 和 second_5_2.cpp。

```cpp
   // second_5_1.cpp
1. #include <iostream>
2. int count ;
3. extern void print();
4. int main()
5. {
6.     count = 5;
7.     print();
8. }
   // second_5_2.cpp
9. #include <iostream>
10. extern int count;
11. void print(void)
12. {
13.     std::cout << "Count is " << count << std::endl;
14. }
```

编译该程序，程序的运行结果为：

```
Count is 5
```

**分析：** 在文件 second_5_1.cpp 中，定义了全局变量 count，在文件 second_5_2.cpp 中，为了能引用此全局变量，第 10 行语句用 `extern` 对其进行了声明。同理，在文件 second_5_2.cpp 中，定义了函数 print()，在文件 second_5_1.cpp 中，要访问函数 print()，第 3 行语句用 `extern` 对函数 print() 进行了声明，这样编译器能正常编译此程序。

当从文件 second_5_1.cpp 中去掉第 3 行语句时，该文件在编译期间将出现如下错误提示：

```
error C2065:'print':undeclared identifier
```

当从文件 second_5_2.cpp 中去掉第 10 行语句时，该文件在编译期间将出现如下错误提示：

```
error C2065:'count':undeclared identifier
```

**（4）mutable**

mutable 说明符仅适用于类。它允许类的常成员函数对用 mutable 修饰的类中的数据成员进行赋值操作（正常情况下，常成员函数不能修改类中数据成员的值）。也就是说，mutable 成员可以通过 const 成员函数修改。第 4 章将会讲解类及常成员函数。

**（5）thread_local**

使用 thread_local 说明符声明的变量仅可在创建它的线程上访问。变量在创建线程时被创建，并在销毁线程时被销毁。每个线程都有自己的变量副本。

thread_local 说明符可以与 static 或 extern 合并。

thread_local 仅应用于数据声明或定义，不能用于函数声明或定义。

## 2.4　控制结构

C++ 包含三种基本结构，即顺序结构、选择结构和循环结构。

### 2.4.1　顺序结构

顺序结构是 C++ 程序执行的默认结构，即在一个没有选择结构和循环结构的程序中，C++ 语句将按照语句书写的先后顺序，从左向右、自上而下依次执行。顺序结构中常见的语句如下。

**1. 定义语句**

定义语句用来对程序中出现的各种标识符进行定义。这些标识符通常是变量名、命名常量名、函数名、结构体名、类名、对象名等。在 C++ 中，一个标识符在使用之前必须先定义。定义的目的是告诉编译器该标识符的相关信息，并需要编译器为它在内存中分配相应的空间。

例如，变量定义语句

```
int a;
```

告诉编译器标识符 a 是一个整型变量，因而编译器将会给 a 分配 4 个字节的内存空间。

例如，函数定义语句

```
double max(double x,double y)
    {   return (x>y?x:y);   }
```

告诉编译器标识符 max 是一个函数，它有两个 double 型参数，它的返回值为 double 类型等，同时编译器将该函数写入内存。

**2. 赋值语句**

赋值语句的一般格式为：

变量标识符 = 表达式；

其中，"="为赋值运算符，它的作用是将右侧表达式的计算结果存入"="左侧的变量标识符对应的内存中。若表达式结果的类型与变量类型不同，则系统自动将表达式结果转换为变量类型，然后进行赋值，若转换失败，则提示出错。

例如：

```
a=6;        // 将常量 6 赋值给变量 a
b=3*a;      // 将常量 3 与变量 a 的乘积赋值给变量 b
```

### 3. 表达式语句

C++ 中所有对数据的操作都是通过表达式语句来完成的，其语法格式为：

< 表达式 >;

例如：

```
c=a*b;      // 将 a 乘以变量 b 的结果赋值给变量 c
```

### 4. 基本输入输出语句

C++ 程序的输入输出操作可通过标准库中的输入输出流对象来完成。头文件 iostream 中声明了代表显示器的标准输出流对象 cout 和代表键盘的标准输入流对象 cin，使用它们之前，应首先用预处理指令 #include 包含头文件 iostream。

#### （1）cin 输入语句

用 cin 对象输入数据时，程序等待用户从键盘输入数据，按一次回车键，相应数据就被送入输入缓冲区中，所按的回车键（\r）将被转换为一个换行符（\n）也送入输入缓冲区。cin 从输入缓冲区提取数据给变量，若输入缓冲区为空，cin 会阻塞以等待数据的到来，一旦缓冲区中有数据，就触发 cin 去提取数据，直到输入语句中所有变量均被赋值。

从键盘给变量输入数据的一般语句格式为：

cin>> 变量名 1>> 变量名 2…;

其中“>>”称为输入运算符（也叫提取运算符），一个输入语句可对多个不同类型的**变量**赋值。执行该语句时，C++ 程序将暂时中止执行，等待用户从键盘上输入数据。如果用户键入了有效的数据并按下回车键，cin 将从输入缓冲区提取数据给变量赋值，若输入缓冲区中没有足够的数据可给变量赋值，则等待用户继续从键盘输入数据直到输入语句中所有数据均被赋值，赋值从左向右依次进行。例如：

cin>>a>>b>>c;

该语句要求用户从键盘输入三个变量的值，若 a、b 和 c 为数值型变量，则输入数据时，不同数据之间可采用空格、Tab 或回车作为分隔符。采用其他字符分隔有可能产生意想不到的结果。

若输入的数据是字符型数据，则输入数据可用空格、Tab 或回车作为分隔符，也可连续输入之后回车。例如：

```
#include <iostream>
void main()
{
    char  a,b,c;
    std::cin >> a >>b>>c;
    std::cout << a <<"|"<<b<<"|"<<c<<std::endl;
}
```

执行该程序，从键盘输入 DER 回车，或者输入 D E R 回车，或者输入 D 回车、输入 E

回车、输入 R 回车，其效果是一样的，程序均输出：

```
D|E|R
```

**（2）cout 输出语句**

向显示器输出数据的一般格式为：

```
cout<< 表达式 1<< 表达式 2…;   // 向显示器输出信息
```

其中"<<"称为输出运算符（也叫插入运算符），一次可输出多个表达式的值。

例如，查看如下程序中加粗的输出语句：

```
1. #include <iostream>
2. void main()
3. {
4.     char a = 'a';
5.     int b = 123;
6.     double c = 3.345;
7.     std::cout <<"hello!"<< a <<"|"<<b<<"|"<<c<<"|"<<std::endl;
8. }
```

编译并执行该程序，程序的输出结果为：

```
hello!a|123|3.345|
```

该程序中第 7 行语句为典型的输出语句的应用，其中，std::cout 指的是访问名字空间 std 中的标识符 cout，它代表显示器。该语句输出了字符串常量、字符变量 a、整型变量 b、双精度型变量 c 的值，具体结果如上所示。数据将连续输出，而 std::endl 指的是访问名字空间 std 中的标识符 endl，它的意思是换行，在头文件 iostream 中有定义。

**5. 复合语句**

复合语句又称为语句块，它是用一对花括号"{  }"将若干条语句括起来而组成的语句，其语法格式为：

```
{
    <语句 1>
    …
    <语句 n>
}
```

复合语句可以出现在程序中任何需要的地方，通常情况下，复合语句可以由函数调用、赋值语句、循环语句、选择语句等构成。

**6. goto 语句**

goto 语句又称为转向语句，其语法格式为：

```
goto   <标号 L>;
<标号 L>:   <语句 >
```

其中，goto 为关键字；<标号 >是一个由用户命名的标识符，在 <标号 >和 <语句 >之间使用一个冒号分隔，这种语句称为标号语句。在 goto 语句所处的函数体中必须同时存在一条由 <标号 >标记的语句。<标号 >应与 goto 语句中的 <标号 >相同，<语句 >可以是任何类型的语句。

**提示：**goto 语句和相应的标号语句必须位于同一函数体内。一个复合语句之外的 goto

语句不能跳转到该复合语句内部。为了提高程序的可读性，应尽量少用或不用 goto 语句，因为它会打破程序执行的流程。

## 2.4.2   选择结构

在日常生活中，我们经常进行选择操作。例如：如果彩票中了 50 万，将去欧洲旅行一圈，否则就国内旅游一圈；如果今天下雨，我将在家学习，否则我就去逛街。在处理数据时，有时也需根据条件来决定进行处理的类型，if 语句和 switch 语句可完成此类选择操作，一个 if 可实现双分支，一个 switch 可实现多分支。

### 1. if 语句（单分支选择结构）

if 单分支选择结构的一般格式为：

```
if(< 条件表达式 >) < 语句 1>
```

其中，if 为关键字；< 条件表达式 > 必须用圆括号括起来；< 语句 1> 称为 if 子句，它可以是任何类型的语句，可为单条语句，也可为复合语句。

该语句首先计算 < 条件表达式 > 的值。如果条件表达式的值为 true（即非零），则执行 < 语句 1>，然后执行 if 语句之后的下一条语句；如果条件表达式的值为 false（即为零），则直接执行 if 语句之后的下一条语句。具体执行流程如图 2.1 所示。

### 2. if…else 语句（双分支选择结构）

双分支选择结构的一般格式为：

```
if(< 条件表达式 >)
     < 语句 1>
else
     < 语句 2>
```

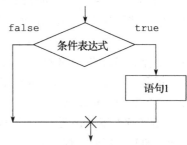

图 2.1   if 单分支选择结构图

其中 if 和 else 为关键字，其功能是根据给定条件是否成立来决定执行语句 1 和语句 2 中的哪一个。< 语句 1> 称为 if 子句，< 语句 2> 称为 else 子句，它们可以只包含一条语句，也可以是复合语句。

**if…else 语句的执行过程**：首先计算 < 条件表达式 > 的值。如果条件表达式的值为 true（即非零），则执行 < 语句 1>，然后执行 if…else 结构之后的下一条语句；如果条件表达式的值为 false（即为零），则执行 < 语句 2>，然后执行 if…else 结构之后的下一条语句。也就是说，语句 1 和语句 2 只能执行其中一个，依条件表达式的取值而定。具体流程如图 2.2 所示。

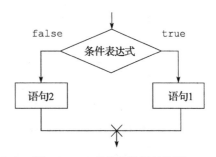

图 2.2   if 双分支选择结构图

**提示**：else 子句不能单独使用，它必须与 if 语句配对出现。

【例 2-6】亮亮打算约萍萍去看展览，但萍萍每周二、周四和周五有课，请编写程序帮助萍萍判断是否能够接受亮亮的邀请。

```
// second_6.cpp
1.  #include <iostream>
2.  using namespace std;
3.  int main()
4.  {
5.      int n;
6.      cout << "请输入周几邀请我: " << endl;
7.      cin >> n;
8.      if (n == 2 || n == 4 || n == 5)
9.          cout << "NO" << endl;
10.     else
11.         cout << "YES" << endl;
12. }
```

编译并运行该程序，输入 3 并按回车键：

```
YES
```

**分析：** 显然在确定了哪一天邀请后，后面的 if 语句将根据 n 的值来确定是否可以接受邀请。

### 3. if 语句的嵌套

if 子句和 else 子句可以是任何类型的语句，也可以是一个 if…else 语句。通常，这种情况被称为 if 语句的嵌套，通过 if 语句的嵌套可以实现多个选择分支。

C++ 语言中规定：else 关键字总是与它前面最近的未配对且可见的那个 if 关键字配对。复合语句内的 if 关键字对其外面的 else 关键字是不可见的。

**提示：** 嵌套的 if 语句最好不要超过 3 层，因为嵌套层数太多，程序的逻辑结构较为复杂，这往往会导致出错。

**【例 2-7】** 下面是两个 if 结构的语句块，它们实现相同的功能，用来判断某个地点是否在地图的某个区间。规则为：若经度在 120～150 之间，而纬度在 30～60 之间，则在一类区；若经度不变，纬度在 60～90 之间，则在二类区；否则不在指定区间。案例 1 采用 3 层嵌套的 if 结构实现，案例 2 采用 2 层嵌套实现。读者可以判断哪个可读性更好一些。

案例 1：

```
// second_7_1.cpp
#include <iostream>
using namespace std;
void main()
{
    int latitude, longitude;     // latitude 代表纬度，longitude 代表经度
    int flag;
    cout << "请输入经度、纬度的值" << endl;
    cin >> longitude >> latitude;

    if (latitude > 30 && longitude > 120)
    {
        if (latitude <= 60 && longitude < 150)
            cout << "在一类区" << endl;
        else
            if (latitude <= 90 && longitude <= 150)
                cout << "在二类区" << endl;
            else
                cout << "不在相应区域" << endl;
```

```
        }
        else
            cout << "不在相应区域" << endl;
}
```

案例 2：

```
// second_7_2.cpp
#include <iostream>
using namespace std;
int main()
{
    int latitude, longitude;
    cout << "请输入经度、纬度的值" << endl;
    cin >> longitude >> latitude;
    if (longitude > 120 && longitude <= 150 && latitude > 30 && latitude <= 60)
        cout << "在一类区" << endl;
    else
        if (longitude > 120 && longitude <= 150 && latitude > 60 && latitude <= 90)
            cout << "在二类区" << endl;
        else
            cout << "不在相应区域" << endl;
    return 0;
}
```

有答案了吗？显然案例 2 的可读性更好。

### 4. 利用 `if` 语句的嵌套或 `if…else if` 结构实现多分支

可以使用嵌套的 `if` 语句构成形如 `if…else if` 的阶梯结构，以实现多分支结构，其形式如下：

```
if(<条件 1>)
    <语句 1>
else if(<条件 2>)
    <语句 2>
else if(<条件 3>)
    <语句 3>
…
else
    <语句 n>
```

**该结构的执行过程**：从上向下逐一对 `if` 之后的条件进行检测。如果条件 i 为真（`true`），则执行相应的语句 i，然后跳出 `if` 结构，执行 `if` 结构后面的语句；如果所有条件都为假（`false`），则执行最后一个 `else` 子句，然后执行 `if` 结构后面的语句。

【例 2-8】学校经常将学生的成绩分成 5 级，假设成绩满分为 100 分，则规则为：当成绩大于等于 90 时为 "优秀"，当成绩大于等于 80、小于 90 时为 "良"，当成绩大于等于 70、小于 80 时为 "中"，当成绩大于等于 60、小于 70 时为 "及格"，当成绩大于等于 0、小于 60 时为 "不及格"。请编写程序，将学生的成绩分级。

**设计分析**：显然对于一个学生成绩，五个等级中只能满足一个，用上面的多分支结构进行判断很容易理解。并且在程序开始处，应该先输入学生成绩并判断其是否在合理范围内，因此需要定义整型变量来存储学生成绩。具体代码实现如下：

```
    // second_8.cpp
  1. #include <iostream>
```

```
2. using namespace std;
3. int main()
4. {
5.     int grade;                                    // 用 grade 变量存储学生成绩
6.     cin>>grade;
7.     if (grade > 100 || grade < 0) return 0;       // 如果成绩不合法，则结束程序
8.     if(grade>=90)
9.         cout<<" 优秀 "<<endl;
10.     else if(grade>=80)
11.         cout<<" 良 "<<endl;
12.     else if(grade>=70)
13.         cout<<" 中 "<<endl;
14.     else if(grade>=60)
15.         cout<<" 及格 "<<endl;
16.     else
17.         cout<<" 不及格 "<<endl;
18. }
```

**分析**：该程序第 8～17 行语句是用 if 实现的多分支结构，用于判断学生成绩的等级。有的读者写出了如下代码：

```
// second_8_1.cpp
1. #include <iostream>
2. using namespace std;
3. int main()
4. {
5.     int grade;
6.     cin >> grade;
7.     if (grade > 100 || grade < 0) return 0;       // 如果成绩不合法，则结束程序
8.     if (grade >= 90 && grade<=100)
9.         cout << " 优秀 " << endl;
10.     else if (grade >= 80 && grade < 90)
11.         cout << " 良 " << endl;
12.     else if (grade >= 70 && grade < 80)
13.         cout << " 中 " << endl;
14.     else if (grade >= 60 && grade < 70)
15.         cout << " 及格 " << endl;
16.     else
17.         cout << " 不及格 " << endl;
18. }
```

**分析**：程序 second_8_1.cpp 与 second_8.cpp 的功能相同，但仔细观察，它们在执行效率上存在差异。首先以每个程序第 8 行的 if 结构的条件表达式为例，表达式" grade >= 90 && grade<=100"和" grade >= 90"单独看意义不同。第一个表达式表示 grade 大于等于 90 且小于等于 100，而第二个表达式表示 grade 大于等于 90，根据题目中关于"优秀"等级的描述，很多读者会认为" grade >= 90 && grade<=100"正确，而" grade >= 90"不正确。但结合程序中的上下文，不难发现，程序中第 7 行语句的 if 结构对成绩的合法性进行了判断，大于 100 或小于 0 的成绩是执行不到第 8 行语句的，因此 second_8.cpp 中省略" grade<=100"的判断是正确的，也就是说，两个程序中第 8 行语句的 if 条件判断表达式表达了相同的意思。但显然表达式" grade >= 90"的执行效率要比表达式" grade >= 90 && grade<=100"高很多，因为其省略了对" grade<=100"条件的判断，所以程序 second_8.cpp 中的表达方式更优。同理，两个程序中第 10 行、第 12 行和第 14 行的条件表达式也存在相同的问题。second_8.cpp 一定程度上比 second_8_1.cpp 的执行效率更高。

### 5. **switch** 结构

switch 语句又称为开关语句,它也是一种多分支选择结构。switch 语句的功能是根据给定表达式的不同取值来决定从多个语句序列中的哪一个开始执行,其语法格式如下:

```
switch(<表达式>){
    case<常量表达式1>: <语句序列1>; break;
    case<常量表达式2>: <语句序列2>; break;
    ...
    case<常量表达式n>: <语句序列n>; break;
    default: <语句序列n+1>
}
```

其中,switch、case 和 default 为关键字,<表达式>的值必须属于整型、字符型或枚举型。<常量表达式 i>(i=1,2,…,n)是取值互不相同的整型常量、字符常量或枚举常量,其具体类型应与<表达式>的值的类型相一致。<语句序列 i>(i=1,2,…,n)可以是任意多条语句。关键字 case 与其后的<常量表达式 i>、冒号(:)、<语句序列 i>和 break 一起构成一条 case 标号语句。关键字 default 与其后的<语句序列 n+1>一起称为 default 标号语句。

**switch 结构的执行过程:**

1)首先计算<表达式>的值,设此值为 E。

2)然后计算每个<常量表达式 i>的值,设它们分别为 C1, C2, …, Cn。

3)将 E 依次与 C1, C2, …, Cn 进行比较。如果 E 与某个值相等,则从该值所在的 case 标号语句开始向后执行各个语句序列,直至遇到 break 语句跳出 switch 结构,然后执行其后面的语句。在不出现 break 语句的情况下,将一直执行到 switch 语句结束。

4)如果 E 与所有常量表达式的值都不相等且存在 default 标号,则从 default 标号语句开始向下执行,遇到 break 语句则跳出 switch 结构,若没遇到 break 语句,则一直执行到 switch 语句结束。

5)如果 E 与所有常量表达式的值都不相等且不存在 default 标号,则直接执行 switch 结构后面的语句。

**提示:** 为了不让 switch 结构执行多余语句,影响程序的处理逻辑,通常在每条 case 标号语句后面加上 break 语句。这样,每当执行到 break 语句时,执行流程就会跳出 switch 结构而执行其后面的语句。通常情况下,switch 语句总是和 break 语句联合使用,以确保多分支结构的正确实现。

【例 2-9】对上面的例 2-8,用 switch 结构实现。

```cpp
    // second_9.cpp
1.  #include <iostream>
2.  using namespace std;
3.  int main()
4.  {
5.      int grade;
6.      cin>>grade;
7.      while(grade>100||grade<0)        //while语句完成学生成绩的合法性处理
8.      {
9.          cout<<"请输入0～100之间的合法成绩"<<endl;
10.         cin>>grade;
11.     }
12.     switch(grade/10)
```

```
13.    {
14.        case 10:
15.        case 9: cout<<" 优秀 "<<endl; break;
16.        case 8: cout<<" 良 "<<endl; break;
17.        case 7: cout<<" 中 "<<endl; break;
18.        case 6: cout<<" 及格 "<<endl; break;
19.        default: cout<<" 不及格 "<<endl;
20.    }
21. }
```

编译并运行该程序，假如输入 85，则程序的输出结果为：

良

**分析**：该程序第 12 ~ 20 行语句替换了 second_8.cpp 中的第 8 ~ 17 行语句，两个程序实现了相同的功能，读者可自行领悟其中的不同，同时感受 switch 结构与 if 结构的差异。说明：在第 14 行 case 后没有语句，则程序直接执行第 15 行 case 后的语句。为了验证这一说法，可再次运行该程序，分别输入 100 和 95，看一看程序的两次运行结果是否相同。

### 2.4.3 循环结构

在程序设计中，通常需要连续重复地执行某些操作，这时使用循环结构可以方便地实现。C++ 中有三种循环结构，分别为 for 循环、while 循环和 do…while 循环。

#### 1. for 循环

for 循环的语法格式为：

```
for(< 表达式 1>;< 表达式 2>;< 表达式 3>)
    < 循环体 >
```

其中，for 为关键字；< 表达式 1> 是 for 循环的初始化部分，一般用来设置循环控制变量的初始值；< 表达式 2> 是 for 循环的条件部分，用来判定循环是否继续进行；< 表达式 3> 一般用于修改循环控制变量的值；< 循环体 > 是要反复执行的语句（即操作），它可以是单条语句，也可以是复合语句。

**for 循环的执行过程**：

1）计算 < 表达式 1> 的值。

2）计算 < 表达式 2> 的值。如果此值不等于 0（即循环条件为真（true）），则转向步骤 3）；如果此值等于 0（即循环条件为假（false）），则转向步骤 5）。

3）执行一遍 < 循环体 > 语句。

4）计算 < 表达式 3> 的值，然后转向步骤 2）。

5）结束 for 循环。

具体执行流程如图 2.3 所示。

C++ 中 for 语句的书写格式非常灵活，主要表现在以下方面：

- < 表达式 1> 可以是变量定义语句，也可以是给循环变量赋值的语句，还可以省略。

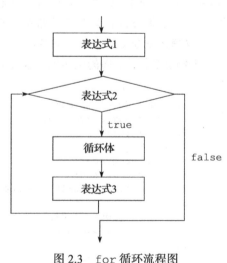

图 2.3  for 循环流程图

当 < 表达式 1> 是变量定义语句时，一般定义的是循环控制变量且必须赋初值，此时定义的变量只在 for 语句内部有效，for 循环结束后变量将自行销毁。< 表达式 1> 省略时，其后的分号不能省略，且应在 for 语句之前给循环控制变量赋初值。

- < 表达式 2> 可以省略，这时 for 循环条件将永远为 true，循环会无限次地执行下去，这种情况通常称为"死循环"。此时，一般循环体中会出现跳出循环的语句，以避免死循环。省略 < 表达式 2> 时，其后的分号不能省略。
- < 表达式 3> 可以省略。这时应在循环体中对循环控制变量进行递增或递减操作，以确保循环能够正常结束。
- 三个表达式也可同时省略。这时 for 循环显然也是一个"死循环"，应该避免。
- < 表达式 1>、< 表达式 2>、< 表达式 3> 可以是任何类型的表达式。

**【例 2-10】** 计算一个数的所有因子，并输出。

**设计分析：** 计算一个数的因子，需定义一个变量存储这个数，不妨定义整型变量 n 来存储。不难判断 n 的所有因子应该在 1 和 n 之间，不妨设一个变量 i，让它从 1 变化到 n，依次判断 i 是否能整除 n，若能整除，则 i 是 n 的因子，输出 i，否则将变量 i 加 1 继续判断，因此用 for 循环来实现。具体代码如下：

```
// second_10.cpp
#include <iostream>
using namespace std;
int main()
{
    int n;
    cout << "请输入求因子的整数" << endl;
    cin >> n;
    cout << n << "的因子有: ";
    for (int i = 1;i <= n;i++)     //循环控制 i 从 1 变化到 n,对每个 i 值判断是否为 n 的因子
        if (n % i == 0) cout << i << " |"; //若是则输出
}
```

编译并运行该程序，然后根据提示进行输入，显示的信息如下：

```
请输入求因子的整数
38 回车 (这是键盘输入的信息)
38 的因子有: 1 |2 |19 |38 |
```

**分析：** 显然该程序中 for 循环实现了计算 n 的因子的操作。循环体的 if 结构中的 "%" 为求余运算符，"==" 为关系运算符"等于"，它判断左右两侧的操作数是否相等，相等则结果为 true，否则为 false。表达式 n % i == 0 等价于 (n % i) == 0，也就是先求 n 除以 i 的余数，然后判断该余数是否等于 0，若等于 0 则说明 i 是 n 的因子，于是输出 i。

### 2. while 循环

while 循环的语法格式为：

```
while(< 表达式 >)
    < 循环体 >
```

其中，while 为关键字；< 表达式 > 是 while 循环的条件，用于控制循环是否继续进行，如果表达式为 true 则执行循环体，否则结束 while 循环，执行 while 循环之后的语句；< 循环体 > 是要被重复执行的语句，while 循环体可以是单条语句，也可以是复合语句，当

循环体为复合语句时，需要用花括号"{}"括起来。实际上，while 循环是 for 循环省略掉 < 表达式 1 > 和 < 表达式 3 > 的特殊情况。

**while 循环的执行过程：**

1）计算 < 表达式 > 的值，如果此值不等于 0，即循环条件为真（true），则转向步骤 2）；如果此值等于 0，即循环条件为假（false），则转向步骤 3）。

2）执行一遍 < 循环体 >，转向步骤 1）。

3）结束 while 循环。

具体执行流程如图 2.4 所示。

**提示：**由于 while 语句中缺少对循环控制变量进行初始化的语句，因此在使用 while 循环之前需对循环控制变量进行定义和初始化。在 while 循环体中不要忘记对循环控制变量的值进行修改，以使循环趋于结束。

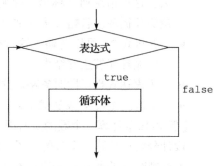

图 2.4   while 循环流程图

【例 2-11】有人在银行存了一笔本金（单位：万元），已知每年存款利率，第二年的本金为前一年的本金加利息，每年滚动计算，想知道存多少年可以达到想要的目标金额。

**设计分析：**首先本程序涉及本金、利率、目标金额以及存款年限，因此分别定义 double 型变量 money、desmoney 和 interest 来存储本金、目标金额和利率，定义整型变量 year 来存储年份。对于给定的本金和利率，想知道多少年可达到目标金额，则只需循环计算每年结束后的存款，若大于目标金额则结束存储，若小于目标金额则继续存储，因此此处的处理应使用循环来完成。具体实现代码如下：

```cpp
// second_11.cpp
#include <iostream>
using namespace std;
int main()
{
    double money, interest, desmoney;
    int year=0;
    cout << "请输入您的本金" << endl;
    cin >> money;
    cout << "请输入存款利率" << endl;
    cin >> interest;
    cout << "请输入您想存够多少钱取出" << endl;
    cin >> desmoney;
    while (money < desmoney)
    {   year=year+1;
        money = money + money * interest;
    }
    cout << "您得存" << year << "年 "<<endl;
    cout << "到时您的钱将为: " << money<<endl;
}
```

编译并运行该程序，按照程序提示进行操作，则结果为：

```
请输入您的本金
20 回车
请输入存款利率
0.045 回车
```

请输入您想存够多少钱取出
30 回车
您得存 10 年
到时您的钱将为: 31.0594

**分析**: 该程序中用 while 循环来控制存款年限, 循环条件为本金小于目标金额, 若条件成立, 则继续执行循环体 (再存 1 年), 每循环 1 次, year 增加 1, 同时本金增加本金乘以利率的值。当本金大于目标金额时, while 循环结束, 输出结果数据。

### 3. do⋯while 循环

do⋯while 循环的语法格式为:

```
do
    < 循环体 >
while(< 表达式 >);
```

其中, do 和 while 为关键字; < 循环体 > 是被重复执行的语句, do⋯while 的循环体可以是单条语句, 也可以是复合语句; < 表达式 > 是 do⋯while 循环的条件, 用于控制循环是否继续进行。注意, 在 while 圆括号后的分号不能丢掉, 它表示 do⋯while 循环的结束。

**do⋯while 循环的执行过程**:

1) 首先执行一遍循环体语句。

2) 计算 < 表达式 > 的值, 如果此值不等于 0, 即循环条件为真 (true), 则转向步骤 1); 如果此值等于 0, 即循环条件为假 (false), 则转向步骤 3)。

3) 结束 do⋯while 循环。

具体执行流程如图 2.5 所示。

**提示**: 在使用 do⋯while 循环之前同样需要对循环控制变量进行初始化, 在 do⋯while 循环体中不要忘记对循环控制变量进行修改, 以使循环趋于结束, 避免死循环的发生。

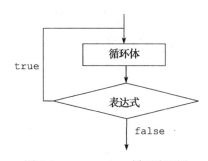

图 2.5  do⋯while 循环流程图

**【例 2-12】** 一只兔子拔萝卜, 第一天拔了 3 个, 以后每天拔的萝卜数都比前一天的两倍少 1, 请问兔子多少天可以拔够 200 个萝卜然后过冬?

**设计分析**: 根据题目, 首先看有哪些数据。计算第二天拔的萝卜数需要知道前一天兔子拔的萝卜数, 因此定义整型变量 before 来存储前一天的萝卜数, 它的初始值为 3。兔子拔萝卜的天数用整型变量 i 来记录并将其初始化为 1, 同理定义整型变量 sum 来记录兔子目前拔的总萝卜数并将其初始化为 3。根据兔子以后每天拔萝卜的规律, 接下来的每天需要计算兔子当天拔的萝卜数并计入 sum 中, 兔子每拔一天萝卜, 变量 i 增加 1, 就这样重复直到 sum 大于等于 200 停止。因此用 do⋯while 循环结构来实现, 具体代码如下:

```cpp
// second_12.cpp
#include <iostream>
using namespace std;
int main()
{
    int sum = 3;
    int before = 3;
    int i = 1;
    do{
```

```
        before = before * 2 - 1;    //根据前一天萝卜数计算第二天拔的萝卜数
        i = i + 1;                  //天数增加1
        sum = sum + before;         //将当天萝卜数计入总数中
    }
    while (sum < 200);              //当累计拔的萝卜数小于200时，兔子需继续拔萝卜
    cout << "兔子经过" <<i<<"天的劳动就可拔够200个萝卜" << endl;
    cout << "兔子总共拔了" << sum<<"个萝卜" <<endl;
}
```

编译并运行该程序，程序的输出结果为：

兔子经过7天的劳动就可拔够200个萝卜
兔子总共拔了261个萝卜

【例2-13】求整型数据 n 的阶乘，用三种循环分别实现。

**设计分析**：问题需分三步进行。

**第一步**：输入要处理的数据并对其合法性进行判断，因此需定义变量 n，并用键盘来输入。

**第二步**：求 n 的阶乘。求阶乘的公式为 $n! = 1 \times 2 \times 3 \times \cdots \times n$，要重复进行乘操作，因此采用循环来完成，这里定义长整型变量 f 来存储结果并对其赋初值1，因为任何数乘以1都不变。

**第三步**：输出结果数据到显示器。

● **用 for 循环实现，注意加粗部分的代码**：

```
    // second_13_for.cpp
 1. #include <iostream>
 2. using namespace std;
 3. void main()
 4. {
 5.     int n, i;                     //n为求阶乘的整数，i为循环控制变量
 6.     long f = 1;                   //用来存储处理结果
 7.     cout << "请输入大于0的整数求阶乘 \n";
 8.     cin >> n;                     //从键盘输入要求阶乘的整数
 9.     if (n < 0)                    //若n小于0，则提示输入数据应大于0并结束程序
10.         cout << "请输入大于0的整型数据 \n";
11.     else                         //若n大于等于0，则计算n的阶乘并输出
12.     {
13.         for (i = 1;i <= n;i++)    // for循环求阶乘
14.             f = f * i;
15.         cout << n << "!="<<f << endl;
16.     }
17. }
```

编译并运行该程序，若输入 –3 并回车，则输出结果为：

请输入大于0的整型数据

再次运行该程序，输入0并回车，则输出结果为：

0!=1

再次运行该程序，输入10并回车，则程序的输出结果为：

10!=3628800

**分析**：对各种输入情况进行验证，显然程序的输出结果正确。

● **用 while 循环实现，注意加粗部分的代码**：

```
// second_13_while.cpp
#include <iostream>
using namespace std;
void main()
{
    int n, i;
    long f = 1;
    cout << "请输入大于 0 的整数求阶乘 \n";
    cin >> n;
    if (n < 0)
        cout << "请输入大于 0 的整型数据 \n";
    else
    {
        i = 1;        // 为循环控制变量 i 赋初值
        while (i <= n)
        {
            f = f * i;
            i++;   // 循环控制变量增加 1
        }
        cout << n << "!="<<f << endl;
    }
}
```

● 用 **do…while** 循环实现，注意加粗部分的代码：

```
// second_13_do-while.cpp
#include <iostream>
using namespace std;
void main()
{
    int n, i;
    long f = 1;
    cout << "请输入大于 0 的整数求阶乘 \n";
    cin >> n;
    if (n < 0)
        cout << "请输入大于 0 的整型数据 \n";
    else
    {
        i = 1;
        do
        {
            f = f * i;
            i++;
        } while (i <= n);
        cout << n << "!="<<f << endl;
    }
}
```

**比一比**：同一个问题用三种不同循环实现的不同和相同之处。

#### 4. 循环的嵌套

在一个循环结构中可完整地包含另一个循环结构，这称为循环的嵌套。C++ 中三种类型的循环语句都可以相互嵌套，并且嵌套的层数没有限制。

#### 5. 循环中的跳转语句

在循环体中，可以使用跳转语句实现程序执行流程的无条件转移。

#### （1）**break** 语句

break 语句又称跳出语句，其语法格式为：

```
break;
```

在循环体中，若遇到 break 语句，则跳出循环结构，执行循环结构后面的语句。

**提示**：break 语句只能用在 switch 结构和循环结构中。在 switch 结构中，遇到 break 将跳出 switch 结构，继续执行 switch 结构后面的语句。在循环结构中，break 用来无条件地跳出它所在那层的循环体，执行那层循环结构后面的语句。另外，对于无条件的循环结构，经常用 break 语句来跳出死循环。

**【例 2-14】** 求 1 到 100 之间的所有素数（嵌套循环及 break 语句的应用）。

**数学常识**：一个数的因子若只有 1 和它本身，则这个数为素数，1 不是素数。非素数的数的因子除了它本身，最大的因子不超过它的 1/2。

```
1.  // second_14.cpp
2.  #include <iostream>
3.  using namespace std;
4.  void  main()
5.  {
6.      int i,j;
7.      for (i = 2;i <= 100;i++)          //外层 for 循环，对每个数都判断其是否为素数
8.      {
9.          for (j = 2;j <= i / 2;j++)  //具体判断 i 是否为素数
10.             { if (i % j == 0) break; }
11.         if (j > i / 2) cout << i << "  " << endl;
12.     }
13. }
```

编译并运行该程序，程序正常运行并输出了 1 ～ 100 之间的所有素数。

**分析**：主函数中包含一个嵌套的 for 循环结构，外层的 for 循环用来对 2 ～ 100 之间的每个数 i 都判断其是否为素数，若是则输出。内层 for 循环则具体判断 i 是否有除 1 和它自身之外的因子。第 10 行语句为内层 for 循环的循环体语句，当 i 除以 j 的余数为 0 时，说明 j 是 i 的因子，可直接得出 i 不是素数，所以利用 break 直接跳出内层 for 循环。第 11 行语句则在内层 for 循环执行结束后，判断 j 是否大于 i 的一半，若是就说明 i 没有除 1 和它自身之外的因子，即 i 是素数，因此将其输出。

**练一练**：对于例 2-14，请分别采用 while 循环和 do…while 循环来实现。

**（2）continue 语句**

continue 语句又称继续语句，其语法格式为：

```
continue;
```

continue 语句仅用在循环结构中，它的功能是：结束本次循环，开始下一次循环。

在 while 循环和 do…while 循环中，continue 语句将使执行流程直接跳转到循环条件的判定部分，然后决定循环是否继续进行。在 for 循环中，当遇到 continue 语句时，执行流程将直接跳到 for 语句中的 < 表达式 3 > 执行，然后根据 < 表达式 2 > 进行循环条件的判定，以决定是否继续执行 for 循环体。

**【例 2-15】** 求一个数的所有因子，并输出。这是对例 2-10 的另一种实现，区别就是 for 循环的循环体不同。

```
// second_15.cpp
#include <iostream>
using namespace std;
int main()
```

```
{
    int n;
    cout << "请输入求因子的整数 " << endl;
    cin >> n;
    cout << n << "的因子有: ";
    for (int i = 1;i <= n;i++)    // 循环控制 i 的变化，对每个 i 值判断其是否为 n 的因子
    {
        if ((n%i)!=0) continue; // 如果 i 不是 n 的因子，则此次循环不输出 i 的值
        cout << i << " |";          // 若是则输出
    }
}
```

经过测试，该程序正常执行。

**分析**：该程序中，for 循环的功能就是求 n 的所有因子，循环体中 if 语句的条件表达式当 i 不是 n 的因子时成立，此时不能执行其后的输出语句，所以利用 continue 语句跳过了 if 结构之后的输出语句，循环控制变量 i 增加 1 之后开始下一次的 for 循环。

## 2.5 运算符和表达式

编写程序的目的就是对数据进行处理，为了对各种数据进行处理，C++ 提供了非常丰富的运算符。对于不同的运算符，需要指定的操作数的个数也不相同，根据运算符需要的操作数的个数，可将运算符分为 3 种，即单目运算符（1 个操作数）、双目运算符（2 个操作数）和三目运算符（3 个操作数），用户可以利用这些运算符写出各种表达式。

### 2.5.1 运算符

根据 C++ 运算符功能的不同，可分为算术运算符、自增 / 自减运算符、关系运算符、逻辑运算符、位运算符、条件运算符、赋值运算符、逗号运算符、sizeof 运算符等。下面分别进行介绍。

#### 1. 算术运算符（arithmetic operator）

C++ 提供了 5 种基本的算术运算符，即加（+）、减（−）、乘（*）、除（/）、取余或模（%），它们均为双目运算符，可以利用这些运算符来实现数学上数值型数据的加、减、乘、除和取余运算。

通常把利用算术运算符将常量、变量和函数调用等连接起来的式子称为**算术表达式**。加（+）、减（−）、乘（*）的运算规则与数学的运算规则一致，除（/）和取余（%）的规则可参考下面的提示。一般算术表达式的写法为：

< 操作数 1> 算术运算符 < 操作数 2>

**提示**：当除（/）运算的两个操作数均为整型数据时，商为整型数据。
例如：

5/3 的结果为 1
−36/5 的结果为 −7

**提示**：取余或模（%）的两个操作数必须为整数。其结果的符号与被除数的符号一致。
例如：

36%5 的结果为 1
−36%5 的结果为 −1
36%−5 的结果为 1

**提示**：当运算符的两个操作数类型不同时，编译器自动将低级类型转换为高级类型。

例如：35.6+3 的结果为 38.6，编译器自动将 int 类型常量 3 转换成 double 型数据后再和 35.6 相加，结果为 double 类型。

–34–5 的结果为 –39，此时两参数类型均为整型，因此直接相减的结果仍为整型。

### 2. 自增（++）、自减（––）运算符

这两个运算符都是单目运算符，它们将数值型变量或字符型变量的值增加 1 或减少 1，**注意是变量**，不能对常量自增或自减。

根据自增或自减运算符出现在操作数的左侧还是右侧，可将其分为前自增和后自增、前自减和后自减，具体的运算规则如表 2.6 所示。为说明方便，假设存在整型变量 a，其值为 20。

表 2.6　自增自减运算说明

| 运算类型 | 表达式形式 | 结果 | 规则说明 |
|---|---|---|---|
| 前自增 | ++a | 21 | 前自增先让变量增加 1，然后再参与表达式运算 |
| 后自增 | a++ | 21 | 后自增是变量先参与表达式运算，然后变量再增加 1 |
| 前自减 | ––a | 19 | 前自减先让变量减少 1，然后再参与表达式运算 |
| 后自减 | a–– | 19 | 后自减是变量先参与表达式运算，然后变量再减少 1 |

**【例 2-16】**自增、自减运算举例。

```
// second_16.cpp
1. #include <iostream>
2. using namespace std;
3. int main()
4. {
5.     int a=20,b=20,c,d;
6.     c=++a;    //前自增，此语句等价于 a=a+1; c=a;
7.     d=b++;    //后自增，此语句等价于 d=b; b=b+1;
8.     cout<<"a="<<a<<"    c="<<c<<endl;
9.     cout<<"b="<<b<<"    d="<<d<<endl;
10.    cout<<"a="<<a<<"    b="<<b<<endl;
11.    c=--a;    //前自减，此语句等价于 a=a-1; c=a;
12.    d=b--;    //后自减，此语句等价于 d=b; b=b-1;
13.    cout<<"a="<<a<<"    c="<<c<<endl;
14.    cout<<"b="<<b<<"    d="<<d<<endl;
15.    return 0;
16. }
```

该程序的运行结果如下。

对应语句行号　　对应输出结果

```
 8          a=21    c=21
 9          b=21    d=20
10          a=21    b=21
13          a=20    c=20
14          b=20    d=21
```

**分析**：观察第 8 行语句的输出结果，在此之前变量 a 的初值为 20，在执行了第 6 行的前自增语句后，变量 a 增加了 1，值变为 21，变量 c 中存放的是 ++a 表达式的值，它的值也为 21，所以第 6 行语句"c=++a;"等价于语句"a=a+1; c=a;"，即先将变量 a 的值增加 1，然后将 a 的值赋给变量 c。

观察第 9 行语句的输出结果，在此之前，不难发现变量 b 的初值为 20，在执行了

第 7 行自增语句后，第 9 行语句输出变量 b 的值为 21，而变量 d 中存放的是 b++ 表达式的值，d 的输出结果为 20，这就说明了第 7 行语句"d=b++;"的执行效果等价于"d=b;b=b+1;"，即先将变量 b 的值赋给变量 d，然后再将变量 b 的值增加 1。

同样的规则也可解释第 13 行和第 14 行语句的运行结果。

【例 2-17】下面再来看一个关于自增的有趣案例。

```
// second_17.cpp
1.  #include <iostream>
2.  using namespace std;
3.  int main()
4.  {
5.      int a=20;
6.      cout<<"++a="<<++a<<"    a="<<a<<endl;
7.      cout<<"a="<<a<<endl;
8.      cout<<"a++="<<a++<<"    a="<<a<<endl;
9.      cout<<"a="<<a<<endl;
10. }
```

编译并运行该程序，结果如下。

对应语句行号    对应输出结果

```
6              ++a=21    a=20
7              a=21
8              a++=21    a=21
9              a=22
```

**分析**：观察第 6 行语句及其对应的输出结果，根据前自增的运算规则，第 6 行语句的输出结果应该为"++a=21  a=21"才对，为什么变量 a 的输出结果是 20 呢？

这里就要提醒各位，原因在于"<<"运算符对其输出项的计算从右向左进行，然后再将结果按照从左向右的顺序输出。因此，它先处理的是变量 a，此时 a 的输出值为 20，然后是字符串常量"  a="，接下来计算表达式 ++a，此时变量 a 的值将自增为 21，最后计算字符串常量"++a="，因此程序的输出结果为"++a=21  a=20"。观察第 7 行语句，就不难发现变量 a 的值在前面自增后确实增加了 1，变为 21 了。

第 8 行语句的 cout 对其输出项的处理与第 6 行语句的处理类似，因此输出"a++=21  a=21"，并且 a 自增，第 9 行语句验证了变量 a 确实又增加了 1，变为 22。

**3. 关系运算符（relation operator）**

C++ 提供了 6 种关系运算符，即等于（==）、不等于（!=）、小于（<）、小于或等于（<=）、大于（>）、大于或等于（>=），它们用于内置数据类型之间的比较，均为双目运算符。关系运算符的返回值为 true（1）或 false（0）。具体规则是当参与比较的操作数是数值型数据时，按照它们的数值大小进行比较，当参与比较的是字符型数据时，则按照相应字符的 ASCII 码大小进行比较，数值类型不同时，则将低级类型向高级类型转换后再进行比较。

**4. 逻辑运算符（Boolean operator）**

C++ 提供了 3 种逻辑运算符，即逻辑非（!）、逻辑与（&&）和逻辑或（‖）。逻辑运算的结果为 true（1）或 false（0）。其中 ! 运算符为单目运算符，&& 和 ‖ 均为双目运算符。运算符的具体运算规则如表 2.7 所示。

表 2.7    逻辑运算符的运算规则

| 运算符 | 描　述 |
|---|---|
| && | 逻辑与运算符。如果两个操作数都非零，则条件为真 |
| \|\| | 逻辑或运算符。如果两个操作数中有任意一个非零，则条件为真 |
| ! | 逻辑非运算符，用来逆转操作数的逻辑状态。如果条件为真，则逻辑非运算符将使其为假 |

**提示**：当逻辑与运算符（&&）左侧的表达式为假时，其右侧的表达式将不做处理；而当逻辑或运算符（||）左侧的表达式为真时，其右侧的表达式不做处理。

**【例2-18】**逻辑与（&&）和逻辑或（||）运算案例。

```
1.  // second_18.cpp
2.  #include <iostream>
3.  using namespace std;
4.  int main()
5.  {
6.      int a = 5, b = 6, c = 5;
7.      cout << ((a > b) && (c = a + b))<<endl;
8.      cout << c << endl;
9.      cout << ((a < b) || (c = a + b)) << endl;
10.     cout << c << endl;
11.     cout << ((a < b) && (c = a + b)) << endl;
12.     cout << c << endl;
13. }
```

编译并运行该程序，程序的输出结果为：

```
0
5
1
5
1
11
```

**分析**：该程序中的第7行语句输出逻辑表达式 ((a > b) && (c = a + b)) 的值，不难判断 && 运算符左侧的关系表达式为 false，因此该逻辑表达式的值为 false，该语句输出 0。根据前面提示的规则，&& 右侧的赋值表达式 (c = a + b) 将不执行，因此 c 的值不变，第8行输出 5。

第9行语句输出逻辑表达式 ((a < b) || (c = a + b)) 的值，显然 || 运算符左侧的表达式结果为 true，因此该语句将输出 1。根据前面提示的规则，|| 运算符右侧的表达式将不进行赋值运算，因此第10行语句输出变量 c 的值不变，仍为 5。

第11行语句输出逻辑表达式 ((a < b) && (c = a + b)) 的值，&& 运算符左侧的表达式为 true，因此将计算其右侧的表达式的值，变量 c 的值将被赋为 11，因此第12行语句输出变量 c 的值为 11。同时，由于 c 为 11，因此逻辑表达式 ((a < b) && (c = a + b)) 的值为 true，第11行语句的输出结果为 1。

**提示**：C++ 中，所有的非 0 数据将被处理为逻辑 true，0 被处理为逻辑 false。

**5. 位运算符（bit operator）**

C++ 提供了 6 种位运算符，即取反运算符（~）、逐位与运算符（&）、逐位或运算符（|）、逐位异或运算符（^）、逐位左移运算符（<<）和逐位右移运算符（>>）。位运算符按照操作数的二

进制位进行相应的运算，要求操作数是整型或字符型数据。其对应的运算规则如表 2.8 所示。

为方便讲解实例，假设整型变量 a=5，b=22，如果整型数据在内存中占用 2 字节，其中 a 在内存中存储的二进制位为 0000000000000101，b 在内存中存储的二进制位为 0000000000010110，具体的 &（与）操作示意图如图 2.6 所示。

| a | 0000000000000101 |
| b | 0000000000010110 |
| a&b | 0000000000000100 |

图 2.6　a&b 操作演示

表 2.8　位运算符的运算规则

| 运算符 | 描　　述 | 实　　例 |
| --- | --- | --- |
| & | 按位与运算符，双目运算，如果两个操作数对应的二进制位为 1，则结果对应位为 1，否则为 0 | a&b 的二进制结果为 0000000000000100，十进制结果为 4。请看图 2.6 的操作演示 |
| \| | 按位或运算符，双目运算，如果两个操作数对应的二进制位为 0，则结果对应位为 0，否则为 1 | a\|b 的二进制结果为 0000000000010111，十进制结果为 23 |
| ^ | 按位异或运算符，双目运算，如果两个操作数对应的二进制位不同，则结果对应位为 1，否则为 0 | a^b 的二进制结果为 0000000000010011，十进制结果为 19 |
| << | 按位左移运算符，双目运算，将左侧操作数的二进制位依次向左移动右侧操作数的位数，右侧补零 | a<<3 的二进制结果为 0000000000101000，十进制结果为 40 |
| >> | 按位右移运算符，双目运算，将左侧操作数的二进制位依次向右移动右侧操作数的位数，若左侧操作数为正，则左侧补右侧操作数个 0，否则补右侧操作数个 1 | a>>3 的二进制结果为 0000000000000000，十进制结果为 0 |
| ~ | 按位取反运算符，单目运算，将操作数的二进制位按位取反，即 1 变为 0，0 变为 1 | ~a 的二进制结果为 1111111111111010，十进制结果为 –6 |

### 6. 赋值运算符（evaluate operator）

赋值运算符（=）为双目运算符，它的作用是将其右侧表达式的值赋给左侧的操作数，其左侧操作数必须能够被修改，因此必须为变量。赋值表达式的一般格式为：

变量标识符 = 表达式；

例如有变量 int a=20,b=5;，则：

```
a=b*2+a;    //合法，系统先计算表达式 b*2+a 的值，然后将其值 30 赋给 a
20=a+b;     //错误，赋值运算符左侧不能为常量
a+b=20;     //错误，赋值运算符左侧不能为表达式，因为表达式的值不能被修改
```

**提示**：当赋值运算符（=）右侧表达式的值的类型与左侧变量的类型不同时，编译器将表达式的值转换成变量的类型再进行赋值，若不能进行类型转换，则提示出错。

在 C 或 C++ 中，也支持复合赋值运算符。复合赋值运算符就是将算术运算符或位运算符与赋值运算符相结合，运算规则是先进行相应的算术运算或位运算，再将运算结果赋给左侧的操作数。因此，使用复合运算符时，左侧操作数必须为变量，具体的运算规则如表 2.9 所示。

表 2.9　复合运算符

| 运算符 | 描　　述 | 实　　例 |
| --- | --- | --- |
| += | 加且赋值运算符，把左侧操作数加上右侧操作数的结果赋值给左侧操作数 | C+=A 相当于 C=C+A |
| –= | 减且赋值运算符，把左侧操作数减去右侧操作数的结果赋值给左侧操作数 | C–=A 相当于 C=C–A |
| *= | 乘且赋值运算符，把左侧操作数乘以右侧操作数的结果赋值给左侧操作数 | C*=A 相当于 C=C*A |
| /= | 除且赋值运算符，把左侧操作数除以右侧操作数的结果赋值给左侧操作数 | C/=A 相当于 C=C/A |
| %= | 求模且赋值运算符，把两个操作数的模赋值给左侧操作数 | C%=A 相当于 C=C%A |
| &= | 按位与且赋值运算符，将左侧操作数与右侧操作数按位进行与运算并把结果赋值给左侧操作数 | C&=2 相当于 C=C&2 |

（续）

| 运算符 | 描　　述 | 实　例 |
|---|---|---|
| \|= | 按位或且赋值运算符，将左侧操作数与右侧操作数按位进行或运算并把结果赋值给左侧操作数 | C\|=2 相当于 C=C\|2 |
| <<= | 左移且赋值运算符，将左侧操作数左移右侧操作数的位数并把结果赋值给左侧操作数 | C<<=2 相当于 C=C<<2 |
| >>= | 右移且赋值运算符，将左侧操作数右移右侧操作数的位数并把结果赋值给左侧操作数 | C>>=2 相当于 C=C>>2 |
| ^= | 异或且赋值运算符，将左侧操作数与右侧操作数按位进行异或运算并把结果赋值给左侧操作数 | C^=2 相当于 C=C^2 |

### 7. 条件运算符（condition operator）

条件运算符（?:）是 C/C++ 中唯一的三目运算符，一般格式为：

表达式 1 ? 表达式 2 : 表达式 3

其中，表达式 1 是条件表达式，若其值为 true，则整个表达式的值为表达式 2 的值，否则为表达式 3 的值。

例如：

a<b?a:b

此表达式用来求 a 和 b 两个变量的较小值，当 a 小于 b 时，整个条件表达式的值取 a 的值，否则取 b 的值。

### 8. 其他常用运算符

#### （1）new 和 delete 运算符

C++ 中新增了内存动态分配运算符 new 和内存回收运算符 delete，它们的一般格式为：

数据类型　*指针标识符 =new　数据类型 ; // 分配内存
delete　指针标识符 ;　　　　　　// 回收内存

其中，new 运算符动态分配相应数据类型所需的内存空间，赋值语句左右两侧的数据类型必须相同或左侧数据类型为右侧数据类型的基类，若 new 分配成功，则返回内存的地址并赋值给指针标识符，若分配失败，则返回 NULL 指针或抛出异常。用 new 分配的内存空间在不用时需用 delete 回收，否则这些内存直到整个程序运行结束才释放，有可能造成浪费。

若要分配连续的 n 个内存空间，则采用如下格式：

数据类型　*指针标识符 =new 数据类型 [n];
delete　[]指针标识符 ;　// 回收指针变量指向的连续的内存空间

**注意**：new 运算符在堆空间上分配内存。

new/delete 运算符的运算功能类似于 C 语言中的内存分配函数 malloc、calloc/free（内存回收）。

#### （2）sizeof 运算符

sizeof 是一个关键字，它是一个编译时运算符，用于返回变量、表达式或数据类型占用内存的字节大小。其一般语法为：

sizeof（数据类型）

或

```
sizeof(变量名)
```

sizeof 的具体应用可参考 2.3.1 节的程序案例。

**（3）逗号（,）运算符**

用逗号（,）将多个表达式连接起来的式子叫逗号表达式，逗号表达式的计算是从左向右依次计算每个表达式的值，但整个逗号表达式的值为最后一个表达式的值。具体格式为：

表达式 1，表达式 2，…，表达式 n

例如：

```
var=(count=19, incr=10, count+1);
```

该语句首先将 19 赋值给 count，然后将 10 赋值给 incr，最后计算表达式 "count+1"，其结果为 20，则整个逗号表达式 "count=19,incr=10,count+1" 的值为表达式 "count+1" 的值，即 20，因此 var 的值为 20。

**（4）& 和 * 运算符**

& 运算符出现的位置不同，编译器对它的解释也不一样，表 2.10 说明了其使用特点。

表 2.10　& 运算符的说明

| 运算符 & | 描　述 | 用　例 |
| --- | --- | --- |
| 取地址 & | 作为单目运算符应用时，& 通常出现在一个变量标识符的前面，此时它是取地址运算符 | int *p=&a;<br>& 为取变量 a 的地址的运算符 |
| 引用 & | 作为双目运算符应用，当 & 的左侧为类型标识符，右侧为一个新定义的标识符时，它是引用运算符 | int & r=a;<br>定义了变量 a 的别名 |
| 按位与 & | 作为双目运算符应用，当 & 的左右两侧均为整型数据时，它是按位与运算符 | a=3&4;<br>& 将 3 与 4 按位进行与运算 |

* 运算符出现的位置不同，编译器对它的解释也不一样，表 2.11 说明了其使用特点。

表 2.11　* 运算符的说明

| 运算符 * | 描　述 | 用　例 |
| --- | --- | --- |
| 指针运算符 * | 作为双目运算符，当 * 的左侧为类型标识符，右侧为一个新定义的变量标识符时，它是指针运算符 | int *p=&a;<br>它是 * 为指针运算符，p 为定义的指针标识符 |
| 间接引用 * | 作为单目运算符，当 * 的右侧是一个指针标识符时，它是间接引用 | *p=30; 或 a=(*p)+30<br>均间接引用了指针 p 指向的变量 |
| 乘法运算符 * | 作为双目运算符，当 * 的左右两侧为数值或字符型数据时，它是乘法运算符 | a=3*(b+4);<br>* 将 3 与 b+4 的结果相乘 |

C++ 中的运算符非常多，并不局限于这里介绍的这些。

## 2.5.2　表达式

用运算符将各种操作数连接起来的式子就是**表达式**。

只有算术运算符的表达式为算术表达式，算术表达式的运算结果为数值型。只有关系运算符的表达式为关系表达式，其结果要么为 true（1），要么为 false（0）。只有逻辑运算符的表达式为逻辑表达式，其结果要么为 true（1），要么为 false（0）。当一个表达式中各种运算符都有时，要视具体情况来判断表达式的类别。

在 C++ 表达式中，不同运算符的运算优先级别不同，一般先运算括号表达式，然后再按照运算符优先级别和结合性由高到低依次运算。具体的运算符的运算级别如表 2.12 所示。

表 2.12　运算符的优先级别及结合性

| 优先级 | 运算符 | 名称或含义 | 使用形式 | 结合方向 | 说　明 |
|---|---|---|---|---|---|
| 1 | [] | 数组下标 | 数组名 [ 整型表达式 ] | 左到右 | |
| | () | 圆括号 | (表达式) / 函数名 (形参表) | | |
| | . | 成员选择（对象） | 对象 . 成员名 | | |
| | -> | 成员选择（指针） | 对象指针 -> 成员名 | | |
| 2 | – | 负号运算符 | – 算术类型表达式 | 右到左 | 单目运算符 |
| | (type) | 强制类型转换 | (数据类型) 表达式 | | |
| | ++ | 自增运算符 | ++ 变量名 / 变量名 ++ | | 单目运算符 |
| | –– | 自减运算符 | –– 变量名 / 变量名 –– | | 单目运算符 |
| | * | 取值运算符 | * 指针类型变量 | | 单目运算符 |
| | & | 取地址运算符 | & 变量 | | 单目运算符 |
| | ! | 逻辑非运算符 | ! 纯量类型表达式 | | 单目运算符 |
| | ~ | 按位取反运算符 | ~ 整型表达式 | | 单目运算符 |
| | sizeof | 长度运算符 | sizeof 表达式<br>sizeof（类型） | | |
| 3 | / | 除 | 表达式 / 表达式 | 左到右 | 双目运算符 |
| | * | 乘 | 表达式 * 表达式 | | 双目运算符 |
| | % | 余数（取模） | 整型表达式 % 整型表达式 | | 双目运算符 |
| 4 | + | 加 | 表达式 + 表达式 | 左到右 | 双目运算符 |
| | – | 减 | 表达式 – 表达式 | | 双目运算符 |
| 5 | << | 左移 | 整型表达式 << 整型表达式 | 左到右 | 双目运算符 |
| | >> | 右移 | 整型表达式 >> 整型表达式 | | 双目运算符 |
| 6 | > | 大于 | 表达式 > 表达式 | 左到右 | 双目运算符 |
| | >= | 大于等于 | 表达式 >= 表达式 | | 双目运算符 |
| | < | 小于 | 表达式 < 表达式 | | 双目运算符 |
| | <= | 小于等于 | 表达式 <= 表达式 | | 双目运算符 |
| 7 | == | 等于 | 表达式 == 表达式 | 左到右 | 双目运算符 |
| | != | 不等于 | 表达式 != 表达式 | | 双目运算符 |
| 8 | & | 按位与 | 整型表达式 & 整型表达式 | 左到右 | 双目运算符 |
| 9 | ^ | 按位异或 | 整型表达式 ^ 整型表达式 | 左到右 | 双目运算符 |
| 10 | \| | 按位或 | 整型表达式 \| 整型表达式 | 左到右 | 双目运算符 |
| 11 | && | 逻辑与 | 表达式 && 表达式 | 左到右 | 双目运算符 |
| 12 | \|\| | 逻辑或 | 表达式 \|\| 表达式 | 左到右 | 双目运算符 |
| 13 | ?: | 条件运算符 | 表达式 1? 表达式 2: 表达式 3 | 右到左 | 三目运算符 |
| 14 | = | 赋值运算符 | 变量 = 表达式 | 右到左 | |
| | /= | 除后赋值 | 变量 /= 表达式 | | |
| | *= | 乘后赋值 | 变量 *= 表达式 | | |
| | %= | 取模后赋值 | 变量 %= 表达式 | | |
| | += | 加后赋值 | 变量 += 表达式 | | |
| | –= | 减后赋值 | 变量 –= 表达式 | | |
| | <<= | 左移后赋值 | 变量 <<= 表达式 | | |
| | >>= | 右移后赋值 | 变量 >>= 表达式 | | |
| | &= | 按位与后赋值 | 变量 &= 表达式 | | |
| | ^= | 按位异或后赋值 | 变量 ^= 表达式 | | |
| | \|= | 按位或后赋值 | 变量 \|= 表达式 | | |
| 15 | , | 逗号运算符 | 表达式 , 表达式 ,… | 左到右 | 从左到右顺序结合 |

提示：

1）相同优先级中，按结合性进行结合。大多数运算符的结合性都是从左到右，只有三类运算符是从右到左结合的，它们是单目运算符、条件运算符、赋值运算符。

2）指针最优先，单目运算优先于双目运算。

3）! 优先于算术运算符，算术运算符优先于关系运算符，关系运算符优先于 &&，&& 优先于 ||，|| 优先于赋值运算符。

### 2.5.3　类型转换

类型转换就是将一种数据类型转换为另一种数据类型。在 C++ 中，同一个表达式中各种类型的数据可以参加混合运算，在运算过程中，如果某一运算符左右两侧的操作数类型不一致，则系统会自动进行类型转换，然后再进行相应的运算。

例如：

```
cout<<34+21.34+'b'<<endl;
```

在此语句的算术表达式中，出现了 3 种数据类型：34 是 int 类型，21.34 是 double 类型，'b' 是 char 类型。在运算过程中，首先将 34 转换成 double 类型，完成 34.0+21.34 的运算，得到 double 类型结果 55.34，然后将 char 类型的 'b' 根据其 ASCII 码转换成 double 类型的 98.0，然后计算 55.34+98.0，最后的结果为 153.34。

在 C++ 中，类型转换分为隐式类型转换和显式类型转换（也称为强制类型转换）。其中涉及函数的部分可以在学完第 3 章之后再回来学习。

#### 1. 隐式类型转换

C++ 定义了一套内置数据类型的转换规则，在必要时，系统会用这套规则自动完成数据类型转换，这称为隐式类型转换。

具体的类型转换规则是由低级类型向高级类型、由短数据类型向长数据类型转换，即：

char → short → int → long → float → double → long double

在 C++ 中，在数据类型兼容的情况下，下面几种情况编译器会对数据类型自动进行转换。

1）运算符两侧数据类型不相同。例如：

```
34+23.34-'b';        //说明可参考前面的例子
```

2）表达式结果与赋值号左侧的变量类型不相同，在数据兼容的情况下，系统会自动将表达式的类型转换为赋值号左侧变量的类型然后再赋值。例如：

```
int   b='a';         //可以，编译器会把字符的 ASCII 码值赋给 b
int   c=12.3;        //可以，编译器会把 double 型数据 12.3 取整后赋值给变量 c
int   a="12345";     //不可以，编译器报错，因为字符串和整型不兼容
```

3）在函数调用中，若实参表达式的类型与形参的类型不相符，则把实参的类型转换成形参的类型；在函数返回时，若 return 的表达式结果的类型与函数声明中的返回值类型不同，则把表达式结果转换成函数返回值类型。例如：

```
float min(int a, int b)
    {  return a<b? a:b; }
```

return 语句的返回值结果的类型与函数 min 的类型 float 不同，因此系统自动将表达

式 a<b?a:b 的结果转换成 float 类型再返回给 min 函数。

```
int a=2;
float b=3.5;
int x=min(a, b);
```

由于函数 min 的形参类型均为 int 类型，而实参 b 的类型为 float，因此，系统自动将实参 b 的值 3.5 转换为 int 类型 3，之后再将 3 赋值给形参 b。

**2. 强制类型转换**

编程人员也可根据需要将一种数据类型强制转换成另一种数据类型。其一般格式为：

```
数据类型（表达式）        // C++ 中可用这种方式
（数据类型）表达式        // C/C++ 语言均支持的方式
```

例如：

```
int a=4;
float c=(float)a;        // C 语言支持的方式，C++ 中仍可用
a=int(8.8);              // C++ 支持，但 C 语言不支持
```

在 C++ 标准中，还有 4 个强制类型转换运算符：static_cast、dynamic_cast、const_cast 和 reinterpret_cast。

它们的用法为：

```
X_cast <数据类型> (表达式)
```

其中，X_cast 代表 static_cast、dynamic_cast、const_cast 或 reinterpret_cast 之一，数据类型代表要强制转换成的数据类型。

1）static_cast 是静态强制转换，能够实现任何内置数据类型的转换，如从 int 到枚举类型、从 float 到 int 之间的转换等，事实上，凡是隐式转换能够实现的类型转换，static_cast 都能够实现。

例如：

```
int x=static_cast<int>('a');
double y=static_cast<double>(34);
```

2）const_cast 是常量强制转换，用于强制转换 const 数据，其转换前后的数据类型必须相同，主要用来在运算时暂时消除数据的 const 限制。下面的案例说明了 const_cast 转换的用法。

**【例 2-19】** 利用 const_cast 转换去掉引用的 const 限制。

```
1.  // second_19.cpp
2.  #include <iostream>
3.  using namespace std;
4.  void f(const int &x)
5.  {  // x=45;                    // 该语句是错误的，因此注释掉，改为下面的语句
6.     const_cast <int&>(x)=x*x;   // 去掉参数 x 的 const 限制，否则不能为 x 赋值
7.     // x=x*2;                   // 错误，因为 x 的 const 属性恢复了
8.  }
9.  void main()
10. {  int a=5;
```

```
11.        const int  b=5;
12.        f(a);      // 通过形参 x 将实参 a 的值修改为 25
13.        cout<<"a="<<a<<endl;
14.        f(b);      // 由于实参 b 本身为 const，因此函数 f 对其修改无效
15.        cout<<"b="<<b<<endl;
16. }
```

编译并运行后，程序的输出结果为：

```
a=25
b=5
```

**分析**：函数 f 的形式参数 x 为常引用，因此不允许在函数 f 中直接修改参数 x 的值，例如第 5 和第 7 行语句是错误的，但第 6 行语句 **const_cast <int&>(x)=x*x;** 是正确的，它利用 const_cast 暂时去掉了 x 的 const 限制，将其结果改为 x*x，本语句执行后，x 又恢复其 const 的属性。所以第 7 行语句又错了。

在主函数中，第 12 行语句函数调用的结果是实参 a 被修改为 25，因此第 13 行语句的输出结果为 a=25。第 14 行语句和第 12 行语句基本类似，但由于实参 b 本身是 const，因此，函数 f 对其修改无效，第 15 行语句的输出结果为 b=5。

3）reinterpret_cast 是重解释强制转换，它能够在不兼容的数据类型之间进行转换，如将整型转换成指针，或把一个指针转换成与之不相关的另一种类型的指针，一般情况下，这种转换意义不大。

例如：

```
int i;
char *c="hello word!";
i=reinterpret_cast<int>(c);
```

4）dynamic_cast 是动态强制转换类型，主要用于基类和派生类对象之间的指针转换以实现多态。与其他几个强制类型转换运算符不同的是，dynamic_cast 要实现的类型转换是在程序运行时完成的，而其他类型的强制转换在编译时完成。

## 2.6　构造数据类型

在 C++ 中，利用系统提供的内置数据类型，用户可以定义构造数据类型，包括指针、数组、引用、结构体、共用体、枚举、类等，从而实现更加复杂的数据结构。

### 2.6.1　指针

**指针是内存空间的地址，而内存空间的地址就是指针。**（此概念是指针的核心本质，一定要记住。）

指针变量和其他类型变量的主要区别是指针变量中存放的是某个内存空间的地址，而其他变量中一般存放要处理的数据。

指针的定义格式为：

数据类型　*指针标识符；

其中，数据类型表明该指针中存放的是哪类数据的内存地址，星号（*）指明它后面的标识符是一个指针标识符。例如：

```
int *p;                    // 定义了一个存放整型内存空间地址的指针变量 p
double *q;                 // 定义了一个存放 double 型内存空间地址的指针变量 q
float *p1,*p2,*p3;         // 定义了 3 个指针变量,它们均可存放 float 型内存空间的地址
```

**提示:**

1)不同类型变量占用的内存空间大小是不一样的,但不同类型指针变量在内存中占用的空间大小是一样的。

2)一个好的编程习惯是在定义指针的同时给指针赋初值,若没有确切的地址可以赋值,则赋值 NULL。NULL 为空指针的意思,它是 STL 中定义的一个值为 0 的常量。

例如:

```
int  a=10;
int *p=&a;
```

此处 "&" 是取地址运算符,该语句的作用是定义指针变量 p,同时将变量 a 的内存地址赋值给 p,通常我们说让 p 指向 a。图 2.7 说明了它们之间的关系。

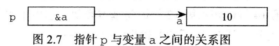

图 2.7 指针 p 与变量 a 之间的关系图

**提示:** 指针变量一旦定义并赋值,则对指针的引用就有两种方法。

● p 代表地址本身,因此,若出现如下语句:

```
int  a=10;
int *p=&a;
p++;
```

语句 "p++;" 的作用是让 p 指向与变量 a 相邻的下一个整型内存空间的地址,若整型数据占用的内存空间为 4 字节,则 p 中存储的地址值将增加 4。

● *p 代表其指向的对象,此处 *p 就是变量 a,因此,若出现如下语句:

```
*p=30;
```

该语句等价于 a=30;。

**【例 2-20】** 下面是一个关于指针运算的例子。

```
    // second_20.cpp
 1. #include <iostream>
 2. using namespace std;
 3. int main ()
 4. {
 5.     int  a = 20,b=30;                        // 变量的定义
 6.     int *ip;                                 // 指针变量的定义
 7.     ip = &a;                                 // 在指针变量 ip 中存储 a 的地址
 8.     cout << "Address of a is:"<<&a<<endl;
 9.     cout << "Value of ip is :"<<ip << endl;  // 输出 ip 的值
10.     cout << "Value of a is  :"<<a<< endl;
11.     cout << "Value of *ip is:"<<*ip << endl; // 输出 ip 所指对象的值
12.     ip=&b;
13.     cout << "Address of b is:"<<&b<<endl;
14.     cout << "Value of ip is :"<<ip << endl;  // 输出 ip 的值
15.     cout << "Value of b is  :"<<b<< endl;
16.     cout << "Value of *ip is:"<<*ip << endl; // 输出 ip 所指对象的值
17.     return 0;
18. }
```

程序的运行结果如下：

对应语句行号　　　对应输出结果

```
 8                 Address of a is:0019FF3C
 9                 Value of ip is :0019FF3C
10                 Value of a is  :20
11                 Value of *ip is:20
13                 Address of b is:0019FF38
14                 Value of ip is :0019FF38
15                 Value of b is  :30
16                 Value of *ip is:30
```

**分析**：观察程序运行结果，不难发现指针变量 p 与变量 a 和 b 之间的关系。请仔细阅读该程序并读懂其每条语句的意义。

**提示**：常用的指针运算有加、减或赋值运算，数学的乘和除对指针意义不大。

例如：

```
int    a[10]={1,2,3,4};
int *p=a;   // 数组名是数组的首地址，此语句使得指针 p 指向了数组 a 的首地址
cout<<*p;   // 此语句输出 a[0] 的值，即 1
p=p+2;      // 此语句使得 p 向后移动 2 个整型的长度，因此 p 指向了数组元素 a[2]
cout<<*p;   // 此语句输出 a[2] 元素的值，结果为 3
```

表 2.13 说明了该例子中指针 p 的加运算的特点。

表 2.13　指针 p 加运算的图示变化

| 语　句 | 效　果 |
|---|---|
| int *p=a; | a [ 1 ] [ 2 ] [ 3 ] [ 4 ] [ 0 ] [ 0 ] [ 0 ] [ 0 ] [ 0 ] [ 0 ]　↑p |
| p=p+2; | a [ 1 ] [ 2 ] [ 3 ] [ 4 ] [ 0 ] [ 0 ] [ 0 ] [ 0 ] [ 0 ] [ 0 ]　↑p |

指针的减运算也可类推。

**总结**：指针 p=p+1 表示指针 p 需要增加指针 p 对应的数据类型需要占用的字节个数的值，即指针 p 指向下一个相邻的同类型的内存。指针 p=p−1 表示指针 p 需要减少指针 p 对应的数据类型需要占用的字节个数的值，即指针 p 指向上一个相邻的同类型的内存。两个相同类型指针的减运算则表明两个指针之间相隔的该指针类型的元素的个数，两个指针的加、乘、除及关系运算意义不大。

## const 与指针

因为指针涉及指针本身以及指针指向的对象，所以 const 与指针结合的方式比较复杂，有三种情况。

### （1）常指针

常指针即指针本身是常量，这种情况在定义指针时必须要对指针赋初始值。对于常指针在生命周期中不允许修改指针的值，即不能改变指针让其指向别的对象，但可修改指针所指对象的值。常指针的一般定义格式为：

```
数据类型 * const 指针标识符 = 初始值；
```

例如：

```
int a=20,b;
int * const p=&a; //定义 p 为指向变量 a 的常指针
p=&b;            //错误，不允许改变指针 p 指向的对象
*p=30;           //正确，允许修改 p 所指向变量 a 的值，此时 a 的值变为 30
```

### （2）指向常量的指针

指向常量的指针是指指针指向的对象为常量，而指针自身仍是变量，因此可以修改指针指向的对象，但不允许通过指针修改其指向的对象的值。指向常量的指针在定义时可以不用赋初始值，其一般的定义格式为：

```
const  数据类型  *指针标识符；
```

或

```
数据类型 const *指针标识符；
```

例如：

```
double a=20,b=3;
double const *p=&a;
p=&b;  // 正确
*p=30; // 错误，因为指针 p 指向的对象为常量，不允许通过指针修改它
```

### （3）指向常量的常指针

这种情况是前面两种情况的结合，指针以及指针指向的对象均为常量，均不能修改，但在表达式中可引用指针。指向常量的常指针在定义时要赋初始值，其一般定义格式为：

```
数据类型  const *  const 指针标识符 = 初始值；
```

或

```
const  数据类型 * const 指针标识符 = 初始值；
```

例如：

```
int a=30,int b=20;
const int *const p=&a;
p=&b;    // 错误，不允许改变 p 指向的对象
*p=500;  // 错误，不允许修改 p 所指向对象的值
```

### 请看下面的例子：

```
const double  a=20,b=3;
double *p=&a;       // 错误，因为标识符 a 为常量，而 p 为指向变量的指针
double * const r;   // 错误，因为没有给常指针 r 赋初始值，而这种情况必须赋初始值
```

**提示**：常量的地址只能赋值给指向常量的指针，不能赋值给普通指针。而变量的地址不仅可以赋值给普通指针变量，也可以赋值给指向常量的指针。

## 2.6.2  数组

**数组**是相同类型数据的集合，一个数组在内存中占用连续的内存空间。

在程序设计中，经常会遇到对一批相同类型数据进行处理的情况，这时若采用普通变量来存储这些数据，就比较麻烦。例如有 100 个学生的数学成绩，若采用整型变量来存储，则需要定义 100 个不同名称的整型变量，更别说 1000 个、10 000 个了。解决这种问题的常用方法就是定义整型数组。

**1. 数组的一般格式**

C++ 中定义数组的一般格式为：

数据类型　　数组标识符 [ 常量表达式 1] [ 常量表达式 2]…；

其中，**数据类型**说明数组中存储的数据的类型；**数组标识符**是数组的名字，它不能和其他标识符同名；方括号（[]）的个数确定数组的**维数**，通常，数学上的数列采用一维数组，数学上的矩阵采用二维或更高维数组；每个**常量表达式**用来说明数组对应维的元素的个数，一般为整型常量表达式，即字面整型常量、命名整型常量、将各种整型常量用运算符连接起来的常量表达式。

**注意**：数组的数据类型可以是任何类型，常量表达式的值必须大于 0。

定义一个数组，用来存储 100 个学生的数学成绩，则定义语句为：

```
int   grade[100];   // 该数组可连续存储 100 个整型数据
```

采用下面的方式定义数组 grade 也是正确的：

```
const int SIZE=100;
int grade[SIZE];         // 正确，SIZE 为常量
double   score[2*SIZE];  // 正确，可以用常量表达式说明数组的大小
```

但下面的定义是错误的：

```
int SIZE=100;
int grade[SIZE];            // 错误，因为 SIZE 是变量，不能用变量定义数组大小
```

定义一个数组，用来存储 5 个城市两两之间的距离，显然 5 个城市两两之间的距离应该定义成二维数组，又因为距离可以是实型数据，所以数据类型定义为 double。因此具体的定义语句为：

```
double   distance[5][5] ;   // 二维数组定义，可存储 5×5 共 25 个元素
```

distance 可对应数学上的 5×5 矩阵，即该数组共有 5 行，每一行上有 5 个元素。

定义数组时可以同时对数组进行初始化，举例如下。

```
int   a[5]={1,2,3,4,5};         // 例 1：定义一维数组 a 并初始化
int   b[2][3]={1,2,3,4,5,6};    // 例 2：定义 2 行 3 列的二维数组 b 并初始化
```

例 2 的定义语句也可初始化为如下形式：

```
int   b[2][3]={{1,2,3},{4,5,6}};
```

该语句中内层的第一个花括号中的值对应第 0 行的 3 个元素值，第二个花括号中的值对应第 1 行的 3 个元素值。

定义数组时也可对数组元素部分赋值，没有赋值的元素默认为 0。例如：

```
double c[10]={2.1, 3.2, 5.0};
```

一维数组 c 的前 3 个元素赋了初始值，其他没有赋值的元素自动赋值为 0。

若定义数组的同时对数组进行初始化，可省略数组的维数说明，但前提是不要让编译器"模棱两可"。例如：

```
int   a[]={1,2,3,4,5};        //系统会根据初始化常量的个数确定数组 a 的大小为 5
int   b[][3]={1,2,3,4,5,6};   //根据每列有 3 个元素，系统确定该数组为 2 行 3 列的数组
```

但下面的语句是错误的：

```
int   b[][]={1,2,3,4,5,6};    //无法确定二维数组行和列的值
int   c[2][]={1,2,3,4,5,6};   //无法确定二维数组 c 的列数，这和数组在内存中的存储结构有关
```

### 2. 数组元素的引用

数组一旦定义，系统就为数组在内存分配连续的内存空间。程序员可以对数组元素进行引用，具体引用方式为：

数组名 [ 下标 ] [ 下标 ] …

其中，下标个数由数组的维数确定。一维数组有 1 个下标；二维数组有 2 个下标，第一个下标称为行下标，第二个下标称为列下标。

**提示**：C++ 数组的下标是从 0 开始的；数组名对应数组在内存中的首地址，作为地址，数组名是一个常量，不允许更改。

对于前面例 1 定义的一维数组 a，它有 5 个数组元素，分别为 a[0]、a[1]、a[2]、a[3]、a[4]，其下标从 0 变化到 4。

对于前面例 2 定义的二维数组 b，其数组元素共有 6（2×3=6）个，分别为 b[0][0]、b[0][1]、b[0][2]、b[1][0]、b[1][1]、b[1][2]。数组 b 的行下标从 0 变化到 1，列下标从 0 变化到 2。

图 2.8 是数组 a 和数组 b 在内存中的存储示意图，通过图示，可了解**数组在内存中是连续存储的，其中二维数组在内存中按行优先存储**。

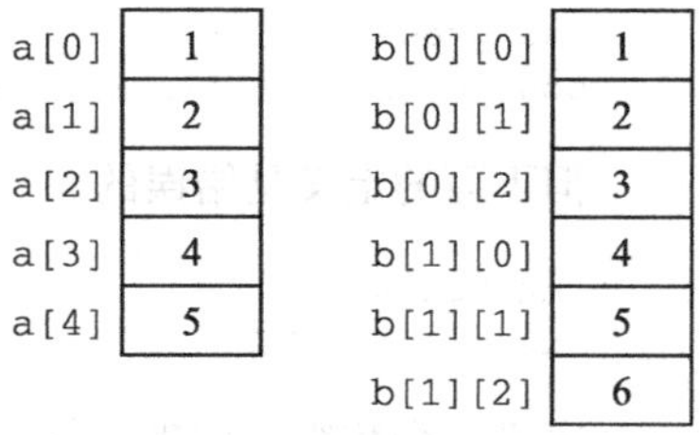

| a[0] | 1 | | b[0][0] | 1 |
|------|---|--|---------|---|
| a[1] | 2 | | b[0][1] | 2 |
| a[2] | 3 | | b[0][2] | 3 |
| a[3] | 4 | | b[1][0] | 4 |
| a[4] | 5 | | b[1][1] | 5 |
| | | | b[1][2] | 6 |

图 2.8　数组在内存中的存储示意图

**提示**：由于数组名又是数组的首地址，因此，对数组 a 的元素，除了采用下标法进行访问外，也可采用指针法访问，例如 *(a+i) 表示数组 a 的第 i 个元素，(a+i) 为数组 a 的第 i 个元素的地址。对二维数组 b 的元素的引用同样也可以采用此方式，其中，b 是首地址，*(b+i) 是数组 b 的第 i 行元素的首地址，而 *(*(b+i)+j) 代表第 i 行的第 j 个元素。（此处知识点涉及指针的概念，可查看指针的相关内容。）

【例 2-21】应用数组解决问题的程序案例，对 100 个学生的数学成绩求平均值。

**设计分析**：本案例对 100 个学生的成绩求平均值，因此考虑用数组来存储 100 个学生的数学成绩，不妨将其定义为 grade[100]。而从键盘输入 100 个学生的数学成绩，需反复输入 100 次成绩，因此采用循环结构重复输入 100 次。定义一个变量存储学生成绩的总和 sum，并赋初始值为 0，因为 0 加任何数据都不改变数据大小，将 100 个学生的成绩累加到 sum 中，需反复进行 100 次加操作，也需用到循环。定义变量 average 来存储平均值，计算并输出即可。根据以上的分析结果编写源代码如下：

```
// second_21.cpp
#include <iostream>
```

```
using namespace std;
int main()
{
    int grade[100];                              // 定义数组存储学生成绩
    int i;
    double sum=0, average;
    for(i=1;i<100;i++)                           // 读入 100 个学生的成绩值
        cin>>grade[i];
    for(i=1;i<100;i++)                           // 求出 100 个学生的总成绩
        sum=sum+grade[i];
    average=sum/100;                             // 求出平均成绩
    cout<<"the average grade is "<<average<<endl;// 输出运行结果
    return 0;
}
```

请读者将此程序在自己计算机上调试通过，以加深对数组的理解。

**提示**：数组的下标从 0 开始，而不是从 1 开始。

【例 2-22】对一个数学上的 3×4 矩阵进行转置。

**设计分析**：数学上的 3×4 矩阵可采用 3 行 4 列的二维数组来存储，转置后的结果应该为一个 4×3 矩阵，因此结果矩阵可定义一个 4 行 3 列的二维数组来存储。数组中通常有多个相同数据做相同操作，因此一般采用循环结构来操作。而二维数组因为有两个维度，所以一般采用两层嵌套循环来控制操作，外层循环控制行变化，内层循环控制列变化。本例的具体代码为：

```
// second_22.cpp
#include <iostream>
#include <iomanip>
using namespace std;
int main()                              // 主函数
{
    int a[3][4], b[4][3];
    int i, j;
    cout << "请输入矩阵的元素值，共需输入 12 个整数值 " << endl;
    for (i = 0;i < 3;i++)               // 该嵌套循环实现矩阵的输入
        for (j = 0;j < 4;j++)
            cin >> a[i][j];

    for (int i = 0;i < 4;i++)           // 该嵌套循环实现转置
        for (j = 0;j < 3;j++)
            b[i][j] = a[j][i];

    cout << "原矩阵为：" << endl;
    for (int i = 0;i < 3;i++) {         // 该嵌套循环实现原 3 行 4 列矩阵的输出
        for (j = 0;j < 4;j++)
            cout << setw(4) << a[i][j];
        cout << endl;                   // 每输出矩阵的一行换下行
    }

    cout << "结果矩阵为：" << endl;
    for (int i = 0;i < 4;i++){          // 该嵌套循环实现结果 4 行 3 列矩阵的输出
        for (j = 0;j < 3;j++)
            cout << setw(4) << b[i][j];
        cout << endl;                   // 每输出矩阵的一行换下行
    }
}
```

编译并运行该程序，显示：

请输入矩阵的元素值，共需输入 12 个整数值

输入 1 ~ 12 的数据 1 2 3 4 5 6 7 8 9 10 11 12 后回车，则后续输出为：

```
原矩阵为：
1    2    3    4
5    6    7    8
9    10   11   12
结果矩阵为：
1    5    9
2    6    10
3    7    11
4    8    12
```

**分析**：在头文件 iomanip 中提供了格式控制的标识符，该程序中用到了 setw 来控制每个数据输出时占用的宽度为 4，因此要用预处理指令 #include 将头文件 iomanip 包含进来。主函数中数组 a 用来存储原矩阵，数组 b 用来存储结果矩阵，变量 i 和 j 是用来表示数组下标的变量，i 表示行下标，j 表示列下标。对于程序中四个嵌套的 for 循环结构，在注释语句中表明了它们的功能。

## 2.6.3 引用

引用是 C++ 对 C 语言的一个重要扩展。

**引用是变量的别名，对引用进行操作就是对与其绑定的变量进行操作。**

引用的一般定义格式为：

数据类型 & 引用标识符 = 变量标识符；

其中，数据类型声明了引用所绑定变量的类型，& 在此处是引用运算符，说明后面的标识符是一个引用，引用在定义的同时必须初始化，而且必须用相同类型的变量（或该基类的派生类对象）初始化。例如：

```
int   a;
int & r=a;
```

语句 "int & r=a;" 说明引用 r 是变量 a 的别名，该语句的本质就是变量 a 和它的引用 r 都对应到相同的内存空间。因此，此语句之后，变量 a 也可用 r 来表示。这就类似于张明的小名叫明明，因此 "张明吃饭了" 也可以说成 "明明吃饭了"。

例如：

```
a=10;    //也等价于 r=10;
```

定义引用常常出现如下错误：

```
int & p;         //错误，该语句没有对引用 p 进行初始化
int & q=30;      //错误，引用是变量的别名，而 30 是常量
int & rr=3*a;    //错误，引用是变量的别名，而 3*a 是表达式，不是变量
float & t=a;     //错误，引用的类型和变量 a 的类型不一致
```

【**例 2-23**】关于引用的案例。

```
// second_23.cpp
1.  #include <iostream>
2.  using namespace std;
3.  int main()
4.  {
5.      int a=10;
6.      int &r=a;
7.      cout<<"a 在内存中的地址为: "<<&a<<endl;
8.      cout<<"r 在内存中的地址为: "<<&r<<endl;
9.      cout<<"a="<<a<<"  r="<<r<<endl;
10.     r=30;
11.     cout<<"a="<<a<<"  r="<<r<<endl;
12.     return 0;
13. }
```

该程序的运行结果为：

对应语句行号    对应输出结果

| | |
|---|---|
| 7 | a 在内存中的地址为: 0019FF3C |
| 8 | r 在内存中的地址为: 0019FF3C |
| 9 | a=10  r=10 |
| 11 | a=30  r=30 |

查看程序的输入结果，发现变量 a 与引用 r 的内存地址一样，且其对应的值也一样。

**结论**：引用和它所绑定的变量对应相同的内存空间。在同一个程序中，尽量不要给变量定义别名，这会降低程序的可读性，例如本案例就是一个不好的例子。

既然同一个程序中尽量不要给变量起别名，那 C++ 引入引用的意义何在?

C++ 引入引用的主要目的在于用引用作为函数的参数。具体可参考 3.1.3 节。

**const 与引用**

在定义引用时，可以用 const 修饰，使得该引用成为不允许修改的**常引用**。常引用的定义格式为：

const 数据类型 & 引用标识符 = 常量或表达式 ;

例如：

```
int   a=10;
int &r=a;            // 正确，r 为普通引用
const int &q=a;      // 正确，q 为常引用
r=30;                // 正确
q=5;                 // 错误，因为 q 为常引用，不允许通过它修改对应的变量 a 的值
```

**提示**：常引用可以用常量、变量或表达式初始化，但非 const 引用不能用常量和表达式初始化。

例如：

```
int a=10;
const int &ff=10; // 正确，因为 ff 为常引用
const int &r=a*3; // 正确，因为 r 为常引用
int &p=10;        // 错误，因为 p 为普通引用，必须用相同类型变量给 p 赋值
```

## 2.6.4  结构体

在 C++ 中，数组是相同类型数据的集合，在现实生活中，经常将不同类型的数据结合

在一起来描述一个事物，这时数组就无能为力了，因此 C++ 提供了另一种数据结构，即结构体。结构体属于用户自定义数据类型，要想使用结构体，则程序员必须自行定义。结构体的一般定义格式为：

```
struct    标识符
{   data_type1    data_member1;
    data_type2    data_member2;
    data_type3    data_member3;
    ...
    data_typen    data_membern;
};
```

其中，struct 为关键字，说明其后的标识符为一个结构体名；结构体名是一种用户自定义的数据类型名称；data_type 可以是任何有效的数据类型，可以是内置数据类型，也可以是用户自定义数据类型；data_member 是所描述事物属性的名称，也称为结构体的数据成员，一般建议做到见名知意。注意不要忘记花括号（}）后面的分号（;）。

一旦一个结构体定义完成，就可用它定义相应类型的结构体变量，一个结构体变量所占用的内存空间是其所有数据成员所占内存之和。

下面以图书为例，说明结构体的定义。描述一本图书，经常会用如下属性：

图书名称
图书出版社
图书作者
图书价格

则此时可定义图书结构体如下：

```
struct   Book
{   char    name[20];
    char    publisher[20];
    char    author[10];
    double  price;
} ;
```

此结构体定义完成后，Book 就是一个用户自定义的数据类型名，它的用法可参照内置数据类型的用法。下面用 Book 来定义结构体类型的变量，例如：

```
Book   java;
```

其中，结构体变量 java 共有 4 个数据成员，它们分别为 name、publisher、author 和 price。变量 java 占用的内存空间为其所有成员所需内存空间之和。

可通过成员访问运算符 "." 来对变量 java 的数据成员进行访问操作。
例如：

```
strcpy(java.name,"java 程序设计 ");          // 为 java 的数据成员 name 赋值
strcpy(java.publisher," 机械工业出版社 "); // 为 java 的数据成员 publisher 赋值
java.price=45.8;                            // 为 java 的数据成员 price 赋值
```

定义结构体类型的指针：

```
Book   *p;
p=&java;    // 指针 p 指向结构体变量 java
```

也可利用指针 p 对结构体变量 java 的成员进行访问，有两种方法，具体如下。

- 利用 "–>" 运算符访问结构体成员, 例如:

```
p->price=98;
```

- 利用 "." 运算符访问结构体成员, 例如:

```
(*p).price=56;
```

【例 2-24】结构体应用案例, 对图书信息进行读写操作。

```cpp
// second_24.cpp
#include <iostream>
using namespace std;

struct   Book        // 结构体的定义
{
    char    name[20];
    char    publisher[20];
    char    author[10];
    double  price;
};

int main()           // 主函数
{
    Book  book;    // 结构体变量的定义
    cout << "请输入书的名称 "<<endl;
    cin >> book.name;
    cout << "请输入书的出版社 " << endl;
    cin >> book.publisher;
    cout << "请输入书的作者 " << endl;
    cin >> book.author;
    cout << "请输入书的价格 " << endl;
    cin >> book.price;
    cout << "书的名称为: " << book.name << endl;
    cout << "书的出版社为: " << book.publisher << endl;
    cout << "书的作者为: " << book.author << endl;
    cout << "书的价格为: " << book.price << endl;
}
```

本案例编译后按照提示进行操作即可。

提示: C++ 中的 struct 对 C 语言中的 struct 进行了扩充, 它已经不再只是一个包含不同数据类型的数据结构。请看下面的问答:

struct 能包含函数吗? 能!

struct 能继承吗? 能! !

struct 能实现多态吗? 能! ! !

但需要注意, struct 中所有成员的访问权限默认是 public。

## 2.6.5　枚举类型

日常生活中有些数据用系统提供的内置数据类型无法准确描述, 例如一周 7 天、一个月最多 31 天, 用整型数据就不能准确描述, 这时用户可以自行定义一种枚举数据类型。

枚举类型定义的一般格式为:

enum   枚举标识符 { 枚举常量 1, 枚举常量 2,… };

其中, enum 为枚举关键字, 说明后面的标识符为枚举类型名; 枚举常量 1、枚举常量 2 等必须为常量，它们说明相应枚举类型变量可以取的值，各个枚举常量之间必须用逗号 (,) 隔开。

枚举数据类型定义的例子如下。

```
enum   Color{red, green, blue};                    //Color 为颜色的枚举类型名
enum   Weekday{mon, tue, wed, thu, fri, sat, sun}; //Weekday 为星期的枚举类型名
```

一旦定义了枚举数据类型，就可利用它定义枚举类型变量，例如：

```
Color   a;  // 定义 Color 类型变量
a=red;      // 为变量 a 赋值，变量 a 的值只能取 Color 中的枚举常量值
```

枚举常量代表该枚举类型的变量可能取的值，编译系统会为每个枚举常量指定一个整数值，默认状态下，这个整数就是所列举元素的序号，序号从 0 开始。可以在定义枚举类型时为部分或全部枚举常量指定整数值，指定值之前的枚举常量仍按默认方式取值，而指定值之后的枚举常量按依次加 1 的原则取值，各枚举常量的值不可以重复。例如：

```
enum   Weekday{mon=1,tue,wed,thu,fri,sat,sun=0};
```

7 个枚举常量的值分别为 1、2、3、4、5、6 和 0，即 mon 对应的整数值为 1，tue 为 2，sat 为 6，sun 为 0。

**提示**：枚举常量只能以标识符形式列举，不能是字符常量、整数、字符串等。

例如，枚举类型 Weekday 采用如下形式定义是错误的。

```
enum   Weekday{1,2,3,4,5,6,0};
enum   Weekday{"mon","tue","wed","thu","fri","sat","sun"};
```

**【例 2-25】枚举案例。**

```
// second_25.cpp
1.  #include <iostream>
2.  using namespace std;
3.  enum Weekday{Mon=1,Tue,Wed,Thu,Fri,Sat,Sun=0};
4.  void main()
5.  {  Weekday day1;
6.     int i;
7.     day1=Mon;  // 只能给枚举类型变量赋相应的枚举常量
8.     //day1=3; 错误，不能把整数常量转换成枚举值
9.     i=day1;    // 可以将枚举变量赋值给一个整型变量或参与运算
10.    cout<<"day1="<<day1<<endl;
11.    cout<<"i="<<i<<endl;
12. }
```

编译并运行程序，其输出结果为：

```
day1=1
i=1
```

**分析**：程序中的第 9 行语句将枚举变量赋值给整型变量，此时是将 day1 对应的枚举值的整数值赋给变量 i，day1 的枚举值为 Mon，根据第 3 行的枚举定义语句，枚举常量 Mon 对应的整数为 1，因此，i 的值为 1。

程序中第 10 行语句的输出结果说明了枚举数据的输出是其对应枚举值的整数值。

## 2.7   编译预处理指令

在编译器对源程序进行编译之前，首先要由预处理器对源程序进行预处理。预处理器提

供了一组预处理指令和预处理操作符，预处理指令实际上不是 C/C++ 语言的一部分。

所有的预处理指令在程序中都以"#"开头，每一条预处理指令单独占用一行，不要用分号结束。预处理指令可以根据需要出现在程序中的任何位置。

在编译源代码之前，预处理器会首先检查代码中包含的预处理指令并进行预处理。下面介绍一些 C++ 中常用的编译预处理指令。

## 2.7.1 #include 指令

#include 是头文件包含指令，它的作用是在指令处展开被包含的头文件。展开被包含的头文件之后，下面的代码就可以正常访问文件中声明的标识符（变量、函数、类等）。相关内容在 1.4 节程序的构成案例中进行了讲解，此处不再赘述。

## 2.7.2 #define 和 #undef 指令

#define 预处理指令可用于定义宏，它的用法有以下几种。

### 1. 不带参数的宏

定义不带参数的宏，一般格式为：

```
#define    宏标识符    常量
```

例如：

```
#define  MAX_SIZE  10
#define  PI  3.14
```

上面两条语句定义了两个不带参数的宏 MAX_SIZE 和 PI，它们也被称为符号常量。宏的处理在预编译阶段通过宏替换完成，即程序中的符号常量 PI 将在预编译阶段被替换为 3.14，MAX_SIZE 将被替换为 10。

**注意：** 定义符号常量时，符号常量与后面的常量之间要用空格隔开。

**提示：** 在 C++ 中建议使用 const 定义符号常量，因为宏替换并不会进行类型匹配等安全性检查，降低了程序的安全性。

### 2. 带参数的宏

定义带参数的宏，一般格式为：

```
#define    宏标识符 (宏参数 1, 宏参数 2, …)    表达式
```

例如：

```
#define  s(a,b)  a*b
```

其中，s 为宏名称，a 和 b 为两个参数，对带参数的宏的使用就像函数调用一样，该宏可以解释为对参数进行乘法运算，下面是一条对宏 s 的调用语句：

```
int area=s(3,4);
```

将来在编译预处理阶段，宏替换的结果为：

```
int area=3*4;
```

但下面的宏调用可能与它定义时的意义不一致，例如：

```
A=s(2+3,b);
```

该语句的宏替换结果为：

```
A=2+3*b;
```

这显然和宏定义时的意义不一致，也和我们对函数调用的理解不同，因此一般采用下面的定义来保证宏不失真。

```
#define    s(a,b)    (a)*(b)
```

读者可以思考一下原因何在。

**提示**：带参数的宏也称为宏函数，宏函数由于在预处理阶段进行宏替换，因此程序没有函数调用的开销，程序执行的速度快。但宏没有数据类型检查，只是简单地用实参替换形参，所以一定要注意对它的正确调用。

### 3. #undef 指令

该指令用来取消一个已经存在的宏定义，一旦取消，则该宏在后续程序中将不再有效。

【例 2-26】#define 和 #undef 指令编译案例。

```
// second_26.cpp
1. #include <iostream>
2. using namespace std;
3. void main()
4. {
5.     #define  PI  3.14
6.     #define  MAX(a,b)  (((a) > (b)) ? (a) : (b))
7.     cout << PI*2*2 << endl;
8.     cout << MAX(2, 3) << endl;
9.     #undef  PI                  //取消宏 PI
10.    cout << PI << endl;
11. }
```

**分析**：该程序的第 1 行语句包含头文件 iostream，因此可以用该文件中声明的标识符 cout 和 endl。该程序中的第 5 和第 6 行语句分别定义了无参数的宏 PI 和带参数的宏 MAX，程序中第 7 和第 8 行语句是对宏的使用，第 9 行语句取消了宏 PI，则宏 PI 在此语句之后将不能再用，否则编译器将给出错误提示。因此第 10 行语句是错误的，注释掉该语句后，该程序预处理后的结果为下面的代码：

```
1. #include <iostream>   //注意：该文件内容应在此展开，此处略
2. using namespace std;
3. void main()
4. {
5.     cout <<3.14*2*2 << endl;
6.     cout << (((2) > (3)) ? (2) : (3))<< endl;
7. }
```

### 4. 宏定义中另外两个特殊的运算符（# 和 ##）

- 运算符 #：宏定义中的 # 运算符把跟在其后的参数转换成一个字符串，称为字符串化运算符。
- 运算符 ##：宏定义中的 ## 运算符把出现在 ## 两侧的参数合并成一个符号。

【例 2-27】宏定义中的特殊运算符（# 和 ##）案例。

```
// second_27.cpp
1. #include <iostream>
2. using namespace std;
3. #define NUM(a,b)   a##b
4. #define STR(a,b)   a##b
5. #define CAT(n)   "ABC"#n
6. void main()
7. {
8.     cout << CAT(123) << endl;
9.     cout << NUM(1, 2) *2<< endl;
10.    cout << STR("Hello", "World") << endl;
11. }
```

程序运行结果如下。

对应语句行号　　对应输出结果

```
8            ABC123
9            24
10           HelloWorld
```

**分析**：第 5 行语句定义了带参数的宏 CAT，宏表达式中包含了 # 运算符，根据该运算符的运算规则，它将其后面的参数转换成字符串，因此在第 8 行 CAT 的宏调用语句中，参数 123 被转换成字符串，它与字符串 "ABC" 构成了 "ABC""123" 的表达式。当有两个或多个字符串常量连续出现，且它们之间除了空格没有其他字符间隔时，系统会将它们自动连接合并成一个字符串，因此第 8 行的输出结果为：ABC123。

第 3 行语句定义了带参数的宏 NUM，第 9 行语句对该宏进行了调用，根据预处理指令的处理机制，首先进行宏替换，因此 NUM(1,2) 被替换成 1##2。同时宏中的 ## 运算符的运算规则是将其左右两侧的表达式合并成一个符号，因此 1##2 被合并成 12 来替换宏，然后与 2 进行乘法运算，所以第 9 行语句的输出结果为 24。

同理可分析第 4 行的宏定义及其在第 10 行的调用语句的输出结果。

### 2.7.3　条件编译指令

#### 1. #ifdef、#ifndef、#endif 条件编译指令

条件编译指令的一般用法为：

```
#ifdef    宏名称
    相关语句 ;
#endif
```

它表示如果定义了相应的宏，则包含在 #ifdef 和 #endif 之间的 C++ 语句将在编译时编译，否则不编译。同理：

```
#ifndef    宏名称
    相关语句 ;
#endif
```

它表示如果没有定义相应的宏，则包含在 #ifndef 和 #endif 之间的 C++ 语句将在编译时编译，否则不编译。

#endif 指令不能单独使用，它要和 #ifdef 或 #ifndef 配对使用。

例如：

```
#ifndef   MYHEAD_H
#define   MYHEAD_H
#include "myHead.h"
#endif
```

此段条件编译的功能是若宏 MYHEAD_H 在之前已经定义了，则直到 #endif 之间的语句将
被跳过，否则定义宏 MYHEAD_H，并包含头文件 myHead.h。

【例 2-28】该案例重点说明条件编译指令的应用方法，该程序包含 3 个文件，其中 t1.h
和 t2.h 为两个头文件，second_28.cpp 为源程序文件。

t1.h 头文件的内容：

```
   // t1.h
1. #ifndef T1_H
2. #define T1_H
3. struct   S
4. {
5.       int a;
6.       int b;
7. };
8. #endif
```

t2.h 头文件的内容：

```
    // t2.h
 9. #include "t1.h"
10. #ifndef T2_H
11. #define T2_H
12. S   c;
13. #endif
```

second_28.cpp 源程序的内容：

```
    // second_28.cpp
14. #include <iostream>
15. #include "t2.h"
16. #include "t1.h"
17. using namespace std;
18. void main()
19. {
20.     cin>>c.a>>c.b;
21.     cout<<c.a<<"     " <<c.b<<endl;
22. }
```

经过编译，该程序正常运行。现在修改头文件 t1.h，去掉其中的条件编译语句而只保留
结构体 S 的定义，修改后的 t1.h 头文件内容具体如下：

```
struct   S
{
    int a;
    int b;
};
```

则在编译源程序时，编译器提示错误信息如下：

```
error C2011: 'S' : 'struct' type redefinition
```

**错误分析**：观察源文件 second_28.cpp，发现头文件 t1.h 被包含（include）了一次，

而在 t2.h 头文件中，t1.h 也被包含了一次。这就等于在 second_28.cpp 中，t1.h 被包含了两次，一次是在 second_28.cpp 中被直接包含了一次，另一次是 second_28.cpp 在展开 t2.h 时，又由 t2.h 间接包含了一次，因此结构体 S 的定义在源程序 second_28.cpp 中出现了两次，所以编译器在编译期间给出的错误提示是 S 结构体被重复定义（redefinition）了。

　　回头看正确的案例，在头文件 t1.h 中加入了条件编译语句。它表达的意思是：当宏 T1_H 没有定义时，首先定义宏 T1_H，然后定义结构体 S，否则不定义。因此不管在什么程序中包含头文件 t1.h，当第一次包含时，第 1 行语句成立，宏 T1_H 和结构体 S 就会被定义，当第二次、第三次等后续包含头文件 t1.h 时，由于宏 T1_H 在第一次包含时已经定义，因此第 1 行条件编译语句将不成立，头文件 t1.h 中的第 2～7 行语句将被跳过去，这样就避免了结构体 S 的重复包含。

　　**提示**：一般头文件的编写均采用类似 t1.h 和 t2.h 的条件编译格式来避免头文件被重复包含。

### 2. #if、#elif、#else、#endif 条件编译指令

　　这几个指令也称为条件编译指令，利用它们可对程序源代码的各部分有选择地进行编译。与 C++ 中的 if、else if 和 else 语句类似，它们表示如果一个条件值为真，则编译对应的代码，否则跳过这些代码，测试下一个条件值是否为真。

　　**提示**：条件编译指令后的条件表达式是在编译时求值的，它必须仅包含常量及已定义过的标识符，不可使用变量，也不可以包含运算符 sizeof，这是 #if、#elif、#else 和 #endif 与 if、else if 和 else 语句的不同之处。

　　**【例 2-29】** 下面的程序是一个简单的条件编译程序案例，希望读者能通过此案例了解条件编译的用法。

```
   // second_29.cpp
1. #include <iostream>
2. using namespace std;
3. void main()
4. {
5.     #define OPTION  2
6.     #if  OPTION == 1
7.         cout << "Option: 1" << endl;
8.     #elif  OPTION == 2
9.         cout << "Option: 2" << endl; // 选择这句
10.    #else
11.        cout << "Option: Illegal" << endl;
12.    #endif
13. }
```

　　**分析**：显然该程序中的 OPTION 在第 5 行语句处被定义为符号常量，它代表常量 2，所以主函数中条件编译的结果与下面的程序的结果一样：

```
1. #include <iostream>
2. using namespace std;
3. void main()
4. {
5.     #define OPTION 2
6.     cout << "Option: 2" << endl;
7. }
```

## 2.8 名字空间

在现实生活中，经常会出现多个同名的人。同样，一个大中型软件往往由多名程序员共同开发，这些程序员会使用大量的变量和函数等标识符名称，这就不可避免地会出现多个变量或函数同名的问题，即命名冲突。现实生活中解决这类问题的方法是增加限定语，例如湖南的张明、湖北的张明，或是男的张明、女的张明，反正能区别开就行。在 C++ 中，解决这种命名冲突的问题也采用类似的方法，即引入名字空间（namespace）。

**注意**：C 语言中没有名字空间一说，所以不允许定义同名的全局标识符（变量名、函数名、类名等）。

对于大型软件，不同的程序员把自己定义的全局标识符放在同一个名字空间中，这样即使和别的程序员命名的全局标识符重名，在引用时，也只需要增加名字空间的限定就可避免冲突。

C++ 中定义一个名字空间的语法格式为：

```
namespace    名字空间标识符
{
    // 全局变量、函数、结构体、类、枚举等的声明
};
```

其中，namespace 为定义名字空间的关键字，其后为名字空间标识符，它的命名要符合标识符的命名规则，在花括号（{}）内部为全局变量、函数、结构体、类等的声明语句。

【例 2-30】名字空间的应用案例。

```
    // 程序员甲定义的头文件 ABCint.h
 1. #ifndef ABC2
 2. #define ABC2
 3. namespace  ABCint      // 名字空间 ABCint 的定义
 4. {
 5.     const int N=100;
 6.     int max(int x,int y)
 7.     {   if(x>y) return x;
 8.         else return y;
 9.     }
10. };
11. #endif
    // 程序员乙定义的头文件 ABCdouble.h
12. #ifndef ABC1
13. #define ABC1
14. namespace  ABCdouble // 名字空间 ABCdouble 的定义
15. {
16.     const int N=2000;
17.     double max(double x,double y)
18.     {   if(x>y) return x;
19.         else return y;
20.     }
21. };
22. #endif
    // 下面是 main.cpp
23. #include <iostream>
24. #include "ABCdouble.h"
25. #include "ABCint.h"
26. using namespace std;
27. // 编写主函数
28. void main()
29. {   cout<<N;   }
```

**分析**：本程序由 3 个文件构成，其中头文件 **ABCdouble.h** 中定义了标识符 N 和 max，它们所在的名字空间为 ABCdouble。头文件 **ABCint.h** 中也定义了标识符 N 和 max，它们所在的名字空间为 ABCint。在主函数中访问了标识符 N，但主函数所在文件 **main.cpp** 中并没有定义标识符 N，因此在编译源程序时，系统提示 error C2065: 'N' : undeclared identifier，错误出在第 29 行的语句。在第 29 行增加作用域限定，改为：

```
cout<<ABCdouble::N;
```

重新编译并运行程序后，程序的输出结果为 2000。此处的符号"::"为作用域运算符。在第 29 行增加作用域如下：

```
cout<<ABCint::N;
```

重新编译并运行程序，程序的输出结果为 100。

这就是一个典型的命名冲突问题，通过增加作用域限定，编译器知道了要访问哪个空间中的标识符 N，所以程序就能正常编译并运行了。对函数 max 的调用同理，请自行验证。

在编程的过程中，要使用某个名字空间中的标识符，一般有 3 种方法。

1）采用作用域运算符"::"来指明访问哪个空间中的名字，语法如下：

名字空间名称 :: 标识符

例如：

```
ABCdouble::N;
```

2）用 using 指令提前声明要用某个名字空间中的标识符，其用法有两种形式。

● 引入某个名字空间中的所有标识符，其语法为：

using namespace 名字空间名称 ;

例如：

```
using namespace std;     // 声明把名字空间 std 中的标识符全引入进来
using namespace ABCint;  // 声明把名字空间 ABCint 中的标识符全引入进来
```

请看例 2-30，若在主函数之前增加语句"using namespace ABCint;"，则编译源程序之后，程序的运行结果为 100。这就相当于告诉编译器下面用到的标识符来自名字空间 ABCint。

● 引入名字空间中某一特定的标识符，其语法为：

using　名字空间名称 :: 标识符

例如，"using ABCint::N;"引入了名字空间 ABCint 中的标识符 N。同理，在例 2-30 中，若在主函数之前增加语句"using ABCdouble::N;"，则编译该程序后，程序的运行结果将为 2000。这就相当于告诉编译器用到的标识符 N 来自 ABCdouble 名字空间。

结合上面对例 2-30 的修改，请读者自行调试并运行程序，从而体会名字空间的用法。

## 2.9　本章小结

● 程序设计一般采用逐步求精的思想，而具体问题的处理一般考虑输入、处理、输出三部分，对每一部分完成设计就可编码实现程序了。

- 标识符必须先定义后使用，标识符应符合命名规则，做到见名知意。
- C++ 的内置数据类型有 int、float、double、char 和 bool，其中 int 用修饰符 long、short、signed 和 unsigned 修饰又有多个类型。不同类型需要的内存空间大小不同，当定义一个变量时，编译器将根据类型为其分配具体内存空间。在此基础上，程序员可构造更加复杂的数据类型，比如数组、指针、结构体、枚举、类等。
- 程序设计的三种基本结构有顺序结构、选择结构和循环结构。其中选择结构有 if 结构和 switch 结构，它们可根据条件判断结果来决定执行什么操作；循环结构有 for 循环、while 循环和 do…while 循环，它们可控制某些操作连续重复执行。
- C++ 提供了非常丰富的运算符，有算术运算符、关系运算符、逻辑运算符、自增/自减运算符、内存动态分配运算符 new 和内存回收运算符 delete 等。
- 编译预处理指令不是 C++ 的语句，它们均以 # 开始，是编译器可识别的指令，在 C++ 源程序编译之前处理。
- 名字空间是 C++ 解决多人合作编程时命名冲突问题的一种机制，C++ 标准库中的标识符都在 std 名字空间中。

## 2.10　习题

**一、选择题（以下每题提供四个选项 A、B、C 和 D，只有一个选项是正确的，请选出正确的选项）**

1. 下面不合法的标识符是（　　）。

   A. _378　　　　　　B. void　　　　　　C. X#y　　　　　　D. Struct

2. 下面不能正确表示 a*b/(c*d) 的表达式是（　　）。

   A. (a*b)/c*d　　　　B. a*b/(c*d)　　　　C. a/c/d*b　　　　D. a*b/c/d

3. 下列运算符中，运算对象必须是整型的是（　　）。

   A. /　　　　　　　　B. %=　　　　　　　C. =　　　　　　　D. &&

4. 若 x、y、z 均被定义为整数，则下列表达式最终能正确表达代数式 1/(x*y*z) 的是（　　）。

   A. 1/x*y*z　　　　　B. 1.0/(x*y*z)　　　C. 1/(x*y*z)　　　D. 1/x/y/(float)z

5. 已知 a、b 均被定义为 double 型，则表达式 b=1,a=b+5/2 的值为（　　）。

   A. 1　　　　　　　　B. 3　　　　　　　　C. 3.0　　　　　　D. 3.5

6. 如有 int  a=11，则表达式（a++*1/3）的值是（　　）。

   A. 0　　　　　　　　B. 3　　　　　　　　C. 4　　　　　　　D. 12

7. 在下列运算符中，优先级最低的是（　　）。

   A. ‖　　　　　　　　B. !=　　　　　　　C. <　　　　　　　D. +

8. 表达式 9!=10 的值为（　　）。

   A. 非零值　　　　　　B. true　　　　　　C. 0　　　　　　　D. false

9. 能正确表示 x>=3 或者 x<1 的逻辑表达式是（　　）。

   A. x>=3 or x<1　　B. x>=3|x<1　　　C. x>=3‖x<1　　　D. x> =3‖x<1

10. 已知：

    ```
    int b = 3; float f = 1.2; char  s = 'd';
    ```

    则下面哪个表达式是不正确的？（　　）

    A. ++b　　　　　　B. f--　　　　　　　C. s++　　　　　　D. 5++

11. 如果变量 x、y 已经正确定义，下列语句中哪一项不能正确将 x、y 的值进行交换？（　　）

A. x=x+y,y=x-y,x=x-y;                    B. t=x,x=y;y=t;

C. t=y,y=x,x=t;                          D. x=t,t=y,y=x;

12. 能正确表达 "a 不等于 0" 这一条件的表达式为（        ）。

    A. a<>0            B. !a            C. a=0            D. a

13. 下面这个循环的循环次数是（        ）。

```
for(int i=0,j=10;i=j=10;i++,j--)
```

    A. 无限次          B. 语法错误，不能执行  C. 10            D. 1

14. 以下哪个不是循环语句?（        ）

    A. while 语句      B. do…while 语句  C. for 语句      D. if…else 语句

15. 下列 do…while 循环的循环次数是（        ）。

```
int i=5;
do{ cout<<i--<<endl;
    i--;
}while (i!=0)
```

    A. 0              B. 2              C. 5              D. 无限次

16. 下列 for 循环的循环次数是（        ）。

```
for(int i=0,x=0;!x&&i<=5;i++)
```

    A. 5              B. 6              C. 1              D. 无限次

17. 要声明一个有 10 个 int 型元素的数组，正确的语句是（        ）。

    A. int a[10];   B. int a[2,5];   C. int a[];      D. int *a[10];

18. 合法的数组初始化语句是（        ）。

    A. char a = "string";                    B. int a[5] = {0,1,2,3,4,5};

    C. int a[] = "string";                   D. char a[] = {0,1,2,3,4,5};

19. 下列对字符数组的描述中，有错误的是（        ）。

    A. 字符数组可以存放字符串

    B. 字符数组中的字符串可以进行整体输入输出

    C. 可以在赋值语句中通过赋值运算符 "=" 对字符数组整体赋值

    D. 字符数组的下标从 0 开始

20. 若用数组名作为函数调用时的实参，则实际上传递给形参的是（        ）。

    A. 数组首地址                            B. 数组的第一个元素值

    C. 数组中全部元素的值                    D. 数组元素的个数

21. 已知：

```
int i,x[3][3] = {1,2,3,4,5,6,7,8,9};
```

    则下列语句的输出结果是（        ）。

```
for(i = 0;i < 3;i++)
    cout<<x[i][2-i];
```

    A. 1 5 9          B. 1 4 7          C. 3 5 7          D. 3 6 9

22. 在 C++ 中，引用数组元素时，其数组下标的数据类型（        ）。

    A. 只能是整型常量

B. 只能是整型表达式

C. 可以是整型表达式、逻辑表达式、关系表达式、字符表达式

D. 可以是任何类型的表达式

23. 以下对二维数组 a 的正确声明是（　　　）。

A. int a[3][]　　　　B. float a(3,4)　　　C. double a[1][4]　　D. float a(3)(4)

24. 已知 int a[3][4]，则对数组元素引用正确的是（　　　）。

A. A[2][4]　　　　　B. a[1,3]　　　　　C. a[1+1][0]　　　　D. a(2)(1)

25. 在 C++ 中，二维数组元素在内存中的存放顺序是（　　　）。

A. 按行存放　　　　　B. 按列存放　　　　　C. 由用户自己定义　　　D. 由编译器决定

26. 下列程序段的运行结果是（　　　）。

```
char c[5] = {'a','b','\0','c','\0'};
cout<<c;
```

A. 'a''b'　　　　　B. ab　　　　　C. ab c　　　　　D. 以上 3 个答案均有错误

27. 当定义一个结构体变量时，系统分配给它的内存是（　　　）。

A. 各成员所需内存的总和　　　　　　　　B. 结构体中第一个成员所需的内存量

C. 成员中占内存量最大的成员所需的容量　　D. 结构体中最后一个成员所需的内存量

28. 设有以下说明语句：

```
struct ex
{ int x; float y; char z;}example;
```

则下面的叙述中不正确的是（　　　）。

A. struct 是定义结构体类型的关键字　　　B. example 是用户定义的结构体类型名

C. x、y、z 都是结构体成员名　　　　　　D. ex 是用户定义的结构体类型

29. 在对 typedef 的叙述中，错误的是（　　　）。

A. typedef 可以定义各种类型名，但不能用来定义变量

B. 用 typedef 可以增加新类型

C. typedef 只是将已存在的类型用一个新的标识符来代表

D. 使用 typedef 有利于程序的通用性和移植性

30. 设有以下定义和语句：

```
struct student
{ int num,age;};
student stu[3]={ {2001,20},{2001,21},{2001,19} };
student *p = stu;
```

则以下错误的引用是（　　　）。

A. (p++)->num　　　B. p++　　　　　C. (*p).num　　　　D. p=&stu.age

31. 已知：

```
int a[10],x,*p;
p=a;
```

下面哪一个选项与其他选项不同?（　　　）

A. x=*p;　　　　　B. x=*(a+1);　　　　C. x=p[1];　　　　D. x=a[1];

32. 定义了 int a=15，则下列定义引用的语句中正确的是（　　　）。

A. `int &r=&a;`　　　B. `int &r;`　　　C. `int *r=&a;`　　　D. `int &r=a;`

33. 有如下定义语句：

```
int a=2;
int b=9;
int c=12;
const int *pi=&a;
```

则下列语句中不正确的是（　　　）。

A. `pi=&c;`　　　B. `*pi=66;`　　　C. `pi=&b;`　　　D. `C=*pi;`

34. 阅读下列程序，正确的输出结果为（　　　）。

```
#include <iostream.h>
void main()
{   int i;
    for(i=1;i<=8;i++)
    {   if(i%3==0) continue;
        cout<<i;
    }
}
```

A. 124578　　　B. 12　　　C. 258　　　D. 369

35. 下列哪个选项能正确定义常指针？（　　　）

A. `int i; const  int *r=&i;`　　　B. `int i; const int *r=&i;`
C. `float  f;  float * const p=&f;`　　　D. `int * const p=5;`

## 二、读程序并写出程序的运行结果

1.
```
#include <iostream>
using namespace std;
void main()
{   int x=9;
    int y=4+(x+=x++,x+5,++x);
    cout<<y<<endl;
}
```

2.
```
#include <iostream>
using namespace std;
void main()
{   int a=2,b=7;
    int c=a^b<<2;
    cout<<c<<endl;
}
```

3.
```
#include <iostream>
using namespace std;
void main()
{   int x=1,a=0,b=0;
    switch(x)
    {   case 0: b++;
        case 1: a++;
        case 2: a++;b++;
    }
    cout<<"a="<<a<<",b="<<b;
}
```

4.
```
#include <iostream>
using namespace std;
```

```
void main()
{   int  t=0;
    while(1)
    {
        t++;
        cout<<"$$";
        if(t<3) break;
    }
}
```

### 三、编程题

1. 求两个整数的最小公倍数和最大公约数。

2. 编写程序，求 e 的值，e ≈ 1+1/1!+1/2!+1/3!+1/4!+…，最后一项的值小于 1e-6。

3. 口袋中有红、黄、蓝、白、黑 5 种颜色的球若干个，每次从口袋中取 3 个不同颜色的球，统计并输出所有的取法。

4. 编写程序，判断一个整数是否为完全数（一个完全数等于它的因子之和）。

5. 编写一个猜数字游戏，程序每次运行都生成一个 1～100 之间的随机整数让玩家猜测，每次猜的过程中请统计猜测次数以及猜的数字与被猜数字之间的关系，以便提示玩家。

6. 编写程序，对于用户输入的出生年份，输出其生肖。

7. 编写一个让小学生练习 100 以内加减法的游戏。

8. 编写某日期是某年的第几天的程序。（例如，2020 年 3 月 2 日是 2020 年的第几天？）

# 第3章 函　　数

C 语言是一种面向过程的程序设计语言，而 C++ 完全兼容 C。在面向过程的程序设计语言中，函数是模块划分的基本单位，是对问题处理过程的一种抽象。面对一个稍有规模的软件设计问题，利用一个函数去实现往往不太现实，设计人员的基本做法就是将软件系统划分为多个较小的模块，然后针对每个模块用一个函数实现。这一方面有利于降低问题的复杂性，提高程序的可读性和可维护性，另一方面又有利于提高代码的利用率，减少了编码的工作量。

本章主要讲解函数的定义及调用、实际参数与形式参数的结合、函数重载、默认参数、内联函数等问题。

## 3.1　函数的定义与调用

**函数**是一段命名的代码段，代码段的名称即函数名，通过引用函数名可对函数进行调用。一个 C++ 程序中至少包含一个函数，这个函数就是主函数 main()。程序的执行从主函数 main() 开始，遇到主函数的结束语句或主函数最后的花括号 (}) 结束执行。不同函数通过相互调用来解决综合问题，通常把调用其他函数的函数叫作**主调函数**，被其他函数调用的函数叫作被调函数。根据软件设计中模块之间的调用关系，可将众多不同功能的函数模块组装成一个完整的程序，从而形成一个综合软件系统。这就类似于汽车的生产，先设计其零部件及组装关系（划分功能模块及调用关系），然后组织生产零部件（对应一个个的函数开发），再根据零部件之间的组装关系，将零部件组装成一个完成的汽车（函数调用形成综合软件）。

### 3.1.1　函数的定义

C++ 函数定义的一般格式为：

```
返回值类型　　函数名（形式参数列表）
    {
        函数体
    }
```

函数定义应该包含四部分内容。编程人员要定义一个函数，则必须明确说明上述四部分内容，具体说明如下。

1）**返回值类型**：用来说明一个函数调用结束后，反馈给其上级调用函数的返回结果的类型。此处的类型可以是系统提供的内置数据类型，也可以是指针、数组或用户自定义类型等，若无结果反馈，也可设置为 void，说明此函数没有返回值。

例如，老师让一个学生求两个整数的较大值，学生在求完较大值之后，要向老师反馈较大值是什么，这时反馈结果类型就可设置为整型 int。而当老师让一个学生去打扫教室，则学生直接去完成这个操作，不用反馈，此时就可以设置返回值类型为 void。

2）**函数名**：函数名是对函数体的命名，通过引用该名称，可以对这段代码进行调用，函数名的命名规则要符合标识符的命名规则。

3）**形式参数列表**：形式参数（简称形参）列表是一个函数与外界的接口，通过此接口，上级调用函数可向该函数传递其解决问题需要知道的已知信息。同时，通过此接口，函数也可以向上级调用函数传送问题处理的结果。将来进行函数调用时，上级调用函数需要对函数形参对应传入实际的参数，称为**实参**。实参个数和类型必须与形参一一对应。

**说明**：形式参数列表需要分别说明每个参数的类型，参数之间用逗号隔开。其格式一般为：

数据类型 1    参数 1，数据类型 2    参数 2，…，数据类型 n    参数 n

4）**函数体**：为实现函数相应功能而编写的一段程序代码，这段代码需要花括号（{}）括起来。在函数体中经常会出现 return 语句，该语句一般有两种格式。

格式一：return；
格式二：return < 表达式 >；

这里，return 为关键字，< 表达式 > 可以是任何类型的表达式。return 语句的作用是将程序执行流程转移到调用该函数的上级函数。在返回值类型为 void 的函数体中，若想跳出函数体，应使用格式一。在返回值类型不是 void 的函数体中，若想跳出函数体，应使用格式二，并将 < 表达式 > 的值作为函数的返回值。

**提示**：当一个函数有返回值类型时，函数体中必须至少有一个 return 语句来返回结果，对于返回值类型为 void 的函数，可以没有 return 语句，也可用 return 返回。

【**例 3-1**】编写一个函数，求两个整型数据的较大值。

**设计分析**：一个函数由四部分构成，因此可逐项分析。1）函数返回值类型的确定。显然此问题在求出两个整型数据的较大值后，需要向上级调用函数返回较大值，因此将函数的返回值类型定义为 int 类型。2）函数名的确定。从做到见名知意的角度，可以将函数名命名为 max。3）函数形参的确定。显然要让一个函数求两个整型数据的较大值，就必须告诉该函数对哪两个整型数据求较大值，因此可设置函数的形参为两个整型参数。4）函数体的设计。采用比较运算返回较大值即可。完成分析后，具体的函数定义代码如下：

```
1. // third_1.cpp
2. int max(int x,int y)
3. {
4.     if (x>y) return x;
5.     else    return y;
6. }
```

【**例 3-2**】编写函数，判断一个整数是否为素数。

**设计分析**：不妨命名该函数为 isPrime。首先，isPrime 的功能是判断一个整数是否为素数，它在判断完成后需要返回"是"或"否"，以告诉其上级调用函数，因此设置其返回值为 bool 类型；根据 isPrime 的功能可知，它需要知道对哪个整数判断素数，这可以通过参数来获取，因此设置参数为一个整数类型；isPrime 的函数体则根据"一个整数若只有 1 和它本身两个因子就是素数"进行判断即可。实现 isPrime 的具体代码如下：

```
1. // third_2.cpp
2. bool isPrime(int n)
3. {
4.     int i;
5.     for(i=2;i<=sqrt(n);i++)
6.         if (n % i == 0) { return false; }
7.     return true;
8. }
```

## 3.1.2 函数的调用

函数一旦定义完成，在需要解决相关问题时，就可进行函数调用。函数调用一般有两种形式，即语句调用和表达式调用。

### 1. 语句调用

对于无返回值的函数，只能采用语句调用，不能采用表达式调用，原因是它不返回任何信息，因此不能出现在表达式中参与运算。一般，语句调用的格式为：

函数名（实际参数列表）；　　// 实际参数简称实参

【例 3-3】语句调用的案例。函数 print 的功能是向显示器输出一条线段，主函数 main 通过对它的调用实现格式化输出。

```
1. // third_3.cpp
2. #include <iostream>
3. using namespace std;
4. void print()              // 输出线段的函数
5. {
6.     cout<<"----------------------------------------"<<endl;
7. }
8. int main()                // 主函数
9. {   int a=10,b=20;
10.     print();             // 函数调用
11.     cout<<"a="<<a<<"    b="<<b<<endl;
12.     print();             // 函数调用
13.     return 0;
14. }
```

该程序编译运行后，输出的结果为：

```
----------------------------------------
a=10    b=20
----------------------------------------
```

**分析**：在该案例中，第 10 行语句和第 12 行语句就是对 print 函数的语句调用，由于 print 函数不返回值，因此只能采用语句调用。请结合本程序的运行来进一步了解函数的语句调用。

### 2. 表达式调用

对于有返回值的函数，一般采用表达式调用。采用语句调用也没有错，但由于没有一个有效机制去接收函数的返回值，所以若函数的返回值很重要，则这种形式的函数调用根本解决不了任何问题，这会使得 CPU 做无用功，浪费 CPU 时间。这就好比费了九牛二虎之力对 10 个数据找出了最大值，但此时却没人关心该结果。因此，对有返回值的函数，一般采用表达式调用。

【例 3-4】表达式调用的案例。程序的功能是求两个数的较大值，具体编码如下。

```
1. // third_4.cpp
2. #include <iostream>
3. using namespace std;
4. int max(int x,int y)            // 求两个数的较大值的函数
5. {
6.     if (x>y) return x;
```

```
7.     else    return y;
8. }
9. int main()                    // 主函数
10. {
11.     int a,b,bigdata;
12.     cin>>a>>b;
13.     bigdata=max(a,b);        // 用表达式方式调用函数 max
14.     cout<<a<<" 和 "<<b<<" 的较大值为 "<<bigdata<<endl;
15. }
```

编译运行该程序时，若从键盘输入 5、60，然后回车，则输出结果为：

5 和 60 的较大值为 60

**分析**：本程序中第 13 行语句就是对 max 函数的赋值表达式调用。同理，对 max 函数的调用也可以出现在算术表达式、关系表达式、逻辑表达式等其他表达式中。大家可以思考采用语句调用形式调用 max 函数会出现什么效果。

**3. 函数调用的执行过程**

以 third_4.cpp 源程序为例，可通过分析该程序的执行过程，了解函数调用的执行过程。该程序中有两个函数——主函数 main 和 max，C++ 程序首先从主函数开始执行，具体的执行过程按照下面的语句标号顺序执行，如下所示。

---

**main() 函数**

1. 在内存中创建变量 a、b 和 bigdata
2. 从键盘读入 a 和 b 的值
3. 保存主函数现场并转移到 max 函数

**max(a,b) 函数**

4. 首先创建形参 y 和 x，并将相应的实参 b 和 a 赋值给它们，它的本质等价于执行语句 int y=b;int x=a;
5. 依次执行函数 max 中的语句，当执行到 return 语句时，返回到它的上级调用函数 main，并销毁局部变量 x 和 y

6. 恢复主函数 main 的现场
7. 将 max 的返回值赋值给 bigdata
8. 执行第 14 行输出语句
9. 遇到主函数的"}"，程序结束执行，结束前销毁主函数 main 中的变量 bigdata、b 和 a

---

**注意**：请尤其注意第 4 步的执行本质，这是一些学生经常不理解的地方。

**提示**：利用实参创建形参的顺序从右向左，在本例中，先创建形参 y，再创建形参 x。

**4. 函数原型声明**

在 C++ 源程序中，若一个函数先调用后定义，则编译器在编译该程序时，会提示错误信息。请看下面的程序案例。

**【例 3-5】**将例 3-4 中的 main 函数和 max 函数调换顺序，看看有什么问题。

```
1. // third_5.cpp
2. #include <iostream>
3. using namespace std;
4. void main()
5. {   int a,b,bigdata;
```

```
6.      cin>>a>>b;
7.      bigdata=max(a,b);
8.      cout<<bigdata<<endl;
9. }
10. int max(int x,int y)
11. {return x>y?x:y;}
```

编译该程序时会提示"error C2065: 'max' : undeclared identifier"信息。

原因在于编译器由上而下顺序编译一个源程序，在遇到第 7 行的函数 max 调用时，它还没有建立关于标识符 max 的任何信息，因而也就无从判断对它的调用是否正确，所以就会提示以上错误信息。解决这类错误问题的方法是，在调用 max 函数之前告诉编译器该函数的基本信息，即函数原型声明。

**函数原型声明**：应该包含函数的前三部分信息，即返回值类型、函数名和函数的参数信息。其一般格式为：

返回值类型　函数名（函数参数信息）；

对于 third_5.cpp 源文件中的错误，只需要对函数 max 在其调用语句之前增加该函数的原型声明即可。也就是在第 7 行语句之前的任何位置增加如下语句：

```
int   max(int x,int y);
```

在编译一个函数期间，编译器只关心函数的形参类型及个数，并不关心参数名。因此也可以采用如下形式进行函数 max 的原型声明：

```
int   max(int,int);
```

**提示**：当一个源程序包含多个文件，且一个文件中的函数需要在另一个文件中进行调用时，需要在调用该函数的文件中的调用语句之前对函数进行原型声明。

**【例 3-6】** 多文件程序。该案例的源程序由两个文件构成，它将例 3-5 的两个函数放在了两个不同的文件中。

```
1. // 文件 example.cpp
2. #include <iostream>
3. using namespace std;
4. int max(int x,int y)          // 求两个数的较大值
5. {
6.      return x>y?x:y;
7. }

8. // 文件 third_6.cpp
9. #include <iostream>
10. using namespace std;
11. int max(int x,int y);         // 函数声明
12. void main()
13. {    int a,b,bigdata;
14.      cin>>a>>b;
15.      bigdata=max(a,b);
16.      cout<<bigdata<<endl;
17. }
```

**分析**：在 third_6.cpp 文件中，由于要调用 example.cpp 文件中定义的函数 max，因此在调用之前，也就是在第 15 行语句之前，第 11 行语句对函数进行了原型声明，否则程序会提示编译错误"error C2065: 'max' : undeclared identifier"。

提示：函数原型声明也有作用域，函数原型声明作用域的范围确定和变量作用域的范围确定方法一样。

### 3.1.3　实参与形参的结合

**形参**：在定义一个函数时，出现在该函数参数列表中的变量，叫作形参，也叫作形式参数。

形参属于局部变量，当函数被调用时，形参被创建并利用实参进行初始化，当函数执行结束时，系统将释放形参所占用的资源。参数是函数与外界进行通信的一个通道。

**实参**：在调用一个函数时，传入的与函数形参对应的变量、常量或表达式等称为实参。

函数调用时，实参与对应的形参的个数要相同，实参类型与对应位置的形参的类型要相同，若不同，编译器将把实参向形参类型转换，若转换失败，则提示出错。

实参与形参的结合方式有三种，分别为传值方式、传引用方式和传地址方式。下面用同一个问题来说明参数的三种结合方式，以理解它们的不同之处。

#### 1. 传值方式

所谓的传值方式，就是在函数调用时利用实参创建形参，这种方式只是将实参的值传递给形参，之后两者就没有关系了。这种情况一般是普通变量作为参数。具体请看 third_7_1.cpp 源文件，可通过分析程序的执行结果来了解传值方式的特点。

**【例 3-7】**编写程序，实现两个变量值的交换。

```
1. // third_7_1.cpp
2. #include <iostream>
3. using namespace std;
4. void swap(int a,int b)    //实现变量值交换的函数
5. {
6.     int t;
7.     t=a;a=b;b=t;
8. }
9. void main()
10. {
11.     int x=3,y=7;
12.     swap(x,y);
13.     cout<<"x="<<x<<"    y="<<y<<endl;
14. }
```

编译并运行该程序，程序的输出结果为：

x=3    y=7

提示：在分析程序运行结果时，要从主函数开始执行程序，遇到函数调用则转移到被调用函数执行。

**分析**：首先从主函数开始执行该程序，即执行第 11 行语句，该语句创建变量 x 和 y，即在内存中为变量 x 和 y 分配内存，并赋初值，结果如图 3.1 所示。

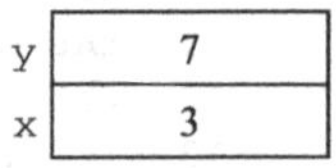

| y | 7 |
| x | 3 |

图　3.1

然后执行第 12 行语句，此语句是一个函数调用语句，因此首先要保存主函数现场，然后转移到 swap 函数。执行 swap 函数的第一件事就是用实参创建形参，在此案例中，它相当于执行如下语句：

```
int b=y;
int a=x;
```

**提示**：实参与形参以从右向左的顺序结合。

这两行语句的执行效果就是创建变量 b 和 a，即在内存中首先给形参变量 b 和 a 分配内存，然后把实参 y 和 x 的值赋值给对应变量，其内存示意图如图 3.2 所示。

接着执行 swap 函数体中的语句，观察 swap 函数体，不难发现执行的效果是变量 a 和 b 的值发生了交换，也就是说，变量 a 的值变成了 7，变量 b 的值变成了 3，此刻内存中变量 a 和 b 的值如图 3.3 所示。

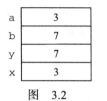

图 3.2

图 3.3

注意，由于实参 x 和对应形参 a 并不共享一个存储单元，因此实参 x 的值仍是 3，同理，实参 y 的值仍是 7。当函数 swap 执行结束时，形参 a 和 b 被释放内存，同时主函数现场被恢复。当输出 x 和 y 的值时，它们的值并没有交换，仍是 3 和 7，这验证了程序的执行结果。

**结论**：普通变量作为形参时，实参只是将它们的值传递给形参，之后实参与形参之间就没有关系了。因此在函数执行过程中，无论形参的值发生什么变化，调用函数后实参的值都保持不变。

### 2. 传引用方式

函数形参为引用时，实参与形参的结合就采用引用方式传递。

对于源代码 third_7_1.cpp，修改 swap 函数的参数为变量的引用，其他保持不变，具体程序代码见 third_7_2.cpp，请注意程序中加粗部分的代码。

```
1. // third_7_2.cpp
2. #include <iostream>
3. using namespace std;
4. void swap(int &a, int &b) // 引用作为函数的参数
5. {
6.     int t;
7.     t=a;a=b;b=t;
8. }
9. void main()
10. {
11.     int x=3,y=7;
12.     swap(x,y);
13.     cout<<"x="<<x<<"   y="<<y<<endl;
14. }
```

编译并运行该程序，程序的输出结果为：

```
x=7    y=3
```

**分析**：不难发现 third_7_2.cpp 与 third_7_1.cpp 的唯一区别仅为加粗部分的代码，但程序的执行结果却截然不同。首先从主函数开始执行程序，即执行第 11 行语句，结果是在内存中为变量 x 和 y 分配内存，并赋初值，结果如图 3.1 所示。

顺序执行第 12 行语句，它首先要保存主函数 main 的现场，然后转移到 swap 函数。

执行 swap 函数的第一件事就是用实参创建形参，它相当于执行如下语句：

```
int &b=y;
int &a=x;
```

不难看出，这是两条引用定义语句。引用是变量的别名，因此，形参 a 是实参 x 的别名，b 是 y 的别名。对应内存的存储示意图如图 3.4 所示。

这说明标识符 x 和 a 对应相同的内存空间，b 和 y 也对应同一内存空间。因此当有赋值语句改变 a 和 b 的值时，实参 x 和 y 也做了相同的操作。经过 swap 函数的执行，形参 a 和 b 的值发生了交换，也就意味着实参 x 和 y 做了相同的更改。内存的具体变化结果如图 3.5 所示。

图  3.4            图  3.5

当 swap 函数执行结束后，形参生命周期到期，则别名 a 和 b 将被系统收回。回到主函数，恢复主函数的现场并输出 x 和 y 的值，结果就是 x 和 y 的值发生了交换。

**结论**：用引用作为函数的参数，则引用在函数中发生什么样的变化，其对应的实参就会发生相同的变化。

**提示**：用普通引用作为函数参数，与其对应的实参必须是变量，不能是常量或表达式（const 引用除外），这是由引用的概念决定的（引用是变量的别名）。但用 const 声明的常引用作为形参时，实参可以是变量、常量和表达式。

### 3. 传地址方式

当用指针作为函数的形参时，调用函数时实参必须是相同类型的指针，这时实参与形参的结合就采用地址方式传递。同样以 third_7_1.cpp 源程序为基准，修改 swap 函数的参数类型为指向整型数据的指针，修改后具体程序案例为 third_7_3.cpp，注意加粗部分为修改的代码。

```
1.  // third_7_3.cpp
2.  #include <iostream>
3.  using namespace std;
4.  void swap(int *a,int *b)
5.  {
6.      int t;
7.      t=*a;*a=*b;*b=t;
8.  }
9.  void main()
10. {
11.     int x=3,y=7;
12.     swap(&x,&y);  // 指针就是地址，因此实参必须对应相同类型的地址
13.     cout<<"x="<<x<<"    y="<<y<<endl;
14. }
```

编译并运行该程序，程序的输出结果为：

```
x=7      y=3
```

**分析**：从主函数开始执行程序，第 11 行语句的运行结果是编译器在内存中为变量 x 和 y 分配内存，并赋初值，结果如图 3.1 所示。

执行第 12 行语句，首先要保存主函数 main 的现场，然后转移到 swap 函数，执行 swap 函数的第一件事就是用实参创建形参，相当于执行如下语句：

```
int *b=&y;
int *a=&x;
```

这两行语句的执行效果就是创建形参 b 并令其指向 y，同理，创建形参 a 并使得 a 指向 x，具体的内存存储示意图如图 3.6 所示。

然后执行函数 swap 中的语句，根据指针与其所指内存之间的关系，*a 等价于变量 x，*b 等价于变量 y。执行 swap 函数体，不难发现 *a 和 *b 的值发生了交换，所以实参 x 和 y 的值也就发生了交换，具体的内存存储示意图如图 3.7 所示。

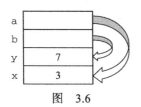

图　3.6

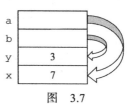

图　3.7

因此，当 swap 函数执行结束后返回主函数，恢复主函数的现场，执行第 13 行语句的结果就是实参 x 和 y 的值发生了交换，与程序的执行结果一致。

**结论：** 用指针作为函数的参数，若在函数体中指针所指向的内存空间的值发生变化，则实参的值也会发生相同的改变。

## 3.1.4　函数应用案例

**用数组作为参数，批量传递相同类型的数据给函数进行操作。**

**【例 3-8】** 编写排序函数，对 n 个整型数据进行排序。

**设计分析：** 一个函数由四部分构成。1）返回值类型，本案例函数需对数据进行排序操作，因此不需要返回其他数据，不妨定义函数返回值为 void。2）函数名不妨设定为 sort（见名知意）。3）参数，因为要对 n 个数据排序，需要将 n 个数据传递给函数，所以在此不妨采用数组作为参数。同时还需要告诉排序函数究竟有多少数要排序，所以需再设置一个参数，告诉排序函数有多少个数据要排序。4）函数体完成排序操作，日常生活中用得最多的排序方法就是**选择排序法**，其基本思想是：首先找出 n 个数的最小值，将其与第一个元素交换，然后再在剩余的数中找最小值，将其与第二个元素交换，重复上面的过程 n−1 次，则所有的元素均有序，因此要用循环来实现。不妨用变量 i 来表示第 i 次循环，i 从 0 开始变化，且 i<n−1。而在具体的第 i 次循环中，要在剩余的 n−i 个元素中找最小值，因此要从数组的第 i 个位置的元素比较到第 n−1 个元素。该过程需重复进行，因此具体查找过程也需采用循环来实现。这就用到了两层嵌套的循环。外层循环控制查找次数，内层循环具体实现某次查找过程。程序中加粗部分的代码为具体的选择排序法。具体函数代码如下：

```
1. // third_8.cpp
2. #include <iostream>
3. const int N = 10;
4. using namespace std;
5. void sort(int a[], int n)          // 选择排序法排序函数，数组作为参数的案例
6. {
```

```
7.       int   k,t;
8.       for (int i = 0;i < n - 1;i++)        // 选择排序法，嵌套，此处控制查找 9 次
9.       {
10.          k = i;                            // 变量 k 标记最小值的位置
11.          for (int j = i + 1;j < n;j++)     // 具体的某次查找
12.              if (a[k] > a[j]) k = j;
13.          t = a[i];a[i] = a[k];a[k] = t;    // 找到第 i 个最小值后，将其与第 i 位置的元素交换
14.       }
15. }
16. void  main()
17. {
18.     int a[N];
19.     int i;
20.     cout << "请输入 N 个整型数据 " << endl;
21.     for (i = 0;i < N;i++)                 // 读入数据
22.         cin >> a[i];
23.     sort(a, N);                           // 函数调用
24.     for (i = 0;i < N;i++)                 // 输出结果
25.         cout << a[i] << endl;
26. }
```

编译并运行该程序，随机输入 10 个整数，该程序的输出结果为这 10 个整数由小到大的排序结果。

程序具体运行结果略。

**分析**：sort 函数中参数 a 为数组，通过它将要排序的一批数据传递给 sort 函数，参数 n 说明要排序元素的个数。程序中第 8 ～ 14 行语句为 sort 函数嵌套的 for 循环结构，其中外层 for 循环重复 n-1 次，每次完成第 i 个最小值的查找并将其放到正确位置。而内层 for 循环具体完成第 i 个最小值的查找操作。第 23 行语句为 sort 的调用。调用结束后，第 24 ～ 25 行语句的 for 循环输出结果。

**注意**：数组名又是数组的首地址，地址就是指针，因此 sort 函数也可改为用指针作为参数来实现，主函数不变。具体如下：

```
void sort(int *a, int n)
{
    int   k,t;
    for (int i = 0;i < n - 1;i++)        // 选择排序法，嵌套，此处控制查找 9 次
    {
        k = i;                            // 变量 k 标记最小值的位置
        for (int j = i + 1;j < n;j++)     // 具体的某次查找
            if (a[k] > a[j]) k = j;
        t = a[i];a[i] = a[k];a[k] = t;    // 找到第 i 个最小值，将其与第 i 位置元素交换
    }
}
```

## 3.2  函数重载

在 C++ 程序中，同一个作用域内出现的多个同名的函数形成**函数重载**。

编写 C 语言程序时，同一个程序中不允许出现多个同名的函数，但这相当不方便。例如，我们经常遇到交换两个变量值的操作，若一个程序中有 int 型数据的交换、char 型数据的交换、double 型数据的交换，以及用户自定义数据类型数据的交换，显然除了数据类型不同之外，要实现的功能都是交换两个变量值。若使用 C 语言，则这些功能需要采用不同名字

的函数来实现，将来在调用时，还需要根据要交换数据的类型来决定调用哪个函数。这一方面增加了程序员的负担，需要记住很多不同的函数名；另一方面也降低了程序的可读性（功能相同，函数名不同）。在 C++ 中，对于不同类型的数据要实现相同功能的操作，允许定义多个同名的函数，这个概念就是**函数重载**（function overloading）。通过重载，程序员就只需要了解一个函数实现什么功能，使用时传入需要处理的数据即可，这既能降低程序员的负担，也可提高程序的可读性。

【例 3-9】以两个变量值的交换为例，介绍函数重载，同时体会函数重载的优点。

**设计分析**：要实现两个变量值的交换，显然函数不需要返回值，因此定义函数返回值类型为 void，函数名不妨命名为 swap，参数需要获取交换的两个数据，因此需设置两个相同类型的参数，函数体实现交换两个变量值的具体功能。定义 3 个 swap 函数，分别实现 int、double 和 char 类型数据的交换。同时设计主函数，目的是对重载函数 swap 进行验证，具体代码如下：

```
    // third_9.cpp
 1. #include <iostream>
 2. using namespace std;
 3. void swap(int& a, int& b)          // 此函数实现整型数据的交换
 4. {
 5.     int t;
 6.     t = a;a = b;b = t;
 7. }
 8. void swap(double& a, double& b)    // 此函数实现双精度型数据的交换
 9. {
10.     double t;
11.     t = a;a = b;b = t;
12. }
13. void swap(char& a, char& b)        // 此函数实现字符型数据的交换
14. {
15.     char  t;
16.     t = a;a = b;b = t;
17. }
18. void main()
19. {
20.     int x = 2, y = 5;
21.     double x1 = 12.3, y1 = 3.1;
22.     char x2 = 'a', y2 = 'c';
23.     swap(x, y);                    // 整型实参
24.     cout << "x = " << x << "      y = " << y << endl;
25.     swap(x1, y1);                  // 实型实参
26.     cout << "x1 = " << x1 << "   y1 = " << y1 << endl;
27.     swap(x2, y2);                  // 字符型实参
28.     cout << "x2 = " << x2 << "    y2 = " << y2 << endl;
29. }
```

编译并运行，该程序的输出结果为：

```
x=5        y=2
x1=3.1     y1=12.3
x2=c       y2=a
```

**分析**：此程序正常运行，并输出了正确的结果，也就是说对第 23 行语句，它的两个实参是整数，系统准确地执行了第 1 个 swap 函数。第 25 行 swap 函数的调用中，实参是 double 类型，系统又准确地执行了对 double 数据的交换。第 27 行的 swap 函数同理。因此，

我们发现编译器能够根据代入的实参的类型来匹配对应的函数。

这是因为当一个函数名对应多个函数体时，对于具体的函数调用语句，编译器在编译阶段会根据代入的实参的类型来确定与之匹配的函数体。

**提示：**

1）同名函数要形成重载，必须满足"**要么参数个数不同，要么参数对应位置的类型不同**"的条件，仅仅函数的返回值类型不同是不能形成函数重载的。

例如，下面两个函数不能形成重载：

```
int max(int x,int y);
double max(int x,int y);
```

2）重载函数的函数体不要求相同，但一般功能相同，这也是函数重载的意义，否则若同名函数功能不同，就容易引起混淆，降低程序的可读性，与函数重载的初衷不符。

3）对于重载函数，在编译时，编译器通过代入的实参的个数及类型来确定对应的函数体。一般，编译器匹配重载函数的顺序是：

①先精确匹配，此时实参和形参类型完全相同，不需要转换实参类型。

②若不符合①，则通过类型转换来找匹配函数，一般的转换原则是将低级类型转换成高级类型或将高级类型向低级类型转换，如 double 向 int 转换等，但前提是不能出现模棱两可的情况，即编译系统不知道该转换谁进行匹配的情况。

请看如下案例：

```
 1. #include <iostream>
 2. using namespace std;
 3. int add(int x,double y)
 4.     {return x+y;}
 5. int add(double x,int y)
 6.     {return x+y;}
 7. void main()
 8. {   int x=2,y=3;
 9.     double a=2.3,b=4.6;
10.     cout<<add(x,y)<<endl;
11.     cout<<add(a,b)<<endl;
12. }
```

**分析：**该程序在编译期间，出现的错误提示为" error C2666：'add' ： 2 overloads have similar conversions"。究其原因，就是第 10 行的 add 函数调用语句代入的实参类型为两个整型，没有与其精确匹配的 add 函数，因此只能采用上述第②条规则中的类型转换后进行匹配，而采用类型转换有两种选择，一种是将实参 y 的类型转换成 double，另一种是将实参 x 的类型转换成 double，这时编译器就不知道怎么做了，因此提示上面的错误。应该避免类似这种情况。

关于函数重载，应用的场景很多。请想一想，求绝对值的问题、对一批数据排序的问题等是否也都可以采用函数重载的形式实现？

## 3.3 内联函数

函数使得一段具有特定功能的代码能够被反复使用，提高了代码的利用率，同时也提高了程序的可读性和安全性，这是函数带来的好处。缺点是函数调用存在一系列的开销，比如在执行被调用的函数之前，系统要保存上级调用函数的 CPU 现场，将参数压栈等，然后执行函数体，当函数执行结束时，销毁函数中的局部变量，恢复 CPU 现场，然后执行上级调用函数的下一条语句，这些开销都会降低程序的执行效率。

再来看宏，简单函数可以通过定义宏的方式实现，请看例 3-10。

【例 3-10】求圆的面积的案例。通过宏定义实现。

```
1. // third_10.cpp
2. #include <iostream>
3. using namespace std;
4. #define area(radius)  3.14*radius*radius    //宏定义
5. void main()
6. {
7.     int r;
8.     cin>>r;
9.     cout<<area(r)<<endl;                     //宏调用
10. }
```

**分析**：宏的处理是在预处理阶段进行宏替换，因此第 9 行语句经过宏替换后变为：

```
cout<<3.14*r*r<<endl;
```

可以发现程序经过宏替换，没有函数调用，因此也就不存在函数调用的开销，程序的执行效率会提高。但宏也有自身的缺点，假如将第 9 行语句改为如下语句：

```
cout<<area(r+3)<<endl;
```

则经过宏替换，第 9 行语句变为：

```
cout<<3.14*r+3*r+3<<endl;
```

显然，这不是半径增加 3 之后的圆的面积公式。这就是宏的缺点：只是简单地进行宏替换，不会实现对表达式的处理，同时没有数据类型检查，不安全等。

上面的案例说明了宏的优缺点。有没有一种机制能对宏和函数取长补短呢？答案是内联函数。

内联函数在编译阶段采用宏替换机制消除了函数调用，这样就不存在函数调用的开销，程序的执行效率更高了。同时它具有函数对参数进行处理的一系列优点，比如类型检查、表达式处理等，相比宏它的安全性更好，因此内联函数是一种用空间换取时间的机制。

内联函数（inline function）的定义格式如下：

```
inline    返回值类型    函数名（参数列表）
                     {   函数体   }
```

可以看出，内联函数定义和普通函数定义的区别是在函数返回值类型之前增加了一个关键字 inline。请看下面的案例。

【例 3-11】对例 3-10 采用内联函数来实现。

```
1. // third_11.cpp
2. #include <iostream>
3. using namespace std;
4. inline double area(double radius)    //内联函数
5. {
6.     return 3.14*radius*radius;
7. }
8. void   main()
9. {
10.     int r;
```

```
11.     cin>>r;
12.     cout<<area(r)<<endl;              //内联函数的调用
13. }
```

**分析**：该案例在函数 area 之前加入了关键字 inline，从而告诉编译器函数 area 是一个内联函数，因此编译器在编译第 12 行的函数调用语句时，用内联函数的函数体替换掉函数调用。消除了函数调用，主函数的执行效率会提高。若将第 12 行语句改为如下语句：

```
cout<<area(r+3)<<endl;
```

该程序仍能正确执行。不妨运行该程序，从键盘输入数据 1，程序的运行结果为 50.24，这证明内联函数能正确处理参数是表达式的情况。

**结论**：内联函数是一种以空间换取时间的机制，提高了程序执行效率，但增加了源程序的代码量。因此若一个内联函数的函数体很大，在源程序中又对其进行反复多次调用，那么源程序将会急剧增大，甚至会造成系统空间不足。因此内联函数比较适合短小的函数。

**提示**：

1）对于内联函数的调用，编译器将在编译阶段用函数体替换掉函数调用。因此内联函**数必须先定义后调用**，编译器才能将其处理成内联函数。否则，若先调用后定义，则按照普通函数处理。

2）inline 对编译器而言只是一个建议，如果定义的函数体内有递归、循环、switch 结构等，编译器编译时会自动忽略掉内联指定，这样的函数将被当作普通函数处理。

3）定义在类内部的成员函数默认为内联函数，不用声明 inline，编译器也将其处理成内联函数。

## 3.4 默认参数

在 C++ 中，允许在定义或声明一个函数的同时对函数的参数赋默认值，在调用函数时，若没有传递相应的实参，则编译器将采用默认值作为实参来调用该函数，这就是默认参数（default argument）。

**【例 3-12】** 以求圆的面积的函数为例，学习默认参数。

```
1. // third_12.cpp
2. #include <iostream>
3. using namespace std;
4. double area(double radius=1)         //求圆的面积的函数，有默认参数
5. {
6.     return 3.14*radius*radius;
7. }
8. void   main()
9. {
10.     int r;
11.     cin>>r;
12.     cout<<area(r)<<endl;             //传入具体实参调用函数
13.     cout<<area()<<endl;             //采用默认值调用函数
14. }
```

编译并运行上述程序，假如输入的半径为 3，则程序的输出结果为：

```
28.26
3.14
```

**分析**：请看程序中的第 4 行，在定义函数 area 的同时，对其形参 radius 赋了一个值 1，这个 1 就是该参数的默认值。第 12 行语句对 area 函数进行了调用，传递了实参 r，此时默认参数不发生作用，根据实参的具体值来调用函数，因此输出结果为 28.26。第 13 行语句对 area 函数的调用没有传递实参，这时默认参数将起作用，该行语句等价于如下调用语句：

```
cout<<area(1)<<endl;
```

也就是说，与形参 radius 对应的实参是定义时的默认值 1，因此运行结果为 3.14。

**提示**：当一个函数中有多个参数时，可以对所有参数都设置默认值，也可以对部分参数设置默认值，但必须遵循**由右向左**对参数设置默认值的规则，也就是说，只有最后一个参数有默认值，倒数第二个参数才可以有默认值，同理只有倒数第二个参数有了默认值，倒数第三个参数才可以有默认值，依此类推。

**【例 3-13】**含有多个默认参数值的函数案例。

```
1. // third_13.cpp
2. #include <iostream>
3. using namespace std;
4. double add(double x=100,double y=10,double z=0);    // 带有默认参数的函数
5. void main()
6. {
7.     cout<<add()<<endl;
8.     cout<<add(20)<<endl;
9.     cout<<add(20,30)<<endl;
10.     cout<<add(20,30,40)<<endl;
11.     // cout<<add(20,,40)<<endl;                      // 该语句是错误的调用语句
12. }
13. double add(double x, double y, double z)
14. {
15.     return x+y+z;
16. }
```

编译并运行该程序，程序的输出结果为：

对应语句行号　　对应输出结果

| 7 | 110 |
| 8 | 30 |
| 9 | 50 |
| 10 | 90 |

**分析**：该程序中函数参数的默认值是在声明函数时给出的，三个参数都有默认值，第 7～10 行的函数调用语句均正确执行。结合程序的输出结果，不难发现，实参与形参的结合规律是第一个实参与第一个形参结合，第二个实参与第二个形参结合，依此类推。第 7 行语句中形参全部采用默认值，第 8 行语句中形参 x 与实参 20 对应，剩余的形参采用默认值，同理可分析第 9 和第 10 行语句。

现在看第 11 行注释掉的函数调用语句，它想让形参 y 取默认值，其他参数按照对应的实参赋值，但编译器对这行语句给出了错误提示 "error C2059: syntax error : ',',

也就是说，这是一条语法上不允许的调用语句。

**提示**：对带有默认参数值的函数进行调用时，实参的传递必须从左向右依次进行，不能省略前面的实参值而对后面的形参传递实参。

下面对 add 函数的调用语句都是错误的。

```
add(, ,10.3);        // 错误
add(, 2.5,10.4);     // 错误
add(5.1, ,10.3);     // 错误
```

下面对 add 函数的声明语句都是错误的。

```
double add(double x=100,double y, double z);   // 因为 y 没有默认值，x 就不能有
double add(double x, double y=30,double z);    // 因为 z 没有默认值，y 就不能有
double add(double x=100,double y=30,double z); // 因为 z 没有默认值，y 就不能有
```

下面只对部分参数声明默认值的语句是正确的。

```
double add(double x, double y, double z=100);
double add(double x, double y=50,double z=100);
```

**提示**：在不同的作用域内，编程人员可对函数进行多次声明，并可赋予参数不同的默认值，编译器对它的处理机制和普通变量作用域的处理机制一样，在哪个作用域内，哪个作用域内的函数声明有效，但在同一个作用域内，只能对同一个函数声明一次。

## 3.5  函数与 static

static 与函数的结合方式有以下两种。

1）在定义一个函数时，可以在函数返回值类型的前面加上关键字 static，以说明此函数为**静态函数**。一个静态函数只能在函数所在的文件中被调用，出了该文件，则该函数将不能被调用。静态函数定义的一般格式为：

```
static 返回值类型    函数名（参数列表）
                 { 函数体   }
```

2）在定义函数时，可定义函数中的某个变量为**静态变量**。

【**例 3-14**】函数中的静态变量案例。

```
1.  // third_14.cpp
2.  #include <iostream>
3.  using namespace std;
4.  int func()
5.  {
6.      static int count=0;   // 静态变量的定义
7.      count++;
8.      return count;
9.  }
10. void main()
11. {
12.     int i;
13.     for(i=1;i<=3;i++)
14.         cout<<func()<<endl;
15. }
```

编译并运行该程序的结果为：

```
1
2
3
```

去掉第 6 行语句中的关键字 static，编译并运行该程序的结果为：

```
1
1
1
```

**分析**：首先分析第 6 行语句中去掉关键字 static 的情况，在主函数中 func 被调用了 3 次，每次 func 被调用时，将首先执行函数中的第一条语句 int count=0;，即创建局部变量 count 并赋初值 0，count 经过第 7 行语句的自增后变为 1，因此第 8 行语句的返回结果为 1。3 次调用的结果均为 1。

在第 6 行语句中加上关键字 static 后，func 的 3 次调用结果发生了改变，即后一次函数调用结果是在前一次函数调用结果的基础上使得变量 count 的值增加了 1，为什么？

答案就是静态局部变量在函数第一次被调用时由编译器创建并被赋值，而在函数调用结束时，编译器并不释放静态变量所占用的内存。当第二次调用该函数时，静态变量的定义语句将不被执行，对于本案例就是第 6 行语句不被执行，直接执行第 7 行语句，这时静态变量里面存储的是上一次函数调用结束时的结果，本案例中 count 此时存储的是 1，执行第 7 行语句后变为 2，因此第二次调用 func 后主函数输出的结果是 2。同理可分析第 3 次调用。

**结论**：在函数中定义的静态变量属于局部变量，只能在该函数中引用，它只在函数第一次调用时创建并初始化。在函数调用结束时，静态局部变量不释放内存。下次调用函数时，将跳过静态变量的定义语句，直接用上次函数调用存放在该静态变量中的值参与本次函数的其他相关操作。而函数中的普通局部变量在函数调用时被创建，在函数执行结束时被销毁并释放内存。

## 3.6　函数与 const

在用引用或指针作为函数参数的情况下，实参的值会随着对应形参值的改变而改变，这时，为了保证实参不被修改，可以在定义函数时用关键字 const 来修饰形参，禁止形参在函数中被修改，从而保证实参数据的安全性。请看例 3-15。

**【例 3-15】** const 修饰的参数。

```
// third_15.cpp
1. #include <iostream>
2. using namespace std;
3. int add(const int &x, int &y)
4. {    x=10;    //该语句错误
5.      return x+y;
6. }
7. void main()
8. {    int x=2,y=3;
9.      cout<<add(x,y)<<endl;
10. }
```

编译该程序时，编译器给出了错误提示"error C2166:l-value specifies const object"，编译器提示第 4 行语句"x=10;"有错，因为在函数 add 的定义中，形参 x 用了 const 修饰，这就告诉编译器不允许在函数体中修改形参 x 的值，因此对第 4 行语句编译器提示有错，修改的方法就是去掉第 4 行语句。此案例中，对参数 y 的值在函数 add 中的修改没有限制。

关键字 const 也可修饰函数的返回值类型，但意义不大，所以此处不对其进行介绍。

**提示**：用 const 修饰一个不允许修改的参数可保证数据的安全性。

## 3.7　本章小结

- 函数是一段命名的程序代码，是面向过程程序设计的核心。一个函数的定义应该由四部分构成，即函数的返回值类型、函数名、函数参数和函数体。一个函数定义完成，只有通过调用才能执行，调用方式有语句调用和表达式调用。函数的参数是函数与外界进行通信的通道之一，除此之外，返回值可将函数的处理结果反馈给外界。

- 在 C++ 中，一个程序中可定义多个同名的函数，它们形成了重载。内联函数则是对函数和宏取长补短，是一种用牺牲内存空间的方式缩短执行时间的机制。

- 默认参数就是在定义或声明一个函数时给函数的参数赋默认值。若关键字 static 在定义一个全局函数时放了函数返回值类型之前，则该函数只能在所在文件中调用；而若 static 修饰一个变量，则该变量就是静态变量，静态变量的生命周期和程序的生命周期一样长。

- 用 const 对不允许修改的参数进行修饰可确保数据的安全性。

## 3.8　习题

**一、选择题（以下每题提供四个选项 A、B、C 和 D，只有一个选项是正确的，请选出正确的选项）**

1. 当一个函数无返回值时，一般可定义它的返回值类型为（　　）。

　　A. void　　　　　　　　B. int　　　　　　　　C. 任意　　　　　　　　D. 无

2. 下列关于函数的叙述中错误的是（　　）。

　　A. 一个函数中可以有多条 return 语句　　　　B. 调用函数必须在一条独立的语句中完成

　　C. 函数通过 return 语句传递函数值　　　　　D. 主函数 main 也可以带有形参

3. 下列对带有默认参数的函数描述正确的是（　　）。

　　A. 函数参数的默认值只能在函数原型中声明

　　B. 一个函数的参数若有多个，则参数默认值的设定可以不连续

　　C. 要对一个函数的参数设定默认值，则必须对其所有参数都设定默认值

　　D. 在设定了参数的默认值后，该参数后面定义的所有参数都必须设定默认值

4. 不能作为函数重载判断依据的是（　　）。

　　A. 函数名　　　　　　　B. 返回值类型　　　　　C. 参数个数　　　　　　D. 参数类型

5. 下列函数参数默认值定义错误的是（　　）。

　　A. Fun(int x,int y=0)　　　　　　　　　B. Fun(int x=100)

　　C. Fun(int x=0,int y)　　　　　　　　　D. Fun(int x=f()) (假设函数 f() 已经定义)

6. 在定义函数时，在返回值类型前加关键字 inline，表示该函数为（　　）。

　　A. 重载函数　　　　　　B. 内联函数　　　　　　C. 成员函数　　　　　　D. 普通函数

7. 函数原型为 Fun(int &k)，int 类型变量 n=100，则下列函数调用正确的是（　　）。

A. Fun(20)　　　　　　B. Fun(20+n)　　　　　C. Fun(n)　　　　　　D. Fun(&n)

8. 下列选项中正确的递归函数是（　　　）。

A. int fun(int n)
```
   {   if (n<1) return 1;
       else return n*fun(n+1);
   }
```

B. int fun(int n)
```
   {   if (abs(n)<1) return 1;
       else return n*fun(n/2);
   }
```

C. int fun(int n)
```
   {   if (n>1) return 1;
       else return n*fun(n*2);
   }
```

D. int fun(int n)
```
   {   if (n>1) return 1;
       else return n*fun(n-1);
   }
```

9. 已知函数 test 的定义为：

```
void test()
{
    ...
}
```

关键字 void 的含义是（　　　）。

A. 执行函数 test 后，函数没有返回值

B. 执行函数 test 后，函数不再返回

C. 执行函数 test 后，函数返回任意类型值

D. 以上 3 个答案都是错误的

10. 关于内联函数的描述，错误的是（　　　）。

A. 内联函数是一种用空间换取时间的机制

B. 内联函数一般只能是简单函数

C. 只要在定义函数时加了关键字 inline，则该函数一定是内联函数

D. 内联函数必须先定义后调用

**二、读程序并写出程序的运行结果**

1.
```
#include <iostream>
using namespace  std;
int  increment()
{   static int x=0;
    return x++;
}
void main()
{   int  i;
    for(i=0;i<5;i++)
        cout<<increment()<<"  ";
}
```

2.
```
#include <iostream>
using namespace  std;
int  fbb(int a)
{   if (a<0) return -a;
    else  return a;
}
double fbb(double a)
{   if (a>0) return -a;
    else  return a;
}
void main()
{   int a=-5;
    double  b=3.4;
    cout<<fbb(a)<<"    "<<fbb(b)<<endl;
}
```

3. 
```cpp
#include <iostream>
using namespace std;
void swap(int& x,int y)
{   int t;
    t=x,x=y,y=t;
}
main()
{   int x=2,y=3;
    cout<<x<<y;
    swap(x,y);
    cout<<x<<y;
}
```

4. 
```cpp
#include <iostream>
using namespace std;
int fun(int a=5,int b=10,int c=20)
{return a*b*c;}

void main()
{cout<<fun()<<endl<<fun(4)<<endl<<fun(5,5)<<endl;
}
```

5. 
```cpp
#include <iostream>
using namespace std;
void sub(int x,int *y,int&z)
{ z=*y+x;x=z*(*y);*y=x; }
void main()
{   int a=1,b=2,c=3;
    sub(a,&b,c);
    cout<<a<<','<<b<<','<<c<<','<<endl;
    sub(b,&c,a);
    cout<<a<<','<<b<<','<<c<<','<<endl;
}
```

6. 
```cpp
#include <iostream>
using namespace std;
int &f(int &a,int b=10)
{   a=a*b;
    return a;
}
void main()
{   int c=10;
    int &r=f(c);
    int *p=&r;
    cout<<c<<endl;
    r=20;
    cout<<c<<endl;
    *p=200;
    cout<<c<<endl;
}
```

7. 
```cpp
#include <iostream>
using namespace std;
int x=200,y=15;
int add(int x,int y)
{   int s=x+y;
    return s;
}
int add()
```

```
{   int s=x+y;
    return s;
}
void main()
{   int x,y;
    x=2;
    y=3;
    cout<<add(x,y)<<endl;
    cout<<x<<y<<endl;
    cout<<add()<<endl;
}
```

### 三、编程题

1. 编写函数，对 int、double 和 float 类型数据求绝对值，采用函数重载的形式实现。

2. 编写函数，完成对 $N$ 个数据的排序，用重载实现。

3. 编写函数，对两个整型数据求最大公约数和最小公倍数。

4. 编写函数，对两个矩阵进行乘操作。

5. 编写程序，由 $N$ 个人围成一圈，随机确定一个人开始顺时针数数，数到 5 出列，直到所有人都出列，确定这 $N$ 个人出列的顺序。

# 第4章 类及对象

传统的程序设计语言 C、Pascal 和 BASIC 等都是面向过程的程序设计语言，面向过程的程序设计语言的特点是数据以及对数据进行操作的函数是分离的，这就造成了操作相同数据的函数之间通信复杂。为了方便函数之间的通信而增加的各种全局数据又使得模块之间的关系变得复杂，从而导致程序可读性降低，维护工作困难。而对象将数据以及对数据的操作封装进一个单元体中，这就类似于一个高度集成的芯片，使错误更容易被定位，维护更容易进行。C++ 最大的特点是在 C 语言的基础上扩展了面向对象编程（Object Oriented Programming，OOP），而类的设计是面向对象编程的核心。利用类，可将程序中要处理的数据和操作有效地封装在一个单元体中，同时信息隐藏也可将类的实现细节隐藏起来，从而减少类与类之间的耦合性，因此提高了程序的可维护性、可理解性等。

本章将重点介绍类与结构体、类的构造函数与析构函数、类中的常量、类中的静态成员、友元以及 this 指针等内容。

## 4.1 类与结构体

### 4.1.1 结构体

在 C 语言中，结构体用来封装数据。利用结构体，程序员可以构造复杂的数据结构，如链表、树等。C++ 对 C 语言的结构体进行了扩展，C++ 结构体中也可以封装操作，即函数。C++ 中的类就是从结构体扩展而来的。下面通过例 4-1 了解 C++ 中的结构体。

【例 4-1】本案例对日期型数据进行处理，要求能输出一个日期、判断日期的年份是否为闰年等。

设计分析：根据题目要求，对日期型数据进行处理，一个日期型数据至少包含年、月和日这三部分数据，因此可采用结构体来对日期型数据进行描述。根据题目功能要求，我们对该问题划分出三个功能模块：一个模块对日期型数据进行设置操作（即赋值），一个对日期型数据进行输出操作，一个判断某个给定日期的年份是否为闰年。其中判断闰年的规则是：若一个年份能整除 400 或能整除 4 但不能整除 100，则该年份为闰年。经过以上分析，具体可编写代码如下。

```
1. // fourth_1.cpp
2. #include <iostream>
3. using namespace std;
4. struct Date                           //结构体 Date 的声明
5. {
6.     int year;
7.     int month;
8.     int day;
9. };
10. void set(int,int,int,Date &);        //设置函数，完成日期型数据的赋值
11. void print(Date&);                    //输出日期型数据
12. bool isleapyear(Date&);               //判断一个日期的年份是否为闰年
13.
14. void main()                           //主函数，具体问题的处理
```

```
15. {
16.     Date d;
17.     set(2019,3,20,d);                    // 对日期变量 d 赋值
18.     if (isleapyear(d))                   // 判断 d 的年份是否为闰年
19.     {   print(d);
20.         cout<<" 的年份是闰年 "<<endl;
21.     }
22.     else
23.     {   print(d);
24.         cout<<" 的年份不是闰年 "<<endl;
25.     }
26. }
27.
28. void set(int year,int month,int day, Date &d)
29. {
30.     d.year=year;
31.     d.month=month;
32.     d.day=day;
33. }
34.
35. void print(Date &d)
36. {
37.     cout<<d.year<<"-"<<d.month<<"-"<<d.day;
38. }
39.
40. bool isleapyear(Date& d)
41. {
42.     return(d.year%400==0 ||(d.year%4==0 && d.year %100!=0));
43. }
```

编译并运行该程序，则运行结果为：

2019-3-20 的年份不是闰年

**分析**：上面这个案例用结构体实现了对日期型数据的建模和处理。相应函数的功能可参考代码中的注释。不难发现，结构体与函数 set、print 以及 isleapyear 相互独立，但同时它们又密切相关。没有结构体 Date 的存在，则函数处理的数据类型将不存在，这几个函数也不能正常编译。若删除这几个函数，则对日期型数据 Date 的处理需要程序员重新定义相关操作，这给程序员带来了极大的麻烦。因此，C++ 中将对结构体进行操作的函数也封装进结构体中，以便实现高内聚。具体可参见案例 fourth_1_1.cpp：

```
1.  // fourth_1_1.cpp
2.  #include <iostream>
3.  using namespace std;
4.  struct Date                              // 结构体 Date 的定义
5.  {   // 结构体中的数据成员
6.      int year;
7.      int month;
8.      int day;
9.      // 结构体中的成员函数
10.     void set(int y,int m,int d)          // 设置函数，完成年、月、日的赋值操作
11.     {
12.         year=y;
13.         month=m;
14.         day=d;
15.     }
16.
```

```
17.        void print()                        // 输出日期数据
18.        {   cout<<year<<"-"<<month<<"-"<<day; }
19.
20.        bool isleapyear()                    // 判断是否为闰年
21.        {   return(year%400==0 ||(year%4==0 && year %100!=0)); }
22. };                                          // 结构体定义结束
23.
24. void main()
25. {
26.        Date d;
27.        d.set(2019,3,20);
28.        if (d.isleapyear())
29.        {   d.print();
30.            cout<<" 的年份是闰年 "<<endl;
31.        }
32.        else
33.        {   d.print();
34.            cout<<" 的年份不是闰年 "<<endl;
35.        }
36.        d.year=2020;                          // 判断 2020 是否为闰年
37.        if (d.isleapyear())
38.        {   d.print();
39.            cout<<" 的年份是闰年 "<<endl;
40.        }
41.        else
42.        {   d.print();
43.            cout<<" 的年份不是闰年 "<<endl;
44.        }
45. }
```

运行该程序，输出结果为：

```
2019-3-20 的年份不是闰年
2020-3-20 的年份是闰年
```

**分析：** 观察结构体 Date 的定义，从第 4 行语句开始，到第 22 行语句结束。其中第 6～8 行语句为结构体中数据成员的定义，第 10～21 行语句是 3 个成员函数的定义。因此可以确定结构体 Date 有 6 个成员，即 3 个数据成员和 3 个成员函数。同时，我们发现 set、print 和 isleapyear 函数的定义相对案例 fourth_1.cpp 发生了变化，它们的 Date 类型的参数都被去掉了。放入结构体以后，这 3 个函数可以直接访问结构体中的 year、month 和 day，而不用通过结构体类型的参数去访问它们了，原因何在？

原因就在于 year、month 和 day 的作用域在结构体内，而只要是结构体中的成员都可以直接访问该作用域内的标识符（这就类似于同一个家庭中的成员可以直接互相访问），因此就有了以上变化。同理，3 个函数的作用域也在结构体中，因此它们之间也是可以直接互相调用的。

观察主函数的实现，对应的结构体变量 d 对成员函数的访问和对数据成员的访问一样，对结构体中成员函数的访问也需要结构体变量去访问，再也不能像在案例 fourth_1.cpp 中那样用主函数直接调用相应的函数了。原因在于 3 个函数被放入结构体后，它们的作用域再也不是全局的，而是仅仅局限在结构体 Date 中。

至此，C++ 中的结构体已经做到了将数据以及对数据进行操作的函数放在一个单元体中，实现了封装。**但其封装仍有缺点**，即所有的实现细节对外公开。这就类似于电视机，它没有外面的外壳，所有的东西你都可以操作，看电视时既可通过你家的遥控器操作，也可以通过研究每个器件的功能直接操作它们实现。你觉得这样好吗？看主函数的第 27 行语句：

```
d.set(2019,3,20);
```

也可以采用如下 3 条语句实现相同的功能：

```
d.year=2019;d.month=3;d.day=20;
```

它们的效果是等价的。同样，第 28 行的函数调用语句

```
if (d.isleapyear())
```

也可以采用如下语句实现：

```
if(year%400==0 ||(year%4==0 && year %100!=0))
```

同样，主函数中其他 Date 成员函数的调用都可以换成别的实现方式。这样好吗？

这就像上面我们说的电视机一样，你不仅需要了解电视机遥控器怎么用，可能还需要知道电视机中每根连线的作用、每个晶体管的作用。这是不是很烦？很累？所以，为了降低对看电视的人的要求，也为了方便厂家对电视机进行升级换代，电视机生产商将电视机的那些细节用外壳罩上，你只需要知道怎么操作电视机遥控器就可以了。同样的道理，C++ 的结构体也可通过类似的操作达到相同的效果，这就是增加访问控制权限的设置。通过授权，将它内部不需要客户了解的东西隐藏起来，只留必需的对外接口，以减轻程序员的负担。

**提示：** 在 C/C++ 语言中，结构体中成员的**访问权限（access control）**默认是公有的。

## 4.1.2 访问权限控制符

为了实现真正的封装，C++ 通过对结构体中的成员设置访问控制符来实现对细节的隐藏。C++ 提供了以下三种访问权限控制符。

- **public（公有的）：** 用来标识从这儿开始直到遇到下一个不同的访问控制符为止，这中间定义的成员都是公有的，也就是对外公开的，这部分既可在结构体（类）中访问，也可在结构体（类）外通过对象进行访问。结构体中若没有设置成员的访问权限，则 C++ 默认是公有的。
- **private（私有的）：** 用来标识从这儿开始直到遇到下一个不同的访问控制符为止，这中间定义的成员是私有的，也就是对外隐藏的，这部分成员只可在结构体（类）中访问，不能通过结构体变量（对象）进行访问。类中若没有设置成员的访问权限，则 C++ 默认是私有的。
- **protected（受保护的）：** 其作用在结构体（类）中意义和 private 一样，区别在于继承时 protected 访问权限的成员更容易被结构体（类）的子类访问。

**提示：** 以上三种访问权限控制符也是类中使用的访问权限控制符，意义与结构体中一样。

对案例 fourth_1_2.cpp 的结构体 Date 增加了访问权限控制符之后，主函数不变。结构体 Date 的定义发生了如下变化：

```
1. // fourth_1_2.cpp
2. #include <iostream>
3. using namespace std;
4. struct Date                    // 结构体 Date 的定义
5. {                              // 结构体中的私有数据成员
```

```
 6. private:
 7.      int year;
 8.      int month;
 9.      int day;
10. public:                              //结构体中的公有成员函数
11.      void set(int y,int m,int d)      //设置函数
12.      {   year=y;
13.          month=m;
14.          day=d;
15.      }
16. //
17.      void print()                     //输出函数
18.      {   cout<<year<<"-"<<month<<"-"<<day;    }
19. //
20.      bool isleapyear()                //判断是否为闰年的函数
21.      {   return(year%400==0 ||(year%4==0 && year %100!=0)); }
22. };                                    //结构体定义结束
23. //
24. void main()
25. {
26.      Date d;
27.      d.set(2019,3,20);
28.      if (d.isleapyear())
29.      {   d.print();
30.          cout<<" 的年份是闰年 "<<endl;
31.      }
32.      else
33.      {   d.print();
34.          cout<<" 的年份不是闰年 "<<endl;
35.      }
36.      d.year=2020;                     //访问私有成员，错误
37.      if (d.isleapyear())
38.      {   d.print();
39.          cout<<" 的年份是闰年 "<<endl;
40.      }
41.      else
42.      {   d.print();
43.          cout<<" 的年份不是闰年 "<<endl;
44.      }
45. }
```

**分析**：该程序的主函数和程序 fourth_1_1.cpp 的主函数完全一样，不同点在于结构体中增加了访问权限声明，在编译源程序时，编译器提示第 36 行语句的错误信息为 "'year':
cannot access private member declared in class 'Date'"。原因在于在结构体
Date 中增加了访问权限声明，并且数据 year、month 和 day 的权限均为私有的。私有成员是不允许通过结构体变量去访问的，因此提示出错。修改该语句，用公有的 set 函数可实现同样的功能。具体如下：

```
d.set(2020,3,19);
```

重新编译该程序，就能正常编译了。

**注意**：扩展之后的结构体，既可有数据成员，也可有成员函数，同时也可设置成员的访问权限。而且结构体具有类所具有的一切特征，如继承、多态等，但为了和 C 保持一致，复杂的数据结构一般用结构体建模，对象的建模一般用类。

通过以上案例，可总结访问控制设置带来的好处：一方面减轻了程序员的负担，当需要

用某个结构体时，他只需要学习该结构体对外公开的部分；另一方面也方便了结构体的设计师，当他们对结构体中隐藏的部分进行修改和维护时，只要保证结构体公开的部分不变，就能保证使用结构体的程序不受影响，从而减轻了维护程序的工作量。

### 4.1.3  类与对象

**类**是对一批具有相同属性（事物的静态特征）和动作（事物的动态特征）的事物的描述，其中属性用数据来描述，动作用函数来实现。

一个事物也许有很多属性和动作，但在用计算机编程解决问题时，我们只关心与问题密切相关的事物的属性和动作，忽略掉那些不相关的属性和动作，这个过程就是**抽象**。类定义的一般格式为：

```
class  标识符
{   // 数据成员
    // 成员函数
};
```

其中，class 为关键字，说明其后的标识符为一个类名，类名就是一种用户自定义的数据类型的名称；一个类可以没有数据成员，也可以有多个数据成员，数据成员的说明格式为：

```
数据类型    数据成员名；
```

数据成员的类型可以是任何有效的数据类型：既可以是内置数据类型，也可以是用户自定义的数据类型。

成员函数的定义或声明和普通函数格式一样。

类定义完成时，注意不要忘记花括号（}）后面的分号（;）。

C++ 中的类从结构体扩展而来，因此将结构体定义中的关键字 struct 换成 class，结构体的定义就变成了一个类的定义。例如，对于 **fourth_1_2.cpp** 源文件中的结构体 Date 的定义，将关键字 struct 改为 class 后，类 Date 的定义就完成了。具体实现如下：

```
#include <iostream>
using namespace std;
class Date                       // 类 Date 的定义
{                                // 类中的数据成员
private:
    int year;
    int month;
    int day;
// 类中的成员函数
public:
    void set(int y,int m,int d)  // 完成数据成员的赋值操作
    {   year=y;
        month=m;
        day=d;
    }

    void print()                 // 输出函数
    {   cout<<year<<"-"<<month<<"-"<<day;    }

    bool isleapyear()            // 判断是否为闰年的函数
    {   return(year%400==0 ||(year%4==0 && year %100!=0));    }
};                               // 类定义结束
```

**说明**：Date 类中访问权限控制符的应用可参考 4.1.2 节，但若没有明确声明类中成员的访问权限，则编译器默认是私有的（private）。

**对象**是类的实例化。

在面向对象程序设计中，类就像电视机的设计方案，而你家的 52 寸长虹电视机、李明家的 56 寸 LG 电视机就是按照此设计方案生产出的一台台具体的电视机，即对象。通过这些具体的对象，就可以解决看电视的问题。

一个类一旦被定义，就是一种用户自定义数据类型，可以参照内置数据类型（int、double 等）的用法对其进行使用。可以用某个类标识符定义具体的对象，它相当于我们常说的变量。定义对象的语法一般为：

类名　　对象 1，对象 2，…；

一条定义语句可以定义一个对象，也可定义多个对象，对象与对象之间用逗号隔开。

**【例 4-2】** 编写程序，求长方形的周长和面积。

**设计分析**：在此采用面向对象方法解决该问题，要求长方形的周长和面积，先设计一个长方形类，而描述一个长方形可以有很多属性，例如长、宽、颜色、在二维空间中的坐标等。不难发现，与长方形的周长和面积这个问题密切相关的属性只有长和宽，因此在对长方形进行建模的时候，数据成员可只考虑长和宽。

再来看长方形类的动作设计，题目要求求长方形的周长和面积，而这两个动作都需要访问长方形的长和宽，从封装的角度来分析，这两个动作应该属于长方形类。同时，为了使程序能适应不同客户的要求，以便能求出不同长方形的面积和周长（就像看电视一样，有人喜欢看新闻，有人喜欢看体育，因此电视机必须提供设置频道的功能），需要提供设置动作，对长方形的长和宽进行不同的赋值操作。根据以上分析定义如下的 Rectangle 类：

```
1. // fourth_2.cpp
2. #include <iostream>
3. using namespace std;
4. class Rectangle              // 长方形类的定义
5. {
6. private:
7.     int length;              // 长方形的长
8.     int width;               // 长方形的宽
9. public:
10.     void setLength(int l)    // 完成数据成员 length 的赋值操作
11.         { length=l;    }
12.     void setWidth(int w)     // 完成数据成员 width 的赋值操作
13.         { width=w;    }
14.     int area()               // 求长方形面积的函数
15.         { return length*width;    }
16.     int perimeter()          // 求长方形周长的函数
17.         { return 2*(length+width);    }
18. };                          // Rectangle 类的声明结束
```

**设计分析**：设计完长方形类，问题还没解决，必须创建具体的长方形对象（生产电视机）来解决问题，因此，还要定义主函数、创建长方形对象并提供该对象的对外接口，具体实现代码如下。

```
19. void main()
20. {
```

```
21.     Rectangle  rec;                    // 定义长方形对象，生产对象以具体解决问题
22.     int  reclength,recwidth;
23.     cout<<"请输入长方形的长和宽: "<<endl;
24.     cin>>reclength>>recwidth;
25.     rec.setLength(reclength);         // 完成长方形对象的长的设置
26.     rec.setWidth(recwidth);           // 完成长方形对象的宽的设置
27.     cout<<"长方形的面积为: "<<rec.area()<<endl;
28.     cout<<"长方形的周长为: "<<rec.perimeter()<<endl;
29. }
```

编译并运行上面的程序，根据提示输入长方形的长和宽：

3 4

程序的输出结果为：

长方形的面积为: 12
长方形的周长为: 14

**说明：**

1) 类的声明和结构体的声明相同，只需要将结构体关键字 struct 改为 class。

2) 类名是用户自定义类型，为区别于其他标识符，一般类名首字母大写。（当然这要看程序员个人爱好或公司的编程标准。）

3) 类一般并不能直接解决问题，要解决问题，必须创建具体对象，通过具体对象来解决问题。

4) 在同一个类中，访问权限控制符 private、protected 和 public 的出现次数、出现顺序没有限制。

下面 Rectangle 类的声明和 **fourth_2.cpp** 中的 Rectangle 没有任何区别，但显然下面的声明可读性较差：

```
class Rectangle
{
private:
    int width;      // 长方形的宽
public:
    void setLength(int l)
        {   length=l;   }
    void setWide(int w)
        {   width=w;    }
    int area()
        {   return length*width;   }
    int perimeter()
        {   return 2*(length+width);   }
private:
    int length;    // 长方形的长
};  // Rectangle 类的声明结束
```

5) 一般来说，数据成员是需要隐藏的部分，成员函数是公开的部分，但还需设计者根据设计意图来确定。

6) 类的数据成员不仅可以是系统提供的基本类型，还可以是数组、指针、引用，也可以是另一个类定义的对象、指向对象的指针等。但不能是自身类型的对象，同时也不能指定数据成员的存储类型为 auto、register 和 extern 类型。

例如：

```
class   Cube
{
    private:
        Rectangle   rec;   // 正确
        auto int height;   // 错误
    ...
};
```

7）类中成员若没有声明访问权限，则系统默认是私有的。这和结构体刚好相反，结构体成员若没有设置访问权限，默认是公有的。

例如，Rectangle 也可以如下定义：

```
class Rectangle
{
    int length;    // 长方形的长，默认是私有访问权限
    int width;     // 长方形的宽，默认是私有访问权限
public:
    void setLength(int l)
        {   length=l;   }
    void setWide(int w)
        {   width=w;   }
    int area()
        {   return length*width;   }
    int perimeter()
        {   return 2*(length+width);   }
};  // Rectangle 类的声明结束
```

8）在定义类时，不能同时为数据成员赋值，**但请注意 C++11 标准取消了这条限制，现在高版本的 C++ 编译器基本允许在定义类时同时为类的数据成员赋初值，但为了程序的可移植性，建议不要这样做。**

例如：

```
class Spot
{
    double x=0;    // 错误
    double y=0;    // 错误
    ...
};
```

9）类的成员之间可以互相访问，但在类外，只能访问公有成员，访问方法有以下两种：

● 通过类的对象来访问公有成员，用成员运算符 "." 来访问。

例如：

```
Rectangle   rec;
rec.setLength(3);    // 正确，访问公有成员 setLength 函数
rec.length=3;        // 错误，不能访问私有成员
```

● 通过指向对象的指针访问公有成员，用 "->" 运算符来访问。

例如：

```
Rectangle *p=new Rectangle;    // 创建对象
p->setLength(3);               // 正确，访问类中的公有成员 setLength 函数
(*p).setWidth(4);             // 正确，*p 代表 p 指向的对象
p->length=3;                  // 错误，不能访问私有成员
```

## 4.2　类的声明与实现的分离

　　成员函数（member function）是类所抽象的事物具有的操作。成员函数的定义有两种方法：一种是在类内部直接定义；另一种是在类内部进行声明，在类外部进行定义。

　　下面的案例演示了成员函数的两种实现。

　　【例 4-3】编写程序，求圆的面积和周长。

　　设计分析：显然根据题目功能要求，描述一个圆用半径就可以，一旦半径确定，圆的大小就确定下来，也就可以根据半径来求解圆的周长和面积了。同时根据题目功能要求，圆的成员函数应该有求面积和求周长的函数，同时还需增加一个函数来对半径赋值。根据以上分析，实现圆的定义如下。

　　**在类内部实现成员函数：**

```
// fourth_3.cpp
#include <iostream>
using namespace std;
class Circle
{
protected:
    double radius;                //圆的半径，受保护的访问权限，当然也可以设置为私有的
public:
    void setradius(double r)      //对半径进行设置的函数
    {   radius = r;   }
    double area()                 //求圆的面积的函数
    {   return 3.14 * radius * radius;   }
    double perimeter()            //求圆的周长的函数
    {   return 2 * 3.14 * radius; }
};
// 类的声明结束
void main()
{
    Circle yuan;
    yuan.setradius(3);
    cout << yuan.area() << endl;
    cout << yuan.perimeter() << endl;
}
```

　　**提示：类内部实现的成员函数默认是内联函数（inline function）。**

　　**在类内部声明成员函数，在类外部实现成员函数，主函数略：**

```
#include <iostream>
using namespace std;
class Circle
{
protected:
    double radius;                //圆的半径，受保护的访问权限，当然也可以设置为私有的
public:
    void setradius(double r);     //对半径进行设置的函数
    double area();                //求圆的面积的函数
    double perimeter();           //求圆的周长的函数
};   // 类的声明结束
void Circle::setradius(double r)//对半径进行设置的函数
    {   radius = r;   }
double Circle::area()             //求圆的面积的函数
    {   return 3.14 * radius * radius;   }
```

```
double Circle::perimeter()          // 求圆的周长的函数
    {   return 2 * 3.14 * radius;   }
```

**提示：**

1）在类的外部定义成员函数时，一定要加作用域 "::"，用来说明该函数是那个类的成员，否则编译器会把相应的函数当成全局范围的普通函数处理。

2）类外部定义的成员函数不会被自动当作内联函数来处理。

3）类的成员函数可以重载，重载的具体要求可参考 3.2 节，此处不再赘述。

到目前为止，把类和使用类的主函数放在一个源文件中不利于类的复用。从代码复用的角度来看，应将类的声明放在一个独立的文件中，一般采用头文件形式；类的具体实现（即成员函数的具体定义）放在另一个文件中，这样做的好处有：

- 方便复用，软件开发商可以不断积累自己的可复用软件库。
- 便于保护知识产权，一般在头文件中可只包含类的声明，而具体实现细节留在源文件中并可经过编译后形成目标文件。

**【例 4-4】**类的声明与具体实现分离的案例，本案例仍使用例 4-3 的题目，这样形成对照，方便比较。

**设计分析：**本案例从考虑复用的角度来实现求圆的面积和周长的功能，因此类的设计和例 4-3 完全一样，只是将将类的声明放在一个独立的头文件中，类的具体实现放在另一个源文件中，请看实现代码。

//**Circle.h** 头文件，完成圆类的声明

```
#ifndef CIRCLE_H                  // 条件编译的作用是防止头文件被反复 include，这是好习惯
#define CIRCLE_H
class Circle
{
protected:
    double radius;                // 圆的半径，受保护的访问权限，当然也可以设置成私有的
public:
    void setradius(double r);     // 对半径进行设置的函数
    double area();                // 求圆的面积的函数
    double perimeter();           // 求圆的周长的函数
};  // 类的声明结束
#endif
```

//**Circle.cpp** 源文件，圆类的具体实现

```
#include "Circle.h"
void Circle::setradius(double r) // 对半径进行设置的函数
    {   radius = r;   }

double Circle::area()            // 求圆的面积的函数
    {   return 3.14 * radius * radius;   }

double Circle::perimeter()       // 求圆的周长的函数
    {   return 2 * 3.14 * radius;   }
```

//**main.cpp** 主函数源文件

```
#include <iostream>
#include "Circle.h"
using namespace std;
void main()
{
    Circle yuan;
    yuan.setradius(3);
    cout <<"半径为 3 的圆的面积为: "<< yuan.area() << endl;
```

```
        cout <<"半径为 3 的圆的周长为: "<<yuan.perimeter() << endl;
    }
```

编译并运行该程序, 其运行结果为:

半径为 3 的圆的面积为: 28.26
半径为 3 的圆的周长为: 18.84

该程序的运行结果与例 4-3 一样, 分析略。

**提示**: 把类的声明与实现分离是一种好的编程习惯, 注意在平时累积可复用的编程成果。

## 4.3 构造函数

类是对具有相同属性和动作的一批事物的描绘, 是概念化的、抽象的, 而对象是类的实例化、具体化。类与对象之间的关系类似于电视机的设计方案和按照该方案生产的一台台具体的电视机之间的关系, 以及数据类型和变量之间的关系。在 C++ 中, 类作为一种用户自定义数据类型, 其定义的变量叫对象, 其他内置数据类型定义的变量也可以称为对象 (在 C 中常常称为变量)。

### 4.3.1 对象的创建

在 C++ 中, 对象的定义即对象的创建。一般格式为:

类名　　对象名 1, 对象名 2, …;

例如, 以 4.2 节中的 Circle 类为例, 创建它的对象:

Circle　circle1, circle2;

创建对象的过程意味着给对象分配存储空间, 上面的语句创建了两个对象 circle1 和 circle2, 每个对象都有自己的 1 个数据成员 radius 以及 3 个成员函数 setradius()、area() 和 perimeter()。编译器会为每个对象的数据成员分配独立的存储空间。但是因为相同类型对象的成员函数完全相同, 所以在内存中, 同类型对象的成员函数的代码只存储一份。也就是说, 在同一个程序中, 不管用 Circle 创建多少个对象, 它们的成员函数都只在内存的代码区存储一份。

**结论**: 对象占用内存空间的大小为其所有数据成员所需内存大小之和。

**注意**: 每一个对象在创建时, 编译器都会调用一个特殊的函数来完成该对象的初始化操作, 这个函数就是构造函数 (constructor function)。构造函数用来完成对象的初始化操作, 如果类的设计者在定义类时没有定义构造函数, 系统会提供一个默认的构造函数, 该默认构造函数的形式为:

类名() { }

也就是说, 在前面定义的所有类中, 系统都提供了一个默认构造函数, 只不过该默认构造函数的函数体是空的, 没有为对象进行初始化操作。要完成具体的初始化操作, 类的设计者必须自己定义构造函数。

### 4.3.2 自定义构造函数

若想要在创建对象的同时为对象赋初始值, 设计者必须定义类的构造函数。在给出案例前, 先来说明**构造函数的特点**:

- 构造函数是个特殊的函数，它的名称和类名相同，且不能有返回值说明。
- 构造函数的功能是对对象做初始化操作。
- 一个对象在其生命周期中一定会被构造一次且只构造一次，就是在创建时。
- 构造函数可以重载。
- 构造函数不能由用户调用，只能在创建对象时由系统自动调用。
- 当类的设计者没有定义构造函数时，系统会提供一个默认构造函数，它的形式如下。

类名（）{ } // 此构造函数不做任何操作

**【例4-5】** 采用面向对象编程思想，求解长方体的体积和表面积，要求编写构造函数。

**设计分析**：描述一个长方体时，通常用长、宽、高、颜色和重量等属性，但是根据题目要求，要求出长方体的体积和表面积，显然颜色和重量与它们没有关系，可忽略。而长、宽、高与长方体的体积和表面积都有密切关系，因此确定长方体的数据成员为长、宽和高。根据需求，长方体的操作应该至少包含求表面积和求体积的操作，同时要求编写构造函数，因此分析长方体的动作应包含求体积、求表面积、做初始化的操作。分析完成，编写程序如下，为了说明构造函数的功能及执行时机，我们分步实现程序。

**第一步**：不提供构造函数。

```cpp
// fourth_5_1.cpp
1.  #include <iostream>
2.  using namespace std;
3.  class Box                    // 长方体类
4.  {
5.  public:
6.      double surfaceArea();    // 求表面积的函数
7.      double volume();         // 求体积的函数
8.  private:
9.      double length;
10.     double width;
11.     double height;
12. };
13. // 成员函数的定义
14. double Box::volume()
15. {
16.     return length*width*height;
17. }
18. double Box::surfaceArea()
19. {
20.     return 2*(length*width+length*height+width*height);
21. }
22. // 程序的主函数
23. int main()
24. {
25.     Box  box1;
26.     cout <<" 长方体的体积为: "<< box1.volume ()<< endl;
27.     cout <<" 长方体的表面积为: "<< box1.surfaceArea()<< endl;
28.     return 0;
29. }
```

编译并运行该程序，输出结果为：

长方体的体积为: 5.14037e+124
长方体的表面积为: -7.92985e+185

**分析**：由于在定义 Box 时，我们没有定义构造函数，因此编译器在类中提供了如下的构造函数。

```
Box(){}
```

该函数没有对数据成员赋初值，因此，在运行主函数时输出了无法预料的结果。

**第二步**：修改类 Box 的定义，在 Box 中增加构造函数，主函数和类的其他地方不变，具体变化的地方用粗体进行了标注：

```
// fourth_5_2.cpp
1. class Box
2. {
3. public:
4.     double surfaceArea();
5.     double volume();
6.     Box();        // 增加的部分，这是构造函数的声明
7. private:
8.     double length;
9.     double width;
10.    double height;
11. };
12. // 成员函数的定义
13. Box::Box()       // 增加的部分，构造函数的定义
14. {
15.     length=3;
16.     width=4;
17.     height=5;
18.     cout<<" 对象构造 "<<endl;
19. }
20. double Box::volume()
21. {
22.     return length*width*height;
23. }
24. double Box::surfaceArea()
25. {
26.     return 2*(length*width+length*height+width*height);
27. }
```

编译并运行该程序，输出结果为：

```
对象构造
长方体的体积为：94
长方体的表面积为：60
```

**分析**：显然第 13 ~ 19 行为具体构造函数的定义，该函数将长方体对象初始化为长为 3、宽为 4、高为 5 的长方体，同时该函数中增加了一条向控制台输出信息的语句。在执行主函数时，创建 box1 对象时系统会自动执行构造函数，对 box1 的长、宽和高赋予对应的初始值，并向控制台输出"**对象构造**"，这也就对主函数另两条输出语句的输出结果有了支撑。

**第三步**：定义带参数的构造函数，修改第二步中 Box 类的无参数构造函数为有参数构造函数，主函数仍和前两步一样保持不变，具体请看 Box 的定义（修改的地方已加粗）。

```
// fourth_5_3.cpp
1. class Box
2. {
```

```
3. public:
4.      double surfaceArea();
5.      double volume();
6.      Box(double l,double w,double h);           // 修改的部分，这是有参数构造函数的声明
7. private:
8.      double length;
9.      double width;
10.     double height;
11. };
12. // 成员函数的定义
13. Box::Box(double l,double w,double h)           // 修改的部分，有参数构造函数的定义
14. {
15.     length=l;
16.     width=w;
17.     height=h;
18.     cout<<" 带参数的对象构造 "<<endl;
19. }
20. double Box::volume()
21. {
22.     return length*width*height;
23. }
24. double Box::surfaceArea()
25. {
26.     return 2*(length*width+length*height+width*height);
27. }
```

编译程序，编译器给出错误提示"error C2512: 'Box' : no appropriate default constructor available"，提示没有合适的默认构造函数，这是怎么回事呢？

原来，当程序员定义了类的构造函数时，编译器就不提供形如 Box(){} 的默认构造函数了。因此，当我们创建对象时，系统只能调用类中定义的构造函数来对对象做初始化操作。在本案例中，Box 的构造函数有 3 个参数，主函数在创建对象 box1 时没有传递参数，而编译器又找不到无参数的构造函数，因此提示出错。

**提示**：无参数的构造函数也称为默认构造函数（default constructor）。

根据 Box 类中定义的构造函数的特点，修改 fourth_5_1.cpp 中主函数定义对象 box1 的语句，完成求长为 5、宽为 5、高为 5 的长方体的体积和表面积。主函数代码修改如下：

```
int main()
{
    Box  box1(5,5,5);
    cout <<" 长方体的体积为: "<< box1.volume ()<< endl;
    cout <<" 长方体的表面积为: "<< box1.surfaceArea()<< endl;
    return 0;
}
```

再次编译源程序，错误消失。执行该程序，输出结果为：

```
带参数的对象构造
长方体的体积为: 125
长方体的表面积为: 150
```

**分析**：如果一个类中定义了构造函数，则系统将不会再提供构造函数，并且必须按照程序员所定义的构造函数的形式来创建对象。因此查看程序输出结果，可以得到我们想要的结论。执行主函数的第一条语句，系统自动调用了带参数的构造函数，实现了对象 box1 的初始化操作，将其长、宽、高均赋值为 5，并向控制台输出"带参数的对象构造"，因此容易分

析主函数中后面语句的输出结果。

**构造函数可以重载，**因此想要灵活创建对象并初始化，可以对构造函数重载多次，以便在创建对象时采用不同的方式进行初始化操作。请看下面构造函数重载的案例。

【例 4-6】增加日期类 Date 的构造函数，并重载其构造函数。

```
1.  // fourth_6.cpp
2.  #include <iostream>
3.  #include <string>
4.  using namespace std;
5.  class Date                      // 类 Date 的定义
6.  {                              // 数据成员
7.  private:
8.      int year;
9.      int month;
10.     int day;
11. // 类中的成员函数
12. public:
13.     Date()                      // 无参数构造函数，也称默认构造函数
14.     {   year=2008;
15.         month=8;
16.         day=8;
17.         cout<<" 无参数的构造函数 "<<endl;
18.     }
19.     Date(int y,int m,int d)     // 带参数构造函数 1
20.     {   year=y;
21.         month=m;
22.         day=d;
23.         cout<<"3 个参数的构造函数 "<<endl;
24.     }
25.     Date(string  s)             // 带参数构造函数 2
26.     {   year=atoi(s.substr(0,4).c_str());
27.         month=atoi(s.substr(5,2).c_str());
28.         day=atoi(s.substr(8,2).c_str());
29.         cout<<"1 个字符串参数的构造函数 "<<endl;
30.     }
31. //
32.     void print()                // 输出函数
33.     {   cout<<year<<"-"<<month<<"-"<<day<<endl;    }
34. //
35.     bool isleapyear()           // 判断是否为闰年的函数
36.     {   return(year%400==0 ||(year%4==0 && year %100!=0));    }
37. };                             // 类定义结束
38. // 主函数
39. int main()
40. {
41.     Date d1(2000,12,8);
42.     Date d2("2020/12/8");
43.     Date d3;
44.     d1.print();
45.     d2.print();
46.     d3.print();
47.     return 0;
48. }
```

观察该程序，在类 Date 中提供了 3 种构造函数，在创建 Date 类型的对象时就可以采用以上 3 种构造函数中的任意一种来创建并初始化对象。

编译并运行该程序，运行结果如下：

```
3 个参数的构造函数
1 个字符串参数的构造函数
无参数的构造函数
2000-12-8
2020-12-8
2008-8-8
```

**分析**：不难发现，3 个对象的创建都执行了构造函数，按照实参类型及个数，编译器匹配了对应的构造函数。通过程序前 3 行的运行结果，读者也可以自行分析主函数中对象创建与构造函数的对应关系。

**注意**：类名后直接传实参可创建无名对象。

例如在例 4-6 中，按照 Date 类的定义，下面定义对象的语句也是正确的。

```
Date(2000,8,2);  // correct
```

该语句创建了一个无名对象，因此会执行相匹配的构造函数。

**说明**：单独的一条定义无名对象的语句没有意义。

### 4.3.3　拷贝构造函数

在 C++ 和 C 语言中，当定义一个变量时，可以同时用另一个已经存在的相同类型的变量或常量赋值。

例如：

```
int a=10;
int b=a;
int *p=&a;
int *q=p;
```

同样，对于结构复杂的结构体变量，也可以在定义一个变量时用另一个已经存在的变量赋值。例如：

```
struct  Spot
{   double x;
    double y;
};
Spot  spot1={2,3};
Spot  spot2=spot1; // 用已经存在的结构体变量 spot1 初始化 spot2
```

那么定义一个对象时可不可以用另一个已经存在的对象赋值呢？首先通过案例来找寻答案。

**【例 4-7】**编写二维坐标中的点类，用一个已经存在的点来创建另一个点。

**设计分析**：二维坐标中的点由横坐标和纵坐标来确定，因此，其数据成员应该有两个 double 型数据，不妨用 x 和 y 表示。本程序需要验证两个对象可不可以直接赋值，因此，需要编写构造函数完成对象的初始化操作，需要编写输出点的坐标的输出函数，以便验证用一个对象对另一个对象初始化后，两个点是否对应二维坐标中的同一个点。因此可暂时确定类的两类成员函数，一类是构造函数，一类是输出函数。具体实现见 fourth_7.cpp。

```
1. // fourth_7.cpp
2. #include <iostream>
```

```
3.  #include <string>
4.  using namespace std;
5.  class Spot                        // 类的定义
6.  {  // 数据成员
7.  private:
8.      double x;
9.      double y;
10.     // 类中的成员函数
11. public:
12.     Spot()                        // 构造函数
13.     {   x=0;
14.         y=0;
15.         cout<<" 无参数的构造函数 "<<endl;
16.     }
17.     Spot(double x1,double y1)      // 构造函数
18.     {   x=x1;
19.         y=y1;
20.         cout<<"2 个参数的构造函数 "<<endl;
21.     }
22.     void print()                   // 输出函数
23.     {   cout<<"("<<x<<","<<y<<")"<<endl;   }
24. };                                 // 类定义结束
25. // 程序的主函数
26. int main()
27. {
28.     Spot p1(3,4);
29.     Spot p2=p1;                    // 用一个已经存在的对象对另一个对象赋值
30.     p1.print();
31.     p2.print();
32.     return 0;
33. }
```

编译该程序，没有错误，说明主函数中第 29 行语句用一个已经存在的对象对另一个对象赋值是可行的。运行该程序，结果为：

```
2 个参数的构造函数
(3,4)
(3,4)
```

**分析**：程序中最后两行的输出结果毫无疑问应该是第 30 和第 31 行语句产生的输出，这说明对象 p2 在创建的同时利用点 p1 进行初始化是合法的。而第 28 行语句创建对象 p1 时，根据其实参形式，显然应该执行第 17 ~ 21 行语句定义的带参数的构造函数，结果是 p1 这个对象表达了二维坐标中的点（3，4），并在控制台输出 "2 个参数的构造函数"，即输出结果的第一条信息。这说明第 29 行语句创建对象 p2 时，没有输出任何信息，也就是说，既没有执行第 12 ~ 16 行语句定义的无参数构造函数，也没有执行第 17 ~ 21 行语句定义的带 2 个参数的构造函数。而创建任何对象都要执行构造函数，若创建 p2 没有执行构造函数又和前面的理论矛盾，所以肯定执行了一个构造函数，而且不是程序员定义的那两个，那是什么构造函数呢？

答案就是本节要介绍的拷贝构造函数，首先看其定义。

**拷贝构造函数的概念**：拷贝构造函数是一个特殊的构造函数，它具有构造函数的一切特性，**其特点在于拷贝构造函数只有一个参数，且它的参数类型是当前类的对象的引用**。它的功能是用一个已经存在的对象来对新创建的对象赋初值。当类中没有定义拷贝构造函数时，

系统会提供一个拷贝构造函数，其特点是用已经存在的对象的数据成员来对新创建的对象的对应数据成员赋值。

### 1. 拷贝构造函数定义的一般形式

拷贝构造函数定义的一般形式如下：

```
类名（当前类的类名 &p）
    {   函数体   }
```

为了便于理解，请看例 4-7 中类 Spot 的定义，该类中没有定义拷贝构造函数，因此，系统会提供一个拷贝构造函数，它的形式为：

```
Spot(Spot &p)
{    x=p.x;
     y=p.y;
}
```

执行例 4-7 中的主函数，在创建 p2 对象时，由于是用一个已经存在的对象 p1 来创建一个新的对象 p2，因此执行了上面系统提供的拷贝构造函数。创建对象 p2 时，在控制台没有输出任何信息。但调用 p2.print() 的输出结果证明了拷贝构造函数的执行结果。

接下来练习在类中定义自己的拷贝构造函数，并进一步说明拷贝构造函数的执行时机。如下修改例 4-7 中的代码，在 Spot 类中增加拷贝构造函数的定义，并在其函数体中增加一条输出语句，主函数保持不变，具体增加部分用粗体标识。

```
class Spot                          // 类的定义
{   // 数据成员
private:
    double x;
    double y;
    // 类中的成员函数
public:
    Spot()                          // 构造函数
    {   x=0;
        y=0;
        cout<<" 无参数的构造函数 "<<endl;
    }
    Spot(Spot &p)                   // 拷贝构造函数
    {   x=p.x;
        y=p.y;
        cout<<" 拷贝构造函数 "<<endl;
    }
    Spot(double x1,double y1)       // 构造函数
    {   x=x1;
        y=y1;
        cout<<"2 个参数的构造函数 "<<endl;
    }
    void print()                    // 输出函数
    {   cout<<"("<<x<<","<<y<<")"<<endl;   }
};                                  // 类定义结束
```

重新编译并运行程序，程序的输出结果为：

```
2 个参数的构造函数
```

```
拷贝构造函数
(3,4)
(3,4)
```

**分析**：显然我们定义的拷贝构造函数只比系统提供的拷贝构造函数多一条输出语句，通过观察程序的输出结果，很容易证明对象 p2 的创建确实执行了拷贝构造函数。

**提示**：如果类中没有定义拷贝构造函数，则系统会提供一个拷贝构造函数，但如果类中定义了拷贝构造函数，则系统将不再提供。

**2. 执行拷贝构造函数的时机**

拷贝构造函数的执行时机有以下三种情况。

1）用一个已经存在的对象来创建一个新的对象时会执行拷贝构造函数（这是最本质的原因）。例如，下面的加粗语句要执行拷贝构造函数。

```
Spot    spot1(5,6);
Spot    spot2=spot1;        // 执行拷贝构造函数
Spot    spot3(spot2);       // 执行拷贝构造函数
```

2）如果用对象作为函数的参数，当调用函数时，系统将利用实参对象创建形参对象，此时会执行拷贝构造函数。

3）如果函数的返回值是对象，当执行 return 语句时系统将调用拷贝构造函数创建返回值。为了说明上述 2）、3）的情况，请看下面的案例。

【例 4-8】编写程序，采用面向对象方法求两点之间的距离。验证对象作为函数的参数时拷贝构造函数的执行情况。

**设计分析**：为实现题目功能，可设计求两点之间距离的函数，不妨命名为 func-Distance，显然此函数需要已知两点，所以不妨用例 4-7 中的点类 Spot 作为两点的参数类型。两点之间的距离可用下面的海伦公式来求解，显然海伦公式需要知道点的横坐标和纵坐标，而例 4-7 中点类 Spot 中的横坐标和纵坐标均为私有数据，利用对象无法直接访问，因此需要在 Spot 定义的基础上增加返回横坐标值和纵坐标值的两个成员函数，不妨命名为 getX 和 getY。分析完成，具体实现代码如下。

数学中海伦公式为：

$$P = \sqrt{(x_1 - x_2)^2 + (y_1 - y_2)^2}$$

```
1.  // fourth_8.cpp
2.  #include <iostream>
3.  #include <cmath>
4.  using namespace std;
5.  class Spot                          // 点类的定义
6.  {   // 数据成员
7.  private:
8.      double x;                       // 横坐标
9.      double y;                       // 纵坐标
10.     // 类中的成员函数
11. public:
12.     Spot();                         // 无参数构造函数
13.     Spot(double x1,double y1);      // 有参数构造函数
14.     Spot(Spot & p);                 // 拷贝构造函数
15.     void print();                   // 输出坐标值的函数
16.     double getX();                  // 获取横坐标值
```

```
17.        double getY();                    // 获取纵坐标值
18.  };                                      // 类定义结束
19.  Spot::Spot()                            // 构造函数
20.     {    x=0;
21.          y=0;
22.          cout<<" 无参数的构造函数 "<<endl;
23.     }
24.     Spot::Spot(double x1,double y1)// 构造函数
25.     {    x=x1;
26.          y=y1;
27.          cout<<"2 个参数的构造函数 "<<endl;
28.     }
29.     Spot::Spot(Spot & p)                 // 拷贝构造函数
30.     {    x=p.x;
31.          y=p.y;
32.          cout<<" 拷贝构造函数 "<<endl;
33.     }
34.     void Spot::print()                   // 输出函数
35.     {    cout<<"("<<x<<","<<y<<")";    }
36.     double  Spot::getX()                 // 获取 x 值
37.     {    return x;    }
38.     double  Spot::getY()                 // 获取 y 值
39.     {    return y;    }
40.  // 求距离函数
41.  double funcDistance(Spot a1,Spot a2)
42.  {
43.     double x, y, s;
44.     x=a1.getX()-a2.getX();
45.     y=a1.getY()-a2.getX();
46.     s=sqrt(x*x+y*y);
47.     return s;
48.  }
49.  // 程序的主函数
50.  int main()
51.  {
52.     Spot p1(3,4), p2(0,0);               // 求原点到点（3，4）之间的距离
53.     double juli;
54.     juli=funcDistance(p1,p2);
55.     cout<<" 点 ";
56.     p1.print();
57.     cout<<" 和点 ";
58.     p2.print();
59.     cout<<" 之间的距离为: ";
60.     cout<<juli<<endl;
61.     return 0;
62.  }
```

编译并运行该程序，运行结果如下：

对应语句行号　　对应输出结果

| | |
|---|---|
| 52 | 2 个参数的构造函数 |
| 52 | 2 个参数的构造函数 |
| 54 | 拷贝构造函数 |
| 54 | 拷贝构造函数 |
| 55 ~ 60 | 点（3,4）和点（0,0）之间的距离为：5 |

**分析**：结合上面的运行结果分析主函数的运行，首先第 52 行语句创建了两个对象 p1 和 p2。创建任何对象都要执行构造函数，因此根据创建 p1 和 p2 时传递的实参个数和类型，

应该执行了两次第 24 ～ 28 行的构造函数，因此输出两行"2 个参数的构造函数"信息。

第 53 行语句为 double 型变量的定义，没有任何输出信息。

第 54 行语句调用了求距离函数 funcDistance，该函数以两个对象作为参数。根据函数调用的执行流程，首先保存主函数现场，然后转移到函数 funcDistance 执行，执行该函数的第一步应该为用实参创建形参，类似于下面两条语句：

```
Spot  a2=p2;
Spot  a1=p1;
```

用一个已经存在的对象创建新的对象，因此上面两条语句导致执行了两遍拷贝构造函数，即第 29 ～ 33 行的拷贝构造函数。因此，第 54 行语句向控制台输出两行结果信息"拷贝构造函数"。执行完 funcDistance 的函数体后，变量 juli 中存放的就是点 p1 到 p2 的距离。

后面第 55 ～ 60 行语句的输出分析在此略过。

**总结**：该案例说明对象作为函数的参数时，由实参创建形参要执行拷贝构造函数。

**下面是测试当用对象的引用作为函数的参数时拷贝构造函数的执行情况。**

将例 4-8 中求距离函数 funcDistance 的参数类型改为点对象的引用。还记得引用吗？**（引用是变量的别名。）**程序中的其他地方不变，funcDistance 的具体更改见加粗的地方：

```
double funcDistance(Spot &a1, Spot &a2) //funcDistance 变化的地方
{
    double x, y, s;
    x=a1.getX()-a2.getX();
    y=a1.getY()-a2.getX();
    s=sqrt(x*x+y*y);
    return s;
}
```

重新编译执行程序，程序的运行结果如下：

对应语句行号　　对应输出结果

| | |
|---|---|
| 52 | 2 个参数的构造函数 |
| 52 | 2 个参数的构造函数 |
| 55~60 | 点（3,4）和点（0,0）之间的距离为：5 |

**分析**：观察程序的运行结果，不难发现和例 4-8 程序的运行结果不同，输出到控制台的信息少了两条"拷贝构造函数"，这说明本程序中拷贝构造函数没有被调用。这进而说明主函数中第 54 行的函数调用 funcDistance 和例 4-8 程序中这条语句的调用效果不同。**原因何在？**

答案就在于参数换成了对象的引用。保存主函数现场后，执行函数 funcDistance 的第一件事情就是利用实参创建形参，在该案例中，其对应的语句为：

```
Spot &a2=p2;
Spot &a1=p1;
```

而这两条语句只是创建了 p1 和 p2 的引用，并没有涉及新对象的创建，所以不执行拷贝构造函数。整个程序的运行结果刚好验证了我们的分析。

**结论**：用对象的引用作为函数参数，因为没有涉及新对象的创建，所以不执行拷贝构造

函数。相比于用对象作为参数，用引用作为参数的优点是能减少系统开销（包括内存和 CPU 执行时间，因为不执行拷贝构造函数）。

**【例 4-9】**本案例仍用例 4-8 的点类编程实现，请重点查看程序中关于普通函数 func 的代码实现（加粗部分），以验证函数的返回值是对象时要执行拷贝构造函数。

```
1.  // fourth_9.cpp
2.  #include <iostream>
3.  using namespace std;
4.  class Spot                          // 点类 Spot 的定义
5.  {   // 数据成员
6.  private:
7.      double x;
8.      double y;
9.      // 类中的成员函数
10. public:
11.     Spot();                         // 构造函数
12.     Spot(double x1,double y1);      // 构造函数
13.     Spot(Spot & p);                 // 拷贝构造函数
14.     void print();                   // 输出函数
15. };                                  // 类定义结束
16.     Spot::Spot()                    // 构造函数
17.     {   x=0;
18.         y=0;
19.         cout<<" 无参数的构造函数 "<<endl;
20.     }
21.     Spot::Spot(double x1,double y1) // 构造函数
22.     {   x=x1;
23.         y=y1;
24.         cout<<"2 个参数的构造函数 "<<endl;
25.     }
26.     Spot::Spot(Spot & p)            // 拷贝构造函数
27.     {   x=p.x;
28.         y=p.y;
29.         cout<<" 拷贝构造函数 "<<endl;
30.     }
31.     void Spot::print()              // 输出函数
32.     {   cout<<"("<<x<<","<<y<<")"<<endl;    }
33.     Spot  func()                    // 函数的返回值是对象
34.     {   Spot p(5,6);
35.         return p;
36.     }
37. // 程序的主函数
38.     int main()
39.     {
40.         func().print();
41.     }
```

编译并运行该程序，运行结果为：

```
2 个参数的构造函数
拷贝构造函数
(5,6)
```

**分析：**主函数只有一条语句，即 func 函数的调用，因而转去执行该函数（第 33～36 行）。这是一个无参数的函数，因此首先执行该函数第 34 行的语句。创建一个对象 p，根据创建对象 p 时传递的实参的个数，判断执行的是第 21～25 行带有 2 个参数的构造函数，因

此该函数在给对象赋完初始值之后，向控制台输出 "2 个参数的构造函数" 的信息并换行。

程序返回 func 函数执行第 35 行的 return 语句。根据 func 函数的定义，该函数要求返回 Spot 类型的对象，因此系统将用 return 语句中的 p 来创建函数的返回值对象（无名对象）。**这满足用一个已经存在的对象创建另一个对象的条件**，因此执行第 26 ～ 30 行的拷贝构造函数。执行完该函数后，向控制台输出 "拷贝构造函数" 的信息，并返回主函数。

第 40 行语句，利用返回 main 的无名对象调用其成员函数 print()，因此该无名对象将输出其坐标，也就是在控制台输出 "(5,6)"。至此，主函数执行结束。

**结论**：当函数的返回值是对象时，将执行拷贝构造函数。

以上是三种执行拷贝构造函数的时机，若有疑问，可修改上述程序并再次运行，然后结合程序运行结果进行分析。

## 4.4 析构函数

在创建一个对象时，系统除了要为它分配内存空间之外，还会自动调用构造函数，并对其数据成员做初始化操作。同样，当对象的生命周期结束时，需要释放其所占用的资源，例如内存空间。由系统分配的内存空间，系统会自动回收，但程序员用 new 分配的空间，在对象生命周期结束时系统不会自动回收。因此，必须通过一个特殊函数来释放资源，这个特殊函数就是析构函数。

与构造函数类似，析构函数也是类中的一个特殊函数，当程序员没有给出类的析构函数定义时，系统会自动提供一个，只不过该析构函数什么也不做。系统提供的析构函数的形式为：

```
~类名(){  }  //空的函数体
```

**析构函数的说明：**

- 析构函数是类中的一个特殊函数，它的名字和类名相同，但为了区别于构造函数，类名前有一个 "~" 符号。
- 析构函数的功能一般是释放对象占用的资源，例如内存空间。
- 当类中没有析构函数时，系统会自动提供一个析构函数。
- 析构函数没有参数，因此析构函数不能重载。
- 析构函数在对象生命周期结束时由系统自动调用，用户无法显式调用析构函数，任何对象生命周期结束都要由系统自动调用其析构函数完成资源的回收。
- 析构函数没有函数的返回值类型说明。

【例 4-10】一个简单的关于析构函数的案例。

**设计分析**：本案例主要讲解析构函数及其执行时机，因此在此处设计了一个大学生类。描述一个学生的特征有很多，例如姓名、性别、年龄、专业、联系电话等，但此处的重点是析构函数及其执行时机，因此数据成员仅仅设置了一个 int 类型的数据成员 age。同理，学生的动作也有很多，但此处不关心，因此仅定义了构造函数完成初始化动作，print 函数完成输出操作以及析构函数。具体实现代码如下，请注意程序中加粗的代码：

```
1. // fourth_10.cpp
2. #include <iostream>
3. using namespace std;
4. class Student          // 类 Student 的定义
```

```
5. {    int age;            // 数据成员
6. public:
7.      Student();          // 构造函数
8.      void print();       // 输出函数
9.      ~Student();         // 析构函数
10. };                      // 类定义结束
11. Student::Student()
12. {   age=0;
13.     cout<<"无参数的构造函数"<<endl;
14. }
15. void Student::print()
16.     {   cout<<"该生的年龄为"<<age<<endl;    }
17. Student::~Student()
18.     {   cout<<"回收资源"<<endl;    }
19. int main()              // 程序的主函数
20. {   Student s1;
21.     Student s2=s1;
22.     s1.print();
23.     s2.print();
24.     return 0;
25. }
```

编译并运行该程序，程序的输出结果为：

```
无参数的构造函数
该生的年龄为 0
该生的年龄为 0
回收资源
回收资源
```

**分析**：从主函数开始执行源程序，第 20 行创建对象 s1，因此执行构造函数，输出"无参数的构造函数"信息，并换行。

执行第 21 行语句，用 s1 来创建 s2，执行拷贝构造函数，因为类 Student 中没有定义拷贝构造函数，执行系统提供的默认的拷贝构造函数，所以在控制台不输出任何信息。

执行第 22 行和第 23 行语句，容易分析在控制台输出两行"该生的年龄为 0"的原因。

遇到主函数的 return 语句，则结束主函数的运行，此时对象 s1 和 s2 生命周期结束，因此系统首先自动调用对象的析构函数，回收其所占资源。**那么问题是系统中有两个对象，先析构谁呢？顺序怎么确定呢？**

**答案**：按照对象创建顺序的逆序析构，即先析构 s2，再析构 s1。（因为 s1 和 s2 所在的内存区是栈区，而栈的操作特点是先进后出（First In Last Out）。）

因此，在控制台输出了两行"回收资源"的信息，第一行是析构对象 s2 产生的输出，第二行是析构 s1 产生的输出。

**注意**：该案例中，类中的数据成员是普通类型，它们占用的内存资源是由系统自动分配的，系统在对象生命周期结束时会自动回收为其数据成员分配的内存资源。因此该案例中的析构函数只有一条输出语句，并不需要回收资源的语句。此处的目的是验证对象在生命周期结束时系统是否会自动调用析构函数，一般情况下像该案例中的析构函数可以省略。

但当对象的数据成员占用的内存资源是动态分配的时，就需要编写析构函数，并需要在析构函数中释放动态分配的资源。原因是系统不会自动回收动态分配的内存资源，若不回收，当对象生命周期结束时，该对象动态分配的内存资源将不能被自动回收，这就会造成存储空间的浪费。（这就好比毕业生已经毕业离校，但其占用的床位却并没有向管理员报退，造成床位浪费。)

【例 4-11】对例 4-10 中的类定义做出修改，增加数据成员学生姓名，具体的修改地方用粗体标注。该案例说明动态内存的分配与回收问题。

```
1. // fourth_11.cpp
2. #include <iostream>
3. #include <string>
4. using namespace std;
5. class Student                           // 类 Student 的定义
6. {   char *pname;                         // 学生姓名
7.     int age;                             // 年龄
8. public:
9.     Student();                           // 构造函数
10.    void print();                        // 输出函数
11.    ~Student();                          // 析构函数
12. };                                      // 类定义结束
13.    Student::Student()                   // 构造函数
14.    {   pname=new char[10];              // 动态分配 10 个字节内存
15.        strcpy(pname,"王五");            // 对姓名赋值
16.        age=0;
17.        cout<<" 无参数的构造函数 "<<endl;
18.    }
19.    void Student::print()
20.    {   cout<<pname<<" 的年龄为 "<<age<<endl;   }
21.    Student::~Student()                  // 析构函数
22.    {   delete []pname;                  // 回收动态分配的内存
23.        cout<<" 回收资源 "<<endl;
24.    }
25. int main()                             // 程序的主函数
26. {
27.    Student s1;
28.    s1.print();
29.    return 0;
30. }
```

编译并运行该程序，运行结果为：

```
无参数的构造函数
王五的年龄为 0
回收资源
```

**分析**：例 4-10 的分析过程同样可以应用到本案例的分析中，在此不再分析程序的运行结果。

不难发现，在本程序中，Student 的构造函数用 new 运算符分配了 10 个字节的内存空间并将首地址赋值给数据成员 pname。用 new 分配的内存空间在对象生命周期结束时并不会被自动回收，因此在析构函数中增加了语句 "delete []pname;"，用以回收分配出去的内存，从而提高内存资源的利用率，这是一个好的编程习惯。

**涉及动态资源分配的类，其拷贝构造函数如何编写呢？采用默认拷贝构造函数可以吗？**为了回答以上问题，请看下面的案例。

【例 4-12】该案例想要说明当需要为对象的数据成员动态分配内存资源时，除了要养成编写析构函数回收资源的习惯之外，还需要注意增加类的拷贝构造函数，否则，若在程序中用一个已经存在的对象创建新对象，则程序会出现一些问题。

**设计分析**：为了将精力集中在拷贝构造函数的设计问题上，本例仅对例 4-11 程序的主

函数进行重新定义，增加用已知对象创建新对象的语句，这将涉及拷贝构造函数的执行，具体实现代码如下所示：

```
1.  // fourth_12.cpp
2.  #include <iostream>
3.  #include <string>
4.  using namespace std;
5.  class Student              // 类 Student 的定义
6.  {   char *pname;           // 学生姓名
7.      int age;               // 年龄
8.  public:
9.      Student();             // 默认构造函数
10.     void print();          // 输出函数
11.     ~Student();            // 析构函数
12. };                         // 类定义结束
13.     Student::Student()     // 默认构造函数
14.     {   pname=new char[10];
15.         strcpy(pname,"王五");
16.         age=0;
17.         cout<<" 无参数的构造函数 "<<endl;
18.     }
19.     void Student::print()  // 输出函数
20.     {   cout<<pname<<" 的年龄为 "<<age<<endl;   }
21.     Student::~Student()    // 析构函数
22.     {   delete []pname;
23.         cout<<" 回收资源 "<<endl;
24.     }
25. int main()                 // 程序的主函数
26. {   Student s1;
27.     Student s2=s1;         // 此处执行拷贝构造函数
28.     s1.print();
29.     s2.print();
30.     return 0;
31. }
```

编译运行该程序，运行结果为：

```
无参数的构造函数
王五的年龄为 0
王五的年龄为 0
回收资源
```

运行时还会弹出如图 4.1 所示的错误提示框。

该错误为运行时错误，其中 Debug Assertion Failed 错误一般是由于使用了一个空指针或一个指针被释放了两次造成的。

点击"忽略"按钮，或点击"中止"按钮结束程序的执行。

为什么会出现上述错误呢？观察程序输出结果也会发现两个对象只执行了一次析构函数。为什么？

要回答上面的问题，不妨从分析程序的执行过程开始。

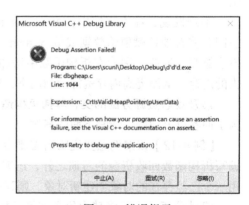

图 4.1    错误提示

**分析**：首先执行主函数 main 中第 26 行语句创建对象 s1，从而执行构造函数，因此会在控制台输出"无参数的构造函数"信息。

执行第 27 行语句，该语句用 s1 创建新对象 s2，需要执行拷贝构造函数，而本案例中没有拷贝构造函数，因此系统会自动提供一个默认的拷贝构造函数，它的具体实现如下：

```
Student(Student &a)
{
    pname=a.pname;
    age=a.age;
}
```

该拷贝构造函数只是用对象 a 的数据成员来给新创建的对象的对应成员赋值。执行这段代码创建 s2 之后，s2 和 s1 在内存中的关系如图 4.2 所示。

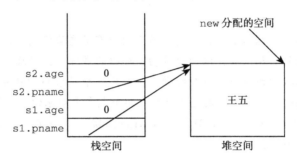

图 4.2　对象在内存中的关系示意图

当创建对象 s1 时，构造函数通过 new 运算符为它分配 10 个字节的连续空间，并把首地址赋值给 s1.pname，如图 4.2 所示，即我们所说的 s1.pname 指向了该空间。当创建对象 s2 时，执行的是默认拷贝构造函数，而该拷贝构造函数中的语句"pname=a.pname;"使得 s2 的数据成员 pname 也指向了 new 为对象 s1 分配的那 10 个字节连续空间的首地址，也就是图 4.2 中两个箭头表示的效果。这就说明字符串"王五"所占用的存储空间为 s1 和 s2 公用。不难想象，当用 s1 或 s2 创建更多的对象时，就会有更多的对象指向该空间。所以，当执行主函数的 return 返回语句时，对象 s2 和 s1 要释放它们占用的空间。首先 s2 先释放它的空间，系统要调用析构函数，因此执行语句"delete []pname;"的效果是图 4.2 中 new 分配的那 10 个字节的空间被释放了。这下麻烦了，因为 s1 还存在，这意味着 s1 的成员 pname 指向了一个被释放的内存空间。当 s1 生命周期结束，它也要释放 new 分配的同一个空间时，系统发现该空间实际上早就被 s2 释放了，两次释放同一个空间，因此运行时就出现了上面窗口中提示的错误。

这就好比两个学生被分配到了同一个床位上，想想会发生什么事？首先不要说床位共享带来的拥挤问题，就说一个学生毕业了，他向管理员报退了床位，管理员就会以为该床位空闲了，事实却并不是这样，这是不是引起了混乱？

**如何修改呢？**

很简单，这个错误是由于 s2 和 s1 这两个对象的指针成员 pname 指向了相同的存储空间，导致释放该空间时出现了问题，解决方法就是让它们分别拥有自己独立的存储空间。这个问题的发生是由默认拷贝构造函数引起的，因此需要重新定义拷贝构造函数，不用系统提供，具体在例 4-12 中增加的拷贝构造函数如下所示：

```
Student(Student &a)
    {   pname=new char[10];        // 此语句很重要，先为成员分配自己的内存空间
        strcpy(pname, a.pname);    // 然后赋值
        age=a.age;
        cout<<"copy"<<endl;
    }
```

做完上述修改后，重新编译并运行该程序，则程序能正常执行，其输出结果为：

```
无参数的构造函数
copy
王五该生的年龄为 0
王五该生的年龄为 0
回收资源
回收资源
```

一切都正常。分析过程略。

**提示**：当一个类中有指针成员，同时构造函数中有动态资源的分配时，为了避免资源的浪费，一般要定义类的析构函数，以便释放动态分配的资源。同时增加类的拷贝构造函数的定义，在拷贝构造函数中为指针成员分配资源，避免一个对象的指针成员与其他同类型对象的指针成员指向相同的空间，从而避免间接形成两个或多个对象的资源共享矛盾。

上面这个案例就是有些 C++ 书中介绍的深拷贝问题。本书没有提深拷贝的概念，目的是希望读者关注问题本质。

## 4.5　类中的常成员

在声明一个类时，关键字 const 也可用来说明类中的某个成员是常成员。由于类中的成员有两类（数据成员和成员函数），因此 const 与类中成员的结合也就有两种情况。一种是用 const 来修饰类中某个数据成员是常数据成员；另一种是用 const 修饰类的成员函数。下面分别进行讨论。

### 4.5.1　常数据成员

在现实生活中，经常会发现事物的某些特征是常量的情况，例如每个学生的性别和出生日期是常量，又例如汽车需要的车轮数、电视机的长和宽等。这就意味着对这些事物的类进行声明时，必须要特别说明相应的数据属性，否则它们有可能被定义为普通的数据成员，任由客户修改，这就与事实不相符了。好在 C++ 中有关键字 const，类的设计者可明确说明某些数据成员是常量，对象一旦创建完成后就不可更改，这样就保证了数据的安全性。

下面的案例说明常数据成员的应用、声明方法以及初始化，请注意代码中加粗的部分。

**【例 4-13】**编写一个学生类，此案例用姓名和出生年份描述一个学生。

**设计分析**：一个学生从其出生那刻开始，出生年份就是一个确定的常量，一生都更改不了，因此将出生年份定义为一个整型常量。常量需要初始化，但不能在类中直接用赋值语句对常数据成员进行初始化（因为一个类可以创建很多对象，而每个对象的出生年份可以不同）。现实中孩子的出身年份在出生的那一刻已经确定，这恰恰和构造函数的执行时机相吻合，因此需要编写类的构造函数，且在构造函数中完成常数据成员的初始化。下面先给出代码，通过代码总结知识点。

```
1. // fourth_13.cpp
2. #include <iostream>
3. #include <string>
4. using namespace std;
5. class Student                              // 类 Student 的定义
6. {    char *pname;                          // 学生姓名
7.      const int birthyear;                  // 常数据成员 birthyear，此处不能赋值
8. public:
9.      Student(int y);                       // 构造函数
10.     Student(Student &a);
11.     void  print();
12.     ~Student();                           // 析构函数
13. };                                        // 类定义结束
14. Student::Student(int y) :birthyear(y)     // birthyear 一定要在此处初始化
15. {    pname=new char[10];
16.      strcpy(pname," 王五 ");
17. }
18. Student::Student(Student &a):birthyear(a.birthyear) // birthyear 一定要在此处初始化
19. {    pname=new char[10];
20.      strcpy(pname,a.pname);
21. }
22. void Student::print()                     // 输出函数
23. {    cout<<pname<<birthyear<<" 年出生 "<<endl;    }
24. Student::~Student()                       // 析构函数
25. {    delete []pname;       }
26. int main()                                // 程序的主函数
27. {
28.     Student s1(2000);
29.     Student s2=s1;
30.     s2.print();
31.     return 0;
32. }
```

编译并运行该程序，输出结果为：

王五 2000 年出生

对于本案例，请想想如果构造函数不对常数据成员进行初始化，程序会怎样？请修改构造函数，去掉对 birthyear 赋值的语句来验证一下。

若增加一个设置成员函数来修改数据成员的值，则修改常数据成员可不可行？请自行调试以验证上面的问题。

**下面对于类中的常数据成员，总结知识点如下。**

1）类中常数据成员的声明方式为：

const 数据类型    常成员标识符 ；

2）在类中声明常数据成员时，不能同时对数据成员赋初值。

假如将例 4-13 中的第 7 行语句改为如下语句：

const  int birthyear=2000; // 错误语句

编译器将提示一系列错误信息，其中一条为 " error C2252：'birthyear' : pure specifier can only be specified for functions"，即 birthyear 只能在函数中赋值。

3）若类中有常数据成员，则该类必须提供构造函数的定义，并且必须在构造函数初始

化列表中对常数据成员做初始化操作。对于构造函数初始化列表具体说明如下：

```
类名 ( )：构造函数初始化列表
{    构造函数体    }
```

构造函数初始化列表的**功能**是对数据成员进行初始化操作，若对多个成员在此做初始化，则用逗号（,）隔开。但请**注意：常数据成员只能在构造函数初始化列表中初始化**，普通的数据成员既可在构造函数初始化列表中进行初始化操作，也可以在构造函数体中完成初始化。同时**注意，拷贝构造函数对常数据成员的初始化也必须在构造函数初始化列表中进行**。请查看例 4-13 中第 18 ～ 21 行拷贝构造函数的定义。

4）常数据成员的值只能被类的其他成员函数访问，不能修改。

【**例 4-14**】下面是构造函数初始化列表的应用案例——电视机类的设计。

```
class   TV
{    int channel;        // 频道
     int volume;         // 声音
     const int height;   // 高度
public:
     TV(int c,int v,int h);
};
```

对类 TV 的构造函数的 2 种实现方法。

1）所有数据成员均在构造函数初始化列表中赋初始值。

```
TV::TV(int c,int v,int h):channel(c),volume(v),height(h) // 正确
    {    }
```

2）只有常数据成员在类的构造函数初始化列表中初始化，其他的在函数体中进行初始化。

```
TV::TV(int c,int v,int h):height(h) // 正确
    { channel=c;   volume=v;}
```

常数据成员必须在构造函数初始化列表中初始化。

```
TV::TV(int c,int v,int h)                    // 错误，常数据成员必须在初始化列表中初始化
    {    channel=c; volume=v; height=h;}
TV::TV(int c,int v,int h): height=h          // 格式错误，只能采用类似 height(h) 的格式
    {    channel(c);                         // 格式错误，此处只能使用 channel=c;
         volume=v;                           // 正确
    }
```

## 4.5.2   常成员函数

在 C++ 中，若类中的某个成员函数只对数据成员进行读操作，不进行写操作，则该成员函数就可以声明为常成员函数。**这样做有什么好处呢？答案如下：**

- 一个成员函数一旦声明成常成员函数，则编译器在编译时会自动帮你检查该函数中有没有修改数据成员的语句，若有，则提示出错，提高了程序的安全性。
- 常对象只能访问公有的常成员函数，若类中没有常成员函数，则常对象的功能就很有限。

**常成员函数的声明格式如下：**

```
返回值类型    函数名（参数列表）const;
```

**提示：**

1）const 是常成员函数的一部分，在声明和实现时都需要加关键字 const。

2）const 关键字也可以用于对重载函数的区分。

3）常成员函数不能更改任何数据成员的值，也不能调用该类中没有用 const 修饰的成员函数。

4）常对象只能访问类中公有的常成员函数。

5）只有类的成员函数才能声明或定义为常成员函数。

**【例 4-15】** 常成员函数案例。

```
1. // fourth_15.cpp
2. #include <iostream>
3. using namespace std;
4. class A
5. {    int w, h;
6. public:
7.      void print();
8.      int getValue() const;     //常成员函数的声明
9.      int getValue();           //这两个同名函数形成重载
10.     A(int x,int y)    {  w=x,h=y; }
11. };
12. int A::getValue() const       //常成员函数的实现，关键字 const 不能丢
13. {    return w*h;    }
14. int A::getValue()             //普通成员函数
15. {    return w+h;    }
16. void A::print()
17. {    cout<<"w="<<w<<"h="<<h<<endl; }
18. void main()
19. {    const  A  a(2,6);        //常对象的定义
20.      A  c(2,6);               //普通对象定义
21.      cout<<a.getValue()<<endl;
22.      cout<<c.getValue()<<endl;
23. }
```

编译运行该程序，输出的结果为：

```
12
8
```

**分析：** 类 A 中有两个同名的函数 getValue，其参数个数和返回值都相同，若为普通的全局函数，则编译器一定会提示出错，但在类中，同名函数的重载除了可以用参数区分之外，还可以用关键字 const 来区分。所以，此处第 8 行和第 9 行的 getValue 形成重载，第 8 行的 getValue 为常成员函数，第 9 行的 getValue 为普通成员函数。

读主函数分析程序的输出结果：第 19 行语句创建了常对象 a；第 20 行语句创建了普通对象 c；第 21 行的输出结果为对象 a 访问 getValue 函数的结果，**常对象只能访问常成员函数**，因此它访问的函数体为第 12～13 行的 getValue 函数，结果为 12；第 22 行语句输出的是普通对象 c 访问 getValue 函数的结果，而 c 为普通对象，不难发现它调用的是第 14～15 行的函数体，因此输出 8。下面是一些关于常成员的错误操作案例。

下面的常成员函数 getValue 是错误的：

```
int A::getValue() const
```

```
{    w=2*w;  h=2*h;    //错误，不允许修改数据成员的值
     return w*h;  }
```

常对象 obj 只能访问公有的常成员函数，而下面的语句有错误：

```
const   A   obj(3,4);
Obj.print();            //该语句错误，常对象只能访问公有的常成员函数
```

## 4.6  类中的静态成员

在 C++ 中，关键字 static 也可以出现在类中来修饰数据成员和成员函数，类中的某个成员若被 static 修饰，则该成员就是静态成员。静态成员将被类的所有对象共享，也就是说，无论用该类创建多少个对象，静态成员的副本在内存中只有一份。

### 4.6.1  静态数据成员

当类中的某个数据成员被关键字 static 修饰时，该数据成员就是静态数据成员。静态数据成员被同一个类的所有对象共享，也就是说，如果其中一个对象修改了静态数据成员的值，则该类其他对象的该静态数据成员的值也改变了。静态数据成员是一个类的共享数据，比如一所学校的所有学生共享同一所学校、全世界的人类共享一个地球等。

类中静态数据成员的声明格式如下：

```
static 数据类型    成员标识符；
```

**提示**：在类中声明的静态数据成员不能直接赋初值，一般在类外部进行初始化。

**【例 4-16】**静态数据成员的案例。在该案例中，数据成员 personcount 用来统计在该程序中存在的人员数量。

```
1. // fourth_16.cpp
2. #include  <iostream>
3. #include  <string>
4. using namespace std;
5. class Person
6. {    string name;
7.      static int personcount; //静态数据成员的定义
8. public:
9.      Person(string  nm):name(nm){  personcount++ ;  }
10.     void Print()  {  cout<<" 共有 "<<personcount<<" 人！ "<<endl;  }
11.     ~Person()  {  personcount--;    }
12. };
13. int Person::personcount=0;    //在类外对静态数据成员进行初始化
14. int main()
15. {
16.     Person p1("tom");
17.     p1.Print();
18.     {   Person p2("jerry");
19.         p1.Print();
20.     }
21.     p1.Print();
22.     return 0;
23. }
```

编译并运行该程序，输出结果为：

```
共有 1 人!
共有 2 人!
共有 1 人!
```

**分析**: 观察源程序,静态数据成员 personcount 的初始值为 0。当执行主函数中的第 16 行语句时,创建第一个对象 p1,执行其构造函数将使静态数据成员 personcount 的值加 1。

第 17 行通过对象 p1 访问 Print 函数,程序的输出结果为"共有 1 人!",达到了预期。

第 18 行创建第二个对象 p2,执行构造函数,静态数据成员的值又增加 1,因为静态成员被所有对象共享。第 19 行的 p1 访问 Print 函数的输出结果为"共有 2 人!"。

当执行到第 20 行语句时,对象 p2 因生命周期到头而被析构了。每次析构,静态数据成员 personcount 的值就减少 1,因此,第 21 行语句的输出信息为"共有 1 人!",程序结束。

**注意**: 类中的静态数据成员若为私有的或受保护的,则不能在类外进行访问,只能在类的内部访问,方式和普通成员的访问方式一样。若为公有数据成员,则既可在类内部访问(和普通成员的访问方式一样),也可在类外部访问。在类外部访问类中 static 的公有数据成员的方式有以下两种。

1)通过类名访问:

```
类名∷静态数据成员
```

2)通过对象访问:

```
对象名.静态数据成员
```

### 4.6.2 静态成员函数

类中静态成员函数的一般声明格式为:

```
static 返回值类型 函数名(参数列表);
```

如果把类中的某个成员函数声明为静态的,就可以把此函数与类的特定对象独立开来,该函数为类的静态成员函数。静态成员函数若为公有的,则即使在类对象不存在的情况下也能被调用,一般调用格式为:

```
类名∷静态成员函数(实参列表);
```

当然也可通过该类的对象访问,方法为:

```
对象名.静态成员函数(实参列表);
```

**注意**: 一个类的静态成员函数只能访问该类的静态数据成员和静态成员函数,不能访问类中非静态的成员。类中的其他成员函数则可以访问类中的所有成员。

【例 4-17】静态成员函数的案例,其中加粗的函数为静态成员函数。

```
1. // fourth_17.cpp
2. #include <iostream>
3. using namespace std;
4. class Box
5. {
6. public:
7.     static int objectCount;                      //静态数据成员
8.     Box(double l=2.0, double b=2.0, double h=2.0) //构造函数定义
```

```
 9.     {     length = l;
10.           breadth = b;
11.           height = h;
12.           objectCount++;
13.     }
14.     double Volume()
15.         {   return length * breadth * height;   }
16.     static int getCount()                        // 静态成员函数在类内部直接定义
17.         {   return objectCount;   }
18. private:
19.     double length;                               // 长度
20.     double breadth;                              // 宽度
21.     double height;                               // 高度
22. };
23. int Box::objectCount = 0;                        // 初始化类 Box 的静态成员
24. int main()
25. {   // 公有的静态成员函数在没有创建对象的情况下就可访问
26.     cout << Box::getCount() << endl;             // 通过类名访问静态成员函数
27.     Box Box1(3.3, 1.2, 1.5);                     // 定义对象 Box1
28.     Box Box2(8.5, 6.0, 2.0);                     // 定义对象 Box2
29.     cout << Box2.getCount() << endl;             // 通过对象访问静态成员函数
30.     return 0;
31. }
```

编译并运行该程序，输出结果为：

```
0
2
```

请读者结合程序输出结果，自行分析和总结类中静态成员的特点。

将例 4-17 中类 Box 内的静态成员函数 getCount 的定义修改如下：

```
static int getCount()                        // 静态成员函数在类内部直接定义
{   cout<<length<<breadth<<height<<endl;
    return objectCount;
}
```

则编译器提示出错信息："非静态成员的引用必须与特定对象相对应"。错误原因是类中的静态成员函数不能访问类中的非静态成员。

**提示：**静态成员函数既可在类内部直接定义，也可在类内部声明，在类外部定义。在类内部声明或定义时要加关键字 static，但在类外部定义时，不能加关键字 static。

## 4.7  友元

类具有封装和信息隐藏的特性，但类的信息隐藏特性使得类中的私有数据和受保护数据只能被类的成员函数访问，不能被类之外和其关系亲密的函数或另一个类访问，这在一定程度上造成了不同类的对象之间或对象与函数之间通信不便。这就好比你特别要好的朋友没有你家的钥匙，在你家没人时，他去你家办事非常不方便。为了方便，我们一般的做法是给他一个去你家的通行证——钥匙，这样他就具有访问你家所有资源的权限了，非常方便（有些人说，这很危险）。同理，C++ 中为了解决这类问题，提出了友元机制，即通过将一个函数或一个类声明成另一个类的朋友，这个函数或类中的成员函数就具有了访问另一个类中所有成员的特权，包括私有的和受保护的成员，从而达到了方便通信的目的。

如果将一个函数声明成一个类的朋友，则该函数就称为该类的**友元函数**。

若将类 A 声明成类 B 的朋友，则类 A 中的所有成员函数都是类 B 的**友元函数，类 A** 则是类 B 的**友元类**。

**注意：**

1）友元关系不具有反向性，即 A 是 B 的友元类，不能说明 B 就是 A 的友元类。

2）友元关系不具有传递性，即类 A 是类 B 的友元，类 B 是类 C 的友元，不能说明类 A 就是类 C 的友元。

3）友元关系不被继承。

声明一个函数是一个类的友元，需要用关键字 `friend` 在类中进行声明，一般格式为：

`friend 返回值说明　函数名 (参数列表) ;`

声明一个类是另一个类的友元，需要用关键字 `friend` 在类中进行声明，一般格式为：

`friend class 类名 ;`

**提示：**声明友元的语句可以出现在类内部的任何位置，不受访问权限控制符的限制。当然，直接在类中给出友元函数或友元类的定义也是可以的。注意友元就是友元，它不是类的成员。

## 4.7.1　友元函数

**【例 4-18】**友元函数的应用：求两点之间的距离。

**设计分析：**二维空间中的一个点需要数据成员——横坐标和纵坐标，对于点成员函数，需要提供给点赋值的函数，因此需定义构造函数，同时提供一个输出点坐标的函数。

求两点之间的距离可用一个普通函数来实现，因为要求两点之间的距离，函数需要知道对哪两点求距离，所以需要两个点对象作为参数。为了减少系统开销，这里用对象的引用作为参数，两点之间的距离可采用海伦公式计算，具体可参见 4.3.3 节的内容。

```cpp
1.  // fourth_18.cpp
2.  #include <iostream>
3.  #include <cmath>
4.  using namespace std;
5.  class Spot
6.  {   double x;
7.      double y;
8.  public:
9.      Spot(double,double);                        // 构造函数
10.     void print();                               // 输出点坐标
11.     friend double  spotdistance(Spot &a,Spot &b);// 友元函数声明
12.  };
13.  Spot::Spot(double x1,double y1)   {x=x1;y=y1;}
14.  void Spot::print()  {cout<<"("<<x<<","<<y<<")";}
15.  double  spotdistance(Spot &a,Spot &b)           // 友元函数的定义
16.  {   double dis;
17.      double x1=a.x-b.x;                          // 访问类的私有数据，合法化了
18.      double y1=a.y-b.y;                          // 访问类的私有数据，合法化了
19.      dis=sqrt(x1*x1+y1*y1);
20.      return dis;
```

```
21. }
22. void main()
23. {
24.     Spot a(0,0),b(3,4);
25.     a.print();
26.     cout<<" 和 ";
27.     b.print();
28.     cout<<" 的距离为: "<<spotdistance(a,b)<<endl;
29. }
```

编译并运行该程序，输出结果为：

（0,0）和（3,4）的距离为：5

**分析**：不难发现，求两点之间距离的函数 spotdistance 是一个普通的函数，按道理是不允许访问类 Spot 中声明的私有数据的，但是由于在 Spot 类中声明了 spotdistance 为类 Spot 的友元，因此 spotdistance 函数就具有访问类 Spot 中所有成员的权限，那么类似第 17 行的语句 "double x1=a.x-b.x;" 就没有任何问题了。

修改例 4-18，将类 Spot 的友元声明语句去掉，重新编译源程序，编译器提示错误为 "成员 "Spot::x"（已声明 所在行数:10）不可访问"，即说明类中的私有数据在普通 spotdistance 函数中不能访问。

**提示**：友元函数 spotdistance 的定义不能出现在类 Spot 之前，否则会出现编译错误。

### 4.7.2  友元类

**【例 4-19】**友元类的案例，求两点之间的距离，并输出计算结果。

**设计分析**：本程序采用例 4-18 的分析方案，不同点是将求距离的函数放入一个管理员类中，该类负责求出两点之间的距离，和输出点坐标。最后编写主函数，解决问题。请重点学习加粗的代码。

```
1. // fourth_19.cpp
2. #include <iostream>
3. #include <cmath>
4. using namespace std;
5. class Spot                                    // 点类的定义
6. {   double x;
7.     double y;
8. public:
9.     Spot(double,double);                      // 构造函数
10.    friend class Manager;
11. };
12. Spot::Spot(double x1,double y1)   {x=x1;y=y1;}
13. class Manager                                 // 管理员类的定义
14. { public:
15.    double  spotdistance(Spot &a,Spot &b);     // 求两点之间距离的成员函数
16.    void print(Spot &a);                       // 输出点坐标的输出函数
17. };
18. double  Manager::spotdistance(Spot &a,Spot &b)
19. {   double dis;
20.    double x1=a.x-b.x;                          // 对另一个类中私有数据的访问
21.    double y1=a.y-b.y;                          // 对另一个类中私有数据的访问
22.    dis=sqrt(x1*x1+y1*y1);
```

```
23.      return dis;
24. }
25. void  Manager::print(Spot &a)
26. {cout<<"("<<a.x<<","<<a.y<<")";}            // 对另一个类中私有数据的访问
27. void main()
28. {
29.     Spot a(0,0),b(3,4);
30.     Manager m;
31.     m.print(a);
32.     cout<<" 和 ";
33.     m.print(b);
34.     cout<<" 的距离为: "<<m.spotdistance(a,b)<<endl;
35. }
```

编译并运行该程序，输出结果为：

(0,0) 和 (3,4) 的距离为: 5

**分析**：类 Manager 在类 Spot 中被声明成 Spot 的友元类，因此类 Manager 中的每个成员函数都具有访问类 Spot 中所有数据的权限，包括私有的和受保护的数据。因此类 Manager 中的 spotdistance 和 print 函数在编译时都是正确的。

**注意**：该案例中，类 Spot 和类 Manager 的顺序不能改变，即要先声明类 Spot，然后再声明它的友元类 Manager，若先声明类 Manager 后声明类 Spot，则编译器进行编译时会提示出错。

**提示**：

1）友元关系不能被继承。

2）友元机制会破坏类的封装性，降低类的可靠性和可维护性。

3）可单独声明一个类中的某个成员函数是另一个类的友元函数，一般格式为：

friend  类名 :: 该类的成员函数名（参数列表）；

## 4.8  this 指针

在 C++ 中，在创建一个对象的同时，编译器会为该对象提供一个隐式指针 this，该指针固定指向该对象本身。在该对象的生命周期中，this 指针始终指向当前对象，值不能改变。这个 this 指针只能在类内部使用，**且只对类中每个非静态成员有效，静态成员不能引用 this 指针**（因为静态成员不属于某个特定对象）。在类内部使用 this 指针时，一般格式为：

this-> 非静态成员  或  (*this). 非静态成员

对类的非静态成员函数来说，编译器在对其进行编译期间，会自动在该成员函数的参数列表中增加一个参数，这个参数的类型就是当前类型的 this 指针。以例 4-19 中 Spot 类的构造函数为例，程序员给出的定义为：

Spot::Spot(double x1,double y1)   {x=x1;y=y1;}

经过编译器编译后，它相当于：

Spot::Spot(Spot *this, double x1, double y1)   {this->x=x1;this->y=y1;}

**注意:**

1)编译器只对非静态成员函数这么做,静态成员函数不变。

2)友元函数没有this指针,因为友元不是类的成员。只有成员函数才有this指针。

this指针在类中的应用一般有两种情况:一种是将类中的某些成员与其他同名的标识符区别开来,另一种是当成员函数返回对象自身的引用时应用this指针。下面请看案例。

**【例4-20】** this指针用来将类中的标识符与其他非类成员的同名标识符区别开来,请重点关注加粗部分的代码。

```
// fourth_20.cpp
#include <iostream>
#include <cmath>
using namespace std;
class Spot
{   double x;
    double y;
public:
    Spot(double,double);
    void print();
};

Spot::Spot(double x,double y)         // 数据成员与参数同名,为了区别,采用如下引用方式
{   this->x=x;                        // 通过this指针将类中成员x与参数x相区别
    this->y=y;                        // 通过this指针将类中成员y与参数y相区别
}
void Spot::print()
{   cout<<"("<<x<<","<<y<<")"<<endl; }  // 此处x和y指的就是this->x,this->y

void main()
{
    Spot a(3,4);
    a.print();
}
```

**分析:** 此案例中Spot类的构造函数的形参名称刚好和类中数据成员的名称相同,因此,必须将它们区别开来,否则在Spot函数体中编译器默认优先引用的是参数。不妨去掉Spot函数体中的this指针,对应的Spot构造函数变为:

```
Spot::Spot(double x,double y)
{   x=x;            // 此处的x均为参数x
    y=y;    }       // 此处的y均为参数y
```

此时编译和运行虽没有错误,但是程序的运行结果不可想象地为下面的结果:

```
(-9.25596e+061,-9.25596e+061)
```

这只能说明构造函数执行之后,对象a的数据成员x和y并没有赋值为3和4,为什么呢?原因就在于编译器认为构造函数体访问的x为参数x,y为参数y,与数据成员的x和y没有任何关系,因此出现了上述结果。恢复原有程序后编译并运行,结果为:

```
(3,4)
```

这次就对了,因为在构造函数中明确区分了数据成员x、y与参数x、y。

为什么print函数没有指明访问的是数据成员x和y,还能正确引用呢?原因是在print函数的函数体中没有能与它们混淆的同名标识符,编译器就唯一确定访问的是当前对

象的数据成员 x 和 y。

下面来看看编译器如何编译成员函数 print。print 的函数定义将被编译成：

```
void Spot::print(Spot *this)
{  cout<<"("<<this->x<<","<<this->y<<")"<<endl; }
```

对应的主函数中的语句 a.print();经过编译器的编译后，等价于：

```
a.print(&a);
```

不难看出将对象 a 的地址传递给了 print 函数，因此 print 函数的输出结果就是对象 a 的坐标值。

**【例 4-21】** this 指针用来返回对象自己的引用。

```
1. // fourth_21.cpp
2. #include <iostream>
3. #include <cmath>
4. using namespace std;
5. class Spot
6. {   double x;
7.     double y;
8. public:
9.     Spot(double,double);
10.    void print();
11.    Spot&  getMyself();
12. };
13. Spot::Spot(double x,double y)
14.    {this->x=x;  this->y=y;}
15. void Spot::print()
16.    {cout<<"("<<x<<","<<y<<")"<<endl;}
17. Spot&  Spot::getMyself()
18.    {return *this;}       //返回对象自身
19. void main()
20. {
21.    Spot a(3,4);
22.    a.getMyself().print();
23. }
```

编译并运行该程序，输出结果为：

```
(3,4)
```

**分析**：虽然该程序没有太多的意义，但通过该案例可以了解对象的成员函数返回对象自身是如何实现的。观察成员函数 getMyself，*this 代表当前对象的引用，它指向调用 getMyself 的对象，对应主函数第 22 行的语句，*this 就是对象 a 的引用，因此利用 a 调用成员函数 print，输出结果就应该是对象 a 的坐标值。

## 4.9　本章小结

- 类是面向对象程序设计的核心，是具有相同数据和相同操作的事物的抽象，是一种用户自定义数据类型。对象是类的实例化，对象通过点运算符（.）可访问其对外公开（public）的成员，从而与外界交互，完成对问题的解答。
- 任何对象在创建时要执行构造函数，在生命周期结束时要执行析构函数。当创建对象时，用一个已经存在的对象赋值则执行拷贝构造函数。

- 用 const 修饰类中的某个数据成员,则该数据成员必须在创建对象时初始化,并且只能通过类的构造函数初始化列表进行初始化,在对象的生命周期中不允许修改该数据成员的值。若类的某个成员函数只对数据成员进行读操作,不进行写操作,可用 const 来修饰该成员函数,从而确保它一定不修改数据成员的值。
- 若用 static 修饰类的数据成员或成员函数,则说明这些成员被类的所有对象共享。
- 友元机制使得一个普通函数或类具有访问另一个类中所有成员的权限,友元方便了通信,但打破了封装。
- 对每个对象,编译器都提供一个 this 指针,因此在类中可通过 this 指针来操作当前对象,但类中的静态成员不能通过 this 指针来访问,静态成员函数也不能访问 this 指针。

## 4.10 习题

**一、选择题(以下每题提供四个选项 A、B、C 和 D,只有一个选项是正确的,请选出正确的选项)**

1. 类的实例化是指(    )。

    A. 定义类              B. 指明具体类          C. 创建类的对象          D. 调用类的成员

2. 关于类和对象的说法不正确的是(    )。

    A. 对象是类的一个实例                      B. 一个类只能有一个对象

    C. 一个对象只属于一个具体的类              D. 类与对象的关系和数据类型与变量的关系相似

3. 有关构造函数的说法不正确的是(    )。

    A. 构造函数的名字和类的名字一样            B. 构造函数在定义类对象时自动执行

    C. 构造函数无任何返回值类型                D. 构造函数有且只有一个

4. 在下列函数原型中,可以作为类 AA 的构造函数声明的是(    )。

    A. void AA(int);    B. int AA();      C. AA(int) const;    D. AA(int);

5. 下列说法正确的是(    )。

    A. 在运行时内联函数的目标代码会被插入每个调用该函数的地方

    B. 在编译时内联函数的目标代码会被插入每个调用该函数的地方

    C. 类的内联函数必须在类内部定义

    D. 类的内联函数必须在类外部通过关键字 inline 定义

6. 下列关于构造函数和析构函数的描述正确的是(    )。

    A. 构造函数可以重载,析构函数不可以重载

    B. 析构函数可以重载,构造函数不可以重载

    C. 两类函数都可以重载

    D. 两类函数都不可以重载

7. 下面关于类的声明,在运行时,不正确的语句有哪些?(    )

```
class sample
    { public:
        sample(int  val);    // (1)
        ~sample();           // (2)
    private:
        int a=2.5;           // (3)
        sample();            // (4)
    };
```

    A. (1)(2)(3)(4)        B. (1)(2)(3)        C. (4)        D. (3)

8. 下列声明对象的语句中错误的是（　　）。

```
class Student
{   public:
        Student(int a, int b=133) { x=a;y=b; }
    private:
        int x,y;
};
```

A. Student s1;　　　　B. Student s1(3);　　C. Student (3,5);　　D. Student s1(4,7);

9. 不属于类的成员函数的是（　　）。

A. 静态成员函数　　　　B. 友元函数　　　　　C. 构造函数　　　　　D. 析构函数

10. 静态成员函数没有（　　）。

A. 返回值　　　　　　　B. this 指针　　　　　C. 指针参数　　　　　D. 返回值类型

11. 已知类 A 是类 B 的友元，类 B 是类 C 的友元，则（　　）。

A. 类 A 一定是类 C 的友元

B. 类 C 一定是类 A 的友元

C. 类 C 的成员函数可以访问类 B 的对象的任何成员

D. 类 A 的成员函数可以访问类 B 的对象的任何成员

12. 类的定义如下：

```
class  Foo {int zoo;};
```

则成员 zoo 是类 Foo 的（　　）。

A. 公有数据成员　　　B. 私有成员函数　　　C. 私有数据成员　　　D. 受保护数据成员

13. 阅读下面的类定义：

```
class  AA
{   int  a;
    public:
    int getRef()const{return &a;}            // (1)
    int getValue()const{return a;}           // (2)
    AA(int n)const{a=n;}                      // (3)
    friend void show (AA aa)const{cout<<a;}  // (4)
};
```

正确的语句为（　　）。

A.（1）　　　　　　　B.（2）　　　　　　　C.（3）　　　　　　　D.（4）

14. 阅读下面的程序，则关于类的成员函数 setvalue 正确的实现是（　　）。

```
class sample
{   int n;
    public:
        sample(int n1=0):n(n1){}
        void setvalue(int i);
};
```

A. sample::setvalue(int i){n=i;}　　　B. void sample::setvalue(int i){n=i;}

C. void setvalue(int i){n=i;}　　　　D. sample::void setvalue(int i){n=i;}

15. 阅读下面的程序，程序的输出结果为（　　）。

```
#include <iostream>
using namespace std;
```

```
class myclass
{public:
    myclass() {cout<<'A';}
    myclass(char c){cout<<c;}
    ~myclass(){cout<<'B';}
};
void main()
{   myclass a, *p;
    p=new myclass('X');
    delete p;
}
```

    A. ABX             B. ABXB             C. AXBB             D. AXB

16. 下面的哪个标识符不能用作访问控制符?(　　　)

    A. public        B. private        C. protected        D. static

17. 阅读下面的类定义:

```
class  AA
{   static int  a;
    int b;
public:
    static int getRef()const{return b;}    // (1)
    int getValue()static {return a;}       // (2)
    AA(int n)const{a=n;}                    // (3)
    static void setValue(int aa){a=aa;}    // (4)
};
```

    正确的语句为 (　　　)。

    A.(1)             B.(2)             C.(3)             D.(4)

## 二、读程序并写出程序的运行结果

```
1. #include <iostream>
   using namespace std;
   class MyStudent
   {   int id;
   public:
       MyStudent();
       MyStudent(int);
       void Display();
   };
   MyStudent::MyStudent ()
       { id=0; }
   MyStudent::MyStudent(int m)
       { id=m; }
   void MyStudent::Display()
       {cout<<"Display a id :"<<id<<endl; }

   void main()
   {
       MyStudent id1;
       MyStudent id2(10010);
       id1.Display();
       id2.Display();
   }

2. #include <iostream>
   using namespace std;
```

```
    class A
    {
        static int num;
        public:
        A(){num++;}
        static  void print(){cout<<num<<endl;}
    };
    int A::num=1;
    void main()
    {
        A a,b;
        a.print();
        b.print();
        A::print();
    }
```

3. ```
   #include <iostream>
   using namespace std;
   class flower
   {   int x, y;
       public:
           flower() { x=y=0;cout<<"def"<<endl;   }
           flower(int x1){ x=x1;cout<<"one"<<endl;   }
           flower(int x1 ,int y1){x=x1;y=y1; cout<<"two"<<endl;   }
   };
   void main()
   {   flower f1;
       flower f2(5);
       flower f3(5,7);
   }
   ```

4. ```
   #include <iostream>
   using namespace std;
   class XYZ
   {
       private:
           int X,Y;
       public:
           XYZ()
           {   X=0;
               Y=0;
               cout<<"Constructor 0"<<endl;
           }
           XYZ(int a,int b)
           {   X=a;
               Y=b;
               cout<<"Constructor 2"<<endl;
           }
           XYZ(XYZ &p);
           ~XYZ()  { cout<<"Destructor Called\n";}
           int Xprint() { return  X;}
           int Yprint() { return  Y;}
   };

   XYZ::XYZ(XYZ &p)
   {
       X=p.X;
       Y=p.Y;
       cout<<"Copy Constructor Called\n";
   }
   ```

```
    void fun(XYZ q)
    {
        int x,y;
        x=q.Xprint()+100;
        y=q.Yprint()+200;
        XYZ R(x,y);
    }

    void main()
    {
        XYZ m;
        fun(m);
    }
```

5.
```
#include <iostream>
#include <Cmath>
using namespace std;
class Point
{ private:
    int X,Y;
public:
    Point(int x,int y)
    {   X=x; Y=y;   }
    Point(Point &p)
    {   X=p.X;  Y=p.Y;
        cout<<"Copy"<<endl;   }
    ~Point() {cout<<"Des"<<endl;}
    friend float distance(Point a, Point &b);
};
    float distance(Point a, Point &b)
    {   float s;
        s=sqrt((a.X-b.X)*(a.X-b.X)+(a.Y-b.Y)*(a.Y-b.Y));
        return s;}
void main()
{   Point  M(0,0),N(3,4);
    float f=distance(M,N);
    cout<<"distance="<<f<<endl;
}
```

## 三、补充程序，使程序能正常运行

在下面的程序中，类 CL 的数据成员 obj_count 的功能是统计该类对象的个数。

```
#include <iostream>
using namespace std;
class CL
{   static int obj_count;
    int x;
    _____(1)_____
    CL() {  obj_count++;}
    CL(int i){  x=i;  obj_count++;}
    ~CL() {_____(2)_____ ; }
    static int get_num()
    { return obj_count; }
};
_____(3)_____
void main()
{   CL a1;
    CL a2(10);
```

```
    CL a3[10];
    cout<<CL::get_num()<<endl;
}
```

**四、编程题**

1. 编写圆类，实现圆的周长和面积的计算，并具体计算半径为 5 的圆的周长和面积。

2. 编写三角形类，实现三角形的周长和面积的计算，并具体求三个边为 3、4、5 的三角形的周长和面积，请一定包含判断三个边是否构成三角形的函数。

已知数学上求三角形面积的海伦公式为：

$$S = \sqrt{p(p-a)(p-b)(p-c)}$$

其中 $p=(a+b+c)/2$，就是周长的一半。

3. 编写分数类，并实现分数的加、减、乘和除计算。请采用两种方法实现：

（1）采用友元函数实现分数的加、减、乘和除的计算。

（2）采用友元类实现分数的加、减、乘和除的计算。

具体请实现分数 3/4 和 6/7 的以上运算并输出结果。

4. 试定义一个类 Number，求出所有符合下列条件的三元组（$a$, $b$, $c$）：$a$、$b$ 和 $c$ 均为 30 以内的素数，且它们的和也是一个素数。例如，3、5 和 11 均是素数，且它们的和 3+5+11=19 也是素数，因此（3，5，11）是一个满足要求的三元组。要求如下：

（1）私有数据成员：

　　int data[50,4]，每一行的后三个元素为满足条件的三元组，第 0 个元素存储三元组的和。
　　int count_date，用来记录符合题目要求的三元组的个数。

（2）公有成员函数：

　　构造函数 Number，用来对数据成员 count_data 赋初值。
　　判断一个数是否为素数的函数 bool isprime(int x)，若是则返回 true，否则返回 false。
　　void find() 函数，找出所有 30 以内满足条件的三元组。
　　void print() 函数，输出所有满足条件的三元组。

（3）编写主函数，对上面的类进行测试。

# 第5章 运算符重载

C++ 提供了非常丰富的运算符，利用这些运算符，可以对内置数据类型进行各种运算，包括算术运算、关系运算、逻辑运算、位运算以及其他运算。这些运算符只支持对 C++ 内置数据类型进行运算，不支持用户自定义数据类型的运算。原因是，C++ 系统无法知道用户自定义数据类型的相应运算符的运算规则。但 C++ 支持对这些运算符的重载（即重定义），用户可以通过重载这些运算符来让这些运算符支持自定义数据类型的运算，这就是本章要介绍的运算符重载。

本章需要掌握的知识包括运算符重载的规则和意义、运算符重载的方式（成员方式重载运算符、友元方式重载运算符）、输入输出运算符的重载以及其他运算符的重载。

## 5.1 运算符重载的基础知识

所谓运算符重载，就是给运算符定义新的含义。函数重载（function overloading）可以让一个函数在多种不同的场合下进行应用。运算符重载（operator overloading）也是同样的道理，通过重载，同一个运算符可以对不同类型的数据进行运算。

为了说明对自定义数据类型进行运算符重载的必要性，请看下面的案例。

【例 5-1】实现复数类的编写，并对复数进行加、减等运算。

**设计分析**：在数学上，一个复数有实部和虚部两部分，且这两部分都是数值类型，因此复数类的数据成员为两个数值型数据，一个表示实部，一个表示虚部，在本案例中不妨将它们定义为 double 类型。根据题目要求，成员函数需提供构造函数（完成数据成员的初始化操作）、两个复数相加的函数 plus、两个复数相减的函数 minus，以及输出复数的函数 print。根据以上分析，具体代码实现如下：

```
1.  // fifth_1.cpp
2.  #include <iostream>
3.  using namespace std;
4.  class Complex
5.  {    double rpart;                              // 实部
6.       double ipart;                              // 虚部
7.  public:
8.       Complex(double rpart=0,double ipart=0);    // 构造函数
9.       Complex plus(Complex &);                   // 实现加运算的成员函数
10.      Complex minus(Complex &);                  // 实现减运算的成员函数
11.      void print();                              // 输出函数
12. };
13. Complex::Complex(double rpart,double ipart)     // 构造函数
14.     {    this->rpart =rpart;   this->ipart =ipart;   }
15. Complex Complex::plus(Complex &a)               // 两个复数相加的函数
16.     {    Complex result;
17.          result.rpart =rpart+a.rpart ;
18.          result.ipart =ipart+a.ipart ;
19.          return result;
20.     }
21. Complex Complex::minus(Complex &a)              // 两个复数相减的函数
```

```
22.      {   Complex result;
23.           result.rpart =rpart-a.rpart ;
24.           result.ipart =ipart-a.ipart ;
25.           return result;
26.      }
27.  void Complex::print()
28.      {   cout<<"("<<rpart<<","<<ipart<<")"<<endl;   }
29.  void main()
30.  {   Complex a(1,1),b(2,2);
31.      Complex c,d;
32.      c=a.plus(b);
33.      d=b.minus(a);
34.      c.print();
35.      d.print();
36.  }
```

编译并运行该程序，输出结果为：

```
(3,3)
(1,1)
```

**分析**：本例中，第 15 ～ 20 行语句为实现两个复数相加的成员函数 plus，通过 4.8 节介绍的有关 this 指针的知识，我们知道该 plus 函数编译后的形式如下。

```
Complex Complex::plus(Complex *this,Complex &a)
{   Complex result;
    result.rpart =this->rpart+a.rpart;
    result.ipart =this->ipart+a.ipart;
    return result;
}
```

观察上述函数，不难发现该函数实现了 this 指针指向的 Complex 对象与另一个参数 a 所代表的复数的相加操作。再看主函数中对成员函数 plus 的调用语句（对应第 32 行语句），通过 4.8 节的知识，我们知道该语句将被编译为如下语句：

```
c=plus(&a,b);
```

该语句实现了将主函数中的 Complex 对象 a 和 b 相加的操作，因此主函数中第 34 行语句的输出结果为（3,3），实现了复数的相加操作。同理可分析 Complex 类中的 minus 函数，该函数实现了两个复数的相减操作。

以上程序并没有对运算符进行重载，而是通过普通的成员函数实现了复数对象的相加、相减和输出操作，因此得出如下结论。

**结论**：运算符的重载不是必需的。

但在阅读例 5-1 的主函数时，如果把它改为如下形式，对比一下两个主函数，哪个可读性更强，哪个更接近自然语言？

```
void main()
{   Complex a(1,1),b(2,2);
    Complex c,d;
    c=a+b; // 原来是 c=a.plus(b);
    d=b-a; // 原来是 c=b.minus(a);
    cout<<c;
    cout<<d;
}
```

相信大部分程序员都会认为第二个主函数的可读性更好。因为对数据进行数学操作时，它采用了我们习惯的数学表达方式，可读性好。**这是一个好的编程习惯。**为什么还要采用例5-1 中的编程模式呢？用什么方法可实现可读性好的主函数呢？直接将例 5-1 中的主函数用第二个主函数替换，可以吗？

替换后重新编译，系统提示"`binary '+' : 'class Complex' does not define this operator or a conversion to a type acceptable to the predefined operator`"，即 Complex 没有定义这个运算符或者没有转换函数将复数转化成"+"运算符能接受的数据类型。因此例 5-1 中的主函数不能直接替换成我们想要的代码。那怎么办呢？

答案就是在设计复数类 Complex 时，把普通成员函数 plus、minus 和 print 改为对"+""-"和"<<"的运算符重载函数。下面就来介绍运算符重载的内容。

### 1. 运算符重载的方式

在 C++ 中，大部分运算符都可以重载，运算符重载函数的一般格式为：

```
返回值类型    operator@（参数列表）
             {    函数体    }
```

其中，"返回值类型"取决于运算符的具体含义，例如上面的两个 Complex（复数）类型数据相加，其结果当然是 Complex 类型数据。不难判断两个 Date 类型数据的相减操作，其结果只能是代表天数的整型数据。

operator 为关键字，说明此函数为运算符重载函数。@ 代表要重载的运算符，它必须是系统提供的运算符，程序员自己不能定义新的运算符。operator@ 构成函数的名称。

参数列表中参数的个数在此不能随便设置，它与运算符所需操作数的个数以及对运算符重载的方式有关，同一个运算符采用不同的重载方式其参数个数不同。

1）运算符的操作数：C++ 提供的运算符大部分为一元运算符和二元运算符，一元运算符只有一个操作数，二元运算符需要两个操作数。例如下面是常用的一元和二元运算符：

- 一元运算符：+（正号）、-（负号）、++、--、!。
- 二元运算符：+、-、*、=、/、%、>、<=、==、!= 等。

唯一的三元运算符是 ?:（条件运算符，但该运算符不能重载）。

2）重载方式：大部分运算符既可以以成员函数重载，也可以以友元函数重载。

- 以成员函数重载，则一元运算符没有参数，二元运算符需要一个参数（此参数是二元运算符右侧的操作数），此时访问此运算符的当前对象为其隐含的另一个参数。对于一元运算符，进行相关运算的对象必须为该类的对象。对于二元运算符，进行相关运算时要求运算符的左操作数必须为该类的对象。
- 以友元函数重载，则一元运算符需要一个参数，二元运算符需要两个参数。

函数体则由程序员根据相关类型的运算规则自己定义。

### 2. 运算符重载的限制

C++ 对运算符的重载给出了一些限制，具体如下。

1）允许重载的运算符如表 5.1 所示。

表 5.1　C++ 允许重载的运算符

| + | - | * | / | % | ^ | & | \| | ~ |
|---|---|---|---|---|---|---|---|---|
| ! | = | < | > | += | -= | *= | /= | %= |

（续）

| ^= | &= | \| = | << | >> | >>= | <<= | == | != |
|----|----|------|-----|-----|------|------|-----|-----|
| <= | >= | && | \| \| | ++ | -- | [] | () | new |
| delete | | | | | | | | |

2）不允许重载的运算符如下。

```
.        .*       ::       ?:       #       sizeof       typeid
```

### 3. 运算符重载的约束

C++中，对运算符重载给出了一些约束条件，这些条件是：

1）不能定义新的运算符，只能对系统提供的运算符进行重载。

2）不能改变运算符的结合性，例如"+""-"等运算符从左向右结合，这个顺序不能改。

3）不能改变运算符的优先级，例如先乘除后加减等。

4）不能改变运算符需要的操作数的个数，例如"*"需要两个操作数，"!"需要一个操作数。

5）只能对用户自定义数据类型重载运算符。

6）当采用成员函数重载运算符时，只能采用非静态成员函数。

### 4. 只能采用成员函数重载的运算符

C++中，以下运算符只能采用成员函数重载：

=、[]、()、->

## 5.2 采用成员函数重载运算符

### 1. 对一元运算符采用成员函数来重载

对一元运算符采用成员函数来重载，函数没有参数，其函数原型的一般格式为：

```
返回值类型    operator@();
```

一旦重载，就可采用该运算符对相应类型的对象进行相关数学运算，其一般调用格式为：

```
@对象;    或    对象@;
```

具体是上面的哪种形式，要看相应运算符的使用格式。编译器编译时，实际上将以如下形式处理：

```
对象.operator@();
```

### 2. 对二元运算符采用成员函数来重载

对二元运算符采用成员函数进行重载，需要有一个参数，其函数原型的一般格式为：

```
返回值类型    operator@(参数类型 参数);
```

一旦重载，就可采用该运算符对相应类型的对象进行相关数学运算，其一般格式如下：

```
对象1@对象2
```

编译器编译时，实际上将以如下形式处理：

对象 1.operator@（对象 2）

不难看出，编译器对相关数学表达式的处理仍采用函数调用的形式，这和普通成员函数的调用没有什么区别，只是程序员在写表达式时采用常用的数学表达方式，更接近自然语言表达，提高了程序的可读性。

假如对 5.1 节中的 Complex 类进行加（+）运算符的重载，实现两个复数的加操作，由于复数和的结果类型应该仍为复数，因此其函数原型为：

```
Complex   operator+(Complex &a);
```

两个复数相乘（*）的结果仍为复数，因此对乘（*）运算符重载的函数原型为：

```
Complex   operator*(Complex &a);
```

若对一元运算符取负（-）在复数类中重载，则其结果仍为复数，因此其函数原型为：

```
Complex   operator-();
```

对两个 Date 类型（即日期型）数据的相减（-）操作，结果应该为相差的天数，因此结果为 int 类型，其函数原型为：

```
int operator-(Date &a);
```

【例 5-2】运算符重载的案例。对例 5-1 采用成员函数运算符重载形式实现复数的加（+）、减（-）等运算。

**设计分析：** 本题目的分析过程和例 5-1 基本一样，不同之处在于对加和减采用运算符重载而不是普通的成员函数。查看例 5-1 中的代码，成员函数 plus 实现了两个复数的相加操作，因此在它的基础上，将其修改为对加（+）运算符重载的成员函数。根据成员函数重载运算符的一般格式，首先修改函数名，将 plus 改为 operator+，其他地方和 plus 没有区别，因此对加（+）运算符采用成员函数重载的修改完成。同理可修改 minus 函数为对减（-）运算符的重载函数。完成上述修改后，再修改主函数中相关的运算语句。具体程序代码如下：

```
1.  // fifth_2.cpp
2.  #include <iostream>
3.  using namespace std;
4.  class Complex
5.  {   double rpart;                              // 实部
6.      double ipart;                              // 虚部
7.  public:
8.      Complex(double rpart=0,double ipart=0);
9.      Complex operator+(Complex &);             // 成员函数重载 + 运算符
10.     Complex operator-(Complex &);             // 成员函数重载 - 运算符
11.     void print();
12. };
13. Complex::Complex(double rpart,double ipart)   // 构造函数
14. {   this->rpart =rpart;  this->ipart =ipart;   }
15. Complex Complex::operator+(Complex &a)        // 成员函数重载 + 运算符
16. {   Complex result;  // 该函数的函数体和例 5-1 中的 plus 函数体一模一样
17.     result.rpart =rpart+a.rpart ;
18.     result.ipart =ipart+a.ipart ;
19.     return result;
20. }
21. Complex Complex::operator-(Complex &a)        // 成员函数重载 - 运算符
22. {   Complex result;  // 该函数的函数体和例 5-1 中的 minus 函数体一模一样
```

```
23.      result.rpart =rpart-a.rpart ;
24.      result.ipart =ipart-a.ipart ;
25.      return result;
26. }
27. void Complex::print()
28. {    cout<<"("<<rpart<<","<<ipart<<")"<<endl;  }
29. void main()
30. {    Complex a(1,1),b(2,2);
31.      Complex c,d;
32.      c=a+b;              // 对函数 operator+ 的调用, 它等价于 c=a.operator+(b);
33.      d=b-a;              // 对函数 operator- 的调用, 它等价于 d=b.operator-(a);
34.      c.print();
35.      d.print();
36. }
```

编译并运行该程序, 输出结果为:

```
(3,3)
(1,1)
```

**分析**: 显然, 经过修改后, 实现了对运算符 " + " 和 " – " 的重载。不难发现, 这两个函数的声明和定义与例 5-1 中相关函数的唯一区别就是函数名发生了变化, 其他地方都没变。但在主函数中, 就可以采用习惯的加和减表达式语句来写我们的语句了, 这极大地提高了程序的可读性。

**提示**: 采用成员函数重载运算符, 和编写普通成员函数的思路没什么不同, 只是函数名采用 operator@ 的形式。

下面请看主函数中的第 32 和 33 行语句的本质:

```
c=a+b;
d=b-a;
```

编译器在编译时, 其实是把它们等价于如下两条语句来处理:

```
c=a.operator+(b);
d=b.operator-(a);
```

这就是普通公有成员函数的调用, 即在语句 " c=a+b; " 中, **加 ( + ) 运算符左侧的操作数 a 调用了它的成员函数 operator+, 参数是对象 b 的引用, 最终函数的返回结果赋值给了对象 c。同理可解释语句 " d=b-a; "。** 至此, 读者应该明白了运算符重载的本质。

想一想, 上面的程序中, 如果 " + " 运算符左侧的操作数不是 Complex 类型对象, 编译器该怎么处理呢?

例如, 将主函数中的语句 " c=a+b; " 改为 " c=3+b; ", 重新编译该程序, 会怎样呢?

结果编译器给出错误提示 " binary '+' : no global operator defined which takes type 'class Complex' (or there is no acceptable conversion) ", 即没有关于二元运算符 " + " 的全局函数可以以 Complex 为参数。也就是说, 语句 " c=3+b; " 中的加 ( + ) 操作并没有和 Complex 类中定义的加 ( + ) 运算符的重载函数匹配上。为什么?

**原因**是采用成员函数对二元运算符进行重载时, 系统默认该运算符左侧的参数必须是该类的对象。因此想要出现类似 " c=3+b; " 这样的语句, 在 Complex 类中采用成员函数重载 " + " 是实现不了的。解决方法是采用友元函数来重载 " + "。

**提示**：对运算符进行重载是为了提高程序的可读性，因此，有些重载方式虽没错，但不建议使用。

例如，我们不主张使用下面关于 Complex 类的"+"运算符的重载，虽然程序没错。

```
Complex Complex::operator+(Complex &a)          // 成员函数重载 + 运算符
    {    rpart =rpart+a.rpart ;
         ipart =ipart+a.ipart ;
         return *this;
    }
```

原因是该函数在实现两个复数相加的同时也修改了"+"运算符左侧的对象的值，这和 C++ 中通常意义的"+"不符，因此不是我们想要的。

**提示**：在一个类中，可对一个运算符重载多次。

**【例 5-3】** 在同一个类中，可对同一个运算符重载多次，只要满足函数重载的条件。请重点阅读加粗部分的代码。仍以 Complex 类为例，实现两个复数的加操作、复数和双精度数的加操作、复数取反操作和复数相减操作，以便演示对一个运算符多次重载的效果。

```
1. // fifth_3.cpp
2. #include <iostream>
3. using namespace std;
4. class Complex
5. {    double rpart;                            // 实部
6.      double ipart;                            // 虚部
7. public:
8.      Complex(double rpart=0,double ipart=0);
9.      Complex operator+(double);               // 复数和双精度数相加 (+)
10.     Complex operator+(Complex &);            // 两个复数相加 (+)
11.     Complex operator-();                     // 对复数的实部和虚部取反
12.     Complex operator-(Complex &);            // 两个复数相减
13.     void print();
14. };
15. Complex::Complex(double rpart,double ipart)  // 构造函数
16. {    this->rpart =rpart;  this->ipart =ipart;    }
17. Complex Complex::operator+(double x)
18. {    Complex result;
19.      result.rpart =rpart+x;
20.      result.ipart =ipart;
21.      return result;
22. }
23. Complex Complex::operator+(Complex &a)       // 两个复数相加的函数
24. {    Complex result;
25.      result.rpart =rpart+a.rpart ;
26.      result.ipart =ipart+a.ipart ;
27.      return result;
28. }
29. Complex Complex::operator-(Complex &a)       // 两个复数相减的函数
30. {    Complex result;
31.      result.rpart =rpart-a.rpart ;
32.      result.ipart =ipart-a.ipart ;
33.      return result;
34. }
35. Complex Complex::operator-()                 // 对复数的实部和虚部取反，一元运算符的重载
36. {    Complex result;
37.      result.rpart =-rpart;
38.      result.ipart =-ipart;
```

```
39.     return result;
40. }
41. void Complex::print()
42. {    cout<<"("<<rpart<<","<<ipart<<")"<<endl;  }
43. void main()
44. {   Complex a(1,1),b(2,2);
45.     Complex c,d,e,f;
46.     c=a+b;
47.     e=a+5;                              // 不能写成 e=5+a;
48.     d=b-a;
49.     f=-b;
50.     c.print();
51.     d.print();
52.     e.print();
53.     f.print();
54. }
```

编译并运行该程序，输出结果为：

```
(3,3)
(1,1)
(6,1)
(-2,-2)
```

**分析**：该程序在 Complex 类中对运算符加（+）重载了两次，第 17 ~ 22 行的代码实现了一个复数和一个双精度型数据的加操作，第 23 ~ 28 行的代码实现了两个复数的相加操作，第 29 ~ 34 行的代码实现了两个复数的相减操作，而第 35 ~ 40 行的代码实现了对复数的实部和虚部分别取反的操作。运算符"+"被重载了两次，"−"被重载了两次。按照不同的重载形式，在主函数中进行了相关的数学运算，结论均和预期的一样。但请注意主函数中的第 47 行语句实现了复数和双精度型数据的加操作，系统先把整数 5 转化成双精度数再进行运算。该语句不能写成"e=5+a;"，因为以成员函数重载二元运算符，系统默认运算符左侧的操作数必须是该类的对象，这是以成员函数重载二元运算符的一个限制。

## 5.3  采用友元函数重载运算符

C++ 中大部分运算符也都可采用友元函数进行重载。二元运算符用友元函数进行重载时，不要求相应运算符左侧的参数必须是当前类的对象，因此用友元函数重载运算符更加灵活。

### 1. 以友元方式重载一元运算符

以友元方式重载一元运算符时，要求有一个参数，重载函数的格式为：

返回值类型   operator@（参数类型 参数）；

其对应的调用格式为：

@ 操作数   或   操作数 @

编译器处理时，等价于：

operator@（操作数）

### 2. 以友元方式重载二元运算符

以友元方式重载二元运算符时，要求有两个参数，具体的函数原型格式为：

返回值类型　operator@（参数类型 1 参数 1，参数类型 2 参数 2）；

其对应的调用格式为：

操作数 1@ 操作数 2

编译器处理时，等价于：

operator@（操作数 1，操作数 2）

【例5-4】同样以 Complex 类为例，对例 5-3 中的所有运算符采用友元函数来重载，并实现一个双精度型数据和一个复数相加（+）的功能。详情请看下面程序中加粗部分的代码。

```cpp
// fifth_4.cpp
1.  #include <iostream>
2.  using namespace std;
3.  class Complex
4.  {   double rpart;                                    // 实部
5.      double ipart;                                    // 虚部
6.  public:
7.      Complex(double rpart=0,double ipart=0);
8.      friend Complex operator+(Complex &,double);      // 友元函数的声明
9.      friend Complex operator+(double,Complex &);      // 友元函数的声明
10.     friend Complex operator+(Complex &,Complex &);   // 友元函数的声明
11.     friend Complex operator-(Complex &);             // 友元函数的声明
12.     friend Complex operator-(Complex &,Complex &);   // 友元函数的声明
13.     void print();
14. };
15. Complex::Complex(double rpart,double ipart)          // 构造函数
16. {   this->rpart =rpart;  this->ipart =ipart;    }
17.
18. Complex operator+(Complex &a,double x)               // 复数 + 双精度数据的重载
19. {
20.     Complex result;
21.     result.rpart =a.rpart+x;
22.     result.ipart =a.ipart;
23.     return result;
24. }
25. Complex operator+(double x,Complex &a)               // 双精度数据 + 复数的重载
26. {
27.     Complex result;
28.     result.rpart =x+a.rpart;
29.     result.ipart =a.ipart;
30.     return result;
31. }
32. Complex operator+(Complex &a,Complex &b)             // 两个复数相加的函数
33. {   Complex result;
34.     result.rpart =a.rpart+b.rpart ;
35.     result.ipart =a.ipart+b.ipart ;
36.     return result;
37. }
38. Complex operator-(Complex &a,Complex &b)             // 两个复数相减的函数
39. {   Complex result;
40.     result.rpart =a.rpart-b.rpart ;
41.     result.ipart =a.ipart-b.ipart ;
42.     return result;
43. }
44. Complex operator-(Complex &a)                        // 复数的实部和虚部取反
```

```
45. {    Complex result;
46.      result.rpart =-a.rpart;
47.      result.ipart =-a.ipart;
48.      return result;
49. }
50. void Complex::print()
51. {    cout<<"("<<rpart<<","<<ipart<<")"<<endl;   }
52.
53. void main()
54. {    Complex a(1,1),b(2,2);
55.      Complex c,d,e,f,g;
56.      c=a+b;                                     // 复数相加
57.      e=a+5;                                     // 复数 + 双精度数据
58.      g=8+a;                                     // 双精度数据 + 复数
59.      d=b-a;                                     // 复数相减
60.      f=-b;                                      // 对复数的实部和虚部取反
61.      c.print();
62.      d.print();
63.      e.print();
64.      f.print();
65.      g.print();
66. }
```

编译并运行该程序，输出结果为：

```
(3,3)
(1,1)
(6,1)
(-2,-2)
(9,1)
```

**分析**：用友元函数对运算符进行重载，运算符左右两侧的参数类型可根据实际需要设置，它不像成员函数对运算符重载那样要求运算符左侧的参数必须是当前类的对象，因此更加灵活。在主函数中，第 58 行语句实现了双精度型数据与复数的加操作，而成员函数重载做不到这一点。

## 5.4    自增和自减运算符重载

在 C++ 系统中，有两个相对特殊的一元运算符，即自增（++）和自减（--）运算符。在对数据进行自增或自减运算时，它们既可出现在操作数的左侧（前自增或前自减），也可出现在操作数的右侧（后自增或后自减），但出现在操作数左侧和右侧时的运算规则完全不同，因此需要以不同的函数体对它们进行重载。但是按照前面的重载格式说明，对于自增（++），不管是前自增还是后自增，以成员函数形式重载的函数原型只能以如下形式声明（自减同理）：

```
返回值类型说明    operator++();
```

没有参数，显然这只能实现一种形式的重载，不能同时实现前自增和后自增。有读者会问，友元函数是不是两种都可以实现呢？同样根据 5.3 节以友元函数对一元运算符进行重载的函数原型声明，以友元形式重载自增运算符也只能有一种函数形式：

```
返回值类型说明    operator++(Complex &a);
```

因此，为了实现自增（++）和自减（--）的两种不同的运算符重载，编译器对这两个运算符的重载进行了特别的规定，具体如表 5.2 所示（X 代表用户定义数据类型）。

表 5.2　自增和自减运算符重载规则

| 运算符名称 | 成员函数重载 | 友元函数重载 | 调用形式 | 等价调用形式 |
| --- | --- | --- | --- | --- |
| 前自增 | X& operator++() | X& operator++(X& a) | ++a | a.operator++() |
| 后自增 | X& operator++(int) | X& operator++(X& a,int) | a++ | a.operator++(0) |
| 前自减 | X& operator--() | X& operator--(X& a) | --a | a.operator--() |
| 后自减 | X& operator--(int) | X& operator--(X& a,int) | a-- | a.operator--(0) |

为了正确地对前自增和后自增进行重载，首先来看一下前自增和后自增的运算规则（自减同理）。

例如，以整型变量 a 的自增为例，设 a 的值为 10。

```
cout<<++a<<endl;
```

则输出到显示器的结果为：

```
11
```

因此可判断该语句等价于：

```
a=a+1;
cout<<a<<endl;
```

**结论**：前自增是先让变量自己的值增加 1，然后再参与表达式的运算。

而后自增语句如下：

```
cout<<a++<<endl;
cout<<a<<endl;
```

在显示器的输出结果为：

```
10
11
```

根据输出结果，则可判断语句

```
cout<<a++<<endl;
```

等价于

```
cout<<a<<endl;
a=a+1;
```

**结论**：后自增是先让变量参与表达式的运算，之后其自身值再增加 1。

总结了前自增和后自增的运算规律后，下面具体实现自增与自减的重载。

**【例 5-5】** 实现一个计数类，完成对自增和自减的重载，其中自增采用成员形式重载，自减采用友元形式重载。

**设计分析**：后自增参与表达式运算的是变量增加之前的值，而运算结束后变量的值增加 1，因此在函数设计时，在让相关对象做自增运算之前，首先应该保存其增加之前的值，然后才能做加 1 操作，而函数的返回值应该为变化之前的值。前自增则应该在函数体中首先让参数值增加 1，然后返回变化后的值参与运算。自减的分析同理。

```
1. // fifth_5.cpp
2. #include <iostream>
```

```
3. using namespace std;
4. class Count
5. {    int number;
6. public:
7.     Count();
8.     Count & operator++();              // 成员重载前自增
9.     Count operator++(int);             // 成员重载后自增
10.    void print();
11.    friend Count &operator--(Count &a);    // 友元重载前自减
12.    friend Count operator--(Count &a,int); // 友元重载后自减
13. };
14. Count::Count(){    number=0;    }        // 构造函数
15. Count& Count::operator++()             // 成员重载前自增
16. {
17.     number=number+1;
18.     return *this;
19. }
20. Count Count::operator++(int)           // 成员重载后自增
21. {    Count before(*this);              // 保存变化之前的值
22.     number=number+1;
23.     return before;                     // 返回变化之前的值
24. }
25. void Count::print()
26. {    cout<<" 你的计数是 "<<number<<endl;    }
27. Count &  operator--(Count &a)          // 友元重载前自减
28. {    a.number=a.number -1;
29.     return a;
30. }
31. Count operator--(Count &a,int)         // 友元重载后自减
32. {    Count before(a);
33.     a.number=a.number -1;
34.     return before;
35. }
36. void main()
37. {
38.     Count a;
39.     a.print();
40.     (++a).print();
41.     a.print();
42.     (a++).print();
43.     a.print();
44.     (--a).print();
45.     a.print();
46.     (a--).print();
47.     a.print();
48. }
```

编译并运行该程序，输出结果为：

对应语句行号   对应输出结果

| | |
|---|---|
| 39 | 你的计数是 0 |
| 40 | 你的计数是 1 |
| 41 | 你的计数是 1 |
| 42 | 你的计数是 1 |
| 43 | 你的计数是 2 |
| 44 | 你的计数是 1 |
| 45 | 你的计数是 1 |

```
46              你的计数是 1
47              你的计数是 0
```

**分析**：首先要明白，不管是自增还是自减运算，参与表达式计算的都是函数的返回值结果，而明白这一点对编写前自增和后自增的函数体非常关键。显然第 15 ~ 19 行为前自增成员函数的定义，return 语句返回的是增加之后的结果。

第 20 ~ 24 行语句为后自增函数的重载，该函数第 21 行语句的功能是将对象自增之前的值保存起来，第 22 行语句使得对象的值增加 1，因为后自增最终是对象自增之前的值参与运算，所以，第 23 行语句返回的是对象自增之前的值 before。

对自减的重载的解释同上。

下面来看看主函数的执行结果是否和预期一样。

第 38 行创建计数对象 a，根据构造函数的功能，使得对象 a 的计数值为 0，第 39 行的输出结果"你的计数是 0"验证了对第 38 行的分析。

第 40 行首先对对象 a 进行前自增，该语句等价于"(a.operator++()).print();"，此处前自增对应的函数体为第 15 ~ 20 行的语句，执行完该处的语句后，对象 a 的数据成员 number 的值变为 1，返回 *this，而 *this 代表调用自增运算的对象（即 a），所以执行 a.print() 的输出结果为："你的计数是 1"。主函数第 41 行语句的输出结果证实了这一点。

主函数中第 42 行的语句为对后自增的调用，该语句等价于"(a.operator++(0)).print();"，后自增对应的语句行为第 20 ~ 24 行。顺序执行相关语句，临时对象 before 为对象 a 增加 1 之前的值，第 22 行的语句使得对象 a 增加了 1，但函数返回的是 before 对象的值。因此对象 a 执行后自增后，调用 print() 函数输出的结果为"你的计数是 1"，这是对象 a 自增变化之前的值，同时主函数第 43 行语句的输出结果证明了对象 a 在后自增后，其自身值确实增加了 1。自减的分析同理。

## 5.5　输入和输出运算符重载

在 C++ 中，可以用输出运算符（流插入运算符）"<<"或输入运算符（流提取运算符）">>"对内置数据类型进行输出或输入操作。但是对于用户自定义数据类型，要想用输入运算符">>"或输出运算符"<<"进行输入输出操作，则必须要重载它们。

将信息输送到控制台的一般语句如下所示：

```
cout<<a;    // 这里假设变量 a 为内置数据类型
```

不难发现，输出运算符"<<"为二元运算符，其左侧的实际参数是 cout，而 cout 是系统中预先定义好的 ostream 类型的对象，它代表标准输出设备——显示器。也就是说，输出运算符"<<"左侧的参数是输出流对象，而不是用户自定义的数据类型，因此对输出运算符"<<"不能采用成员函数来重载（因为采用成员函数重载二元运算符需要该运算符左侧的参数为当前类的对象），只能采用友元函数来重载。同理，输入运算符">>"左侧的参数一般为 cin，而 cin 是输入流类 istream 的对象，对它也只能采用友元函数来重载。

假设要对用户自定义的 x 类型的对象用输出运算符"<<"输出，则其重载函数的原型如下：

```
ostream& operator<<(ostream & ,X &);
```

或

```
ostream& operator<<(ostream & ,const X &);
```

因为输出不改变对象的值，所以要输出的对象的参数类型可用 const 声明，这样可保证参数的安全性。

同理，重载输入运算符">>"的函数原型为：

```
istream& operator>>(istream & ,X &);    //此时对 X 类型的参数不能用 const 修饰
```

【例 5-6】用友元函数对输入和输出运算符进行重载。本案例完成对有理数类进行输入运算符">>"、输出运算符"<<"的重载。

**设计分析**：有理数是整数与非零整数的比值，因此，一个有理数类可用分子和分母这两个数据来描述。按照题目要求，只需完成对有理数类的初始化和值的设置操作，同时编写普通重载函数对有理数进行输入和输出。具体实现如下：

```
1.  // fifth_6.cpp
2.  #include <iostream>
3.  using namespace std;
4.  class Rational                                         // 有理数类的定义
5.  {    int numerator;                                    // 分子
6.       int denominator;                                  // 分母
7.  public:
8.       Rational();                                       // 构造函数
9.       friend ostream & operator<<(ostream & out, Rational &a); // 输出 << 的重载
10.      friend istream & operator>>(istream & in, Rational &a);  // 输入 >> 的重载
11. };
12. Rational::Rational() {    numerator=0;denominator=1;    }
13. ostream & operator<<(ostream & out,Rational &a)         // 输出 << 的重载
14. {
15.      out<<a.numerator<<"/"<<a.denominator<<endl;
16.      return out;
17. }
18. istream & operator>>(istream & in,Rational &a)          // 输入 >> 的重载
19. {
20.      in>>a.numerator>>a.denominator;
21.      return in;
22. }
23. void main()
24. {    Rational a;
25.      cout<<" 请输入有理数 "<<endl;
26.      cin>>a;
27.      cout<<a;
28. }
```

编译并运行程序，输出结果为：

请输入有理数

假如从键盘输入了 3 8，则输出如下信息：

3/8

**分析**：源代码中，第 13 ～ 17 行语句为输出运算符的重载函数定义，第 18 ～ 22 行语句为输入运算符的重载函数定义。主函数中，第 26 行语句为输入语句，完成从键盘对有理数对象 a 的赋值操作。第 27 行语句为输出语句，将有理数对象 a 的信息输出到显示器。

## 5.6 其他运算符的重载

### 5.6.1 赋值运算符的重载

C++ 中对用户自定义数据类型进行赋值操作时，编译器会自动提供一个默认的赋值函数，该函数完成用户自定义数据类型的数据成员的对应赋值。该函数对大部分用户自定义数据类型来说，其功能足够了，即用户不用对赋值运算符进行重载。**但是，当一个用户自定义数据类型中包含指针数据成员时，简单地完成对应数据成员之间的赋值操作就会出现异常。因此，这种情况下，若要进行相应类型的赋值操作，则需要用户对赋值运算符（=）进行重载。根据 5.1 节中关于赋值运算符（=）重载的限制，赋值运算符必须采用成员函数形式重载。**

以 5.5 节中的有理数类 Rational 来说明系统提供的赋值函数，请看下面的示例：

```
class Rational
{   int numerator;
    int denominator;
public:
    Rational();
    Rational & operator=(Rational &a);          // 系统提供的赋值运算符函数原型
};
Rational & Rational::operator=(Rational &a)      // 赋值函数的具体实现
{   numerator=a.numerator;                       // 完成对左侧参数的数据成员的对应赋值
    denominator =a.denominator;
    return *this;
}
```

但对于用户自定义类型，若数据成员有指针，则需要用户自己重载赋值运算符（=），以避免两个对象的赋值带来的异常。下面通过案例进行说明。

**【例 5-7】** 编写一个学生类，并对赋值运算符（=）进行重载。

**设计分析**：对于带有指针数据成员的用户自定义类型，一般要声明析构函数（防止资源浪费），拷贝构造函数和赋值运算符的重载也都需要声明（避免释放资源时出现异常）。

```
1. // fifth_7.cpp
2. #include <iostream>
3. #include <string>
4. using namespace std;
5. class Student
6. {   char *p;                                  // 学生姓名，指针数据成员
7.     int age;
8. public:
9.     Student(char *);
10.    Student(Student &);                       // 拷贝构造函数
11.    ~Student();                               // 析构函数
12.    Student& operator=(const Student &);      // 赋值运算符的重载
13.    friend ostream& operator<<(ostream &,Student &);
14. };
15. Student::Student(char *r)                    // 构造函数
16. {   p=new char[10];
17.     strcpy(p,r);
18.     age=1;
19. }
20. Student::Student(Student & a)                // 拷贝构造函数
21. {   p=new char[10];
```

```
22.        strcpy(p,a.p);
23.        age=a.age ;
24.  }
25.  Student::~Student() {    delete []p;  }              //析构函数
26.  Student& Student::operator=(const Student &a)        // const 可以确保参数 a 的安全
27.  {   strcpy(p,a.p);
28.      age=a.age;
29.      return *this;
30.  }
31.  ostream& operator<<(ostream & out,Student &a)
32.  {
33.        out<<a.p<<" is "<<a.age<<" years old!"<<endl;
34.        return out;
35.  }
36.  void main()
37.  {    Student a("tom"),b("peter");
38.       b=a;
39.       cout<<a;
40.       cout<<b;
41.  }
```

编译并运行该程序，输出结果为：

```
tom is 1 years old!
tom is 1 years old!
```

**分析**：显然程序达到了设计的目的，主函数的赋值运算也能正常执行。建议将源程序中赋值运算符的重载函数（第 26 ～ 30 行代码）修改为系统自动提供的赋值运算符的重载函数，看一看程序的运行会怎样。系统提供的赋值运算符的重载函数如下所示：

```
Student& Student::operator=(Student &a)
{   p=a.p;
    age=a.age;
    return *this;
}
```

通过比较两次运行的不同结果，可以发现问题出在什么地方。

采用系统提供的赋值函数，会导致 b.p 和 a.p 指向同一个内存空间，结果当主函数执行结束时，对象 b 先析构，它将 b.p 指向的内存释放了，而对象 a 还在，它的成员 p 指向的空间被释放了，因此当 a 析构时，还要释放已经释放的空间，这时就出错了。（这里的分析可参考 4.3.3 节对拷贝构造函数的案例分析。）

**提示**：对于包含指针成员的用户自定义数据类型，为避免出错，建议重载赋值运算符，其他情况可采用默认赋值操作。

## 5.6.2　重载类型转换

C++ 系统中提供了内置数据类型之间的转换，当不同数据类型进行各种运算时，C++ 系统首先根据内置数据类型的优先级别将低级类型向高级类型转换，然后再进行运算。

用户在编写程序的过程中，有时也需要将用户自定义数据类型向其他数据类型转换，或将其他数据类型向某用户自定义数据类型转换，这时就需要编写特定的类型转换函数（type conversion function）。

### 1. 用户自定义数据类型向其他类型转换

类型转换函数的作用是将一种类型的数据转换成另一种类型的数据。请先看例 5-8，然后总结类型转换函数的一般格式。

【例 5-8】本案例将用户自定义数据类型转换成内置数据类型，具体实现是将有理数对象转换成双精度型数据。加粗部分为类型转换函数，请重点阅读。

```
// fifth_8.cpp
1. #include <iostream>
2. #include <string>
3. class Rational
4. {   int numerator;
5.     int denominator;
6. public:
7.     Rational(int a,int b);
8.     operator double();        // 类型转换函数的声明，注意其和普通函数的区别
9. };
10.
11. Rational:: Rational(int a,int b)
12. {   numerator=a;
13.     denominator =b ;
14. }
15. Rational::operator double() // 类型转换函数的实现
16. {    return double(numerator)/denominator;   }
17. void main()
18. {   Rational a(4,3);
19.     double b=a;
20.     cout<<b<<endl;
21. }
```

编译并运行该程序，输出结果为：

```
1.33333
```

**分析**：观察主函数中第 19 行语句，显然它将一个有理数对象赋值给一个双精度变量，第 20 行的输出语句说明了赋值的有效性。

若去掉 Rational 类中定义的类型转换函数，再次编译该程序，则编译器会提示错误信息 "error C2440:'initializing' : cannot convert from 'class Rational' to 'double'"。这说明要将用户自定义的 Rational 类型的对象转换成双精度类型时，编写类型转换函数的必要性。

**自定义数据类型向其他类型转换的转换函数的一般形式为：**

```
operator type()
{
    return type 类型数据 ;
}
```

**说明：**

1）类型转换函数没有返回值类型说明。

2）类型转换函数的函数名为 operator type，其中 type 对应要转换成的数据类型。

3）函数体中要有 return，通过 return 返回相应 type 类型的数值。

4）类型转换函数只能以成员函数重载。

## 2. 其他数据类型向用户自定义数据类型转换

有时，用户需要系统将一个出现在运算符左右两侧的其他数据类型转换成用户自定义数据类型，然后再参与运算。对于这种情况，用户可以通过构造函数来实现其他数据类型向用户自定义数据类型的转换。将来编译器将根据相关语境来决定是否需要进行数据类型转换。

**【例 5-9】** 其他数据类型向用户自定义数据类型转换的案例。对复数类 Complex，通过构造函数实现 double 数据类型向复数类 Complex 的转换。

```cpp
   // fifth_9.cpp
1. #include <iostream>
2. using namespace std;
3. class Complex
4. {
5. public:
6.     Complex(){real=0;imag=0;}                        // 默认构造函数
7.     Complex(double r){real=r;imag=0;}               // 类型转换构造函数
8.     Complex(double r,double i){real=r; imag=i;}     // 普通构造函数
9.     friend Complex operator + (const Complex &,const Complex &); // 重载 "+"
10.    void display();
11. private:
12.     double real;
13.     double imag;
14. };
15. Complex operator + (const Complex &c1,const Complex &c2) // "+" 重载函数
16. {    return Complex(c1.real+c2.real, c1.imag+c2.imag);    }
17. void Complex::display()
18. {    cout<<"("<<real<<","<<imag<<"i)"<<endl;   }
19. int main()
20. {    Complex c1(3,4),c2(5,-10),c3,c4;
21.     c3=c1+2.5;                                        // 复数与 double 数据相加
22.     c3.display();
23.     c4=2.5+c2;
24.     c4.display();
25.     return 0;
26. }
```

编译并运行该程序，程序的运行结果为：

```
(5.5,4i)
(7.5,-10i)
```

**分析：** 阅读类 Complex 第 7 行的构造函数的定义，没有发现它有什么特别。但是如果该程序中去掉该构造函数，则编译器提示出错信息 "error C2679: binary '+' : no operator defined which takes a right-hand operand of type 'const double'"，对应的错误发生在第 21 行，即表达式 c1+2.5 出错了。同理，第 23 行的表达式 2.5+c2 也出错了。

类 Complex 第 7 行的构造函数可实现 double 型数据向 Complex 型数据的转换，因此编译器在处理表达式 c1+2.5 时，将它解释为：

```
operator+(c1, 2.5)
```

由于 2.5 不是 Complex 类对象，系统先调用第 7 行的转换构造函数将 2.5 转换成 Complex 对象，建立一个临时的 Complex 类对象，其值为（2.5+0i），因此上面的函数调

用就相当于:

```
operator+(c1, Complex(2.5))
```

将 c1 与（2.5+0i）相加并赋给 c3，运行结果为:

```
(5.5+4i)
```

同理，对于第 23 行的语句"c4=2.5+c2;"，编译器也是先利用第 7 行的构造函数将 2.5 转换成 Complex 类型的对象，然后执行两个复数的相加操作。

【例 5-10】实验: 如果将例 5-9 中加运算符（+）的重载函数改为采用成员函数来重载，则系统在编译时出错。此时，第 21 行的语句正确，但第 23 行的语句出错。原因是第 23 行语句的加运算符左侧的参数是双精度数，而不是 Complex 类的对象，而成员函数重载的二元运算符要求其左侧参数必须为该类的对象。所以再次提醒，成员函数重载二元运算符，左侧的参数必须是该类的对象。本案例也验证了友元函数重载二元运算符更加灵活。

【例 5-11】实验: 在例 5-9 程序的基础上增加如下类型转换函数。

```
operator double(){return real;}    // 实现 Complex 向 double 的转换
```

其余部分不变。程序在编译时又出错了，原因是程序中出现了二义性，编译器在遇到语句 c1+2.5 时，它不知是将 2.5 转化成复数还是将复数对象 c1 转换成双精度数。

提示: 编程时必须给编译器确定的信息，不能出现模棱两可的二义性语句。

## 5.7　本章小结

- 对于用户自定义数据类型，不能采用 C++ 系统提供的运算符直接进行运算。若要对自定义数据类型采用 C++ 系统提供的运算符进行相应运算，需要编写相应运算符的重载函数。

- 运算符重载的函数名必须为 operator@，其中 @ 代表具体的运算符，例如对加（+）运算符重载，则函数名为 operator+。重载运算符时，函数的参数由运算符和重载类型决定；运算符重载可采用友元函数，也可采用成员函数。但有些运算符只能采用成员重载，有些运算符（例如输出"<<"和输入">>"）只能采用友元重载。

## 5.8　习题

**一、选择题**（以下每题提供四个选项 A、B、C 和 D，只有一个选项是正确的，请选出正确的选项）

1. 下列运算符中，不能重载的是（　　　）。

  A. !　　　　　　　　　B. sizeof　　　　　　　　C. new　　　　　　　　D. <=

2. 下列关于运算符重载的说法，正确的是（　　　）。

  A. 可以改变参与运算的操作数个数　　　　B. 可以改变运算符原来的优先级别

  C. 可以改变运算符原来的结合性　　　　　D. 不能定义新的运算符符号

3. 下列运算符中，必须重载为友元函数的是（　　　）。

  A. +　　　　　　　　　B. --　　　　　　　　　C. 输出运算符 <<　　　D. =

4. 在下列成对的表达式中，运算符"+"的意义不相同的一对是（　　　）。

  A. 5.0+2.0 和 5.0+2　　B. 5.0+2.0 和 5+2.0　　C. 5.0+2.0 和 5+2　　D. 5+2.0 和 5.0+2

5. 下列关于运算符重载的叙述中，正确的是（　　　）。

A. 通过运算符重载，可以定义新的运算符

B. 有的运算符只能作为成员函数重载

C. 若重载运算符 "+"，则相应的运算符函数名是 "+"

D. 重载一个二元运算符时，必须声明两个形参

6. 在表达式 ++Y*Z 中，"++" 是作为成员函数重载的运算符，"*" 是作为友元函数重载的运算符。下列叙述中正确的是（    ）。

A. operator++ 有一个参数，operator* 有一个参数

B. operator++ 有一个参数，operator* 有两个参数

C. operator++ 有零个参数，operator* 有一个参数

D. operator++ 有零个参数，operator* 有两个参数

7. 下面是重载为友元函数的运算符函数原型，其中错误的是（    ）。

A. complex operator+(complex, complex);

B. complex operator-(complex);

C. complex & operator=(complex &, complex);

D. complex&operator+=(complex &, complex);

8. 在一个类中可以对一个运算符进行（    ）重载。

A. 1 种            B. 2 种以下            C. 3 种以下            D. 多种

9. 有如下程序：

```
#include <iostream>
using namespace std;
class complex {
    double re,im;
public:
    complex(double r,double i) : re(r),im(i) { }
    double real ()const {return re;}
    double image()const {return im;}
    complex & operator+=(complex a)
    {
        this->re+=a.re;
        this->im+=a.im;
        return *this;
    }
    friend ostream & operator<<(ostream &s,const complex &z);
};

ostream & operator<<(ostream &s,const complex &z)
{    return s<<'('<<z.real()<<','<<z.image()<<')';    }
void main()
{    complex x(1,-2),y(2,3);
    cout<<(x+=y)<<endl;
}
```

执行这个程序，输出结果是（    ）。

A.（1，-2）            B.（2，3）            C.（3，5）            D.（3，1）

**二、读程序并写出程序的运行结果**

1. 
```
#include <iostream>
#include <stdlib.h>
using namespace std;
class Point
```

```
        {    int x,y;
public:
    Point(int x = 0,int y = 0)
    {    this->x = x;
         this->y = y;
         cout<<"call the default constructor!"<<endl;
    }
    Point(Point &p)
    {    x = p.x;   y = p.y;
         cout<<"call the copy constructor!"<<endl;
    }

    Point & operator =(Point &p)
    {    x = p.x;
         y = p.y;
         cout<<"call the assign constructor!"<<endl;
         return *this;
    }
    friend ostream & operator<<(ostream &os,Point &p)
    {    os<<"Point P2"<<" :"<<p.x<<" ,"<<p.y<<endl;
         return os;
    }
    ~Point(){cout<<"call the destructor!"<<endl;}
};
void main()
{    Point P1(10,20);
     Point P2(P1);
     cout<<P2;
     Point P3(20,20);
     P2 = P3;
     cout<<P2;
}
```

2. 
```
#include <iostream>
using namespace std;
class Point
{    int x,y;
public:
    Point(int x = 0,int y = 0)
    {    this->x = x;
         this->y = y;
         cout<<"call the default constructor!"<<endl;
    }
    Point & operator++()
    {    x++;y++;
         cout<<"call the Pre_Selfplus!"<<endl;
         return *this;
    }
    Point operator++(int)
    {    Point temp;
         temp = *this;
         ++(this->x);
         ++(this->y);
         cout<<"call the Post_Selfplus!"<<endl;
         return temp;
    }

    friend ostream & operator<<(ostream &os,Point p)
```

```
    {   os<<"Point P2"<<" :"<<p.x<<" ,"<<p.y<<endl;
        return os;
    }

    ~Point(){cout<<"call the destructor!"<<endl;}
};
void main()
{   Point P1(10,20);
    cout<<P1++<<endl;
    cout<<++P1<<endl;
}
```

3.
```
#include <iostream>
using namespace std;
class Cload
{   int val;
public:
    Cload(){val=0;}
    Cload(int v){val=v;}
    void print(){cout<<"member data is "<<val<<endl;}
    Cload&operator+(int i);
    Cload&operator+(Cload&op);
    Cload&operator-(int i);
    Cload&operator-(Cload&op);
};

Cload&Cload::operator+(int i)
{   val+=i;
    return *this;   }
Cload&Cload::operator+(Cload&op)
{   op.val+=val;
    return*this;   }
Cload&Cload::operator-(int i)
{   val+=i;
    return *this;   }
Cload&Cload::operator-(Cload&op)
{   val+=op.val;
    return *this;   }
void main()
{   Cload L1(10),L2,L3(3);

    L1.print();
    L2=L1+L3;
    L2.print();
    L3=L3-7;
    L3.print();
    L2=L2+L1;
    L1.print();
    L1=L3-13;
    L1.print();
    L3=L2-L1;
    L2.print();
}
```

**三、程序填空。补充程序，使得程序能正常执行**

```
#include <iostream>
_____(1)_____
```

```
class complex
{   int real, image;
public:
    complex()
        {real=0;image=0;}
    complex(int a, int b){real=a; image=b;}
    _____(2)_____
    {   int r=a.real+real;
        int i=a.image+image;
        return complex(r,i);
    }
    _____(3)_____
};

ostream & operator<<(ostream & output,complex & a)
    {   output<<"("<<a.real<<","<<a.image<<")"<<endl;
        return output;
    }

void main()
{   complex  X(3,4),Y(1,2),Z;
    Z=X+Y;
    cout<<Z<<endl;
}
```

**四、编程题**

1. 设计二维坐标的点类，并使用成员函数重载"+"运算符，使用友元函数重载"-""<<"运算符，并编写主函数进行验证。

2. 设三维向量 $X = (x_1, x_2, x_3)$ 和 $Y = (y_1, y_2, y_3)$，对相应的运算符"+""-"和"++"进行重载，并对输入、输出运算符进行重载，完成向量的输入和输出，最后编写主函数，测试类的设计情况。

3. 定义类 Mile，它包含数据成员 kilometer（千米），还包含构造函数对数据成员进行初始化操作；重载"<<"用于输出数据成员的值，类型转换函数 double 负责把千米转换为海里（1 海里 = 1.852 千米）。编写主函数，测试类的设计。

# 第6章 组合与继承

在面向对象程序设计中，组合和继承是代码复用的两种不同方法。组合是一个类包含另一个类的对象，将其作为自己的数据成员，从而复用了相关类的数据和操作。而继承机制则模拟生物界的继承关系，使子类具有父类的数据和操作，从而达到复用的目的。这是两种不同的代码复用机制，它们各有优势。

本章将对组合和继承进行讲解，重点介绍组合类或派生类的构造函数和析构函数、派生类对基类的继承的方式及规则等。

## 6.1 组合

类作为一种用户自定义数据类型，一旦定义完成，我们就可用它来创建对象。当一个类的对象作为另一个类的数据成员时，这种现象就是**组合**（composition）。现实中，组合的例子比比皆是，如图 6.1 所示就是一个组合的例子。

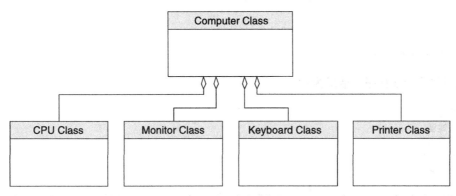

图 6.1　组合的例子

一台个人计算机（Computer）往往由一个 CPU、一台监视器（Monitor）、一个键盘（Keyboard）和一台打印机（Printer）等构成。计算机类 Computer 是整体，而 CPU、Monitor、Keyboard 和 Printer 类是部分，整体与部分之间是 has-a 的关系。通过将部分组合成整体，其功能远远大于单个部分的功能之和。

【例 6-1】图 6.1 关于组合的例子，具体的 C++ 实现如下。

```cpp
// sixth_1.cpp
#include <iostream>
using namespace std;
class CPU
{                       // 省略数据成员的描述
public:
    CPU(){cout<<" 我是 CPU"<<endl;}
};
```

·

```
class Keyboard
{                   // 省略数据成员的描述
public:
    Keyboard(){cout<<" 我是键盘 "<<endl;}
};

class Monitor
{                   // 省略数据成员的描述
public:
    Monitor(){cout<<" 我是显示器 "<<endl;}
};

class Printer
{                   // 省略数据成员的描述
public:
    Printer(){cout<<" 我是打印机 "<<endl;}
};

class Computer
{   CPU a;
    Keyboard b;
    Monitor c;
    Printer d;
public:
    Computer(){cout<<" 我是计算机 "<<endl;}
};

void main()
{   Computer pad;   }
```

编译并运行该程序，结果为：

```
我是 CPU
我是键盘
我是显示器
我是打印机
我是计算机
```

**分析**：阅读上面的源代码，计算机类中的数据成员分别是其他类的对象，这是一个典型的组合的例子。主函数中只有一条语句，该语句的功能是创建一个 Computer 类型的对象 pad，要创建对象，就要执行构造函数，因此将执行 Computer 的无参数构造函数初始化 pad 对象。根据 Computer 构造函数的构成，程序的第一条输出语句应该为"我是计算机"，但显然程序的输出结果不是这条信息，而是在输出"我是 CPU""我是键盘""我是显示器"和"我是打印机"之后才输出"我是计算机"。**为什么呢？**

**答案**在于一个 Computer 类型的对象包含 4 个对象成员，编译系统在创建 pad 时，首先要创建它的对象成员，因此我们看到程序首先输出了 4 条信息，从而验证了这一点。而且这 4 条信息的输出顺序说明 pad 成员的创建顺序和 Computer 类中对象成员的声明顺序完全相同，因此通过此案例可得出如下结论。

**结论**：在创建组合类对象时，首先创建它的成员对象，而且成员对象是按照它们在组合类中声明的顺序创建的，最后是组合对象自身的创建。

任何对象的创建都要执行构造函数，同理，任何对象在生命周期结束时都要执行析构函数。那么组合对象的析构函数怎么执行呢？不妨在例 6-1 程序的每个类中增加析构函数，每个析构函数均输出一条不同信息，重新编译并运行程序，看看程序的输出结果，从而总结组合对象析构的特点。具体请看下面的程序代码，请关注加粗部分的代码：

```cpp
// sixth_1_2.cpp
1. #include <iostream>
2. using namespace std;
3. class CPU
4. {   // 省略数据成员的描述
5. public:
6.     CPU(){cout<<" 我是 CPU"<<endl;}
7.     ~CPU(){cout<<"CPU 析构了 "<<endl;}
8. };
9. class Keyboard
10. {   // 省略数据成员的描述
11. public:
12.     Keyboard(){cout<<" 我是键盘 "<<endl;}
13.     ~Keyboard(){cout<<" 键盘析构了 "<<endl;}
14. };
15. class Monitor
16. {   // 省略数据成员的描述
17. public:
18.     Monitor(){cout<<" 我是显示器 "<<endl;}
19.     ~Monitor(){cout<<" 显示器析构了 "<<endl;}
20. };
21. class Printer
22. {   // 省略数据成员的描述
23. public:
24.     Printer(){cout<<" 我是打印机 "<<endl;}
25.     ~Printer(){cout<<" 打印机析构了 "<<endl;}
26. };
27. class Computer
28. {   CPU a;
29.     Keyboard b;
30.     Monitor c;
31.     Printer d;
32. public:
33.     Computer(){cout<<" 我是计算机 "<<endl;}
34.     ~Computer(){cout<<" 计算机析构了 "<<endl;}
35. };
36. void main()
37. {   Computer pad;   }
```

编译并运行该程序，输出结果为：

```
我是 CPU
我是键盘
我是显示器
我是打印机
我是计算机
计算机析构了
打印机析构了
显示器析构了
键盘析构了
CPU 析构了
```

**分析**：主函数 main 中只有一条语句，即创建组合对象 pad，根据前面的结论不难判断前 5 行的输出结果。当 pad 创建完成后，遇到 main 函数的大括号（}）结束运行，此时 pad 对象会被析构。观察程序输出的后 5 行结果，不难发现程序先执行 pad 对象的析构，然后执行打印机、显示器和键盘的析构，最后执行 CPU 的析构。对照 pad 对象创建时的输出结果，可知组合类对象的析构包括组合类对象自身的析构及其成员对象的析构，并且析构的顺序和创建对象的顺序刚好相反，也就是后创建的先析构。

**结论**：组合类对象的析构规则是组合类对象在生命周期结束时，要执行一系列的析构函数，析构函数的执行顺序与组合类对象创建时执行对象构造的顺序刚好相反。

## 组合类的构造函数初始化列表

在一个类中，若程序员声明了构造函数，则系统一定会按照程序员声明的构造函数的形式创建该类的对象。在例 6-1 中，几个类的构造函数都是默认构造函数（无参数的构造函数），因此在 Computer 类中不需要显式地为其成员对象传参。但若将某个成员对象所在类的构造函数改成带参数的构造函数且不提供默认构造函数，情况会怎样呢？假如在例 6-1 源代码的基础上，将 CPU 类的声明做如下修改，其他代码保持不变：

```
class CPU
{                                      // 省略数据成员的描述
public:
    CPU(int n){cout<<" 我是 CPU"<<n<<endl;}        // 带参数的构造函数
};
```

重新编译源程序，则系统提示错误 "error C2512: 'CPU' : no appropriate default constructor available"，编译系统提示在 CPU 类中没有合适的默认构造函数。**为什么会出现这个错误呢？**

**原因**就在于主函数中要创建 pad 对象，而 pad 对象包含 CPU 类型的成员对象 a，系统在创建 pad 的成员对象 a 时，找不到合适的构造函数构造对象 a。因为在 CPU 类的源代码中构造函数是带参数的构造函数，而例 6-1 在创建成员对象 a 时并没有传参数给它，所以出错了。

那么有人会问，怎么给 a 传参数呢？在定义 Computer 类时直接给 a 传参数行吗？这一点在第 4 章类的定义中有说明，C++98 标准是不支持的，因此在哪里给 a 传参数呢？

**答案就是要利用组合类 Computer 的构造函数初始化列表对成员对象 a 传递参数**。为了更有效地说明问题，Monitor 类的构造函数也被改为带参数的构造函数，修改后的具体源代码如下所示：

```
   // sixth_1_3.cpp
1. #include <iostream>
2. using namespace std;
3. class CPU
4. {                                      // 省略数据成员的描述
5. public:
6.     CPU(int n){cout<<" 我是 CPU"<<n<<endl;}    // 带参数的构造函数
7. };
8. class Keyboard
9. {                                      // 省略数据成员的描述
```

```
10.  public:
11.      Keyboard(){cout<<" 我是键盘 "<<endl;}        // 默认构造函数
12.  };
13.  class Monitor
14.  {                                             // 省略数据成员的描述
15.  public:
16.      Monitor(int n){cout<<" 我是 "<<n<<" 寸显示器 "<<endl;}       // 带参数的构造函数
17.  };
18.  class Printer
19.  {                                             // 省略数据成员的描述
20.  public:
21.      Printer(){cout<<" 我是打印机 "<<endl;}       // 默认构造函数
22.  };
23.  class Computer
24.  {   CPU a;
25.      Keyboard b;
26.      Monitor c;
27.      Printer d;
28.  public:
29.      Computer(int n,int m):c(m),a(n)           // 组合类的构造函数及其初始化列表
30.      {cout<<" 我是计算机 "<<endl;}
31.  };
32.  void main()
33.  {
34.      Computer pad(5,12);
35.  }
```

编译并运行该代码，程序结果如下：

```
我是CPU5
我是键盘
我是 12 寸显示器
我是打印机
我是计算机
```

**分析**：阅读上面的程序，发现组合类 Computer 的构造函数初始化列表先显式地对成员对象 c 传参，后对成员对象 a 传参，但是程序的输出结果仍是成员对象 a 先创建，然后是对象 b、对象 c，最后是对象 d。这说明组合类的构造函数初始化列表的初始化顺序不影响成员对象的构造顺序，成员对象的构造顺序是按照组合类中成员对象的声明顺序进行的。

**通过该案例，总结结论如下。**

1）组合类的成员对象所在的类若提供了默认构造函数，则在组合类中，可不利用成员对象的构造函数显式地初始化成员对象。但若成员对象所在类只提供了带参数的构造函数且参数无默认值，则必须在组合类中定义组合类的构造函数，并且要在组合类的构造函数初始化列表的位置对相关成员对象显式地传递参数。

2）组合类对象的创建要执行一系列的构造函数，顺序如下。首先是成员对象的创建，且成员对象严格按照其在组合类中声明的先后顺序创建，和组合类的构造函数初始化列表对成员对象的初始化顺序无关。然后再执行组合类对象自身的构造。

组合类对象析构的顺序刚好相反。

3）组合类构造函数的一般格式如下：

*类名（形参表）：成员对象1（形参表），成员对象2（形参表），…*

```
{
    类的初始化
}
```

**说明:**

- 成员对象的初始化只能在构造函数初始化列表的位置进行, 不能在构造函数体中, 也不能在声明成员对象时直接传参数。
- 组合是一个类包含另一个类的对象并将其作为数据成员, 从而实现对另一个类的复用, 在没有破坏另一个类的封装性的条件下, 同时也提升了自己的功能。

【例6-2】一个典型的组合案例。二维坐标中的一条线段可由两点唯一确定, 下面程序中包含一个点类 Point 和一个组合类 Line, Line 代表线段。

```cpp
// sixth_2.cpp
1.  #include <iostream>
2.  #include <cmath>
3.  using namespace std;
4.  class Point                          // 二维坐标中点类的声明
5.  {
6.  private:
7.      int x, y;
8.  public:
9.      Point(int a = 0, int b = 0)      // 带有默认参数的构造函数
10.     {   x = a; y = b;
11.         cout << "Point construction: " << x << ", "<< y << endl;
12.     }
13.     Point(Point &p)                  // 拷贝构造函数
14.     {   x = p.x;
15.         y = p.y;
16.         cout << "Point copy construction: " << x << ", "<< y << endl;
17.     }
18.     int getX()
19.     {   return x;   }
20.     int getY()
21.     {   return y;   }
22. };
23. class Line                           // 线段类
24. {
25. private:
26.     Point  start,  end;              // 对象成员, 线段的开始点和结束点
27. public:
28.     Line(Point &pstart, Point &pend):start(pstart), end(pend)
29.     // 必须利用构造函数初始化列表对成员对象传参
30.     {
31.         cout << "Line constructor" << endl;
32.     }
33.     float getDistance()              // 求线段长度的函数
34.     {   double x = double(end.getX()-start.getX());
35.         double y = double(end.getY()-start.getY());
36.         return (float)(sqrt)(x*x+y*y);
37.     }
38. };
39. int main()
40. {   Point p1(0,0),p2(3,4);           // 创建两点
41.     Line line(p1,p2);                // 创建组合类对象
42.     cout << "The length of line is: "<<line.getDistance()<<endl;
```

```
43.     return 0;
44. }
```

编译并运行该程序，输出结果为：

```
Point construction: 0, 0
Point construction: 3, 4
Point copy construction: 0, 0
Point copy construction: 3, 4
Line constructor
The length of line is: 5
```

**分析**：该案例中，线段类 Line 是一个组合类，Point 类的对象作为线段类 Line 的数据成员，因此这是一个典型的组合案例，在 Line 中，有一个求线段长度的成员函数 getDistance，可通过该函数了解成员对象在组合类中的应用。首先请自行分析本程序的运行结果，若你的分析结果和程序运行结果一致，则说明你对组合类对象的创建应用已经了解和掌握，同时你也非常熟悉拷贝构造函数。若不对，请确定发生错误的地方，并回去再学习相关章节。下面来分析本程序的执行过程。

首先，主函数创建了两个 Point 类型的对象，因此，执行 Point 类的构造函数两次，在显示器输出如下两行内容：

```
Point construction: 0, 0
Point construction: 3, 4
```

接着，程序执行第 41 行语句，该语句创建组合类的对象 line，因此要执行组合类 Line 的构造函数。该构造函数用 Point 对象的引用作为参数，因此首先用实参创建形参，根据形参与实参的对应关系，pend 将是 p2 对象的别名，pstart 是 p1 对象的别名，然后执行 Line 的构造函数初始化列表。根据组合类 Line 中数据成员的声明顺序，先利用点 pstart 创建成员对象 start，用一个已知对象创建新的对象，要执行 Point 类的拷贝构造函数，因此在显示器上输出第 3 行的输出信息：

```
Point copy construction: 0, 0
```

同理，利用点 pend 创建 line 对象的成员对象点 end，再次执行 Point 的拷贝构造函数，在显示器上输出第 4 行的输出信息：

```
Point copy construction: 3, 4
```

接下来执行 Line 的构造函数体，输出第 5 行的信息：

```
Line constructor
```

然后返回 main 函数执行程序的第 42 行语句，利用 line 对象的 getDistance 函数求出（0，0）点到（3，4）的距离，从而输出第 6 行的信息：

```
The length of line is: 5
```

最后对象析构，程序结束。你分析对了吗？

**任务**：请在例 6-2 的代码中增加两个类的析构函数，并增加输出语句，分析程序的输出结果，对照程序的输出结果，再次检查你对组合类对象的构造和析构过程的理解。

## 6.2　继承

继承是面向对象程序设计的一个重要特征，通过继承，一个类不仅可非常方便地复用另一个类的数据和操作，而且在此基础上可增加新的数据成员和成员函数，还可重定义某些继承来的函数，以便能解决现实中新增的问题（提高软件解决问题的能力）。这使得我们不必从零设计一个类，从而提高了软件开发的效率。

### 6.2.1　继承的概念

在已有类的基础上，通过继承而设计出的新类被称为**派生类**（derived class），也称为子类，被继承的已有类称为**基类**（base class），也称为父类或超类，派生类与基类之间是 is-a 的关系。

在 C++ 中，一个派生类同时又可作为其他类的基类被继承，形成一个家族继承链。一个基类也可以被多个派生类继承，从而形成多个具有不同功能的派生类。如果一个派生类只继承一个基类，则称为单继承；如果一个派生类同时继承了多个基类，则称为多继承，C++既支持单继承，也支持多继承。

在面向对象程序设计过程中，通常采用图形化建模工具即统一建模语言（Unified Modeling Language，UML）来表达设计结果。在 UML 中，通常用矩形来表示类，在矩形框中，一般采用迭代的方式来设计类的数据成员和成员函数，空心的三角箭头符号代表继承关系，箭头指向基类，箭尾指向派生类。

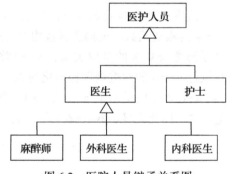

图 6.2 是一个用 UML 表达的继承关系图，该图表达了医院医护人员的继承关系。一个医院的医护人员通常包括医生和护士，他们作为医院的职工，都享有医院赋予他们的相同权利和义务，但同时医生和护士的分工又有所不同，所以其操作也就不同。若从面向对象程序设计的角度来考虑，可以将医生和护士共有的权利和义务部分抽取出来，形成医护人员类。同时可以在此基础上设计两个派生类：一个是医生类，它在医护人员

图 6.2　医院人员继承关系图

类的基础上增加医生所特有的描述数据和职责（比如看病、出诊断书、编写病历等）；另一个是护士类，它在医护人员类的基础上增加护士所特有的描述数据和职责（比如病人护理、药物注射等）。同时，在此基础上，还可以根据医生不同的专业，再次将他们细分；护士也可根据专业的不同分为不同的护士人员。这样就实现了代码的重用，避免了代码冗余。

从图 6.2 的继承关系中，不难发现越是在继承塔顶端的基类（包含大家共有的属性和操作）越抽象，而越是在塔底端的类越具体。医护人员类是最抽象的基类，它拥有一个医院全体职员所共同拥有的属性和操作；医生类在继承它的基础上，增加了所有医生具有的共同的属性和动作；底层的派生类麻醉师则在继承医生类的基础上，又增加了麻醉师所特有的属性和操作，当然也可重定义某些操作。

### 6.2.2　继承的方式

在 C++ 中，派生类继承基类的方式有三种，分别为公有继承（public）、受保护继承

（protected）和私有继承（private）。派生类继承基类的一般语法格式为：

```
class 派生类名：继承方式  基类名
{
    // 派生类中新增的数据成员
    // 派生类中新增的成员函数
    // 重写某些基类的方法
};
```

其中，若省略了继承方式，则系统默认为 private 继承方式。派生类中新增数据成员的定义和普通类中的定义没有区别，派生类中新增的成员函数不仅能访问派生类中新增的成员，还可访问从基类中继承的受保护成员和公有成员，但不能直接访问基类的私有成员。派生类中的成员则由继承自基类的成员和派生类中新增的成员共同构成。

**说明**：通过继承，派生类将继承基类中除构造函数、析构函数和静态成员函数之外的其他成员函数。

C++ 中，不同继承方式的影响主要体现在：

1）派生类成员对基类成员的访问权限。

2）派生类对象对基类成员的访问权限。

### 1. 公有继承（public）

当派生类采用 public 方式继承基类时，则是公有继承，公有继承的规则为：

1）基类的 public 和 protected 成员访问属性在派生类中保持不变。

2）派生类中的成员函数可以直接访问基类中的 public 和 protected 成员，但不能直接访问基类中的 private 成员。

3）派生类的对象可以访问派生类中新增的 public 成员以及基类中的 public 成员。

【例 6-3】下面是一个公有继承的例子，二维空间中的矩形类公有继承了点类，请重点查看派生类 Rectangle 的声明。

```
// sixth_3.cpp
1. #include <iostream>
2. using namespace std;
3. class Point                          // 基类 Point 的声明
4. {
5. private:                             // 私有数据成员
6.     float X,Y;
7. public:                              // 公有成员函数
8.     void  InitP(float xx=0, float yy=0)
9.     {  X=xx;   Y=yy;  }
10.    void Move(float xOff, float yOff)
11.    {  X+=xOff;     Y+=yOff;    }
12.    float GetX() {  return X;  }
13.    float GetY() {  return Y;  }
14. };
15. class Rectangle: public Point        // 派生类的声明
16. {
17. private:                             // 新增私有数据成员高和宽
18.     float W,H;
19. public:                              // 新增公有函数成员
20.     void InitR(float x, float y, float w, float h)
21.     {   InitP(x,y);   W=w;H=h;  }    // 调用继承的基类公有成员函数
22.     float GetH() {  return H; }
```

```
23.      float GetW()  {  return W; }
24. };
25. main()
26. {   Rectangle  a;
27.      a.InitR(1,2,3,4);               // correct
28.      cout<<a.GetX()<<a.GetY()<<a.GetW()<<a.GetH()<<endl;
29. }
```

编译运行该程序，输出结果为：

```
1234
```

**分析**：在此程序中，Point 是基类，Rectangle 是派生类，Rectangle 公有继承了 Point 类。派生类 Rectangle 就拥有 4 个数据成员，且都是私有的，它们是 X、Y、W 和 H，但 X 和 Y 是从基类 Point 中继承过来的私有数据，因此在 Rectangle 中不能直接访问成员 X 和 Y。这也是 Rectangle 类中的成员函数 InitR 对应的第 21 行语句通过调用基类中的 InitP 函数来完成对数据成员 X 和 Y 的赋值的原因。也就是说，第 21 行语句"InitP(x,y);"若改为"X=x;Y=y;"，则编译器在编译阶段会给出错误提示。试着看系统提示什么错误，以帮助你理解程序。

Rectangle 的成员函数包括新增的 3 个成员函数加上其从基类继承来的 4 个，共有 7 个成员函数，且都是 public 的访问权限，因此在主函数中，Rectangle 类型的对象 a 可以对它的 7 个公有成员函数进行访问。表 6.1 给出了派生类的成员。

表 6.1  **Rectangle 的成员**

| Rectangle 类 | 成员 | 来源 | 访问权限 | 操作特点 |
|---|---|---|---|---|
| 数据成员 | X, Y | 继承自基类 Point | private | 在 Rectangle 类内外均不可直接访问 |
| | W, H | 自定义的 | private | 在 Rectangle 类内可直接访问，类外不可 |
| 成员函数 | InitP、Move、GetX、GetY | 继承自基类 Point | public | 在 Rectangle 类内外均可访问 |
| | InitR、GetH、GetW | 自定义的 | public | 在 Rectangle 类内外均可访问 |

修改 sixth_3.cpp 源程序中 Point 类的定义，将它的 private 数据成员的访问权限改为 protected，并修改派生类 Rectangle 的成员函数 InitR 的定义如下：

```
void InitR(float x, float y, float w, float h)
{   X=x;Y=y;           //修改了 InitP(x,y); 语句
    W=w;H=h;   }
```

重新编译程序，发现没有任何错误，程序能正常运行了。**为什么呢？**

原因在于基类 Point 被派生类 Rectangle 采用 public 继承后，基类的 protected 成员在派生类中仍为 protected 访问权限，派生类的成员函数可直接访问它们，这就是直到目前为止才出场的 protected 关键字和 private 关键字的区别，即基类的 private 成员不能在派生类中直接访问而基类的 protected 成员可在派生类中直接访问。

**结论**：当一个类将来要被继承时，为了方便派生类对它的继承，往往将它隐藏的成员设

置成 protected 访问权限，而不是 private。因为基类中的 private 成员不方便在派生类中访问。

### 2. 受保护继承（**protected**）

当派生类采用受保护方式继承基类时，其规则如下：

1）基类的 public 和 protected 成员都以 protected 身份出现在派生类中。

2）派生类中的成员函数可以直接访问基类中的 public 和 protected 成员，但不能访问基类的 private 成员。

3）通过派生类的对象不能访问基类的任何成员。

【例 6-4】受保护继承的例子。将例 6-3 中派生类对基类的继承方式改为 protected 继承方式，其他地方不变。

```
// sixth_4.cpp
1.  #include <iostream>
2.  using namespace std;
3.  class Point                          // 基类 Point 的声明
4.  {
5.  private:                             // 私有数据成员
6.      float X,Y;
7.  public:                              // 公有成员函数
8.      void InitP(float xx=0, float yy=0)
9.      {   X=xx;Y=yy;   }
10.     void Move(float xOff, float yOff)
11.     {   X+=xOff;Y+=yOff;   }
12.     float GetX() {   return X;   }
13.     float GetY() {   return Y;   }
14. };
15. class Rectangle: protected Point     // 派生类声明，受保护继承方式
16. {
17. private:                             // 新增私有数据成员
18.     float W,H;
19. public:                              // 新增公有函数成员
20.     void InitR(float x, float y, float w, float h)
21.     {   InitP(x,y);   W=w;H=h;   }   // 调用基类公有成员函数
22.     float GetH() {   return H;   }
23.     float GetW() {   return W;   }
24. };
25. main()
26. {   Rectangle  a;
27.     a.InitR(1,2,3,4);                // correct
28.     cout<<a.GetX();                  // error
29. }
```

在编译源程序时，系统提示如下错误信息：

```
error C2248: 'GetX' : cannot access public member declared in class 'Point',
```

而产生错误的行号就是第 28 行。

**分析**：出现以上错误，原因在于 protected 继承时，基类中的 public 成员在派生类中访问权限变成了 protected，而类中的 protected 成员不能在类外部通过对象访问，因此出错。表 6.2 说明了派生类 Rectangle 在 protected 继承的方式下，它的成员及其访问权限。

**表 6.2　受保护继承时 Rectangle 的成员属性**

| Rectangle 类 | 成员 | 来源 | 访问权限 | 操作特点 |
|---|---|---|---|---|
| 数据成员 | X, Y | 继承自基类 Point | private | 在类内外均不可直接访问 |
| | W, H | 自定义的 | private | 在类内可直接访问，类外不可 |
| 成员函数 | InitP、Move、GetX、GetY | 继承自基类 Point | protected | 在类内可直接访问，类外不可 |
| | InitR、GetH、GetW | 自定义的 | public | 在类内外均可访问 |

请通过对比表 6.1 和表 6.2 中的不同来了解公有继承和受保护继承的不同。

**任务**：修改 sixth_4.cpp 源程序中 Point 类的定义，将它的 private 数据成员的访问权限改为 protected，并修改派生类 Rectangle 的成员函数 InitR 的定义如下。

```
void InitR(float x, float y, float w, float h)
{    X=x;Y=y;      //修改了 InitP(x,y);语句
     W=w;H=h;    }
```

根据 protected 继承的规则，请分析派生类 Rectangle 各类访问权限的成员都有哪些？

### 3. 私有继承（private）

当派生类采用私有继承（private）方式继承基类时，一般规则为：

1）基类的 public 和 protected 成员都以 private 身份出现在派生类中。

2）派生类中的成员函数可以直接访问基类中的 public 和 protected 成员，但不能访问基类中的 private 成员。

3）通过派生类的对象不能访问基类中的任何成员。

private 继承从来不像 public 继承那样常用，因此在此处不再讲解案例。但请将例 6-4 程序中的继承方式修改为 private 并分析派生类的成员访问权限，然后再次编译程序，看看是否可以正常编译。

## 6.2.3　派生类的初始化

在派生类中，其数据成员一般分为两部分，一部分继承自基类，另一部分是自身新增加的数据成员。在一个类中，对数据成员的初始化操作由构造函数完成，我们知道派生类不继承基类的构造函数，**因此就有疑问出现了，派生类继承的基类中的数据成员怎么在派生类中初始化呢？**

**答案**：利用基类的构造函数完成基类部分数据成员的初始化，而派生类自己新增的数据成员则利用派生类自己的构造函数完成初始化操作。这涉及构造函数的初始化列表。

当基类的构造函数无参数时（即含有默认构造函数），则在派生类中，不需要考虑基类数据成员的初始化问题，系统会自动调用基类的默认构造函数完成对派生类继承来的基类数据成员的初始化操作。而当基类的构造函数是带参数的并且参数没有默认值时，则派生类必须要编写自己的构造函数，而且要在构造函数初始化列表的位置显式地调用基类的构造函数来完成对基类数据成员的初始化操作。

下面通过案例了解派生类的初始化问题，并总结派生类对象的创建与析构规律。为了方便验证派生类对象的构造和析构过程，程序中基类和派生类的构造和析构函数中均增加了输出语句，以便根据程序输出结果判断每个函数的执行时机。

【例 6-5】基类的构造函数是默认构造函数。

```
// sixth_5.cpp
1.  #include <iostream>
2.  using namespace std;
3.  class Base                    // 基类
4.  {    int x;
5.  public:
6.      Base()
7.      {    x=0;
8.          cout<<"base class"<<endl;
9.      }
10.     ~Base()
11.     {    cout<<"base died"<<endl;  }
12. };
13. class Derived:public Base      // 派生类
14. {    int y;
15. public:
16.     Derived()                  // 派生类的构造函数
17.     {    y=0;
18.         cout<<"derived class"<<endl;
19.     }
20.     ~Derived()
21.     {
22.         cout<<"derived died"<<endl;
23.     }
24. };
25. int main()
26. {
27.     Derived a;
28. }
```

编译并运行该程序，程序的运行结果为：

```
base class
derived class
derived died
base died
```

**分析**：从主函数开始执行该程序，该函数中只有一条创建派生类 Derived 的对象的语句，创建任何对象都要执行构造函数，因此不难判断系统将会执行派生类的构造函数。阅读该程序的运行结果会发现，系统首先执行了基类 Base 的构造函数，然后才执行派生类 Derived 的构造函数。**为什么**？

**原因**是派生类 Derived 中的数据成员 x 继承自基类 Base，对基类成员的初始化是用基类的构造函数完成的，而基类的构造函数是默认构造函数，所以在派生类的构造函数中不需要显式调用基类的构造函数，系统会自动调用基类 Base 的构造函数。

**结论**：对于派生类对象的创建，要执行一系列的构造函数，首先执行它继承的每个基类的构造，构造顺序是按照对基类继承的顺序，然后是派生类对象自己的构造。

当主函数执行结束时，派生类对象要析构。注意：派生类对象的析构也涉及派生类对象自身成员和继承的基类成员的析构。从例 6-5 的输出结果可知，派生类对象在析构时，顺序和派生类对象构造函数的执行顺序相反，首先执行的是派生类对象的析构，然后执行基类的析构。

**结论**：派生类对象在生命周期结束时，需要析构，析构涉及派生类自身的部分和基类部分，析构的顺序和构造的顺序正好相反，即派生类自身先析构，然后是基类部分，基类部分按照继承的顺序的逆序析构。

**【例 6-6】**带有参数的构造函数案例。

将例 6-5 的程序进行修改，将基类 Base 中的默认构造函数替换成带有参数的构造函数：

```
Base(int x1)
    {    x=x1;
        cout<<"base class"<<endl;
    }
```

其他地方代码不变，编译源程序，发现系统提示"error C2512: 'Base' : no appropriate default constructor available"，即没有默认构造函数可用。错误提示行在例 6-5 源程序第 16 行的位置。例 6-5 的执行结果验证了派生类 Derived 的对象在创建时，要先执行基类 Base 的构造函数，完成基类部分数据成员的初始化。但此例中基类的构造函数是带参数的，因此必须将参数传递给基类的构造函数才能正确地完成基类数据成员的初始化。而这个给基类构造函数传参的任务只能通过派生类的构造函数完成，例 6-5 中派生类的构造函数没有给基类 Base 的构造函数传参，所以出现错误。现在将例 6-5 源程序修改如下（修改部分已加粗）。

```
// sixth_6.cpp
#include <iostream>
using namespace std;
class Base
{    int x;
public:
    Base(int x1)                    // 带参数的构造函数
    {    x=x1;
        cout<<"base class"<<endl;
    }
    ~Base()
    {cout<<"base died"<<endl;}
};
class Derived:public Base
{    int y;
public:
    Derived(int x1):Base(x1)        // 派生类的构造函数
    {    y=0;
        cout<<"derived class"<<endl;
    }
    ~Derived()
    {
        cout<<"derived died"<<endl;
    }
};
int main()
{
    Derived a(6);
}
```

编译并运行该程序，程序的结果为：

```
base class
derived class
derived died
base died
```

这说明程序正确。通过上面的案例，我们可得出如下结论。

**结论**：如果派生类继承的基类中的构造函数只有带参数的构造函数，且构造函数没有默认参数，那么派生类一定要定义自己的构造函数，并且必须在派生类的构造函数的**初始化列表**的位置显式调用基类的构造函数并为其传递参数，在其他位置传参错误。

**提示**：继承具有传递性，若派生类 B 继承了 A，派生类 C 又继承了 B，则派生类 C 中的成员包括 A 中的成员、B 中新增的成员以及 C 中新增加的成员。所以派生类 C 的对象的构造要执行一系列的构造函数，顺序是首先执行 A 的构造，然后执行 B 的构造，最后是 C 自身的构造，而析构的顺序刚好相反。

**【例 6-7】** 继承的传递性案例。

**设计分析**：该案例中包含点类、圆类、球类，它们之间的继承关系为圆类继承点类、球类继承圆类，最后完成一个球的体积计算。

```cpp
1.  // sixth_7.cpp
2.  #include <iostream>
3.  using namespace std;
4.  const float PI=3.14;
5.  class Point                        // 基类 Point 的声明
6.  {
7.  protected:
8.      float X,Y;
9.  public:                            // 公有成员函数
10.     Point(float xx, float yy)
11.       {    X=xx;   Y=yy;
12.           cout<<"Point constructor"<<endl;    }
13.     float GetX() {   return X;   }
14.     float GetY() {   return Y;   }
15. };
16. class Circle: public Point    // 派生类声明
17. {
18. protected:                         // 新增数据成员
19.     float Radius;
20. public:                            // 新增公有成员函数
21.     Circle(float x, float y, float r):Point(x,y)
22.       {   Radius=r;
23.           cout<<"Circle constructor"<<endl;   }
24.
25.     float area()    { return PI*Radius*Radius;   }
26. };
27. class Ball:public Circle
28. {public:                           // 新增公有成员函数
29.     Ball(float x, float y, float r):Circle(x,y,r)
30.       { cout<<"Ball constructor"<<endl;   }
31.     float tiji(){   return 4.0/3*PI*Radius*Radius*Radius;   }
32.     float Ballarea(){   return 4*area();   }
33. };
34. main()
35. {   Ball   a(0,0,1);
36.     cout<<a.tiji()<<endl;
37. }
```

编译运行该程序，运行结果为：

```
Point constructor
```

```
Circle constructor
Ball constructor
4.18667
```

**分析**：主函数创建了一个球对象 a，创建对象就要执行构造函数，显然，该球的创建执行了一系列的构造函数，从程序的输出结果就可判断执行构造函数的顺序，即首先是点的创建，然后是圆的创建，最后是它自身的创建。这验证了继承的传递性。而 4.18667 对应主函数的第二条语句，即第 36 行语句。

对象生命周期结束时就要析构，在同一个程序中，对象析构的顺序和构造的顺序刚好相反。

**任务**：请自行增加该程序中每个类的析构函数，并使每个析构函数输出一条不同的信息，以验证析构顺序。

### 6.2.4　多继承

在 6.2.2 节与 6.2.3 节中，派生类只继承了一个基类，这称为**单继承**。C++ 中，一个派生类也可以继承多个基类，即一个派生类可以有多个父类，这就称为**多继承或多重继承**。多继承的原理和单继承的原理基本类似，只不过一个派生类有多个父类而已。

#### 1. 多继承的一般语法

多继承的一般语法如下：

```
class 派生类名: 继承方式1 基类名1, 继承方式2 基类名2, …
{
    // 派生类中新增的数据成员
    // 派生类中新增的成员函数
};
```

在多继承时，每个基类前都需要设置继承方式，若省略继承方式，则默认为 private 继承方式，其他规则和单继承一样。

通过多继承，一个派生类的成员包含多个基类的成员及自身新增加的成员。

例如，有一个服务员类，还有一个歌手类，而某集团内部有些人既是服务员也是歌手。这种情况下，从代码重用的角度，就可以定义一个集二者于一体的派生类。具体请看下面的代码案例：

```
class Waiter
{…};
class Singer
{…};
class SingerWaiter:public Waiter,public Singer
{…};
```

派生类 SingerWaiter 就是一个多继承的类。多继承和单继承区别不大，但相对于单继承，多继承使得派生类与其他多个类发生关系，从软件工程的角度讲这增加了类之间的耦合性，不利于软件维护。在多继承中，容易出现二义性问题，请看下面的案例。

【例 6-8】多继承案例。本案例描述了 Waiter 类、Singer 类以及 SingerWaiter 类的继承关系。

```
  // sixth_8.cpp
1. #include <iostream>
2. using namespace std;
3. class Waiter
```

```
 4. { public:
 5.      void work()
 6.      {  cout<<"Service"<<endl;  }
 7. };
 8. class Singer
 9. { public:
10.      void work()
11.      {  cout<<"Sing"<<endl;  }
12. };
13. class SingerWaiter: public Waiter,public Singer    // 派生类多继承
14. {                                                  // 新增部分省略
15. };
16. int main()
17. {    SingerWaiter  a;
18.      a.work();
19.      return 0;
20. }
```

编译该程序，出现如下错误提示 "error C2385: 'SingerWaiter::work' is ambiguous"，出错的是第 18 行语句。为什么呢？首先看本案例中三个类之间的 UML 关系图，如图 6.3 所示。

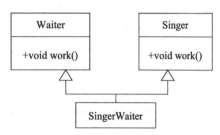

从图 6.3 可看出，派生类 SingerWaiter 包含从基类 Waiter 中继承的成员函数 work，以及从基类 Singer 中继承的成员函数 work，很不幸这两个成员函数同名，且参数一样。因此，当用派生类的对象 a 去访问公有的成员函数 work 时，编

图 6.3　三个类之间的 UML 继承关系图

译器无法确定到底要访问来自 Waiter 类的 work 函数还是访问来自 Singer 类的 work 函数。所以在编译此程序时，提示上面的错误，并指明出错的是第 18 行。遇到这种情况怎么解决呢？

**答案**：增加作用域说明。

针对该案例，可将第 18 行语句改为：

```
a.Waiter::work();
```

这种方法明确告诉编译器调用来自 Waiter 基类的 work 函数，从而避免了二义性。

修改例 6-8 的程序之后，程序能正常编译，运行的结果为：

```
Service
```

### 2. 虚继承

在 C++ 中，一个基类可以间接被一个派生类继承多次，这时，在派生类中就有多份该基类的成员。这不仅会造成资源浪费，而且容易引起二义性问题，所以要避免这种情况的发生。为了说明这种情况，请查看 Worker、Waiter、Singer 和 SingerWaiter 这四个类之间的 UML 继承关系图，如图 6.4 所示。

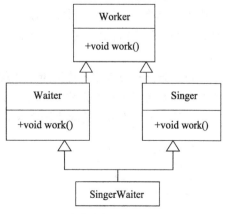

图 6.4　四个类之间的 UML 继承关系图

为了讲解虚继承，请首先了解 C++ 中关于继承的如下知识。

1）可以将派生类对象直接赋值给基类对象，但反之，不允许将基类对象赋值给派生类对象。

2）可以将派生类对象的指针赋值给基类的指针，但反之，不允许派生类的指针指向基类对象（除非强制类型转换）。

3）可以将派生类的对象赋值给基类的引用，但反之，不允许将基类的对象赋值给派生类的引用（除非强制类型转换）。

**【例 6-9】** 虚继承案例研究，间接多次继承一个基类的情况。

```cpp
1.  // sixth_9.cpp
2.  #include <iostream>
3.  using namespace std;
4.  class Worker                             // 工人类
5.  {public:
6.      void work()
7.      { cout<<"work"<<endl; }
8.  };
9.  class Waiter:public Worker               // 服务员类
10.     {                                    // 新增部分省略
11.     };
12. class Singer:public Worker               // 歌手类
13.     {                                    // 新增部分省略
14.     };
15. class SingerWaiter: public Waiter,public Singer   // 集歌手和服务员于一身的类
16.     {                                    // 新增部分省略
17.     };
18. int main()
19. {   SingerWaiter  a;
20.     Worker *p=&a;
21.     p->work();
22.     return 0;
23. }
```

编译该程序，编译器给出错误提示"error C2594:'initializing' : ambiguous conversions from 'class SingerWaiter *' to 'class Worker *'"，错误发生的行是第 20 行。

**分析：** 阅读程序不难发现，派生类 SingerWaiter 通过继承 Waiter 和 Singer 而间接继承了基类 Worker 两次，因此，Worker 的成员在 SingerWaiter 类中有两份。这就导致在编译第 20 行语句时，编译器不知道将指针 p 指向对象 a 的哪个 Worker 成员，因此出错。

**解决方法：** 可以通过**虚继承**来实现，即派生类在继承相应基类时，指明是虚继承，这只需在继承方式前加一个关键字 virtual 即可，避免基类被间接多次继承。

具体请看对例 6-9 的源代码修改的地方，即程序中加粗的地方：

```cpp
// sixth_9_1.cpp
#include <iostream>
using namespace std;
class Worker
{public:
    void work()
```

```
        { cout<<"work"<<endl; }
};
class Waiter: virtual public Worker        // 虚继承 Worker
        {                                  // 新增部分省略
        };
class Singer: virtual public Worker        // 虚继承 Worker
        {                                  // 新增部分省略
        };
class SingerWaiter: public Waiter,public Singer
        {                                  // 新增部分省略
        };
int main()
{   SingerWaiter  a;
    Worker *p=&a;
    p->work();
    return 0;
}
```

编译并运行程序，则程序的运行结果为：

```
work
```

**分析**：通过虚继承，程序能正常编译，这就说明派生类 SingerWaiter 间接多次继承 Worker 时，编译器只保留一份 Worker 成员，从而在执行语句"Worker *p=&a；"时避免了二义性。

**提示**：在构造派生类的对象时，虚基类的构造函数只执行一次。

在例 6-9 中，给类 Worker 增加如下构造函数：

```
Worker(){cout<<"I am worker!!"<<endl;}
```

重新编译并运行程序后，程序的输出结果为：

```
I am worker!!
work
```

该输出结果验证了上面的提示内容。

虚继承的一般格式为：

```
class 派生类名：virtual 继承方式1 虚基类名1,…
{   //派生类中新增的成员
};
```

**提示**：对于虚继承的基类，若其构造函数带有参数且无默认值，则不仅其直接派生类（其孩子类）要在构造函数初始化列表的位置显式调用基类的构造函数并传参数，并且其孙辈的派生类也要在其构造函数初始化列表的位置进行初始化，最终虚基类是通过其孙辈的构造函数传递参数的。

**【例 6-10】**带参数的虚基类的构造。为了方便对虚继承的理解，本程序在例 6-9 代码的基础上做了修改，加粗部分为新增加的代码。

```
// sixth_10.cpp
#include <iostream>
using namespace std;
class Worker
{public:
```

```
    // 加粗的部分为虚基类增加的带参数的构造函数
    Worker(int n)
    {cout<<"I am "<<n<<" years old"<<endl;}
    void work()
    {cout<<"work"<<endl;}
};
class Waiter: virtual public Worker        // 虚继承 Worker
{                                          // 加粗部分为新增部分
public:
    Waiter():Worker(10){}
};
class Singer: virtual public Worker        // 虚继承 Worker
{                                          // 加粗部分为新增部分
public:
    Singer():Worker(20){}
};
class SingerWaiter: public Waiter,public Singer
{                                          // 加粗部分为新增部分
public:
    // 在孙辈派生类中增加了构造函数并在初始化列表中显式调用虚基类构造函数
    SingerWaiter(int n):Worker(n){}
};
int main()
{   SingerWaiter  a(100);
    Worker *p=&a;
    p->work();
    return 0;
}
```

编译并运行该程序，程序的输出结果为：

```
I am 100 years old
work
```

**分析**：从程序的执行结果可看出在构造派生类对象 a 时，是虚基类 Worker 的孙辈派生类 SingerWaiter 的构造函数给其传递了参数。这验证了提示的结论。

### 3. 多继承的构造和析构顺序

补充修改例 6-8，增加每个类的构造函数和析构函数，编译并运行程序，结合程序的输出结果，总结多继承时构造和析构的执行规律。

【例 6-11】多继承时的构造顺序和析构顺序案例，在例 6-8 的基础上进行修改，加粗部分为新增代码。

```
    // sixth_11.cpp
 1. #include <iostream>
 2. using namespace std;
 3. class Waiter                                    // 基类 1
 4. {   int age;
 5. public:
 6.     Waiter(int age)                             // 基类 1 的构造函数
 7.     {   this->age=age; cout<<"Waiter"<<endl;   }
 8.     ~Waiter()
 9.     {   cout<<"Waiter died"<<endl;   }
10. };
11. class Singer                                    // 基类 2
```

```
12. {   int age;
13. public:
14.     Singer(int age)                              //基类 2 的构造函数
15.     {   this->age=age; cout<<"Singer"<<endl;   }
16.     ~Singer()
17.     {   cout<<"Singer died"<<endl;   }
18. };
19. class SingerWaiter: public Waiter, public Singer    //派生类多继承
20. {   public:
21.     SingerWaiter(int a1,int a2): Singer(a1), Waiter(a2)   //派生类的构造函数
22.     {   cout<<"SingerWaiter"<<endl;   }
23.     ~SingerWaiter()
24.     {   cout<<"SingerWaiter died"<<endl;   }
25. };
26. int main()
27. {   SingerWaiter  a(30,30);
28.     return 0;
29. }
```

编译并运行程序，程序的结果为：

```
Waiter
Singer
SingerWaiter
SingerWaiter died
Singer died
Waiter died
```

查看程序的执行代码，你总结出构造和析构的执行规律了吗？

**分析**：在创建单继承的派生类对象时，首先构造其基类部分，再构造派生类，这一点对多继承同样适用。

当一个派生类有多个父类时，哪个父类的成员先构造呢？

影响的因素可能是继承的顺序，也可能是派生类的构造函数初始化列表的顺序。在该程序中，不难发现这两个顺序不一样，所以查看本程序的输出结果，就可判断出哪个顺序决定派生类的构造顺序。

我们发现输出结果的前三行分别为基类 Waiter 的构造、基类 Singer 的构造和派生类 SingerWaiter 的构造，这和派生类对基类的继承顺序相同，而和派生类的构造函数初始化列表的顺序不同。因此得出结论：多继承的构造顺序是先基类后派生类，而基类的构造顺序和派生类对基类的继承顺序一致，和派生类的构造函数初始化列表的顺序无关。

观察程序后三行的输出结果，可得出析构的顺序和构造的顺序正好相反。

**结论**：多继承的派生类对象的构造顺序是首先按继承的顺序执行基类的构造，然后是派生类对象的构造，析构的顺序正好相反。

## 6.2.5 名字隐藏

在 C++ 中，无论何时在派生类中重新定义基类中的一个重载函数，在派生类中该函数的所有其他版本都会被自动隐藏。

【例 6-12】名字隐藏案例。

```
1. // sixth_12.cpp
2. #include <iostream>
```

```
3.  #include <string>
4.  using namespace std;
5.  class Base {                                    // 基类
6.  public:
7.      int f() const
8.      {    cout << "Base::f()\n";
9.          return 1;
10.     }
11.     int f(string) const { return 1; }
12.     void g() {}
13. };
14. class Derived1 : public Base {                  // 派生类1
15. public:
16.     void g() const {}
17. };
18. class Derived2 : public Base {                  // 派生类2
19. public:
20.     int f() const                               // 重定义
21.     {
22.         cout << "Derived2::f()\n";
23.         return 2;
24.     }
25. };
26. class Derived3 : public Base                    // 派生类3
27. {
28. public:
29.     void f() const { cout << "Derived3::f()\n"; } // 重定义, 改变了返回值
30. };
31. class Derived4 : public Base {                  // 派生类4
32. public:
33.     int f(int) const                            // 重定义, 改变了参数
34.     {
35.         cout << "Derived4::f()\n";
36.         return 4;
37.     }
38. };
39. int main()
40. {
41.     string s("hello");
42.     Derived1 d1;
43.     int x = d1.f();
44.     d1.f(s);
45.     Derived2 d2;
46.     x = d2.f();
47.     //d2.f(s);                                   // 错误, 被隐藏了, 改为下面的语句则正确
48.     d2.Base::f(s);                               // 正确
49.     Derived3 d3;
50.     //x = d3.f();                                // 错误, 被隐藏了, 改为下面的语句则正确
51.     x = d3.Base::f();                            // 正确, 可以运行
52.     Derived4 d4;
53.     //x = d4.f();                                // 错误, 被隐藏了, 改为下面的语句则正确
54.     x = d3.Base::f();                            // 正确, 可以运行
55.     x = d4.f(1);
56. }
```

编译并运行该程序, 程序的运行结果如下:

```
Base::f()
Derived2::f()
Base::f()
Base::f()
Derived4::f()
```

**分析：** 阅读程序，发现在基类 Base 中定义了一个重载函数 f，在派生类 Derived2、Derived3 和 Derived4 中均对函数 f 以不同的形式进行了重新定义。

主函数中对函数 f 调用时注释为错误的语句说明该语句在编译时有错，而正确的语句均与派生类对函数 f 重定义的形式对应，所以这就验证了上面的说法，即"无论何时重新定义基类中的一个重载函数，在派生类中该函数的所有其他版本都会被自动隐藏"。

但请注意，这些基类中被隐藏的函数实际上被派生类继承了，只是被隐藏了，若想要对基类中被隐藏的函数进行调用，只需要加作用域"::"限定符以避免二义性，就能正确编译，正如本案例中的做法，请观察主函数中注释为正确的语句的表示方式。

## 6.3 继承与组合

在 C++ 中，对于一个既有继承又有组合的类，其对象的构造要执行一系列的构造函数，顺序为：

1）调用基类的构造函数，调用顺序按照它们被继承时声明的顺序（从左向右）。

2）调用成员对象的构造函数，调用顺序按照它们在类中声明的顺序。

3）派生类的构造函数体中的内容。

4）析构的顺序正好相反。

**【例 6-13】** 既有继承又有组合的案例。为方便理解，每个类都增加了相应的构造函数和析构函数，并增加了相应的输出语句。

```cpp
// sixth_13.cpp
1. #include <iostream>
2. using namespace std;
3. class CB
4. {
5.     int b;
6. public:
7.     CB(int n)
8.     {   b=n;
9.         cout<<"CB is constructed"<<b<<endl;
10.    }
11.    ~CB() {cout<<"CB is destructed"<<endl;}
12. };
13. class CC
14. {
15.     int c;
16. public:
17.     CC(int n1,int n2)
18.     {   c=n1;
19.         cout<<"CC is constructed"<<c<<endl;
20.    }
21.    ~CC(){cout<<"CC is destructed"<<endl;}
22. };
23. class CD:public CB,public CC        // 继承
```

```
24.  {
25.      int d;
26.      CB a;                               // 对象成员
27.  public:
28.      CD(int n1,int n2,int n3,int n4,int n5):a(n1),CC(n2,n3),CB(n4)
29.      {
30.          d=n5;
31.          cout<<"CD is constructed"<<endl;
32.      }
33.      ~CD(){cout<<"CD is destructed"<<endl;}
34.  };
35.  void main(void)
36.  {
37.      CD CDobj(2,4,6,8,10);
38.  }
```

编译并运行该程序，程序的运行结果为：

```
CB is constructed8
CC is constructed4
CB is constructed2
CD is constructed
CD is destructed
CB is destructed
CC is destructed
CB is destructed
```

请结合上面的规则首先分析程序运行结果，然后对照你的分析结果和程序的实际输出结果，若一致，则说明已理解，若不一致，则说明需要再次学习。

## 6.4 本章小结

- 组合是一个类的对象可以作为另一个类的数据成员，是代码重用的一种方式。组合对象的构造包括其成员对象的构造和其自身的构造，顺序是先构造组合类的成员对象，再构造组合对象自身，构造成员对象时需要的参数需要通过组合类的构造函数来传递。析构顺序正好相反。

- 在一个已有类的基础上派生出一个新类的过程称为继承，被继承的类称为基类，新派生的类称为派生类，派生类在继承的基础上可增加特有的数据成员或函数，也可以重新定义继承来的函数，从而解决新问题。基类的构造函数和析构函数不能被继承，如果需要构造函数和析构函数，派生类需要定义自己的构造函数和析构函数。

- 派生类的初始化涉及继承的基类部分的数据和自己新增加的数据，因此，要执行一系列的构造函数。顺序是先执行基类的构造，然后执行派生类自身成员对象的构造，最后是派生类的构造，其中基类的构造需要派生类的构造函数传递参数，派生类如果没有显式调用基类的构造函数，则调用基类的默认构造函数。析构顺序正好相反。

## 6.5 习题

**一、选择题**（以下每题提供四个选项 A、B、C 和 D，只有一个选项是正确的，请选出正确的选项）

1. 考虑如下的类 BaseX 和 DerivedX：

```
class BaseX{
    public :
        int i;
    protected:
        int j;
    private:
        int k;
};
class DerivedX: public BaseX
{
    public:
        fun();
};
```

类 BaseX 中的成员（      ）可以被 fun() 访问。

A. i, j, k;              B. i, j;              C. i;              D. j, k;

2. 下面对派生类的描述中，正确的是（      ）。

A. 一个派生类不可以作为另外一个派生类的基类

B. 派生类只能有一个基类

C. 派生类的成员除了它自己的成员外，还可以包含它的基类的成员

D. 派生类中继承的基类成员的访问权限在派生类中保持不变

3. 下面的叙述正确的是（      ）。

A. 基类的公有成员在派生类中仍然是公有的

B. 在公有继承时，基类的公有成员在派生类中仍然是公有的

C. 在私有继承时，基类的公有成员在派生类中仍然是公有的

D. 在受保护继承时，基类的公有成员在派生类中仍然是公有的

4. 当受保护继承时，基类的哪些成员不能通过派生类的对象来直接访问？（      ）

A. 任何成员                          B. 公有成员和受保护成员

C. 公有成员和私有成员                D. 私有成员

5. 派生类中的成员函数不能直接访问的是基类中的（      ）。

A. 私有成员          B. 公有成员          C. 受保护成员          D. 受保护成员或私有成员

6. 在派生类构造函数的初始化列表中不能包含（      ）。

A. 基类的构造函数                    B. 基类的对象成员的初始化

C. 派生类对象成员的初始化            D. 派生类中一般数据成员的初始化

7. 有如下类定义：

```
class Base
{   int i;
public:
    void set(int ii){ i=ii; }
    int get() { return i; }
};
class Derived :protected Base{
protected:
    int j;
public:
    void set(int ii, int jj){ Base :: set(ii); j=jj; }
    int get(){ return Base :: get()+j; }
};
```

则类 Derived 中受保护的数据成员和受保护的成员函数的个数分别是（    ）。

A. 2, 2                B. 2, 1                C. 1, 1                D. 1, 0

8. 有如下程序：

```cpp
#include <iostream>
using namespace std;
class A
{public:
    ~A() { cout << "~A"; }
};
class B
{public:
    ~B() { cout << "~B"; }
};
class C : public A
{    B b;
public:
    ~C() { cout <<"~C"; }
};
void main() { C c; }
```

执行后的输出结果是（    ）。

A. ~C~B~A            B. ~B~A~C            C. ~A~C~B            D. ~A~B~C

9. 有如下程序：

```cpp
#include <iostream>
using namespace std;
class A
{public:
    A (){ cout<<"A"; }
};
class B: public A
{    A a;
public:
    B(){ cout<<"B"; }
};
void main(){B b;}
```

执行后的输出结果是（    ）。

A. ABA                B. BAA                C. AAB                D. BBA

10. 有如下程序：

```cpp
#include <iostream>
using namespace std;
class A
{public:
    A() {cout<< "A";}
    ~A(){cout<<"~A";}
};
class B : public A
{    A* p;
public:
    B() {cout<< "B";p=new A();}
    ~B(){cout<<"~B";delete p;}
};
```

```
void main()
{ B obj; }
```

执行这个程序的输出结果是（　　　）。

 A. BAA~B~A   B. ABA~B~A~A   C. BAA~B~A~A   D. ABA~A~B~A

11. 设有以下定义：

```
#include <iostream>
using namespace std;
class A1
{public:
    void show1() { cout<<"class A1"<<endl; }
};
class A2: public A1
{public:
    void show2() { cout<<"class A2"<<endl; }
};
class A3: protected A2
{public:
    void show3() { cout<<"class A3"<<endl; }
};

void main()
{   A1 obj1;
    A2 obj2;
    A3 obj3;
    … }
```

以下不合法的调用语句是（　　　）。

 A. `obj1.show1();` B. `obj2.show1();` C. `obj3.show1();` D. `obj2.show2();`

12. 下列关于虚基类的描述，错误的是（　　　）。

 A. 设置虚基类是为了消除二义性

 B. 虚基类的构造函数在非虚基类之后调用

 C. 若同一层中包含多个虚基类，这些虚基类的构造函数按它们说明的次序调用

 D. 若虚基类由非虚基类派生而来，则仍然先调用基类构造函数，再调用派生类的构造函数

13. 在 C++ 中，类与类之间的继承关系具有（　　　）。

 A. 自反性   B. 对称性   C. 传递性   D. 反对称性

14. 不论派生类以何种方式继承基类，都不能直接访问基类的（　　　）。

 A. `public` 成员      B. `private` 成员

 C. `protected` 成员     D. `public` 成员和 `protected` 成员

15. 在创建派生类对象时，构造函数的执行顺序是（　　　）。

 A. 对象成员构造函数、基类构造函数、派生类本身的构造函数

 B. 派生类本身的构造函数、基类构造函数、对象成员构造函数

 C. 基类构造函数、派生类本身的构造函数、对象成员构造函数

 D. 基类构造函数、对象成员构造函数、派生类本身的构造函数

**二、读程序并写出程序的运行结果**

```
1. #include <iostream>
   using namespace std;
   class base
   {public:
```

```
        base(){cout<<"constructing base class"<<endl;}
        ~base(){cout<<"destructing base class"<<endl;}
    };
    class subs:public base
    {
        base a;
    public:
        subs(){cout<<"constructing sub class"<<endl;}
        ~subs(){cout<<"destructing sub class"<<endl;}
    };
    void main()
    {subs s;}
```

2. 
```
#include <iostream>
using namespace std;
class base
{   int n;
public:
    base(int a)
    {   cout<<"constructing base class"<<endl;
        n=a;
        cout<<"n="<<n<<endl;
    }
    ~base(){cout<<"destructing base class"<<endl;}
};

class subs:public base
{   base bobj;
    int m;
public:
    subs(int a,int b,int c):base(a),bobj(c)
    {   cout<<"constructing sub class"<<endl;
        m=b;
        cout<<"m="<<m<<endl;
    }
    ~subs(){cout<<"destructing sub class"<<endl;}
};

void main()
{ subs s(1,2,3); }
```

3. 
```
#include <iostream>
using namespace std;
class A
{public:
    int n;
};
class B: public A{};
class C: public A{};
class D: public B,public C {};
void main()
{   D d;
    d.B::n=10;
    d.C::n=20;
    cout<<d.B::n<<","<<d.C::n<<endl;
}
```

4. 
```
#include <iostream>
using namespace std;
```

```
   class base1
   {public:
       base1(int i=0) {cout<<"constructing base1,"<<i<<endl; }
       ~base1(){cout<<"destructing base1"<<endl;}
   };

   class base2
   {public:
       base2(int i=0) {cout<<"constructing base2,"<<i<<endl;}
       ~base2(){cout<<"destructing base2"<<endl; }
   };

   class base3
   {public:
       base3(int i=0) {cout<<"constructing base3,"<<i<<endl;}
       ~base3(){cout<<"destructing base3"<<endl;}
   };

   class derived:public base1,public base2,public base3
   {public:
       derived(int a,int b,int c,int d): base1(a),memberbase2(d),memberbase1(c),base2
(b){}
   private:
       base1 memberbase1;
       base2 memberbase2;
       base3 memberbase3;
   };
   void main()
   {derived obj(1,2,3,4);}
```

5. 
```
   #include <iostream>
   using namespace std;
   class A
   {public:
       A() { cout<<"A\n"; }
       ~A() { cout<<"~A\n"; }
   };

   class B:public A
   {public:
       B() { cout<<"B\n"; }
       ~B() { cout<<"~B\n"; }
   };
   int main(int argc, char* argv[])
   {
       A* a = new B;
       delete a;return 0;
   }
```

6. 
```
   #include <iostream>
   using namespace std;
   class A
   {public:
        int  n;
   };
   class B:virtual public A{};
   class C:virtual public A{};
   class D:public B,public C
```

```
{public:
    int getn(){return B::n;}
};
void main()
{   D d;
    d.B::n=10;
    d.C::n=20;
    cout<<d.B::n<<","<<d.C::n<<endl;
    cout<<d.getn()<<endl;
}
```

**三、编程题**

1. 定义图形类 Shape，它的成员函数有求面积的函数和求周长的函数，没有数据成员。在此类的基础上派生出三角形类和圆类，并具体求相应对象的面积和周长。编写主函数，测试相应程序。

2. 定义一个汽车类 Car，它的数据成员有重量和速度，成员函数包括用来设置数据成员的值的 set 函数，用来获取数据成员的值的 get 函数以及一个构造函数。定义一个跑车类 Sportcar，它在继承 Car 的基础上增加了数据成员颜色，成员函数 set 对颜色进行设置，成员函数 get 获取其值。编写主函数，测试你写的程序。

3. 组合的练习。编写一个日期类，包含数据成员年、月、日；编写一个大学生类，其数据成员有姓名、出生日期、性别、专业、班级。自行设计两个类的成员函数，输出学生的信息。

# 第7章 多 态

多态是面向对象程序设计的重要特征之一。所谓多态（polymorphism），就是指一个函数名有多个函数体，不同的语境对应的函数体不同。在 C++ 中，多态的实现有两种形式，即静态多态和动态多态。

静态多态通过函数重载和运算符重载来实现（详见第 3 章和第 5 章），静态多态的特点是在编译阶段编译器根据相应函数的参数个数和类型来确定对应函数的函数体。

动态多态则指函数调用在编译阶段无法确定自身与函数体之间的联系，只有当执行到相应的语句时才能确定函数名对应的函数体，因此叫动态多态。

动态多态与类的继承和虚函数相关，本章重点讲述虚函数、动态多态、纯虚函数、抽象类等。

## 7.1 虚函数

要实现动态多态，一个关键的步骤是定义类的某个成员函数是虚函数，虚函数的定义格式为：

```
virtual   返回值类型    函数名（参数列表）
{    函数体   }
```

其中，virtual 是关键字，用来声明类的某个函数为虚函数，函数其他部分的说明与普通成员函数的说明相同。

**说明：** 虚函数必须为类的成员函数，且不能是静态成员函数和构造函数。

为了说明虚函数的意义，请看下面的案例，然后引出虚函数的必要性。

【例 7-1】一个典型的点和圆的继承关系。

```cpp
1. // seventh_1.cpp
2. #include <iostream>
3. using namespace std;
4. const double PI=3.14;
5. class point
6. {    int x,y;
7. public:
8.      point(int x1=0,int y1=0){x=x1;y=y1;}
9.      double   area() { return 0.0; }            // 求面积的函数
10.     double perimeter(){return 0.0;}            // 求周长的函数
11. };
12. class circle: public point
13. {    double radius;
14. public:
15.     circle(int x1,int y1,double r):point(x1,y1)
16.     {  radius=r;  }
17.     double area()  {  return PI*radius*radius; }    // 重写面积函数
18.     double perimeter()  {  return 2*PI*radius; }    // 重写周长函数
19. };
```

```
20. void main()
21. {    point p1(10,10);
22.      point  *p=&p1;
23.      cout<<"p1.area()="<<p->area()<<endl;
24.      cout<<"p1.perimeter()="<<p->perimeter()<<endl;
25.      circle  c1(0,0,1);
26.      p=&c1;
27.      cout<<"c1.area()="<<p->area()<<endl;
28.      cout<<"c1.perimeter()="<<p->perimeter()<<endl;
29. }
```

编译并运行该程序，程序的输出结果如下。

对应语句行号    对应输出结果

| 23 | p1.area()=0 |
| 24 | p1.perimeter()=0 |
| 27 | c1.area()=0 |
| 28 | c1.perimeter()=0 |

**分析**：这是一个简单的继承与派生的例子，点类被圆类继承。在阅读主函数时，我们发现当 point 类型的指针 p 指向 point 类型的对象 p1 时，利用指针 p 访问成员函数 area，输出的面积为 0（具体请看第 23 行的输出结果），这是我们所能理解的。但是，当 point 类型的指针 p 指向派生类 circle 类型的对象 c1 时，利用指针 p 访问成员函数 area，输出的半径为 1 的圆的面积仍然是 0（请看第 27 行的输出结果），而不是 3.14。同理可分析求周长的函数。显然这不是我们想要的效果。

我们想要达到的效果是 p 指向哪个对象，当访问该对象的成员函数 area 时，输出的结果就是哪个对象的面积。也想周长的输出达到这种效果，怎么解决呢？

要解决以上问题，方法就是利用动态多态，而动态多态实现的基础是虚函数，因此将上例的基类 Point 中的成员函数 area 和 perimeter 定义成虚函数，重新编译该程序。具体修改例 7-1 中源代码的第 9 行和第 10 行如下。

```
1. // seventh_1_1.cpp
2. #include <iostream>
3. using namespace std;
4. const double PI=3.14;
5. class point
6. {    int x,y;
7. public:
8.      point(int x1=0,int y1=0){x=x1;y=y1;}
9.      virtual double  area() { return 0.0; }           // 虚函数
10.     virtual double perimeter(){return 0.0;}          // 虚函数
11. };
12. class circle:public point
13. {    double  radius;
14. public:
15.      circle(int x1,int y1,double r):point(x1,y1)
16.      {  radius=r;  }
17.      double area()  {  return PI*radius*radius; }     // 重写面积函数，仍为虚函数
18.      double perimeter() {  return 2*PI*radius; }      // 重写周长函数，仍为虚函数
19. };
20. void main()
21. {    point p1(10,10);
22.      point  *p=&p1;
```

```
23.     cout<<"p1.area()="<<p->area()<<endl;
24.     cout<<"p1.perimeter()="<<p->perimeter()<<endl;
25.     circle  c1(0,0,1);
26.     p=&c1;
27.     cout<<"c1.area()="<<p->area()<<endl;
28.     cout<<"c1.perimeter()="<<p->perimeter()<<endl;
29. }
```

重新编译并运行该程序，程序的输出结果如下。

对应语句行号　　对应输出结果

```
23              p1.area()=0
24              p1.perimeter()=0
27              c1.area()=3.14
28              c1.perimeter()=6.28
```

**分析**：显然，通过修改，目的达到了。那么编译器是怎么做到的呢？

这里涉及两个概念：静态编译和动态编译。

一个高级语言源程序在编辑完成后，一般需要编译、链接才能生成可执行程序，编译的任务是编译器检查程序的语法语义，若没有错误，则生成目标文件。**静态多态的编译**就是编译器在编译阶段根据函数的参数个数或类型确定函数调用与函数体之间对应关系的过程。

本例中，第 23 和 27 行语句对应的是同样的函数调用 p->area()，p 为 point 类型的指针，而且 area() 的参数个数及类型均相同，**编译器为什么却访问了不同的函数体呢？这是怎么做到的呢？**

**答案**是在此处编译器在编译阶段根本就没有确定 p->area() 对应的函数体，它采用了动态编译。所谓动态编译就是 CPU 在执行到相应语句那一刻才确定函数体是谁。编译器为什么直到执行那一刻才确定 area() 对应的函数体呢？

原因是在本例中 area 函数用关键字 virtual 进行了声明，因此它为虚函数，这就告诉编译器该函数的函数体要等到运行时再确定。

在运行时，第 23 行语句的指针 p 指向的是对象 p1，因此它访问 p1 对象的成员函数 area 的函数体，输出 p1.area()=0。而执行到第 27 行语句时，p1 指向派生类对象 c1，此时它访问到的 area 函数体是 c1 对象的成员函数体 area，因此输出 c1 对象的面积，即 c1->area()=3.14。同理可分析求周长的函数。

**因此，动态多态实现的基本条件为：**

1）动态多态通过虚函数实现。

2）动态多态要在继承的基础上才能实现。

3）动态多态要利用基类的指针（或引用）指向（或引用）派生类对象，最后，通过该指针（引用）访问虚函数。

**下面是对虚函数的几点说明：**

1）类的成员函数可以定义为虚函数，但全局函数、类的友元函数、类的静态成员函数和构造函数不能定义为虚函数。

2）如果在派生类中要对基类的某个成员函数进行重写，则建议将基类中相应的成员函数定义为虚函数。

3）在派生类中重写虚函数时，**函数原型与基类中的函数原型要完全相同才能保持其虚函数的特性**，即函数的返回值类型、函数名、函数的参数个数及类型都要和基类中的完全一样，此时，关键字 virtual 可省略。否则，在派生类中该函数将丧失虚函数的特性。

例如，若将上例中的派生类 circle 中的 area 函数（第 17 行）的定义改成下列形式，则 area 函数在 circle 中将变为普通函数。

```
double area(double pi)        // 函数原型变了，因此将丧失虚函数的特性
{    return pi*radius*radius; }
```

原因是派生类中 area 函数的原型与基类 Point 中 area 函数的原型不一致。重新编译并运行程序的结果如下。

对应语句行号     对应输出结果

```
23              p1.area()=0
24              p1.perimeter()=0
27              c1.area()=0
28              c1.perimeter()=6.28
```

显然第 27 行语句采用的是静态编译，系统访问到的是基类中的 area 函数，而不是派生类中的 area 函数，这说明派生类中的 area 函数已经不是虚函数了。

4）一个虚函数无论被公有继承多少次，它仍然保持虚函数的特性。

5）动态多态通过基类的指针或引用来访问虚函数，如果用对象名的形式来访问虚函数，将采用静态编译，即编译器将根据对象的类型确定访问的是哪个函数。

假如，将上例中的标识符 p1 定义为 point 类型的对象，第 26 ～ 28 行的语句改为如下三条语句：

```
p1=c1;                        // 派生类对象
cout<<"c1.area()="<<p1.area()<<endl;
cout<<"c1.perimeter()="<<p1.perimeter()<<endl;
```

重新编译并运行该程序，则程序的输出结果如下。

对应语句行号     对应输出结果

```
23              p1.area()=0
24              p1.perimeter()=0
27              c1.area()=0
28              c1.perimeter()=0
```

显然，将派生类对象赋值给基类对象 p1 后，访问虚函数 area 和 perimeter 时，并没能达到动态多态的效果，直接执行的是基类中的函数。这是因为编译器在遇到对象访问函数时，它不管函数是什么函数，在编译阶段直接根据对象的类型确定访问的函数体，而 p1 为基类对象，所以访问的就是基类中 area 和 perimeter 的函数体。

提示：当基类的指针或引用指向派生类对象时，要实现多态，其访问的函数需要在基类和派生类中均为虚函数，否则不能实现多态。

【例 7-2】要实现多态，访问的函数必须在基类和派生类中同为虚函数。

```
    // seventh_2.cpp
1. #include <iostream>
2. using namespace std;
3. const double PI=3.14;
4. class point
5. {    int x,y;
6. public:
```

```
7.      point(int x1=0,int y1=0){x=x1;y=y1;}
8.      double  area() { return 0.0; }                          //不是虚函数
9.      double perimeter(){return 0.0;}                          //不是虚函数
10. };
11. class circle:public point
12. {   double  radius;
13. public:
14.     circle(int x1,int y1,double r):point(x1,y1)
15.     {   radius=r;  }
16.     virtual double area()  {  return PI*radius*radius; }   //重写面积函数，虚函数
17.     virtual double perimeter()  {  return 2*PI*radius; }   //重写周长函数，虚函数
18. };
19. void main()
20. {   point *p;
21.     circle  c1(0,0,1);
22.     p=&c1;                                                  //基类指针指向派生类
23.     cout<<"c1.area()="<<p->area()<<endl;
24.     cout<<"c1.perimeter()="<<p->perimeter()<<endl;
25. }
```

请重点关注该程序中加粗部分的代码与例 7-1 的区别。编译并运行该程序后，结果为：

对应语句行号    对应输出结果

```
23              c1.area()=0
24              c1.perimeter()=0
```

**分析**：在该案例中，基类 point 中的成员函数 area 和 perimeter 均为普通的成员函数，派生类 circle 的成员函数 area 和 perimeter 与基类相应的函数原型一致，都是虚函数。程序第 22 行使得基类的指针 p 指向了半径为 1 的派生类对象 c1，但程序第 23 行和第 24 行的输出结果并不是对象 c1 的面积和周长。

这验证了要实现多态必须要满足以下条件：

1）基类的指针或引用指向派生类对象。

2）通过指针访问的函数在基类和派生类中均为虚函数，否则不能实现多态。

动态多态就好像是家里的遥控器，当我们将遥控器指向电视机时，我们遥控的是电视机，当将遥控器指向冰箱时，遥控的是冰箱。对一个遥控器采用相同的操作方式，可以操作不同的对象，功能是不是很强？这里指向基类的指针（引用）就是那个遥控器，将对象的地址赋值给指针，就相当于将遥控器指向电视机还是冰箱的动作，而某个按钮就相当于虚函数。

**提示**：C++ 中不能定义虚构造函数，因为开始调用构造函数时对象还没有实例化，但可以定义虚析构函数，**而且通常把析构函数声明成虚析构函数。**

虚析构函数的定义格式如下：

```
virtual  ~类名(){…}
```

**【例 7-3】**本案例说明虚析构的必要性，请通过程序总结虚析构带来的好处。

```
1. // seventh_3.cpp
2. #include <iostream>
3. using namespace std;
4. class A
5. {   int *r;
```

```
6.  public:
7.      A()
8.      {    r=new int;        // 分配内存
9.           cout<<"A created"<<endl;
10.     }
11.     ~ A()
12.     {    delete r;         // 回收内存
13.          cout<<"A died"<<endl;
14.     }
15. };
16. class B:public  A
17. {    int *p;
18. public:
19.     B()
20.     {    p=new int;        // 分配内存
21.          cout<<"B created"<<endl;
22.     }
23.     ~ B()
24.     {    cout<<"B died"<<endl;
25.          delete p;         // 回收内存
26.     }
27. };
28. void main()
29. {    A  *b=new  B();
30.      delete  b;    }
```

编译并运行该程序，程序的输出结果为：

```
A created
B created
A died
```

**分析**：为了验证构造函数和析构函数的执行，该程序的每个类中均增加了带有输出语句的构造函数和析构函数。

显然主函数中利用 new 创建了一个 B 类型的派生类对象，并且令基类 A 的指针 b 指向这个对象，程序输出的前两行结果证明了派生类对象的创建。但是当执行主函数的语句"delete  b;"时，在显示器上输出的第 3 行结果表明基类部分析构完成，但派生类自身没有析构，这就意味着有内存资源被忘记回收了，**为什么**？

原因在于基类 A 的析构函数是普通的析构函数，在执行"delete  b;"时，编译器根据 b 的类型确定了要执行的析构函数为基类 A 的析构函数，因此只析构了基类部分，而派生类没有析构。要避免这种现象的产生，方法很简单，只需要将基类 A 中的析构函数定义成虚析构函数就可以。修改该程序中第 11 行基类 A 的析构函数如下，其他部分不变：

```
virtual ~ A()  // 虚析构
```

重新编译并运行程序，程序的输出结果为：

```
A created
B created
B died
A died
```

显然，第一步是派生类对象的创建，首先执行基类的构造，然后是派生类对象自身的构造。而析构过程刚好相反，主函数输出的四条信息证明了这一点。这说明主函数创建了一个派生类对象，然后又析构了一个派生类对象，所有资源均被回收，达到了我们想要的效果。也就是说，在主函数执行到语句"delete b；"时，实现了动态多态，此时，编译器才根据 b 指向的对象是谁，确定析构函数体。

【例7-4】动态多态综合案例。一个虚函数不管被子孙后代继承多少次，只要保持函数原型不变，则它的虚函数特性不变。

```
1. // seventh_4.cpp
2. #include <iostream>
3. using namespace std;
4. const double PI=3.14;
5. class Point                                      // 点类
6. {protected:
7.     int x,y;
8. public:
9.     Point(int x1=0,int y1=0){x=x1;y=y1;}
10.    virtual double  area() { return 0.0; }       // 面积虚函数
11.    virtual double perimeter(){return 0.0;}       // 周长虚函数
12.    virtual double volume()  {return 0.0;}        // 体积虚函数
13. };
14. class Circle: public Point                       // 圆类继承了点类
15. {protected:
16.     double  radius;
17. public:
18.     Circle(int x1,int y1,double r):Point(x1,y1)
19.         {  radius=r;  }
20.     double area()  {  return PI*radius*radius; }  // 重写面积函数，仍为虚函数
21.     double perimeter()  {  return 2*PI*radius; }  // 重写周长函数，仍为虚函数
22. };
23. class Ball:public Circle                          // 球类继承了圆类
24. {public:
25.     Ball(int x1,int y1,double r):Circle(x1,y1,r) {}
26.     double  area() { return  4*PI*radius*radius; } // 重写面积函数，仍为虚函数
27.     double  volume() {return 4.0/3*PI*radius*radius*radius;}// 重写体积函数，仍为虚函数
28. };
29. void main()
30. {   Circle  a(0,0,1);
31.     Point  *p=&a;
32.     cout<<"a.area()="<<p->area()<<endl;
33.     cout<<"a.perimeter()="<<p->perimeter()<<endl;
34.     Ball b(0,0,1);
35.     Point &r=b;
36.     cout<<"b.area()="<<r.area()<<endl;
37.     cout<<"b.volume()="<<r.volume()<<endl;
38. }
```

编译并运行该程序，结果如下。

对应语句行号　　对应输出结果

```
32              a.area()=3.14
33              a.perimeter()=6.28
36              b.area()=12.56
37              b.volume()=4.18667
```

　　**分析**：该源程序中有 3 个类，它们是一个类族，角色分别是爷爷类 Point、父亲类 Circle 和儿子类 Ball。显然爷爷类提供的 3 个成员函数 area、perimeter 和 volume

均为虚函数。在父亲类 Circle 中对 area 和 perimeter 函数进行了重写，由于函数原型和爷爷类 Point 中的一致，因此，类 Circle 中的成员函数 area 和 perimeter 仍是虚函数。而 volume 在 Circle 中没有重写，所以它自然在 Circle 中仍是虚函数。再看儿子类 Ball，它对 area 和 volume 进行了重写并保持函数原型不变，所以它们均是虚函数。

在主函数中，基类的指针 p 指向派生类对象，且访问虚函数，因此实现了动态多态——指向谁，执行的就是谁的动作。同理，基类的引用 r 引用孙子辈的对象 b 时，访问的也都是虚函数，实现的自然是动态多态——引用谁就执行谁的操作。

**提示：** 虚函数只要在基类的子孙后代中保持函数原型不变，则它的虚函数特性将一直遗传下去。

## 7.2　纯虚函数

有时，定义一个类的目的只是想要为它的子孙后代提供统一的接口，这种类中声明的一些函数可能无法给出具体的函数实现，具体的函数实现往往需要留给它的子孙辈的类去完成，这时就可以定义相关函数为**纯虚函数**。纯虚函数定义的一般语法为：

```
virtual    返回值类型    函数名（参数列表）=0;
```

其中，包含纯虚函数的类叫**抽象类**。若一个类的所有成员函数都是纯虚函数，则该类叫**纯抽象类**。

**对抽象类的说明：**

1）抽象类只能作为其他类的基类，不能建立抽象类的对象，因为它的纯虚函数没有实现。

2）抽象类的对象不能作为函数的参数、函数的返回值或显式转换类型，但抽象类的指针或引用可作为函数的参数。

3）若抽象类的派生类没有给出所有纯虚函数的函数体，则这个派生类仍是一个抽象类。

**【例 7-5】** 纯虚函数案例

```cpp
1. // seventh_5.cpp
2. #include <iostream>
3. using namespace std;
4. const double PI=3.14;
5. class Shape                    //形状类，高度抽象，无法给出相应成员函数的具体操作
6. {public:
7.     virtual double area()=0;   //纯虚函数
8. };
9. class Circle:public Shape      //圆类，具体类
10. {   double  radius;
11. public:
12.     Circle(double r) {   radius=r;   }
13.     double area() {return PI*radius*radius;}
14. };
15. class Rectangle:public Shape   //长方形类
16. {   double  w,h;
17. public:
18.     Rectangle (double w1,double h1) {   w=w1;h=h1;   }
19.     double area() {return w*h;}
20. };
21. void main()
22. {   //Shape   a1; 错误，纯虚函数不能创建对象
23.     Circle  c1(10);
24.     Shape *p=&c1;
```

```
25.        cout<<"P->area()="<<p->area()<<endl;
26.        Rectangle d1(3,4);
27.        Shape & q=d1;
28.        cout<<"q.area()="<<q.area()<<endl;
29. }
```

编译并运行该程序，程序的输出结果如下。

对应语句行号　　对应输出结果

```
25              P->area()=314
28              q.area()=12
```

**分析**：在本程序中，Shape 类中含有纯虚函数 area，不能创建对象，所以在主函数中对应第 22 行的语句被注释掉了。

在派生类 Circle 及 Rectangle 中实现了纯虚函数，因此，第 25 行和第 28 行的函数调用实现了多态，分别输出了半径为 10 的圆的面积以及边长为 3 和 4 的长方形的面积。

在抽象类 Shape 的基础上可定义更多的图像类来求更多图形的面积，使每个图形都有统一的对外接口。

**注意**：当一个基类中的函数并不需要在其子孙后代的派生类中被重写时，则没有必要将其定义成虚函数，因为动态多态毕竟会使系统开销增大。

## 7.3　本章小结

- 虚函数会触发动态绑定机制，虚函数一般在派生类中会被重写，当用基类的指针或引用访问虚函数时，编译器将在程序运行阶段确定执行哪个函数体。
- 如果基类中定义的函数需要在派生类中重写，则最好定义为虚函数，类中的析构函数最好定义为虚析构函数。
- 包含纯虚函数的类是抽象类，抽象类不能创建对象，抽象类的对象不能作为函数的参数、函数的返回值或显式转换类型，但抽象类的指针或引用可作为函数的参数，而且往往用抽象类的指针或引用作为函数参数而不用其派生类的指针或对象，这能够增强程序的可扩展性。

## 7.4　习题

**一、选择题**（以下每题提供四个选项 A、B、C 和 D，只有一个选项是正确的，请选出正确的选项）

1. 在 C++ 中，实现动态绑定必须使用（　　　）调用虚函数。

　　A. 类名　　　　　　　　B. 基类对象　　　　　　C. 派生类对象　　　　　D. 基类指针或引用

2. 下列函数中，可以定义为虚函数的是（　　　）。

　　A. 全局函数　　　　　　B. 构造函数　　　　　　C. 友元函数　　　　　　D. 非静态成员函数

3. 在派生类中重写一个虚函数时，要求函数名、参数的个数、参数的类型、参数的顺序和函数的返回值（　　　）。

　　A. 不同　　　　　　　　B. 相同　　　　　　　　C. 相容　　　　　　　　D. 部分相同

4. 下列选项中，（　　　）是正确的纯虚函数。

　　A. `void f(int n)=0;`　　　　　　　　　　　　　B. `virtual void f(int n)=0;`

　　C. `virtual void f(int n);`　　　　　　　　　　D. `virtual void f(int n){}`

5. 若一个类中含有纯虚函数，则该类称为（    ）。

    A. 基类               B. 纯基类               C. 派生类               D. 抽象类

6. 假设 A 为抽象类，下列声明中正确的是（    ）。

    A. `A f(int)`           B. `A*p`               C. `int f(A)`           D. `A obj`

7. 下列描述中正确的是（    ）。

    A. 虚函数是没有实现的函数               B. 纯虚函数是在基类中实现的

    C. 抽象类是只有纯虚函数的类            D. 抽象类指针可以指向其派生类对象

8. 如果一个类包含的函数都是纯虚函数，那么就称该类为（    ）。

    A. 纯抽象类          B. 虚基类              C. 派生类           D. 以上都不对

9. 下列关于纯虚函数和抽象类的描述中，错误的是（    ）。

    A. 纯虚函数是一种特殊的虚函数，它没有具体的定义

    B. 抽象类是指具有纯虚函数的类

    C. 一个基类中有纯虚函数，该基类的派生类一定不再是抽象类

    D. 抽象类只能作为基类来使用，其纯虚函数的定义由派生类给出

10. 下列描述中不是抽象类的特性的是（    ）。

    A. 可以说明虚函数                   B. 可以进行构造函数重载

    C. 可以定义友元函数                  D. 可以定义其对象

11. 抽象类应含有（    ）。

    A. 至多一个虚函数    B. 至少一个虚函数    C. 至多一个纯虚函数    D. 至少一个纯虚函数

12. 类 Derived 是类 Base 的公有派生类，类 Base 和类 Derived 中都定义了虚函数 f()，P 为 Base 类型的指针，但它指向 Derived 类型的对象，则 P->Base::f() 将（    ）。

    A. 调用类 Base 中的函数 f()

    B. 调用类 Derived 中的函数 f()

    C. 根据 P 所指向的对象类型来确定调用类 Base 中或类 Derived 中的函数 f()

    D. 链接错误

13. 对于类定义：

```
class Base
{ public:
    virtual void f1() {}
    void f2() {}
};
class Derived:public Base
{ public:
    void f1(){cout<<"class Derived f1"<<endl;}
    virtual void f2() {cout<<"class Derived f2"<<endl;}
};
```

    下列叙述中正确的是（    ）。

    A. `Base::f2()` 和 `Derived::f1()` 都是虚函数

    B. `Base::f2()` 和 `Derived::f1()` 都不是虚函数

    C. `Derived::f1()` 是虚函数，而 `Base::f2()` 不是虚函数

    D. `Derived::f1()` 不是虚函数，而 `Base::f2()` 是虚函数

14. 有下面一段程序：

```
#include <iostream>
```

```
using namespace std;
class Base
{ public:
     void fun1()  {   cout<<"Base"<<endl;   }
     virtual void fun2()  {   cout<<"Base"<<endl;   }
};

class Derived:public Base
{ public:
     void fun1() {   cout<<"Derived"<<endl;   }
     void fun2() {   cout<<"Derived"<<endl;   }
};
void f ( Base& b)
{
     b.fun1();
     b.fun2();
}
void main()
{
     Derived obj;
     f(obj);
}
```

执行这个程序, 输出结果是 (      )。

A. Base        B. Base        C. Derived        D. Derived

  Base          Derived         Derived         Base

15. 观察下面这段代码:

```
class ClassA
{
public:
     virtual  ~ ClassA(){   };
     virtual void FunctionA(){   };
};
class ClassB
{
public:
     virtual void FunctionB(){   };
};
class ClassC : public ClassA,public ClassB
{
};

ClassC  aObject;
ClassA* pA=&aObject;
ClassB* pB=&aObject;
ClassC* pC=&aObject;
```

关于 pA、pB、pC 的取值, 下面的描述中正确的是 (      )。

A. pA、pB、pC 的取值相同        B. pC=pA+pB

C. pA 和 pB 不相同        D. pC 不等于 pA, 也不等于 pB

**二、程序填空题。请根据题目要求填上适当的语句, 使程序达到相应的目的**

1. 在下面的划线上填上适当的语句, 使程序的输出结果为:

```
begin of A
begin of B
```

```
end of   B
end of   A
```

**源代码如下：**

```
#include <iostream>
using namespace std;
class A
{ public:
    A() {cout<<"begin of A"<<endl;}
    _____(1)_____{cout<<"end of A"<<endl;}
};
class B: publicA
{ public:
    B () {cout<<"begin of B"<<endl;;}
    ~ B() {cout<<"end of B"<<endl;}
};
void main()
{    A*pa=new B;
    _____(2)_____
}
```

2. 在划线处填上正确的语句，使程序的输出结果为 AD。

```
#include <iostream.h>
class Base
{ public:
    ___(1)___ fun1() { cout<<'A'; }
    ___(2)___ fun2() { cout<<'B'; }
};
class Derived : public Base
{ public:
    void fun1() { cout<<'C';}
    void fun2() { cout<<'D';}
};
int main()
{    Base *p=new Derived;
    p->fun1();
    p->fun2();
    delete p;
}
```

**三、读程序并写出程序的运行结果**

```
1. #include <iostream>
   using namespace std;
   class A {
   private:
       int nVal;
   public:
       void Fun()
           { cout << "A::Fun" << endl; }
       virtual void Do()
           { cout << "A::Do" << endl; }
   };
   class B:public A {
   public:
       virtual void Do()
       { cout << "B::Do" << endl; }
   };
```

```
class C:public B {
public:
    void Do()
    { cout <<"C::Do"<<endl; }
    void Fun()
    { cout << "C::Fun" << endl; }
};
void Call(A *p)
{
    p->Fun(); p->Do();
}

int main() {
    Call( new A());
    Call( new C());
    return 0;
}
```

2.
```
#include <iostream>
using namespace std;
class A
{public:
    A() { printf("A\n"); }
    virtual  ~A() { printf("~A\n"); }
};

class B:public A
{public:
    B() { printf("B\n"); }
    ~B() { printf("~B\n"); }
};
int main(int argc, char* argv[])
{
    A* a = new B;
    delete a;
    return 0;
}
```

### 四、编程题

1. 给出下面的抽象基类 container：

```
class container
{ protected:
    public:
        virtual double surface_area()=0;        // 求表面积的函数
        virtual double volume()=0;              // 求容积的函数
};
```

要求：设计容器 container 的派生类——正方体类 Cube 与球类 Ball，让每一个派生类都具体实现 surface_area() 和 volume()，分别用来计算正方体、球的表面积和体积。写出主函数，应用 C++ 的多态性，分别计算边长为 6.0 的正方体、半径为 5.0 的球体的表面积和体积。

2. 某高校教师的工资是按如下规定计算的：教师工资＝基本工资＋课时补贴。教授的基本工资为 6000 元，每个课时补贴 50 元；副教授的基本工资为 4000 元，每个课时补贴 40 元；讲师的基本工资为 3000 元，每个课时补贴 30 元。定义教师抽象类，派生不同职称的教师类。编写程序求若干个教师的月工资。

# 第8章 字　符　串

在程序设计过程中，经常会对字符序列进行处理，第 2 章中提到字符串常量是用双引号引起来的字符序列。可有时字符序列也是变化的量，因此如何存储和处理变化的字符串呢？答案是在 C 语言中用字符数组来存放字符串，在 C++ 中可以继续使用这种方法，同时 C++ 标准库中定义了 string 类，利用 string 对象也可以很方便地处理字符串。

本章将重点讲解字符数组、指向字符的指针、字符串处理函数以及 string 类及其成员函数。

## 8.1　C 语言中的字符串

### 8.1.1　字符数组

在 C 语言中，字符串常量是以双引号引起来的字符序列，例如 "abcd", "hello!123" 等，字符串常量在内存中按一维的字符类型数组来连续存储，并且在字符串的结尾处存储一个字符串结尾符 '\0'，当编译器遇到 '\0' 时会认为字符串结束，这就是 C 语言风格的字符串，C++ 对此完全兼容。因此，对于字符串，可以定义一个字符数组来存储它，具体的定义格式为：

```
char    字符数组标识符 [ 数组大小 ];
```

其中，字符数组标识符的命名规则需要符合标识符的命名规则，数组大小用来说明数组中可以存储的字符个数，和定义其他数组一样，它必须为整型常量或整型常量表达式。

例如：

```
char name[8];     // 定义一个可存储 8 个字符的字符数组
char address[20]; // 定义一个可存储 20 个字符的字符数组
```

**字符数组在定义的同时也可以赋初值。**

例如：

```
char    name[8] = "marry";
char    address[] = "Dalian";
char    book[] = { 'C','+','+' };
```

以上 3 个数组在内存中的存储结构如下：

| | | | | | | | |
|---|---|---|---|---|---|---|---|
| name: | m | a | r | r | y | \0 | |
| address: | D | a | l | i | a | n | \0 |
| book: | C | + | + | | | | |

**注意：**字符串常量的最后一个字符为 '\0'，因此数组 address 的长度为 7；而数组 book 的大小按照赋初值的字符的个数确定，因此其长度为 3，没有字符串的结束字符 '\0'，因而 book 不是 C 语言风格的字符串。请注意两种赋初值方式的不同。

下面的语句是错误的：

```
char   animal[4] = "elephant";        // error, 因字符串常量占用 9 个字节, 而数组大小为 4, 无法满足
char   book1[3]= "C++";               // error, 因字符串常量占用 4 个字节, 而数组大小为 3, 无法满足
```

针对 animal 的定义, 编译器提示错误为 "const char[9]" 类型的值不能用于初始化 "char[4]" 类型的实体, 也就是说字符串常量 "elephant" 的实际长度为 9, 超过了数组 animal 的长度, 这是不可以的。

### 1. 对字符数组的输入

一个字符数组定义后, 可以通过输入语句对字符数组进行赋值, 例如:

```
1. #include <iostream>
2. using namespace std;
3. int main() {
4. char city[20];
5.     for (int i = 0;i < 20;i++) // 1) 利用 for 循环结构赋值
6.         cin >> city[i];
7.     cin<<city;                 // 2) 直接利用数组名来输入一个字符串
8. }
```

1）采用循环结果来逐一对字符数组中的每个元素进行输入, 例如本例中第 5～6 行语句构成的 for 循环结构。但这种输入方式的缺点是当字符串中包含空格时无法输入, 原因是利用键盘输入数据时, 空格、Tab 及回车将被作为不同输入数据的分隔符处理, 它们将被跳过。

2）采用第 7 行语句的输入方式对字符数组进行输入, 这种方式一次性对字符数组进行输入, 但同样当数组中包含空格时也无法输入, 因为输入空格将意味着一个字符串的输入结束。

3）如果字符串中包含空格, 可以使用 C++ 库函数 gets、getline 或者用流对象 cin 的成员函数 getline 来实现, 具体可见第 11 章中字符串输入的相关内容。

### 2. 对字符数组的输出

1）采用 cout 直接输出:

```
cout<<city;
```

采用此种方式输出, 则系统在遇到 '\0' 时, 结束字符串的输出, 否则将一直输出, 直到遇到字符 '\0' 才结束输出。若字符串数组中不含有字符 '\0', 则有可能在字符串尾部输出意想不到的乱码。

2）采用循环语句对字符数组输出:

```
for(int i=0;i<20;i++)
    cout<<city[i];
```

【例 8-1】字符串的输入输出案例, 请根据运行的结果总结字符串的输入输出规律。

```
   // eighth_1.cpp
1. #include <iostream>
2. using namespace std;
3. int main()
4. {    char city[20];
5.      for (int i = 0;i < 20;i++)      // for 循环对字符串中的每个字符逐一输入
6.          cin >> city[i];
7.      for (int i = 0;i < 20;i++)      // for 循环对字符串中的每个字符逐一输出
```

```
8.          cout << city[i];
9.      cout << endl;
10.     cout << city;                    // 单个 cout 语句输出字符串
11.     cout << endl;
12.     cin >> city;                     // 单个 cin 语句输入一个字符串
13.     for (int i = 0;i < 20;i++)       // for 循环对字符串中的每个字符逐一输出
14.         cout << city[i];
15.     cout << endl;
16.     cout << city;                    // 单个 cout 语句输出字符串
17. }
```

编译并运行该程序，输入数据：

dalian 回车
zhejiang 回车
beijing 回车

则程序的输出结果（为了解释，增加了结果对应的语句行号）如下：

对应语句行号　　　　　对应输出结果

第 7 ~ 8 行的 for 循环    dalianzhejiangbeijin
10                       dalianzhejiangbeijin 烫烫 y 芮　/ 胎
第 13 ~ 14 行的 for 循环   g lianzhejiangbeijin
16                       g

**分析：** 在利用键盘输入数据时，输入的数据将先被送入输入缓冲区中，cin 则直接从输入缓冲区中提取数据。本程序在执行到主函数中第 5 ~ 6 行语句的 for 循环时，则等待从键盘输入 20 个字符，当从键盘输入的以上数据进入输入缓冲区后，cin 每次提取一个字符赋值给字符数组 city 的相应元素，当遇到空格、Tab 和回车时，则跳过它们，继续提取后面的字符，直到取出 beijing 的字符 n 时，共取出 20 个字符，此时第 5 ~ 6 行语句的 for 循环结束。数组 city 的具体结果如下：

city | d | a | l | i | a | n | z | h | e | j | i | a | n | g | b | e | i | j | i | n |

当执行第 7 ~ 8 行语句对应的 for 循环时，输出字符串 city 中的每个元素，结果为 "dalianzhejiangbeijin"，共 20 个字符。执行第 9 行语句后输出换行。

第 10 行语句输出字符数组 city，系统根据 city 的地址找到字符串的内存地址，然后连续输出字符串，因为 C++ 系统默认一个字符串的结束标志字符为 '\0'，所以此语句在输出 city 中存储的 20 个字符后，因没有遇到字符串结束字符 '\0'，会继续输出，直到遇到 '\0' 才结束输出，这是第 10 行语句输出了 dalianzhejiangbeijin 后有一段乱码的原因。执行第 11 行语句后输出换行。

第 12 行语句为字符串的输入语句，在执行第 5 ~ 6 行语句的 for 循环结构时，cin 只从输入缓冲区中提取到字符串 "beijing" 的字符 n，输入缓冲区中仍有字符 g 和回车，因此 cin 直接从输入缓冲区中提取字符 g 及其后字符。因为提取 g 后遇到了回车，所以认为字符串 city 的输入结束，从而该语句的执行效果是将字符 g 赋值给 city[0]，将 '\0' 赋值给 city[1]，而 city 字符数组的其他元素值不变，即 city 中存储的字符为：

city | g | \0 | l | i | a | n | z | h | e | j | i | a | n | g | b | e | i | j | i | n |

从而很容易确定第 13 ~ 14 行语句的 for 循环结构的输出结果为 "g lianzhejiangbeijin"，与第 7 ~ 8 行语句的 for 循环输出只差前两个字符。第 15 行语句的效果是换行。

第 16 行语句输出 city 字符串，但因为该字符串的 city[1] 元素值为 '\0'，编译系统在输出 city[0] 后，认为字符串结束，所以第 16 行语句就只输出了一个字符 g。

**注意：**字符数组定义完成后，不允许采用如下赋值语句对数组赋值。

```
char city2[10];
city2 = "dalian";        // error
```

原因是数组名 city2 是数组的首地址，且它是一个常量，不允许被修改，而赋值语句赋值号左侧的标识符必须是可修改的变量。

## 8.1.2 指向字符的指针

鉴于数组名是数组的首地址，因此，对字符串的处理既可用数组，也可用指向字符的指针。

例如将例 8-1 改为如下的代码，只修改了加粗部分，其他不变。

```
// eighth_1_2.cpp
#include <iostream>
using namespace std;
int main()
{
    char* city=new char[20];        // 指向字符的指针
    for (int i = 0;i < 20;i++)      // for 循环对字符串中的每个字符逐一输入
        cin >> city[i];
    for (int i = 0;i < 20;i++)      // for 循环对字符串中的每个字符逐一输出
        cout << city[i];
    cout << endl;
    cout << city;                   // 单个 cout 语句输出字符串
    cout << endl;
    cin >> city;                    // 单个 cin 语句输入一个字符串
    for (int i = 0;i < 20;i++)      // for 循环对字符串中的每个字符逐一输出
        cout << city[i];
    cout << endl;
    cout << city;                   // 单个 cout 语句输出字符串
    delete[]city;
}
```

**注意：**在定义指向字符串的指针时，采用如下初始化语句是错误的。

```
char  *city="dalian";            // error
```

原因是字符串常量 "dalian" 的地址值是一个 const char* 类型，它不能赋值给一个普通的 char* 指针。但如下语句是正确的：

```
const char  *city="dalian";      // correct
```

利用指向字符的指针对字符串进行操作和字符数组基本类似，此处不再举例。

## 8.1.3 字符串处理函数

C 的标准库中提供了一些对字符串进行操作的函数，这些函数极大地方便了程序员对字符串的操作，具体如表 8.1 所示，这些函数所在的头文件为 string.h。

**说明：**size_t 是 C++ 的数据类型，它和 unsigned int 类型相同，大多数 C++ 编译器均支持它。

表 8.1 C 标准库中的字符串操作函数

| 函数名 | 函数说明 |
| --- | --- |
| `size_t strlen(const char *s)` | 求出字符串 s 的长度，即字符串结束字符 '\0' 之前的字符个数 |
| `char *strcpy(char *s1,const char *s2);` | 将 s2 字符串复制到 s1 中 |
| `char *strncpy(char *s1,const char *s2,size_t n);` | 将字符串 s2 的前 n 个字符复制到字符串 s1 中 |
| `char *strcat(char *s1,const char *s2)` | 将字符串 s2 连接到字符串 s1 的末尾 |
| `char *strncat(char *s1,const char *s2,size_t n);` | 将字符串 s2 的前 n 个字符连接到字符串 s1 的末尾 |
| `char *strcmp(const char *s1,const char *s2)` | 比较字符串 s1 和字符串 s2 的大小。若 s1 和 s2 相等，则返回 0；若 s1 大于 s2，则返回正整数值，反之则返回负整数值 |
| `char *strncmp(const char *s1,const char *s2,size_t n);` | 比较字符串 s1 和字符串 s2 的前 n 个字符的大小。若相等，则返回 0；若大于，则返回正整数值，反之则返回负整数值 |
| `char *strrev (char *s);` | 将字符串 s 逆序 |
| `char *strlwr (char *s);` | 将字符串 s 全部转换成小写。返回指针为 s 的值 |
| `char *strupr (char *s);` | 将字符串 s 全部转换成大写。返回指针为 s 的值 |
| `char *strstr (const char *s1,const char *s2);` | 在字符串 s1 中搜索字符串 s2。如果搜索到，返回指向字符串 s2 在 s1 中第一次出现的位置的指针；否则返回 NULL |
| `char * strchr(const char *s1,int ch);` | 返回一个指针，指向字符串 s1 中字符 ch 第一次出现的位置 |
| `int atoi(const char *nptr)` | 将 nptr 指向的字符串转换为 int 型表示 |
| `long atol(const char *nptr)` | 将 nptr 指向的字符串转换为 long 型表示 |
| `double atof(const char *nptr)` | 将 nptr 指向的字符串转换为 double 型表示 |

【例 8-2】利用 C 标准库中的字符串函数操作字符串的案例。

```
// eighth_2.cpp
1.  #define _CRT_SECURE_NO_WARNINGS
2.  #include <iostream>
3.  #include <cstring>
4.  using namespace std;
5.  int main() {
6.      const char* city = "dalian";
7.      char *p = new char[100];
8.      strcpy(p, city);
9.      cout << p << endl;
10.     cin >> p;
11.     strcat(p, " love ");
12.     strcat(p, city);
13.     cout << p << endl;
14.     _strupr(p);        // VS 中建议使用该函数而不是 strupr
15.     cout << p << endl;
16.     delete p;
17. }
```

编译并运行该程序，程序的输出结果为：

```
dalian
```

键盘输入：I 回车

```
I love dalian
I LOVE DALIAN
```

**分析**：在 VS 2019 编译环境下，该程序增加了第 1 行预处理指令，目的是降低编译器的安全性检查级别，否则程序中的函数 strcpy 会提示不安全的错误。第 6 行语句定义了指向常量的字符串指针 city，因此不能通过 city 改变字符串的值；第 7 行语句定义 p 为指向字符串的指针并同时分配了 100 个字节的内存空间；第 8 行语句利用 strcpy 函数将 city 指向的字符串赋值给 p；第 10 行语句对指针 p 重新通过键盘读入字符串，键入"I 回车"后，则 p 指向的字符串只包含一个字符 I。第 11 行语句调用函数 strcat 将字符串常量 "love" 附加在字符串 p 之后，第 12 行语句调用函数 strcat 将字符串 city 链接在字符串 p 之后。第 13 行语句输出 p，因此输出字符串 "I love dalian"。第 14 行语句调用 _strupr 函数将字符串 p 中的字符全部转换成大写，因此第 15 行语句输出 "I LOVE DALIAN"。第 16 行语句则释放 p 指向的内存空间，避免内存的浪费。

**【例 8-3】** 在头文件 string.h 中，没有求一个字符串的子串的函数，因此这里实现一个这样的函数。

**设计分析**：设计一个函数，实现求一个字符串的子串，为方便将来对其复用，定义一个头文件，不妨将其命名为 substring.h，求子串的函数则在此头文件中进行声明。该函数的返回值应该为指向子字符串的指针，同时，函数应该已知三个信息：对哪个字符串求子串；子字符串在原字符串中的开始位置；子串中包含的字符个数，即子串长度。这三个信息可通过参数来获取，因此需要给求子串的函数设置以上三个参数。具体求子字符串的方法是采用循环结构从原字符串中连续取字符构成子字符串。实现代码如下：

```
      // substring.h
1.    #pragma once                                 // 该预处理指令可防止头文件被重复包含
2.    char* substr(const char* p, int s, int length)
3.    {
4.        char* sub = new char[length + 1];
5.        if (s+length > strlen(p)||s<0||length<=0) // 判断参数的合理性
6.        {
7.            cout << "取子串的参数不合理" << endl;
8.            return NULL;                          // 返回空指针
9.        }
10.       for (int i = 0;i <length;i++)            // 求子字符串
11.           sub[i] = p[s + i];
12.       sub[length] = '\0';                       // 一定要添加字符串结束标志字符 '\0'
13.       return sub;
14.   }
      // eighth_3.cpp
15.   #include <iostream>
16.   #include <cstring>
17.   #include "substring.h"
18.   using namespace std;
19.   int main() {
20.       const char* city = "dalian";
21.       char* p = substr(city, 2, 4);
22.       if (p != NULL)
23.           cout << p << endl;
24.       else
25.           cout << "参数异常" << endl;
26.   }
```

编译并运行该程序，则程序的运行结果为：

```
lian
```

**分析**：头文件 substring.h 中实现了对求子字符串的函数的定义，函数的参数 p 代表待求子字符串的字符串，s 代表子字符串在 p 中的起始位置，length 代表取字符的个数或子串的长度。第 4 行语句定义了一个字符串指针变量，用它来存储求出的子字符串；第 5 行语句的 if 条件首先判断所取的子字符串有没有超出字符串 p 的范围，若超出，则输出提示信息并返回 NULL 指针，否则利用循环结构逐个取出子串中的字符并赋值给 sub。千万不要忘记程序中的第 12 行语句，因为系统判断一个字符串的结束就是遇到字符 '\0'，所以需要为 sub 的最后一个字符赋值为 '\0'。

主函数对 substr 函数进行了调用，并成功求出 city 的子字符串。

**注意**：该函数中存在一个问题，即用 new 分配的内存空间没有被释放。但我们知道，new 分配的空间最好在不用时用 delete 释放掉，否则在程序执行期间它们将一直被占用，造成内存空间的浪费。若一个程序中反复调用 substr 函数，则系统有可能因为内存不足而死机。

想一想该问题如何解决？能否在 substr 最后的 return 语句之后或之前增加 "delete sub;"语句？

**很多读者知道参数可以接收上级调用函数向被调用函数传递的信息，反之，被调用函数除了可以通过返回值向上级调用函数反馈结果外，也可通过参数反馈结果。第 3 章就讲到了用引用或指针作为函数参数可以将处理结果通过这些参数反馈给上级调用函数。**

【例 8-4】对例 8-3 的求子串函数的另一个安全的实现版本。

```
// eighth_4.cpp
1.  #pragma once
2.  #include <cstring>
3.  #include <iostream>
4.  using namespace std;
    // 前面三个参数的意义与例 8-3 相同，参数 sub 用来存放子字符串
5.  void substr(const char* p, int s, int length, char *sub)
6.  {
7.      if (s+length > strlen(p))
8.      {
9.          cout << "取子串的参数不合理" << endl;
10.         return;
11.     }
12.     for (int i = 0;i <length;i++)
13.         sub[i] = p[s + i];
14.     sub[length] = '\0';
15.     return ;
16. }
```

**分析**：显然，在求子字符串的函数中，增加了第 4 个参数，用来存放求出的子串，将来通过它将子字符串的结果反馈给上级调用函数。在该函数中，不用动态分配内存，因而也就不会涉及内存的回收问题。

## 8.2 C++ 语言中的 string 类

前面介绍的 C 语言中的字符串在 C++ 中是兼容的，不过在 C++ 库中提供了一个 string 类，该类对字符串的一些操作进行了封装，从而使得程序员对字符串的操作更加方

便。本节将介绍 string 类，由于本节内容涉及类的概念，因此建议在学习了第 4 章类及对象的内容后再学习本节内容。

string 类所在的 C++ 头文件为 string，该文件与 C 语言的头文件 string.h 并不是同一个文件，它们是互相独立的两个文件，而且 string 也不是 string.h 的升级版本。提及一个类，首先就要介绍这个类的构造函数，string 类有很多构造函数来构造字符串对象，具体如表 8.2 所示。

**表 8.2　string 构造函数**

| 构造函数 | 解　释 |
| --- | --- |
| string() | 默认构造函数，生成空字符串 |
| string s(const string&) | 拷贝构造函数 |
| string(size_t length, const char& ch); | 用字符 ch 构造长度为 length 的字符串 |
| string(const char* str); | 用 C 字符串构造 string 对象 |
| string(const char* str, size_t length); | 用 C 字符串的前 length 个字符构造 string 对象 |
| string(const string& str,size_t index, size_t length); | 从 str 的第 index 个字符开始，选取 length 个字符构造字符串对象 |
| string(input_iterator start,input_iterator end); | 以区间 [start,end) 内的字符构造字符串 |

有了以上的构造函数，创建字符串对象就有很多种方法，具体如下例所示。

【例 8-5】字符串对象的构造案例。

```cpp
// eighth_5.cpp
1.  #include <iostream>
2.  #include <string>
3.  using namespace std;
4.  int main() {
5.      string str="hello";                    // 利用字符串常量构造字符串对象
6.      string str1(str);                      // 利用拷贝构造函数构造字符串对象
7.      string str2(str.begin() + 1, str.end()); // 利用 str 对象从第一个字符开始到最后
                                               // 一个字符构造字符串对象
8.      string str3(str, 2,3);                 // 从 str 对象的第二个字符开始取 3 个字符构造字符串对象
9.      string str4(5, 'd');                   // 利用字符 d 构造一个长度为 5 的字符串对象
10.     char s[] = "dalian nihao!";            // C 语言中字符串 s 的创建
11.     string str5(s, 5);                     // 利用字符串 s 的前 5 个字符构造字符串对象
12.     string str6(s);                        // 利用字符串 s 构造字符串对象
13.     cout << str << endl;
14.     cout << str << "    " << str1 << endl;
15.     cout << str << "    " << str2 << endl;
16.     cout << str <<"    "<< str3 << endl;
17.     cout << str4 << endl;
18.     cout << s << "    " <<str5 << endl;
19.     cout << s << "    " << str6 << endl;
20. }
```

编译并运行该程序，具体结果如下：

```
hello
hello    hello
hello    ello
hello    llo
ddddd
dalian nihao!    dalia
dalian nihao!    dalian nihao!
```

请结合程序中的注释及程序运行结果分析并理解构造函数的执行效果。

表 8.3 列出了 string 类型对象常用的公有成员函数，可利用这些函数对字符串进行操作。

表 8.3　string 类的公有成员函数

| string 的成员函数 | 解　释 |
|---|---|
| c_str():char * | 将 C++ string 对象转换成 C 语言字符串，返回字符串的首地址 |
| append(string s):string&<br>// 该函数有 7 个重载函数 | 将字符串 s 追加在当前字符串对象之后，返回当前对象 |
| append(const char* const s):string& | 将字符串 s 追加在当前字符串对象之后 |
| append(const size_t n,const char s):string& | 将 n 个字符的变量 s 的值追加在当前字符串对象之后 |
| assign(const char* const s):string&<br>// 该函数有 8 个重载函数 | 将字符数组 s 赋值给当前对象，返回当前对象 |
| assign(const string s):string& | 将字符串对象 s 赋值给当前对象 |
| at(int index):char | 返回当前对象的 index 位置上的字符 |
| length():int | 返回当前字符串的长度 |
| size():int | 返回当前字符串的长度 |
| capacity():int | 返回为当前字符串对象分配的内存空间大小 |
| clear():void | 清除当前对象的所有字符 |
| erase(const size_t index,size_t n):string&<br>// 该函数有 4 个重载函数 | 在当前对象中删除从 index 位置开始的后面 n 个字符，返回当前对象 |
| empty():bool | 判断当前对象是否为空串，是则返回 true，否则返回 false |
| compare(const string s):int<br>// 该函数有 6 个重载函数 | 将当前对象与字符串对象 s 进行比较，等于则返回 0，小于则返回小于 0 的数，大于则返回大于 0 的数 |
| compare(const char *const s):int | 将字符串对象与字符串 s 进行比较 |
| copy(char *const s,size_t n,size_t index):int | 将当前对象从 index 位置开始的 n 个字符复制到 s 中 |
| data():char* | 将当前字符串对象以 C 的字符串数组返回 |
| substr(const size_t index,const size_t n=4294967295U): string | 求子串函数，将当前对象从位置 index 开始取 n 个字符构成子串，返回 string 对象 |
| swap(string s):void | 交换两个字符串对象的内容 |
| find(string s):int<br>// 该函数有 4 个重载函数 | 返回子串 s 在当前对象中第一次出现的位置 |
| find(char ch):int | 返回字符 ch 在当前对象中第一次出现的位置 |
| replace(size_t index,size_t n,string s): string&<br>// 该函数有 11 个重载函数 | 将当前对象从 index 开始的 n 个字符用字符串对象 s 替换，返回当前对象 |
| insert(size_t index,string s): string&<br>// 该函数有 9 个重载函数 | 将字符串 s 插到当前对象 index 的位置，返回当前对象 |

【例 8-6】对 string 类型对象进行字符串操作的案例。

```
// eighth_6.cpp
1. #include <iostream>
2. #include <string>
3. using namespace std;
```

```
4.  int main() {
5.      string str= "dalian nihao!";
6.      string str1;
7.      string str2="shanghai";
8.      str1.assign(str);
9.      cout << str1 << endl;
10.     cout << str1.append("I love dalian. ") << endl;
11.     cout <<"str1 占用的内存空间为: "<< str1.capacity() << endl;
12.     cout <<"str1 是否为空串: "<< boolalpha<< str1.empty() << endl;
13.     str1.erase(str1.begin()+6,str1.end());
14.     cout << "str1 擦除后面字符后为: " << str1 << endl;
15.     cout << "str1 前插入字符串: "<< str1.insert(0, string("hello!")) << endl;
16.     str1.swap(str2);
17.     cout <<"str1 与 str2 交换后: "<< str1 << endl;
18.     cout <<"str1 插入字符串后: "<< str1.insert(8, ",nihao!") << endl;
19.     cout << "str1 的城市被替换后: "
20.         << str1.replace(str1.begin(), str1.begin() + 8, "beijing") << endl;
21.     cout <<"str1 的从 0 到 7 位置的子串为: "<< str1.substr(0, 7) << endl;
22. }
```

编译该程序并运行，程序的输出结果为：

```
dalian nihao!
dalian nihao!I love dalian.
str1 占用的内存空间为: 31
str1 是否为空串: false
str1 擦除后面字符后为: dalian
str1 前插入字符串: hello!dalian
str1 与 str2 交换后: shanghai
str1 插入字符串后: shanghai,nihao!
str1 的城市被替换后: beijing,nihao!
str1 的从 0 到 7 位置的子串为: beijing
```

请分析程序的输出结果来理解以上字符串函数。

string 类中重载了一些常用运算符，包括关系运算符、算术运算符、输入运算符（>>）以及输出运算符（<<）等，具体如表 8.4 所示。

表 8.4　**string** 的重载运算符

| 重载运算符 | 解　释 |
| --- | --- |
| [] | 可采用下标方式访问字符串中的字符 |
| = | 一个字符串对象对另一个字符串对象的赋值操作 |
| + | 连接两个字符串对象形成一个新字符串 |
| += | 将一个字符串追加在另一个字符串的末尾 |
| << | 对字符串的输出 |
| >> | 对字符串的输入 |
| ==、! =、<、>、<=、>= | 对字符串对象的关系运算 |

【例 8-7】利用各种运算符对字符串进行操作。

```
// eighth_7.cpp
1. #include <iostream>
2. #include <string>
3. using namespace std;
4. int main() {
```

```
5.      string str = "dalian";
6.      string str1 = str;
7.      cout << "str1=" << str1 << endl;
8.      cin >> str1;
9.      cout << "str1=" << str1 << endl;
10.     cout <<"str是否大于str1: "<<boolalpha<<(str > str1) << endl;
11.     for (int i = 0;i <= str.length();i++)      // 利用下标法访问字符串中的每个对象
12.         cout << str[i];
13. }
```

编译并运行该程序，运行结果为：

```
str1=dalian
beijing↙                              // 运行时输入数据，↙代表回车
str1=beijing
str是否大于str1: true
dalian
```

请结合程序代码分析运行结果，从而理解相应的重载运算符的执行效果。

## 8.3 本章小结

- C 字符串的存储方式，字符数组对字符串的存储，C 字符串默认最后一个字符为 '\0'。
- C 标准库提供了对字符串操作的函数，例如字符串拷贝函数 strcpy、字符串比较函数 strcmp、求字符串长度的函数 strlen、字符串逆序函数 strrev 等，它们所在的头文件为 string.h。
- C++ 标准库中定义了字符串类 string，它所在的头文件为 string，string 与 C 语言库中的头文件 string.h 是两个独立的文件。利用 string 类可创建字符串对象，其成员函数非常丰富，可以很方便地对字符串进行操作，其中 c_str 可以将 C++ 的字符串对象转换成 C 语言的字符串。

## 8.4 习题

**一、选择题（以下每题提供四个选项 A、B、C 和 D，只有一个选项是正确的，请选出正确的选项）**

1. 字符串常量 "abc" 的长度为（　　）。

　A. 3　　　　　　　　　B. 4　　　　　　　　　C. 0　　　　　　　　　D. 无法确定

2. 下面的语句中正确的是（　　）。

　A. char a[5] = "hello";　　　　　　　　B. char *a= "tom";

　C. char a[] = {'h','e','l','l','o'};　D. char a[5] = 'hello';

3. 定义字符串对象 string  str="hello"，则 str.size() 的返回值结果和以下哪个函数的返回值结果相同?（　　）

　A. str.capacity()　　　　　　　　　B. str.length()

　C. str.max_size()　　　　　　　　　D. str.begin()

4. 有定义语句 char a[10] = {'h','e','l','l','o'};，则函数 strlen 返回（　　）。

　A. 5　　　　　　　　　B. 10　　　　　　　　　C. 25　　　　　　　　　D. 无法确定

5. 对字符串对象，利用下标法 [] 和 at 函数访问字符串中的某个字符，区别是（　　）。

　A. 没有区别　　　　　　　　　　　　B. 下标法 [] 有越界错误

　C. at 函数在访问越界时有越界错误　D. 以上说法都不对

**二、编程题**

1. 一般遇到很长的英文单词会采用其缩写来表示，如 ASM 为 Association for Computing Machinery 的缩写，请编写一个程序，按照如下规则给出英文名称的缩写语。

　1）凡是单词长度小于 2 的单词都不提取首字符。

　2）"and" "for" 和 "the" 这三个单词不提取首字符。

　3）除了 1）和 2）以外的单词则取其首字符大写构成缩写语。

2. 从键盘输入一段英文，编写程序对输入的信息统计 26 个英文字母出现的频率，并打印出所有字母的频率柱状图。

3. 字符串的综合应用案例。有用字符串表示的一个四则运算表达式，要求计算出该表达式的正确数值。四则运算即加、减、乘、除（+、–、*、/），另外该表达式中的数字只能是 1 位（数值范围为 0 ~ 9），运算不用括号。若有不能整除的情况，按向下取整处理，如 8/3 得出值为 2。例如：字符串 "8+7*2–9/3"，计算出其值为 19。

# 第9章 模 板

模板（template）是代码重用的又一重要手段，是泛型编程的基础，它以一种独立于任何特定数据类型的方式编写代码。模板是对具有相同特性的函数或类的再抽象，是一种参数多态性的工具，它为逻辑功能相同而数据类型不同的程序提供一种代码共享的机制。一个模板并非一个实实在在的函数或类，仅仅是对一个函数或类的描述，是参数化的函数和类。

本章将重点讲述模板的意义、函数模板和类模板。

## 9.1 函数模板

模板就好比做月饼的模子，可放入小麦面团，可放入玉米面团，也可放入大豆面团。放入不同的材质，最终可生产相同图案的不同材质的月饼，而不用每次都去重复雕刻相同的图案来做不同材质的月饼，这样可随时使用同一个模子，提高了其重用性。C++ 中模板的概念就是这个原理。

为了帮助大家理解模板的含义，以"对两个数求较大值问题"为例，请思考如下问题：

- 你会对哪些类型的数据求较大值呢？
- 为了对这些不同的数据类型求较大值，你会怎么做呢？

相信很多读者都会说这太简单了，我们一般会对整数（int）、实型数据（double 和 float）、字符型数据等求较大值。关于解决方法，很多读者会说采用函数重载或是编写多个不同名称的函数解决不同类型数据的求较大值问题。例如，下面就是采用函数重载实现的求两个数据较大值的函数。

```
int max(int a,int b)              // 整数求较大值
    {return a>b?a:b;}
double max(double a,double b)     // 双精度型数据求较大值
    {return a>b?a:b;}
float max(float a,float b)        // 单精度型数据求较大值
    {return a>b?a:b;}
char max(char a,char b)           // 字符型数据求较大值
    {return a>b?a:b;}
```

不错，上面4段代码解决了4种数据类型求两个数较大值的问题。但是，不难发现上面4个函数除了要处理的数据类型不同之外，它们的代码完全相同，但写了4遍。这时有人想起代码重用的概念，不禁会问："有没有一种解决方法，只写一遍代码就把上面所有求较大值的问题都解决掉？"当然有了，答案就是本章将要介绍的模板。

### 9.1.1 函数模板的定义

定义函数模板的一般语法为：

```
template <typename 标识符1, typename 标识符2,…>
    返回值类型  函数名（参数列表）
        { // 函数体
        }
```

其中，template 是定义模板的关键字，尖括号（<>）用来定义模板的参数，即**模板参数**。typename 是定义模板参数的关键字，用来说明后面的标识符是一个**类型参数**。当有多个类型作为参数时，它们之间用逗号（,）隔开，并且每个标识符的前面均需要加关键字 typename。typename 也可用 class 代替，它们在此处的意义相同，但为了与定义类的关键字 class 相区别，建议此处采用 typename 关键字。"**返回值类型 函数名（参数列表）**"部分的定义和普通函数的定义没有区别。但请注意，模板参数声明的类型参数可用来对函数的返回值、函数圆括号内的参数以及函数中用到的临时变量进行类型声明。

函数模板一旦声明完成，就可对函数模板进行调用，具体调用表达式的格式为：

函数名 < 类型实参 1, 类型实参 2,⋯>（ 实际参数 1, 实际参数 2,⋯）

其中，对函数模板的调用究竟采用语句调用还是表达式调用，确定方法和普通函数的确定方法一样；尖括号中类型实参的个数由函数模板 <> 的部分确定，尖括号内的类型实参也可缺省，这时系统就根据对应圆括号中的实参来确定，但前提是不能出现模棱两可的情况。圆括号中实参的个数确定方法与普通函数的确定方法相同。

例如，对上面求两个数较大值的问题，定义函数模板，其形式如下：

```
template <typename T1>
T1 max(T1 a, T1 b)
{return a>b?a:b;}
```

该函数模板完成的功能就是对 T1 类型的两个数据求较大值。当要求解两个整数的较大值时，该函数可采用如下调用格式：

```
cout<<max<int>(3,10);   //表达式调用，因 max 有返回值
```

在这种方式下，尖括号（<>）内的实参 int 指明了模板中的类型参数 T1 为 int 类型，这时编译器将根据 T1 的实际类型自动生成一个对两个 int 类型数据求较大值的函数，这个过程称为函数模板的实例化，生成的函数称为模板函数，编译器生成的具体函数如下：

```
int  max(int a,int b)
   { return a>b?a:b;}
```

执行该模板函数，将求出两个整数 3 和 10 的较大值并返回。

对函数模板 max，也可采用如下的调用方法：

```
cout<<max(3,10);
```

此时，编译器将具体根据代入圆括号内的实际参数的类型来推断模板函数中类型参数 T1 的值。对于"max(3,10);"，实参 3 与模板中的形参 a 对应，因为 3 为 int 类型，所以可推断形参 a 的类型就为 int；实参 10 与形参 b 对应，因此可推断形参 b 的类型也为 int 类型。而模板函数中形参 a 和 b 的类型均应该为 T1 类型，因而编译器就推断出 T1 的类型为 int。即函数调用"max(3,10);"等价于"max<int>(3,10);"。但采用下面的调用语句是错误的。

```
max(3,11.2);   //错误的调用
```

此函数调用是错误的，因为圆括号中参数 3 为 int 类型，编译器根据它可推断出与其对应的形参 a 为 int 类型，同理根据 11.2 可推断出与其对应的形参 b 为 double 类型，而函数模

板 max 中的两个形参 a 和 b 的类型都为 T1 类型，这时编译器将无法推断 T1 的类型到底应该为 int 还是 double，所以出错。在这种情况下，可以用函数模板的显式调用方式明确告诉编译器 T1 的类型，以避免出错。

例如：

```
max<double>(3,11.2);
```

或

```
max<int>(3,11.2);
```

**提示**：模板参数不允许进行自动类型转换，每个 T 都必须精确地匹配。

**【例 9-1】**函数模板案例，对两个数据进行交换的函数模板。

**设计分析**：交换操作非常简单，而各种数据类型都可能发生数据交换操作，因此从提高代码复用率角度来说，用函数模板很合适。具体实现如下，请注意加粗部分的代码：

```
//ninth_1.cpp
1.  #include <iostream>
2.  using namespace std;
3.  template <typename T1,typename T2> //函数模板，实现两个不同类型数据的交换
4.  void swap1(T1 &a,T2 &b)
5.  {    T1 t;
6.       t=a;a=b;b=t;
7.  }
8.  int main()
9.  {    int a=10,b=5;
10.      double c=45.0;
11.      char d='a';
12.      swap1(a,c);
13.      cout<<a<<"    "<<c<<endl;
14.      swap1(a,d);
15.      cout<<a<<"    "<<d<<endl;
16.      return 0;
17. }
```

编译并运行该程序，程序的结果为：

```
45    10
97    -
```

**分析**：该程序中第 3～7 行定义了一个函数模板，该模板实现了两个不同类型数据的交换。主函数中对应的第 12 行为对函数模板的调用，遇到这条语句，编译器将根据实参变量 a 的类型来推断出模板参数 T1 为 int 类型，同理根据实参变量 c 的类型来确定模板参数 T2 为 double 类型，因此编译器会对应地生成模板函数：

```
void swap1(int  &a,double &b)
{   int t;
    t=a;a=b;b=t;
}
```

用户将很容易确定语句"swap1(a,c);"的调用结果是 a 为 45、c 为 10，因此第 13 行的输出结果为"45    10"。

同理，在主函数第 14 行的调用语句中，实参 a 的类型确定了模板参数 T1 为 int 类型，

实参 d 的类型确定了模板参数 T2 为 char 类型，因此编译器会对应地生成模板函数：

```
void swap1(int &a, char &b)
{   int t;
    t=a;a=b;b=t;
}
```

执行语句"swap1(a,d);"后，因为变量 a 中存储的字符 'a' 的 ASCII 值为 97，变量 d 中存储的是 45，其对应的字符为 '-'，所以第 15 行的运行结果为"97  -"。

想一想，相同类型的两个数据交换时怎么调用该函数？应采用如下类似语句：

```
swap1(a,b);                    //这里实参 a 和 b 的数据类型都是 int 类型
```

想一想，增加如下的调用语句，会是什么结果？

```
swap1<char,char>(a,b);        //这里实参 a 和 b 的数据类型都是 int 类型
```

结果编译器出错，提示错误："void swap1<char,char>(T1 &,T2 &)"无法将参数 1 从"int"转换为"char &"，即 int 类型的实参不能转换成字符型的引用。

## 9.1.2  函数模板的实例化

当编译器遇到关键字 template 和跟在其后的函数定义时，它只是简单地知道这是一个函数模板，除此之外，编译器不会做额外的工作。当编译器遇到对函数模板的调用语句时，它将会根据调用语句中传递的具体实参的类型，确定模板参数的类型，并用此类型替换函数模板中的模板参数，生成能处理该数据类型的函数代码，即模板函数，**这个过程就是函数模板的实例化**。

例如，对于例 9-1 中的函数模板 swap1（对应例 9-1 源代码中的第 3 ~ 7 行），当遇到函数调用 swap1(a,c) 时，编译器将根据实参 a 的类型来确定对应的模板参数 T1 为 int 类型，根据实参 c 的类型确定对应的模板参数 T2 为 double 类型，实例化出该函数模板的模板函数如下：

```
void swap1(int &a, double &b)
{   int t;
    t=a;a=b;b=t;
}
```

**说明：** 一旦产生某函数模板的某个实例化函数，若后面程序中出现了相同的函数模板的调用，则编译器将不再针对该情况再次实例化该模板函数。

也就是说，当程序中再次出现类似于"swap1(30,4.5);"这样的函数调用时，因为与此相匹配的模板函数已经产生，所以编译器将不再实例化相同的模板函数。但若出现了不同情况的函数模板的调用，则编译器将根据实参的具体类型实例化出相应的模板函数。

例如，若第一次出现了类似语句"swap1(4.5,30);"的调用，由于第一个参数类型为 double，与模板参数 T1 对应，第二个参数类型为 int，与模板参数 T2 对应，该类型的模板函数并不存在，因此，编译器将实例化出下面的模板函数：

```
void swap1(double &a, int &b)
{   double t;
    t=a;a=b;b=t;
}
```

**说明**：在实例化函数模板的过程中，模板实参不允许进行自动类型转换；每个 T 类型的参数都必须精确地匹配。

例如，有如下函数模板：

```
template <typename T>
void swap(T &a, T &b)
    {   T t;
        t=a;a=b;b=t;
    }
```

若有如下的程序段，系统将提示出错。

```
double a=12.3;
int b=20;
swap(a,b);    //错误，T 的类型无法确定
```

因为实参 a 的类型为 double，b 的类型为 int，这时编译系统并不会将低级类型 int 向高级类型 double 转换，也不会将高级类型 double 向低级类型 int 转换，所以编译系统无法确定模板参数 T 的类型，就会提示出错。此时有人采用如下的调用方法：

```
swap<double>(a,b);
```

利用尖括号传递明确的 T 的类型，希望系统自动将 int 类型转换成 double 类型，但请注意，这也是错误的。

**说明**：当模板参数和圆括号中的形式参数没有发生关联，或者不能由圆括号中的形式参数来决定模板参数时，在调用函数模板时就必须显式指定模板实参。例如：

```
template <typename T1, typename T2>
T1  max(T2 a, T2 b)
    {   T1 t;
        if (a>b)  t=a;
        else    t=b;
        return t;
    }
```

显然对于函数模板 max 来说，它有一个模板参数 T1 无法通过函数的实际参数类型来确定，因此，就必须采用显式方式对函数模板进行调用，即：

```
max< 类型参数 1, 类型参数 2>( 参数 1，参数 2)
```

例如：

```
max(3.2,5.6);             // 非法，无法确定 T1 的类型
max<int,double>(3,5.6);   // 合法
max<double,int>(3.2,5);   // 合法
```

### 9.1.3    函数模板中的非类型参数

**说明**：在函数模板中也可以出现非类型参数，这时在调用函数模板时，必须显式地在函数模板标识符后用尖括号给模板参数传递实参，而且非类型参数对应的实参必须为常量。

**提示**：非类型参数通常用 int 类型，而浮点数和类对象是不允许作为非类型模板参数的。

【例 9-2】编写函数模板，输出一个数组中的元素值。

```
// ninth_2.cpp
1. #include <iostream>
2. using namespace std;
3. template<typename T, int N>      // N 为非类型参数，用来标识数组的大小
4. void display(T a[])              // 完成对含有 N 个 T 类型元素的数组的输出操作
5. {   int i;
6.      for(i=0;i<N;i++)
7.          cout<<a[i]<<endl;
8. }
9. void main()
10. {   int a[]={1,2,3,4,5,6,7,8,9,10};
11.     int b=10;
12.     display<int, 3>(a);         // 函数模板的调用
13.     // display(a); 该语句错误，因为没有明确指定非类型参数 N 的值
14.     // display<int, b>(a);      // 错误，函数模板的调用，非类型参数对应的实参不能为变量
15. }
```

编译并运行该程序，输出结果为：

```
1
2
3
```

**分析**：该程序实现了一个带有非类型参数的函数模板 display 的声明，它的功能是对含有 N 个元素的数组进行输出操作。在这种情况下，调用函数模板就必须显式地对尖括号中的模板参数传递实参，并且非类型参数必须是常量。根据第 12 行对 display 的调用语句，可判断 display 函数将输出数组 a 的前 3 个元素，程序的输出结果验证了此分析。而源程序中第 13 行语句是错误的，因为它没有明确指定非类型参数 N 的值。同理第 14 行语句也是错误的，编译器提示的错误是 " error C2973: 'display': invalid template argument 'N'"，这说明对非类型参数 N 传递的实参也不可以是变量，因此第 13 和 14 行的语句被注释掉了。

## 9.1.4　模板参数的默认值

普通函数在声明或定义时可以对参数赋默认值，C++11 标准支持在定义函数模板的时候对模板参数赋默认值（C++98 标准不支持），并且赋默认值时也不用遵守从右向左依次赋值的规定。

【例 9-3】对函数模板的模板参数赋默认值的案例。

```
// ninth_3.cpp
1. #include <iostream>
2. using namespace std;
3. template<typename T0=float, typename T1, typename T2=char, typename T3, typename T4>
4. T2 func(T1 v1, T3 v2, T4 v3)
5. {   return (T2)v1+v2+v3;
6. }
7. int main()
8. {   char n = func(11, 22, 33);
9.     cout<<n<<endl;
10.    return 0;
11. }
```

编译并运行该程序，程序的输出结果为：

B

**分析：**显然，此案例中模板参数的初始值设置并不连续，但正常编译了，因为此处用的是 VS 2019 编译器，它支持 C++11 标准。此函数模板中，模板参数 T0 和 T2 显然不能通过圆括号的参数来推断，因此在定义模板时对这两个参数赋予了默认值，从而在主函数 main 中就可以采用第 8 行语句的调用格式。此时，模板参数 T0 和 T2 取默认值，而 T1、T3 和 T4 则根据圆括号的实参来推断，从而实现了正确调用。

对该例中的函数模板，采用以下语句调用也是正确的：

```
n = func<char>(1, 2, 3);
```

此时，T0 的类型取尖括号中的 char 类型，其他模板参数 T1、T3 和 T4 则根据圆括号中的实参类型由编译器进行推断，而 T2 取默认值。

### 9.1.5　重载函数模板

C++ 中，函数模板和普通函数类似，也可以重载，但在实际调用过程中，编译器如何确定调用的是函数模板还是普通函数呢？

编译器采用如下规则来确定调用哪个函数：

1）函数模板会进行严格的类型匹配，模板类型不提供隐式类型转换，普通函数能够进行自动类型转换。

2）对于普通函数和同名的函数模板，如果其他条件都相同，那么在调用时通常会优先调用普通函数。

3）如果函数模板可以产生一个更好的匹配，那么选择函数模板。

4）可以显式地指定一个空的模板实参列表，这种语法明确告诉编译器，只有模板才能匹配这个调用。

**【例 9-4】**函数模板的重载以及对上述规则的验证。

```
// ninth_4.cpp
1.  #include <iostream>
2.  using namespace std;
3.  template<typename T>    // 函数模板
4.  void Test1(T a, T b)
5.  {    cout << "执行了函数模板 Test1()" << endl;    }
6.  void Test2(int a, int b)
7.  {    cout << "执行了 Test2()" << endl;    }
8.  void Test1(int a, int b)        // 与函数模板形成重载
9.  {    cout << "执行了普通函数 Test1()" << endl;    }
10. void main()
11. {    int a=1,b=2;
12.      char c='3',d='4';
13.      Test1(a, b);       // 这里调用普通函数——对应第 2 条规则
14.      Test1<>(a, b);     // 这里调用模板函数——对应第 4 条规则
15.      Test1(a, c);       // 错误的语句，之后将被注释掉
16.      Test1(c, d);       // 这里调用函数模板——对应第 3 条规则，假设没有函数模板，仍然会调用普通函数
17.      Test2(a, c);       // 对于普通函数而言，可以进行隐式类型转换，所以没有问题
18.      Test2(c, d);       // 对于普通函数而言，可以进行隐式类型转换，所以没有问题
19. }
```

该程序包含一个主函数、一个函数模板 Test1、两个普通函数 Test1 和 Test2，其

中，普通函数 Test1 与函数模板 Test1 同名，因此形成重载。

编译该程序，结果报错，错误在第 15 行，报错提示" error C2782: 'void __ cdecl Test1(T,T)' : template parameter 'T' is ambiguous"，即模板参数" T"不明确，因为实参 a 是 int 型，c 是 char 型，函数模板 Test1（第 3 ~ 5 行）要求两个参数都是 T 型，而该语句两个参数的类型不同，所以报错。将第 15 行语句注释掉。这个错误说明编译器将第 15 行语句的函数 Test1 调用优先与函数模板匹配，而没有与普通 Test1 函数匹配。

重新编译并运行该程序，程序的输出结果为：

```
执行了普通函数 Test1()
执行了函数模板 Test1()
执行了函数模板 Test1()
执行了 Test2()
执行了 Test2()
```

**分析：** 首先看第 13 行语句，该语句调用的是 Test1 函数，传递给该函数的两个实参 a 和 b 均为整型，此时 Test1 函数的调用格式完全与第 8 ~ 9 行的普通 Test1 函数匹配，虽然它与第 3 ~ 5 行的函数模板也匹配，但编译器优先考虑调用普通函数，该语句的输出结果也证实了这一点。这验证了第 2 条相关规则。

第 14 行语句与第 13 行语句的唯一区别就是在函数名后出现了一对尖括号，而普通函数的调用是不允许出现尖括号的，因此，它只能和函数模板 Test1 匹配，程序的输出结果也证实了这一点，这验证了第 4 条规则。

第 15 行语句被注释掉了。

第 16 行语句仍是对 Test1 函数的调用，但它的两个参数为 char 类型，与第 8 ~ 9 行的普通 Test1 函数的参数类型不匹配，而与第 3 ~ 5 行的同名的函数模板 Test1 能很好地匹配。因此，编译器产生函数模板 Test1 的模板函数并进行调用，程序的第 3 行输出结果证实了这一点，这与第 3 条规则的说法相符。

第 17 行语句是对普通的 Test2 函数的调用，虽然传递的实参 c 的类型和 Test2 的第 2 个形参的类型不完全匹配，但这时编译器将自动完成 char 类型向 int 类型的转换后再调用函数，同时输出结果的第 4 行证明了该函数调用的正确性。

读者会发现函数 Test2 和普通函数 Test1 除了函数名不同之外，其他都相同，但为什么第 15 行语句的函数调用就不行呢？

原因就在于 Test1 有一个重载函数模板，当编译器将第 15 行的函数调用与普通函数 Test1 匹配时，发现实参 c 与对应的形参的数据类型不匹配，这时它不像匹配 Test2 函数那样进行数据类型转换，而是转去与函数模板 Test1 匹配，结果发现与函数模板也不能精确匹配，所以就提示了上面的错误。这刚好验证了第 1 条规则。

第 18 行语句非常容易理解，对于普通函数的调用，数据不匹配时，系统首先进行类型转换，所以可正常调用。

## 9.2 类模板

函数模板用于设计数据类型不同但处理逻辑完全相同的通用函数。与此相同，类模板用于设计数据结构和成员函数完全相同但所处理的数据类型不同的通用类。

就以数据结构中常用的堆栈（后进先出）为例，一个堆栈可以存放 int 型数据，我们叫它整数栈，存储双精度型数据，我们叫它实型数据栈，同理也可存放前面用户自定义的数据类型（如 Point 型）的数据。但不管这些栈存放什么数据，除了数据类型不同之外，将来对栈的后进先出的操作特点是不变的，因此利用模板的概念，可以定义一个类模板，这样可大大提高代码的复用率。

## 9.2.1　类模板的定义

类模板的定义与函数模板的定义类似，必须先用关键字 template 开始，后用尖括号（<>）来定义类模板的模板参数，当然也可出现非模板参数，关于非模板参数的约束与函数模板的要求一致。类模板的定义格式如下：

```
template <typename 类型参数 1,typename 类型参数 2,…>
class 类模板名
{
    // 成员函数和成员变量…
};
```

其中，关键字 template 定义的模板参数可用来声明类的数据成员的类型、成员函数的返回值类型、函数的参数类型等信息，当然这些也可用其他系统内置数据类型或用户自定义数据类型来声明。类模板中的成员函数既可以在类中定义，也可以放在类外面定义。在类外直接定义时，其一般格式为：

```
template <typename 类型参数 1,typename 类型参数 2,…>
返回值类型　类模板名 < 类型参数名列表 >::成员函数名（参数表）
{
    // 函数体…
}
```

**注意**：在类外定义类模板的成员函数时，必须将类模板的声明放在前面。同时，函数名前的作用域说明也需要采用类模板的完整类型进行限定。类模板的成员函数在类内部的定义和普通类的成员函数在类内部的定义没有区别。

## 9.2.2　类模板的实例化

类模板一旦定义完成，就可以定义具体的对象，其一般语法为：

类模板名 < 实际类型参数表 > 对象名（实际参数表）；

如果类模板有无参数构造函数，那么也可以使用如下语法创建对象：

类模板名 < 实际类型参数表 > 对象名；

**提示**：在用类模板定义对象时，必须为类模板中的模板参数在尖括号中传递具体的类型实参，为非模板参数传递具体的常量值。定义对象的过程就是**类模板实例化**的过程，也就是实实在在的类生成的过程。但请注意该过程并不会实例化类中的成员函数，类中的成员函数只有在访问时才会被实例化。

**【例 9-5】**类模板案例。在二维坐标中，有离散的整数点，也有连续的实数点，因此设计了二维坐标中的点模板。

```
// ninth_5.cpp
1.  #include <iostream>
2.  using namespace std;
3.  template<typename T>              // 类模板
4.  class Point
5.  {   T    x, y;
6.  public:
7.      Point(T x1,T y1)             // 在类内部实现，和平常没有任何区别
8.      {x=x1;y=y1;}
9.      void set(T x1,T y1);         // 成员函数的声明，在类的外部实现
10.     void display();              // 成员函数的声明，在类的外部实现
11. };
12. template<typename T>             // 成员函数的类外实现
13. void Point<T>::set(T x1,T y1)
14.     {  x=x1;y=y1;  }
15. template<typename T>             // 成员函数的类外实现
16. void Point<T>::display()
17.     {  cout<<"("<<x<<","<<y<<")"<<endl;  }
18. int main()
19. {   Point<int>   a(2,3);
20.     a.display();
21.     return 0;
22. }
```

**分析**：该案例第 3～17 行给出了类模板的完整定义，从第 7～8 行构造函数的定义可看出，成员函数在类内部的定义和普通类的成员函数在类内部的定义没有区别。但对 display 和 set 函数的类外定义，请仔细学习。

主函数中，第 19 行语句为利用类模板创建点对象。在用类模板创建对象时，必须在尖括号中为对应的模板参数传递实参，此例中传递了 int 类型，这时编译器将实例化出一个离散的整数点类。具体如下：

```
class Point
{   int    x, y;
public:
    Point(int x1, int y1)          // 在类内部实现，和平常没有任何区别
    {x=x1;y=y1;}

    void set(int x1, int y1);      // 成员函数的声明，在类的外部实现
    void display();                // 成员函数的声明，在类的外部实现
};
```

**注意**：除了会实例化构造函数之外（在创建对象 a 时实例化），目前并没有实例化其他成员函数。

对象 a 为一个整数点对象，利用它访问类中公有成员的方式和普通类没有任何区别。

**注意**：在编译器第一次遇到语句 "a.display();" 时，编译器将实例化类模板 Point 的成员函数 display。而在该程序中，由于没有访问类模板 Point 的成员函数 set，因此 set 函数将不会被编译器实例化，也就是说，类模板中的成员函数只有在被访问时才会被实例化，否则不会被实例化。

为了验证该说法，将上面 set 函数的实现代码删除，重新编译并运行该程序，程序的输出结果为：

```
(2, 3)
```

这说明即使没有 set 函数的实现代码，程序也能正常运行，从而验证了上面的说法。

## 9.2.3 带有非类型参数的类模板

同函数模板一样，类模板中也可以带有非类型参数，在类模板实例化时，必须用尖括号来给模板参数传递实参，而且非类型参数对应的实参必须为常量。

**提示**：非类型参数通常用 int 类型，而浮点数和类对象是不允许作为非类型模板参数的。

为了能够对类模板灵活应用，下面这个例子的类模板定义了一个栈，并利用该栈完成对 10 个整型数据的逆序输出。

【例 9-6】带有非类型参数的类模板。

**设计分析**：一个栈可存储一批相同类型的数据，因此设计栈的数据成员如下。

- 一个数组：用来存储栈中元素。
- 一个整数数据：用来记录当前栈中元素的个数。

栈中数据操作的特点是后进先出，因此设计栈的操作如下。

- 压栈函数：每次向栈顶存入一个元素。
- 出栈函数：每次从栈顶弹出一个元素。
- 判断栈是否已满的函数：根据栈的容量进行判断，当栈已经满员时，无法再压入元素。
- 判断栈是否为空的函数：当弹出栈中最后一个元素时，栈为空。
- 默认构造函数：完成栈的初始化。

根据以上分析，具体的栈模板设计如下：

```
   // ninth_6.cpp
1. #include <iostream>
2. using namespace std;
3. template <typename T, int MAXSIZE>      // MAXSIZE 为非类型参数，标识栈的最大容量
4. class Stack
5. {
6. private:
7.     T  elems[MAXSIZE];                   // 数组，存放栈中的元素
8.     int  numElems;                       // 记录当前栈中元素的个数
9. public:
10.    Stack();                             // 构造函数，在类外实现
11.    void  push(const T &);               // 压栈操作，在类外实现
12.    T  pop();                            // 出栈操作，在类外实现
13.    bool empty() const                   // 返回栈是否为空
14.    {   return numElems == 0;  }
15.    bool full() const                    // 返回栈是否已满
16.    {   return numElems == MAXSIZE; }
17. };
18. template <typename T, int MAXSIZE>      // 构造函数的实现
19. Stack<T, MAXSIZE>::Stack(): numElems(0){ }
20. template <typename T, int MAXSIZE>      // 压栈函数的实现
21. void Stack<T, MAXSIZE>::push(const T& elem)
22. {   if (full())                         // 判断栈是否满员
23.        cout<<"Stack is full!"<<endl;
24.     else
25.     {   elems[numElems] = elem;         // 附加元素
```

```
26.          ++numElems;                  // 增加元素的个数
27.      }
28. }
29. template <typename T, int MAXSIZE>    // 出栈函数的实现
30. T Stack<T, MAXSIZE>::pop()
31. {   if (empty())                      // 判断栈是否为空
32.       {   cout<<"Stack is empty!"<<endl;
33.           return 0;      }
34.     else
35.       {   --numElems;                 // 减少元素的个数
36.           return elems[numElems];   }
37. }
38. void main()
39. {   Stack<int,5>  a;
40.     int i,b;
41.     while(!a.full())
42.       {   cin>>b;
43.           a.push(b);   }
44.     while(!a.empty())
45.       cout<<a.pop()<<"  ";
46. }
```

编译并运行该程序，假如利用键盘输入了 1 2 3 4 5 回车，则程序的输出结果为：

```
5  4  3  2  1
```

**分析**：从主函数开始，首先执行第 39 行创建对象的语句，这时，编译系统首先要根据传入的模板参数的实际值实例化出一个类模板，具体如下。

```
class Stack
{
private:
    int elems[5];                    // 元素数组
    int numElems;                    // 元素的当前个数
public:
    Stack();                         // 构造函数，在类外实现
    void  push(const int &);         // 压栈操作，在类外实现
    int   pop();                     // 出栈操作，在类外实现
    bool empty() const;              // 返回栈是否为空
    bool full() const;               // 返回栈是否已满
};
```

然后创建一个栈对象 a，同理，首先编译器要实例化栈的构造函数，然后执行该函数完成对象 a 的初始化操作。

第 41 ～ 43 行的 while 循环语句的功能是判断栈对象 a 是否已满，若没满，则继续向栈中压入新输入的数据。执行此循环，编译器首先实例化具体用到的成员函数 full 和 push，然后再循环进行相应操作。**注意**，每个成员函数只在第一次被访问时实例化，之后再访问就不用重复实例化了。

第 44 ～ 45 行的 while 循环判断栈是否为空，不为空则将栈顶元素出栈并输出。此循环中，编译器首先实例化具体用到的成员函数 empty 和 pop，然后再循环进行相应操作。

## *9.3  模板特化

模板特化不同于模板的实例化，模板参数在某种特定类型下的具体实现称为模板的**特化**。模板特化有时也称为模板的具体化，分别有函数模板特化和类模板特化。为何要特化模板呢？原因是模板对某个特定数据类型采用原模板中的处理逻辑将达不到解决问题的目的或有错误，需要模板对特定数据类型重新给出其处理逻辑（初学者可略过此节）。

### 9.3.1  函数模板特化

若函数模板采用通用模板无法正确处理某一特定数据类型，此时可定义该函数模板的特化模板来处理特殊类型。请看例 9-7。

**【例 9-7】**函数模板的特化案例，问题为求两个数的较大值。

**设计分析：**显然，求两个数据的较大值时，对整型数据、字符型数据、实型数据的处理逻辑是相同的，因此可采用模板来编写函数以提高代码利用率。但对于字符数组，求两个字符串的较大值却无法采用与上述数据类型相同的处理逻辑，因此，需要采用特化案例，具体实现代码如下：

```
    // ninth_7.cpp
 1. #include <iostream>
 2. #include <string>
 3. using namespace std;
 4. typedef const char*  T1;        // 该语句对 const char* 类型重新取个简洁的名字 T1
 5. template<typename T>            // 求两个数的较大值的函数模板
 6. T  max(T a,T b)
 7. {  return a>b?a:b;  }
/* 在数据类型为指向 C 字符串的常指针时，上述求两个 T 类型对象的较大值的函数模板 max 将不能完成字符串
   大小的比较，因此需要对求字符串的较大值问题编写特化的求较大值函数 max，使得 max 可正常求两个字符串
   的较大值 */
 8. template<>                      // 函数模板特化案例
 9. T1 max<T1>(T1 a,T1 b)           // 注意看第 4 行关于 T1 的说明
10. {   return (strcmp(a,b)>0)?a:b;   }
11. int main()
12. {
13.     int i=max(10,5);           // 调用实例：int  max<int>(int,int)
14.     // 调用特化：const char* max<const char*>(const char*,const char*)
15.     const char*p=max<const char*>("very","good");
16.     cout<<"i:"<<i<<endl;
17.     cout<<"p:"<<p<<endl;
18.     return 0;
19. }
```

编译并运行该程序，则程序运行结果为：

```
i:10
p:very
```

**分析：**在本案例中，第 5～7 行定义了函数模板，该函数模板的功能为求两个 T 类型数据的较大值，但该函数模板对 T 为指向字符串的指针这种数据类型的处理逻辑却是错误的。因此，在源程序第 8～10 行对该函数进行了特化定义。

**说明：**在函数模板特化定义中，关键字 template 和一对尖括号（<>）不能少，然后是

函数模板特化的定义。该定义指出了模板名、被用来特化模板的模板实参，以及函数参数表和函数体。

在上面的程序中，如果不给出函数模板 max<T> 在 T 为 const　char* 时的特化版本，那么在比较两个字符串的大小时，比较的是字符串起始地址的大小，而不是字符串的内容在字典序中的先后次序。这种处理逻辑显然是错误的。

在主函数中，显然第 15 行的语句是对特化的模板函数的调用。

**注意**：一旦为某个模板做了特化，编译器将不会再为该特化所涉及的类型生成对应的实例化；特化是为了解决通用模板不能精确解决的问题；模板的特化版本依赖于通用模板，通用模板必须在所有特化模板之前声明（定义）。

**提示**：对于例 9-7 的问题，也可使用函数重载替代函数模板的特化。

除了定义函数模板特化版本之外，还可以直接给出模板函数在特定类型下的重载形式（普通函数）。使用函数重载可以实现函数模板特化的功能，也可以避免函数模板的特定实例的失效。例如，上面 max 的特化版本也可以改成如下普通的重载函数，即用下面的函数替换例 9-7 中第 8 ～ 10 行的语句。

```
T1 max(T1 s1, T1 s2)     //注意看第 4 行关于 T1 的说明
{   return (strcmp(s1,s2)>0)?s1:s2;   }
```

程序运行结果和使用函数模板特化相同。但是，使用普通函数重载和使用模板特化还是有不同之处的，主要表现在如下两个方面：

1）如果使用普通重载函数，那么不管是否发生实际的函数调用，都会在目标文件中生成该函数的二进制代码。而如果使用模板的特化版本，除非发生函数调用，否则不会在目标文件中包含特化模板函数的二进制代码。这符合函数模板的“惰性实例化”准则。

2）如果使用普通重载函数，那么在分离编译模式下，应该在各个源文件中包含重载函数的声明，否则在某些源文件中就会使用模板实例化，而不是重载函数。

## 9.3.2　类模板特化

类模板特化类似于函数模板的特化，当类模板需要对某种特定类型做特殊处理时，可以进行类模板的特化。请看例 9-8。

**【例 9-8】**类模板的特化案例，该案例实现了判断两个数据是否相等的类模板，但判断 double 型数据是否相等的依据是两个数差值的绝对值是否小于 $10^{-3}$。请注意加粗部分的代码。

```
    //ninth_8.cpp
 1. #include <iostream>
 2. #include <Cmath>
 3. using namespace std;
 4. template<class T>        // 类模板声明，判断 T 类型的数据是否相等的类模板
 5. class Compare
 6. {
 7. public:
 8.     static bool IsEqual(const T& lh, const T& rh)
 9.     { return lh == rh; }
10. };
11. template<>              // 对 double 型数据特化的类模板
```

```
12. class Compare<double>
13. {
14. public:
15.     static bool IsEqual(const double& lh, const double& rh)
16.     {
17.         cout <<"double 型数据比较是否相等 " <<endl;
18.         return fabs(lh - rh) < 10e-3;
19.     }
20. };
21. int main(void)
22. {
23.     Compare<int> a;
24.     cout <<a.IsEqual(3, 4) <<endl;
25.     cout <<a.IsEqual(3, 3) <<endl;
26.     Compare<double> b;
27.     cout <<b.IsEqual(3.14, 4.14) <<endl;
28.     cout <<b.IsEqual(3.12341, 3.12345) <<endl;
29.     return 0;
30. }
```

编译该程序，程序的运行结果为：

```
0
1
double 型数据比较是否相等
0
double 型数据比较是否相等
1
```

**分析**：为了明白特化的意义，下面去掉特化的类模板，编译并运行程序。

```
// ninth_8_1.cpp
1. #include <iostream>
2. #include <Cmath>
3. using namespace std;
4. template<class T>   // 类模板声明，判断 T 类型的数据是否相等的类模板
5. class Compare
6. {
7. public:
8.     static bool IsEqual(const T& lh, const T& rh)
9.     { return lh == rh; }
10. };
11. int main(void)
12. {
13.     Compare<int> a;
14.     cout <<a.IsEqual(3, 4) <<endl;
15.     cout <<a.IsEqual(3, 3) <<endl;
16.     Compare<double> b;
17.     cout <<b.IsEqual(3.14, 4.14) <<endl;
18.     cout <<b.IsEqual(3.12341, 3.12345) <<endl;
19.     return 0;
20. }
```

编译程序后，程序的运行结果为：

```
0
1
0
0
```

请对比 ninth_8_1.cpp 与 ninth_8.cpp 的源代码，结合程序运行结果的不同，分析总结原因。

## 9.4 本章小结

- 模板提供了在函数和类中参数化类型的能力。这种能力使得我们可以定义通用的函数或类，将来根据具体代入的实际类型，编译器会自动实例化出具体的函数或类。
- template 为定义模板的关键字，一般格式为 template<typename T1,typename T2,… >。
- 模板中也可以有非类型参数，对于带有非类型参数的模板必须显式地在尖括号中给模板参数传递实参，而且非类型参数对应的实参必须为常量，一般非类型参数为 int 类型。

## 9.5 习题

**一、选择题（以下每题提供四个选项 A、B、C 和 D，只有一个选项是正确的，请选出正确的选项）**

1. 类模板的使用实际上是将类模板实例化成一个（ ）。

  A. 函数　　　　　　　　B. 对象　　　　　　　　C. 类　　　　　　　　D. 抽象类

2. 类模板的模板参数（ ）。

  A. 只可作为数据成员的类型　　　　　　　　B. 只可作为成员函数的返回值类型

  C. 只可作为成员函数的参数类型　　　　　　D. 以上三种均可

3. 类模板的实例化（ ）。

  A. 在编译时进行　　　　B. 属于动态联编　　　　C. 在运行时进行　　　　D. 在连接时进行

4. 类模板的参数（ ）。

  A. 可以有多个　　　　　　　　　　　　　　B. 不能有内置数据类型

  C. 可以是 0 个　　　　　　　　　　　　　　D. 不能赋初值

5. 以下类模板定义正确的为（ ）。

  A. template<class T,int i=0>　　　　　　B. template<class T,class int i>

  C. template<class T,typename T>　　　　　D. template<class T1,T2>

6. 以下类模板：

```
template<class T1,class T2=int,int num=10>
class Tclass{…};
```

正确的实例化方式为（ ）。

  A. Tclass<char&,char>  C1　　　　　　　B. Tclass<char*,char,int> C1

  C. Tclass< > C1　　　　　　　　　　　　　D. Tclass<char,100,int>

7. 以下类模板，正确的实例化方式为（ ）。

```
template <class T>
class TAdd {
    T x,y;
public:
    TAdd(T a,T b): x(a),y(b) { }
    int add() { return x+y; }
};
```

  A. TAdd<char> K　　　　　　　　　　　　B. TAdd<double,double> K(3.4,4.8)

C. TAdd<char*> K('3','4')　　　　　　　　D. TAdd<int> K('3','4')

8. 采用习题 7 中的类模板，下列程序运行的结果为（　　）。

```
void main()
{
    TAdd<double> A(3.8,4.8);
    TAdd<char> B(3.8,4.8);
    cout<<A.add()<<","<<B.add();
}
```

　　A. 8,8　　　　　　　　B. 7,7　　　　　　　　C. 7,8　　　　　　　　D. 8,7

9. 以下程序的运行结果为（　　）。

```
#include <iostream>
using namespace std;
template <class T>
class Num
{   T x;
public:
    Num() {}
    Num(T x) {this->x=x;}
    Num<T> & operator+(const Num<T> &x2)
    {   static Num<T> temp;
        temp.x=x+x2.x;
        return temp;
    }
    void disp(){cout<<"x="<<x;}
};
void main()
{   Num<int> A(3.8),B(4.8);
    A=A+B;
    A.disp();
}
```

　　A. x=7　　　　　　　　B. x=8　　　　　　　　C. x=3　　　　　　　　D. x=4

10. 下列选项有关类模板的描述错误的是（　　）。

　　A. 模板把数据类型作为一种参数

　　B. 实例化模板时，模板参数和函数参数类似，根据位置一一对应

　　C. 模板参数表可以有类型参数，也可以有非类型参数

　　D. 类模板和模板类是同一个概念

## 二、读程序并写出程序的运行结果

```
1. #include <iostream>
   using namespace std;
   template<class T>
   T max(T x,T y) {   return x>y?x:y;   }
   void main()
   {   int m=1,n=5;
       double a=8.9,b=3.4;
       cout<<max(m,n)<<endl;
       cout<<max(a,b)<<endl;
   }

2. #include <iostream>
   #include <typeinfo>
   using namespace std;
```

```
template <class T>
T max(T x, T y)
{
    cout << typeid(T).name() << ":";
    return x > y ? x : y;
}

int max(int x, int y) {
    cout << "int - int:";
    return x > y ? x : y;
}

char max(int x, char y) {
    cout << "int - char:";
    return x > y ? x : y;
}

int main() {
    int i = 10;
    char c = 'a';
    double d = 3.14;
    cout << max(i, i) << endl;
    cout << max(c, c) << endl;
    cout << max(d, d) << endl;
    cout << max(i, c) << endl;
    cout << max(c, i) << endl;
    cout << max(d, i) << endl;
}
```

### 三、编程题

1. 编写实现排序的函数模板,实现对 $N$ 个数据的由小到大排序操作。编写主函数,具体实现对 10 个 double 型数据的排序。

2. 编写一个折半查找的函数模板 binSearch(),实现按查找顺序输出查找过程中访问的所有元素下标以及找到的元素在数组中的位置。

3. 使用类模板对数组元素进行排序、倒置、查找和求和,编写主函数,产生类型实参分别为 int 型和 double 型的两个模板类,分别对整型数组与双精度型数组完成所要求的操作。

4. 栈的应用非常广泛。请先实现一个栈模板类(定义已在下面给出),然后利用这个栈类解决下面的问题:

   给定一个字符串,长度小于 1000,其中只包含左右括号和大小写英文字母。请编写程序判断输入字符串里的左右括号是否全部匹配,匹配规则为从内到外左括号都与其右边距离最近的右括号匹配。如匹配,则输出"Yes";否则,输出"No"。

# 第 10 章　C++ 异常处理

C++ 程序在执行期间会产生一些意外事件，例如除数为 0、数组访问越界或访问的文件不存在等，如果不能发现并及时处理这些错误，很可能会导致程序崩溃，从而造成数据丢失、破坏系统运行的灾难性后果。所谓"处理"，可以是给出错误提示信息，然后控制程序沿一条不会出错的路径继续执行，也可以是提前结束程序但在结束前做一些必要的工作，如将内存中的数据写入文件、关闭打开的文件、释放动态分配的内存空间等。这就类似于电梯的异常情况处理，例如当电梯门要关上时，这时候若有人强行进入，电梯控制系统就必须紧急处理这个异常，通常是将电梯门重新打开，而不是继续关闭造成夹人的不良后果。

本章重点讲述异常的概念、异常抛出、异常捕获处理、多级 catch 异常、异常类型和自定义异常类等。

## 10.1　C++ 异常

一般来说，C++ 程序中存在的错误分为语法错误、逻辑错误和运行时错误三类。

1）语法错误是指代码不符合 C++ 语法规则。语法错误是最容易发现、定位和排除的错误，这类错误在 C++ 程序的编译阶段就能被发现。例如，常见的语法错误有变量未定义、括号不匹配、遗漏了分号等。在链接阶段，若某个函数没有给出具体实现会导致链接出错。

2）逻辑错误是指代码处理逻辑有问题，不能达到程序员期望的目标。逻辑错误一般可以通过 C++ 集成开发环境提供的交互式调试工具来找到并修正。

3）运行时错误是指代码在运行期间发生的错误，例如除数为 0、数组访问越界、内存溢出、访问的文件不存在等。

**异常**（exception）处理机制是为了解决运行时错误而引入的。

**一个合格的程序员，应该总能对程序中能够预见的可能发生的异常进行处理，而不是放任不管。**

一般来说，一个函数中出现的异常有些可以在本函数内部进行处理，有些则有必要让它的调用者去处理。对可以在本函数内部处理的异常，建议用 if…else 分支结构去处理，没有必要用本章讲的异常处理机制。而对需要由函数的调用者处理的异常，建议用本章讲解的异常处理机制。异常处理机制可以实现正常功能代码和异常处理代码的逻辑分离，将异常集中处理，从而使程序更容易理解和维护。

【**例 10-1**】异常案例。这是访问一个字符串发生越界的案例。

```
1. // tenth_1.cpp
2. #include <iostream>
3. #include <string>
4. using namespace std;
5. int main(){
6.     string str = "http://www.djtu.edu.cn";
7.     char ch = str.at(100); // 字符串 str 访问越界，at() 函数抛出异常给 main() 函数
8.     cout<<ch<<endl;
```

```
 9.     return 0;
10. }
```

编译该程序没有任何问题，运行该程序，则出现运行时错误，如图 10.1 所示。

**分析**：程序第 6 行语句定义了字符串对象 str，从赋值语句看它的字符个数没有 100 个字符，但第 7 行语句在访问字符串 str 时，利用该对象的成员函数 at 企图访问其第 100 个字符，显然这超出了字符串 str 的范围，因此字符串对象 str 的 at 成员函数抛出了异常。而主函数 main 没有处理这个异常，因此程序终止运行，并在控制台弹出如图 10.1 所示的窗口，提示出错。

图 10.1　运行时错误提示

显然，此程序对使用该程序的用户来说会造成困惑，他会认为你的程序质量太差，因此对设计该程序的程序员来说，要提高用户体验，就应该在 main 函数中通过异常检测进行处理，即用户访问字符的位置不能大于等于字符串对象 str 的长度。在学习本章内容前，应该怎么处理该异常呢？请看下面的代码，看看你是不是采用如下方法：

```
 1. // tenth_1_1.cpp
 2. #include <iostream>
 3. #include <string>
 4. using namespace std;
 5. int main() {
 6.     string str = "http://www.djtu.edu.cn";
 7.     int n;
 8.     cout << "请输入你要访问哪个位置的字符" << endl;
 9.     cin >> n;
10.     while (n >= str.length() || n<0) {
11.         cout << "字符不存在，请输入大于等于 0 小于 " <<str.length()<<" 的值 \n" ;
12.         cin >> n;
13.     }
14.     char  ch = str.at(n);
15.     cout << "你要访问的字符为 "<< ch << endl;
16.     return 0;
17. }
```

你是不是这样处理的呢？相信大部分读者都会点头同意，为了保证用户在合法的范围内访问字符，我们经常采用加粗部分的代码来进行判断，避免 tenth_1.cpp 代码中异常的发生。当然也可以采用 10.1.1 节介绍的方式处理 tenth_1.cpp 中的异常。

## 10.1.1　捕获异常

对例 10-1 中的异常可以借助 C++ 提供的异常处理机制来捕获，避免程序崩溃。

C++ 捕获异常的语法为：

```
try {
        // 可能抛出异常的语句块
}
catch(ExceptionType e)   // ExceptionType 为一种数据类型
{
        // 异常处理语句块
}
```

其中，try 和 catch 都是 C++ 中的关键字，try 中包含可能会抛出异常的语句（也是实现程序功能的语句），这些语句要用 {} 括起来，把 try{} 称为一个 try 块。try 相当于一个监控器，在它的监控下，try 块中的代码一旦有异常抛出，就会激发其后紧跟的 catch 块去捕获这些异常，程序员可在 catch{} 语句块中对异常进行处理。如果 try 语句块没有抛出异常，则其后的 catch 块将被忽略（即跳过）。catch 参数列表中的 ExceptionType 指明了 catch 块中可以捕获的异常类型，若 try 块中抛出的异常类型与 catch 的 ExceptionType 类型不匹配，则 catch 将不能捕获相应异常，这时异常将被传递给其更上一级的调用者。若 try 抛出的异常被 catch 捕获，则执行 catch 块对应的异常处理程序，处理完成后，程序将执行 catch 块后的其他语句，不会返回 try 块抛出错误的地方继续执行。**另外，catch 块必须紧跟在 try 块之后。**

稍后对异常类型进行讲解，现在先演示一下 try-catch 的用法。

**【例 10-2】**修改例 10-1 中的代码，加入捕获异常的语句。

```
1.  // tenth_2.cpp
2.  #include <iostream>
3.  #include <string>
4.  #include <exception>          // 异常类头文件
5.  using namespace std;
6.  int main(){
7.      string str = "http://www.djtu.edu.cn";
8.      try{
9.          char ch_a = str[100]; // 采用下标方式访问字符，C++ 不检查下标越界
10.         cout<< ch_a <<endl;
11.     }
12.     catch(exception e)
13.     {
14.         cout<<"try-catch block1 execute!"<<endl;
15.     } // 第一个 try-catch 语句块

16.     try{
17.         char ch_b = str.at(100);        // 利用 at 成员函数访问字符，越界会抛出异常
18.         cout<<ch_b<<endl;
19.     }catch(exception e){
20.         cout<<"try-catch block2 execute!"<<endl;
21.     } // 第二个 try-catch 语句块
22.     return 0;
23. }
```

编译并运行程序，运行结果为：

```
try-catch block2 execute!
```

**分析：**主函数中第 8 ~ 15 行语句为第一个 try-catch 块，其中第 8 ~ 11 行语句对应的 try 块没有抛出异常，正常执行，输出了一个没有意义的字符。这是因为 C++ 中数组元素访问运算符（[]）不会检查下标越界，因此不会抛出异常，而 try 块检测不到异常，则第 12 ~ 15 行的 catch 将被跳过。

**提示：**C++ 运行期间发生异常时必须将异常明确地抛出，try 语句块才能检测到；如果不抛出，即使有异常出现，try 语句块也检测不到。

主函数中第 16 ~ 21 行语句对应第二个 try-catch 语句块，在第 17 行语句执行期间，利用字符串对象 str 的成员函数 at 访问了其第 100 个位置上的字符，但 str 并没有 100

个字符，因此 at 函数抛出了异常，`try` 块检测到了异常，第 18 行语句将被跳过，直接激发第 19 行语句的 `catch` 块，因此控制台输出了"`try-catch block2 execute!`"。执行完 `catch` 块所包含的异常处理代码后，程序会继续执行该 `catch` 块后面的代码，即第 22 行语句，程序返回，结束执行。

**C++ 中异常处理的基本流程**：函数 A 在执行过程中发现异常时可以不加处理，而只是"抛出一个异常"给 A 的调用者，假定 A 的调用者为函数 B。在这种情况下，函数 B 可以选择捕获 A 抛出的异常并进行处理。如果 B 置之不理，这个异常就会被抛给 B 的调用者，依此类推。如果一层层的函数都不处理异常，异常最终会被抛给 main 函数，main 函数应该处理异常。如果 main 函数也不处理异常，那么程序就会立即终止执行，并在控制台弹出窗口提示异常信息。

**注意**：C++ 的库函数大部分都只是完成相应功能，对发生的异常情况不做处理，而是抛出异常给它们的调用者。因此程序员调用这类函数要注意异常的捕获处理。

## 10.1.2 抛出异常

C++ 中，异常必须显式地抛出才能被探测和捕获到；如果没有显式地抛出，即使有异常也检测不到。就像电梯门关上的瞬间若检测不到有人强行进入，电梯控制器将不会做出紧急处理，这是很危险的，因此电梯必须能检测门关闭的瞬间是否有人在强行进入并报告。C++ 中，使用 throw 关键字来报告异常，也就是显式地抛出异常，语法格式为：

```
throw  ExceptionData;
```

其中，ExceptionData 是"异常数据"，它可以是 int、float、bool 等内置类型，也可以是指针、结构体、对象等复杂结构类型的数据。可以包含任意的异常信息，由程序员根据实际应用需求设置。

前面两个例子就是由字符串对象 str 的成员函数 at 利用 throw 抛出的异常。throw 抛出的异常，可以被 try 块检测到并激发对应的 catch 块去处理。下面具体学习函数如何抛出异常。

**【例 10-3】** 利用 throw 抛出异常的例子。

```
1. // tenth_3.cpp
2. #include <iostream>
3. #include <string>
4. using namespace std;
5. char get_char(const string &str, int idx)      // 获取字符串 str 的 idx 位置的字符
6. {
7.     int len = str.length();
8.     if(idx < 0)
9.         throw 1;                                // 抛出异常
10.    else if(idx >= len)
11.        throw 2;                                // 抛出异常
12.    else  return str[idx];
13. }
14. int main(){
15.     string str = "c plus plus";
16.     try{
17.         cout<<get_char(str, 4)<<endl;
18.         cout<<get_char(str, 200)<<endl;
19.     }catch (int e)
```

```
20.        {
21.            if(e==1)
22.                { cout<<"Index underflow!"<<endl;  }
23.            else if(e==2)
24.                { cout<<"Index overflow!"<<endl; }
25.        }
26.        return 0;
27. }
```

编译并运行该程序，运行结果为：

```
u
Index overflow!
```

**分析**：在该程序中，第 5 ～ 13 行语句对应 get_char() 函数定义，该函数将返回字符串对象 str 的 idx 位置上的字符。显然，当 idx 的值小于 0 或大于等于 str 的长度时，访问将出错，因此 get_char() 函数对此情况进行了判断并用 throw 关键字抛出异常。如果下标小于 0，抛出异常数据 1；如果下标大于等于字符串的长度，抛出异常数据 2。

主函数的 try 块中，显然 get_char(str,4) 获得 str 字符串中第 4 个位置上的字符 'u'，不会抛出异常，而 get_char(str,200) 要获取 str 中第 200 个位置上的字符，下标大于字符串的实际长度，因此程序将抛出异常数据 2，被 try 检测到并激发 catch 块捕获，因此，输出" Index overflow!"。执行完 catch 块之后，遇到第 26 行的 return 语句，执行结束。

将例 10-3 中的代码修改如下，加粗部分的代码为修改部分，以了解异常数据的抛出是由程序设计人员设定的，捕捉异常时则根据抛出的异常类型来捕捉并处理，否则将捕捉不到异常。

```
1. // tenth_3_1.cpp
2. #include <iostream>
3. #include <string>
4. using namespace std;
5. char get_char(const string &str, int idx)      // 获取字符串 str 的 idx 位置的字符
6. {
7.     int len = str.length();
8.     if(idx < 0)
9.         throw " 下标小于 0 了";                  // 抛出的异常为字符串常量
10.    else if(idx >= len)
11.        throw " 下标大于等于字符串的长度了";      // 抛出的异常为字符串常量
12.    else  return str[idx];
13. }
14. int main(){
15.    string str = "c plus plus";
16.    try{
17.        cout<<get_char(str, 4)<<endl;
18.        cout<<get_char(str, 200)<<endl;
19.    }catch (const char* c)                       // 注意捕获该类型的异常
20.    {   cout<<c<<endl;    }
21.    return 0;
22. }
```

**分析**：在此例中，函数 get_char 中的 throw 语句抛出的异常类型被改为了字符串常量，为了保证捕获异常并处理，主函数中 catch 捕获的异常类型就相应地改为了 const char *类型，若维持例 10-3 中的捕获 int 类型异常，则将捕捉不到本程序中的异常，此时程序将会异常终止。

**异常的再次抛出**

在 catch 块中，有时虽然捕获了异常，但还是想让该函数的上级调用者知道发生了什么异常，以便让上一级调用者去处理，此时就可以在 catch 块中，用 throw 语句再次将此异常抛出，其语法为：

```
try{
    // 问题解决语句
}catch(e){
    // 异常处理语句
    throw;// 抛出 e 异常
}
```

【例 10-4】catch 块中抛出异常，将问题再次抛给上一级调用函数来处理，注意函数 compute_discount 的 catch 块。

```
1. // tenth_4.cpp
2. #include <iostream>
3. #include <string>
4. using namespace std;
5. int compute_discount(double s)
6. {
7.     try {
8.         if( s < 100 )
9.         throw string("price less than 100");
10.    } catch (string e) {
11.        cout <<" 没有折扣，原因是 "<< e << endl;
12.        throw;
13.    }
14.    return s * 0.85;
15. }
16. int main() {
17. try {    double a;
18.    cout<<" 请输入你的价格，我将给出折扣价 "<<endl;
19.    cin>>a;
20.    cout<<" 折扣价为: "<<compute_discount(a)<<endl;
21. } catch(string s) {
22.    cout << s <<" 我知道了 "<< endl;
23. }
24. return 0;
25. }
```

编译并运行该程序，当输入 80 时，结果为：

```
请输入你的价格，我将给出折扣价
80 回车
没有折扣，原因是 price less than 100
price less than 100 我知道了
```

**分析：**本程序包括主函数和计算折扣的函数 compute_discount，其功能是输入一个价格，计算该价格的折扣价，具体折扣价的计算由 compute_discount 函数完成。执行主函数，首先在控制台输出语句"请输入你的价格，我将给出折扣价"，当输入 80 时，则执行第 20 行语句，该语句将调用 compute_discount 函数来计算折扣价。转去 compute_ discount 执行，因为参数 s 的值为 80，小于 100，因此第 8 行的 if 语句成立，执行第 9 行的 throw 将抛出字符串"price less than 100"异常，该异常将被第 10 行的 catch 语句捕获，因此第 11 行执行并输出"没有折扣，原因是 price less than 100"。但在该 catch 块中，第 12 行的 throw 语句将该异常再次抛给上一级调用函数，因此异常被主函数的 try 块检测到并被第 21 行的 catch 块捕获到，执行第 22 行语句输出"price less than 100 我知道了"。显然，这里的异常原因正是 compute_discount 函数第 9 行抛出的异常被 compute_discount 的上一级调用者（主函数 main）的 try 块检测到了。

### 10.1.3  发生异常的位置

异常可以发生在当前的 try 块中，也可以发生在 try 块所调用的某个函数中，或者所调用的函数又调用了另外的一个函数，这个另外的函数在执行过程中发生了异常。这些异常，都可以被 try 检测到。

【例 10-5】演示 try 块中直接抛出异常。

```
1. // tenth_5.cpp
2. #include <iostream>
3. #include <string>
4. #include <exception>
5. using namespace std;
6. int main(){
7.     try{
8.         throw "An exception"; //抛出异常
9.         cout<<"Statement 1!"<<endl;
10.     }
11.     catch(const char* e)
12.     {
13.         cout<<e<<endl;
14.     }
15.     return 0;
16. }
```

编译并运行该程序，运行结果为：

```
An exception
```

**分析**：本例中 try 块中的第 8 行用 throw 关键字抛出一个字符串常量"An exception"异常，这个异常会被 try 检测到，进而被 catch 捕获和处理。抛出异常后，第 9 行的语句"cout<<" Statement 1!"<<endl;"将被跳过，直接转移到 catch 块。

**提示**：在同一个函数中对发生的异常进行处理，可以不用 try-throw-catch 处理，用普通的 if 语句也可以。

【例 10-6】演示 try 块中调用的某个函数执行时发生了异常。

```
// tenth_6.cpp
1. #include <iostream>
2. #include <string>
3. #include <exception>
4. using namespace std;
5. double division(int x, int y)
6. {
```

```
7.    if( y == 0 )
8.    {
9.        throw "Division by zero exception!";//异常抛出语句
10.       cout<<"Statement 1."<<endl;
11.   }
12.   return (x/y);
13. }
14. int main()
15. {
16.    try   //第一个try-catch语句块
17.    {
18.       division(4,2);
19.       cout<<"Statement 2."<<endl;
20.    }
21.    catch(const char* e)
22.    {   cout<<e<<endl;   }
23.    try   {//第二个try-catch语句块
24.       division(4,0);
25.       cout<<"Statement 3."<<endl;
26.    }
27.    catch(const char* e)
28.    {   cout<<e<<endl;   }
29.    return 0;
30. }
```

**编译并运行程序，运行结果为：**

```
Statement 2.
Division by zero exception!
```

**分析：** 本程序中第 5 ～ 13 行的语句是用户自定义函数 division(int x, int y)，它用于实现两个整数的除法运算，该函数中当除数 y 为 0 时，throw 语句将抛出一个异常，所以该函数将永远执行不到第 10 行语句。

第 16 ～ 22 行语句为主函数中的第一个 try-catch 语句块，在 try 块中虽然调用了 division() 函数，但是由于除数是 2，不等于 0，并没有抛出异常，程序顺序执行第 19 行语句，因此输出字符串 "Statement 2."，第 21 ～ 22 行语句对应的 catch 块将被跳过，跳到第 23 行语句执行。

第 23 ～ 28 行为主函数中的第二个 try-catch 语句块，在 try 语句块中调用了 division() 函数，且与形参 y 对应的实参为 0，此时 division 函数的 if 语句条件成立，执行 throw 抛出字符串常量 "Division by zero exception!" 异常并跳出 division 函数的执行，该异常将被主函数中的 try 检测到，进而激发 catch 捕获和处理。catch 块中对应的第 28 行语句将被执行，因此输出 throw 抛出的异常信息，即 "Division by zero exception!"。顺序执行第 29 行语句后程序结束。

**【例 10-7】** 演示 try 块中调用了某个函数，该函数又调用了另外一个函数，这个另外的函数抛出了异常。发生异常后，程序的执行流会沿着函数的调用链往前回退，直到遇见 try 才停止。在这个回退过程中，调用链中剩下的代码（所有函数中未被执行的代码）都会被跳过，没有执行的机会。

```
1. // tenth_7.cpp
2. #include <iostream>
```

```
 3.  #include <string>
 4.  #include <exception>
 5.  using namespace std;
 6.  void g(){
 7.      throw "An Exception"; // 抛出异常
 8.      cout<<"Statement 1."<<endl;
 9.  }
10.  void f(){
11.      g();
12.      cout<<"Statement 2."<<endl;
13.  }
14.  int main(){
15.      try{
16.          f();
17.          cout<<"Statement 3."<<endl;
18.      }catch(const char* e){
19.          cout<<e<<endl;
20.      }
21.      return 0;
22.  }
```

编译并运行程序，输出结果为：

```
An Exception
```

**分析**：本程序由三个函数构成，第 6～9 行是函数 g，不难看出，该函数的第 7 行语句直接用 throw 抛出了异常，但该函数中没有 try-catch 语句块对其进行检测和捕获。第 10～13 行语句为函数 f，该函数调用了函数 g，同时也没有 try-catch 语句块对异常进行检测和捕获。而主函数 main 中有 try-catch 块，同时在 try 块中对函数 f 进行了调用。在主函数执行期间，首先调用函数 f，转去执行函数 f，函数 f 又调用了函数 g，因此又转去执行函数 g。在函数 g 中用 throw 语句直接抛出异常，由于函数 g 中没有 try-catch 异常检测，因此函数执行回退到函数 f。而函数 f 中也没有 try-catch 块检测，因此继续回退到主函数 main。在主函数中，try 将检测到异常并激发 catch 捕获异常，因此输出 "An Exception"。执行完 catch 块中的语句后，遇到第 21 行的 return 语句，则程序执行结束。

## 10.2    异常类型和多级 catch

首先，复习一下 10.1 节讲到的 try-catch 用法：

```
try{
    // 可能抛出异常的语句块
}catch(ExceptionType e){
    // 异常处理语句块
}
```

到目前为止，还没有深入讨论 catch 关键字后面的异常类型，下面就来系统地进行介绍。

### 1. 异常类型

ExceptionType 指明了当前的 catch 块可以捕获和处理的异常类型。e 是 catch

的局部变量，用来接收程序抛出的异常信息。当异常发生后，若相应的 try 块检测到异常，则会将异常数据传递给与其对应的 catch 块，当异常信息与 catch 后的异常类型参数 e 的类型匹配，则异常数据会被传递给参数 e，并执行 catch 块中的异常处理语句，否则 catch 不会接收这份异常数据，也不会执行 catch 块中的语句。因此，我们可以将 catch 看作一个没有返回值的函数，当异常发生后 catch 会被调用，并且会接收异常数据 e。

C++ 规定，ExceptionType 的类型可以是 int、char、float、bool 等基本类型，也可以是指针、数组、字符串、结构体、类等聚合类型。C++ 语言本身以及标准库中的函数抛出的异常都是 exception（头文件为 exception）类或其子类的异常。

catch 和函数调用的区别：函数调用时，形参和实参的类型必须匹配或者可以自动转换，否则在编译阶段会报错。若没有错误，CPU 执行到该函数的调用语句时函数将被执行。对于 catch 块，在程序编译阶段编译器并不关心 catch 的参数类型，只有在程序运行阶段，程序抛出异常时，系统才会根据异常类型寻找与该异常匹配的 catch 块去执行，若 catch 的异常类型与程序抛出的异常不匹配，则会被跳过。

若 catch 对处理的异常数据不感兴趣，也可以将参数 e 省略掉，这样只会将异常类型和 catch 所能处理的类型进行匹配，不会传递异常数据，即采用如下形式：

```
try{
        // 可能抛出异常的语句
}catch(ExceptionType) {    // 省略掉了形参 e
        // 处理异常的语句
}
```

若希望某 catch 块对任何异常类型都能进行捕获和处理，则可采用如下形式：

```
try{
        // 可能抛出异常的语句
}catch(…) {    // 省略异常类型
        // 处理异常的语句
}
```

### 2. 多级 catch

前面的例子中，一个 try 对应一个 catch，这是最简单的形式。其实，一个 try 后面也可以跟多个 catch，称为多级 catch。当异常发生时，程序会按照从上到下的顺序将异常类型和 catch 所能处理的类型逐个匹配。一旦找到类型匹配的 catch 就停止检索，并将异常交给当前的 catch 处理，其他的 catch 将不会被执行。如果没有找到匹配的 catch，则将异常反馈给上一级调用函数处理或终止程序的运行。

多级 catch 的语法格式为：

```
try{
    // 可能抛出异常的语句
}catch (ExceptionType1 e){
    // 处理 ExceptionType1 类型异常的语句
}catch (ExceptionType2 e){
    // 处理 ExceptionType2 类型异常的语句
}
…
catch (ExceptionTypeN e){
    // 处理 ExceptionTypeN 类型异常的语句
}
```

**【例 10-8】**多级 catch 的使用案例，请注意加粗的代码。

```cpp
1.  // tenth_8.cpp
2.  #include <iostream>
3.  #include <string>
4.  using namespace std;
5.  class A{};
6.  class B: public A{};
7.  int main(){
8.      try{
9.          throw B();    // 抛出的异常为 B 类型的对象
10.         cout<<"Statement 1."<<endl;
11.     }catch(double e){
12.         cout<<"ExceptionType: double"<<endl;
13.     }catch(char* e){
14.         cout<<"ExceptionType: char *"<<endl;
15.     }catch(A e){
16.         cout<<"ExceptionType: A"<<endl;
17.     }catch(B e){
18.         cout<<"ExceptionType: B"<<endl;
19.     }
20.
21.     return 0;
22. }
```

编译并运行程序，运行结果为：

```
ExceptionType: A
```

**分析**：本例中，定义了类 A 以及它的派生类 B。在 main() 函数中，throw 语句抛出了一个类 B 的匿名对象，即异常数据的类型是 B 类型。我们期望异常数据被 catch(B) 块捕获和处理，但是当异常发生时，C++ 的 catch 块的运行按照从上到下的顺序逐个匹配。第 11 行的 catch 块只能捕获 double 类型异常，因此跳过该 catch 块；第 13 行的 catch 块将捕获字符串类型异常，与抛出的异常类型不同，也将跳过；而第 15 行的 catch 将捕获 A 类型异常，而 throw 语句抛出的异常为 A 类型的派生类。根据第 6 章的内容可知，可以将派生类对象赋值给基类对象，因此异常提前被 catch(A) 块捕获了，输出 "Exception Type：A"。该语句执行完成后，第 17 行的 catch 将被跳过，因此遇到 return 语句，主函数执行结束。

在例 10-8 中，B 类错误被 A 类的 catch 提前捕获了，因此 B 类错误将不会被之后的 catch(B) 捕获。那么如果在该案例中想捕获 B 类错误，又想捕获 A 类错误，同时采用不同的处理方式，该怎么办？下面将例 10-8 中的第 15 ~ 16 行代码的 catch 块与第 17 ~ 18 行代码进行交换，具体修改如下，请看加粗部分的语句：

```cpp
// tenth_8_1.cpp
1.  #include <iostream>
2.  #include <string>
3.  using namespace std;
4.  class A{};
5.  class B: public A{};
6.  int main(){
7.      try{
```

```
8.        throw B();
9.        cout<<"Statement 1."<<endl;
10.    }catch(double e){
11.        cout<<"ExceptionType: double"<<endl;
12.    }catch(char* e){
13.        cout<<"ExceptionType: char *"<<endl;
14.    }catch(B e){
15.        cout<<"ExceptionType: B"<<endl;
16.    }catch(A e){
17.        cout<<"ExceptionType: A"<<endl;
18.    }
19.    return 0;
20. }
```

编译执行该程序，结果如下：

```
ExceptionType: B
```

通过该案例，你能总结多 catch 块的顺序应该怎样布局更合理了吗？（看看你的结论和下面一样吗？）

**结论：** 在多级 catch 中基类错误对应的 catch 块应该放在派生类错误对应的 catch 块之后，否则，就像上面的例子一样，派生类的错误将会被基类对应的 catch 块截获。

### 3. catch 在匹配过程中的类型转换

C++ 在进行表达式计算时，如果数据类型不匹配，会自动进行类型转换。例如计算 2+3.5 时，会将 2 转换成 double 然后运算。当函数调用时，如果实参和形参的类型不是严格匹配的，那么系统会将实参类型向形参类型转换。同理，catch 在匹配异常类型的过程中也会进行类型转换，其支持的类型转换包括以下几种。

1）向上转换：将派生类向基类转换。

2）const 转换：将非 const 类型转换为 const 类型。

3）数组或函数指针转换：如果函数形参不是引用类型，那么数组名会转换为数组指针，函数名也会转换为函数指针。

## 10.3　C++ 中常用的异常类

C++ 标准库中有一些异常类，这些类都是从 exception 类派生而来的，常用的几个异常类如图 10.2 所示。

### 1. bad_typeid

使用 typeid 运算符时，如果其操作数是一个包含虚函数的类的指针，而该指针的值为 NULL，则会抛出 bad_typeid 异常。

图 10.2　C++ 中常用的异常类

### 2. bad_cast

在用 dynamic_cast 进行从包含虚函数的基类对象（或引用）到派生类引用的强制类型转换时，如果转换是不安全的，则会抛出此异常。

**【例 10-9】** 演示 bad_cast 异常类的使用。

```
// tenth_9.cpp
1. #include <iostream>
2. #include <stdexcept>
3. using namespace std;
4. class Shape {
5. public:
6.     virtual void func() const {}
7. };
8. class Triangle: public Shape {
9. public:
10.     virtual void func() const {}
11. };
12. int main() {
13.     Shape s;
14.     Shape& rs = s;
15.     try {
16.         Triangle& rt = dynamic_cast<Triangle&>(rs);    // 可能会抛出异常
17.     }
18.     catch (bad_cast b) {                               // 捕获异常
19.         cout << "Catch: " << b.what()<<endl;
20.     }
21.     return 0;
22. }
```

编译并运行程序，运行结果为：

```
Catch: Bad dynamic_cast!
```

**分析**：在 main() 函数中，第 16 行语句通过 dynamic_cast 将基类引用 rs 强制转换为派生类 Triangle 类的对象，因为不安全，所以抛出 bad_cast 类型异常，catch 块捕获后输出异常描述信息。

### 3. bad_alloc

在用 new 运算符进行动态内存分配时，如果没有足够的内存，则会引发此异常。

**【例 10-10】** 演示 bad_alloc 异常类的使用。

```
// tenth_10.cpp
1. #include <iostream>
2. #include <stdexcept>
3. using namespace std;
4. int main()
5. {
6.     try {
7.         char * p = new char[0x7fffffff];
8.     }catch (bad_alloc & e)
9.     {
10.         cout << "Catch: " << e.what()<<endl;
11.     }
12.     return 0;
13. }
```

编译并运行程序，运行结果为：

```
Catch: bad allocation
```

**分析**：第 7 行在执行 new 语句时，由于无法分配 0x7fffffff 这么多的内存空间，内存分配失败，因此抛出 bad_alloc 类型异常。

### 4. out_of_range

out_of_range 所在的头文件为 <stdexcept>。当用 vector 或 string 的 at 成员函数根据下标访问元素时，如果下标越界，则会抛出此异常。

【例 10-11】演示 out_of_range 异常类的使用。

```
// tenth_11.cpp
1. #include <iostream>
2. #include <string>
3. using namespace std;
4. void main() {
5.     string * S;
6.     try
7.     {
8.         S = new string("DJTU");        // 可能抛出 bad_alloc 异常
9.         cout << S->substr(7,5);        // 可能抛出 out_of_range 异常
10.    }
11.    catch (bad_alloc& e)
12.    {   cout << "Catch: " << e.what() << endl;  }
13.    catch (out_of_range& e)
14.    {   cout << "Catch: " << e.what() << endl;  }
15. }
```

编译并运行程序，运行结果为：

```
Catch: invalid string position
```

**分析**：显然本程序第 9 行语句引发了 out_of_range 类型的异常，被第 13 行对应的 catch 语句捕获，因此，输出"Catch: invalid string position"信息。

此处 what() 函数为异常类的虚函数，它返回异常的相关信息。

## 10.4　自定义异常类

自定义异常类有两个好处：

1）C++ 标准库中的异常类数目有限，因此可以为程序中特定的错误创建更有意义的类，而不是使用具有通常名称的异常类，例如 exception 类。

2）可以通过继承 exception 类来定义新的异常类，并加入自定义的异常输出信息。

**注意**：异常类的定义和普通类的定义没有区别。

【例 10-12】自定义 MyException 类，并重写标准 exception 异常类中的 what() 成员函数。

```
// tenth_12.cpp
1. #include <iostream>
2. #include <exception>
3. using namespace std;
4. class MyException: public exception    // 异常类定义
5. {
6.     const char * what() const throw ()
7.         {   return "My C++ Exception";  }
8. };
```

```
 9.  int main()
10.  {
11.      try {  throw MyException(); }
12.      catch (MyException& e)
13.         {  cout << "Catch: " << e.what() << endl;  }
14.      catch (exception& e)
15.         {  cout << "Others " << endl;    }
16.  }
```

编译并运行程序，运行结果为：

```
Catch: My C++ Exception
```

**分析：** what() 是标准 exception 类提供的一个公共方法，它被自定义异常类 MyException 重写，用于返回异常产生的原因。

## 10.5 异常说明

在函数声明时，可以在函数头部说明该函数抛出的错误类型，**这是一个好的习惯**，这样做可以使该函数的调用者知道该函数抛出的异常有哪些，从而注意捕获这些异常，对它们进行处理而不是放任不管。在函数头部声明异常的一般格式为：

返回值类型　函数名（函数参数列表）throw（异常类型列表）

其中，异常类型列表中只需要列出异常的类型即可，不同异常类型之间用逗号隔开。

**【例 10-13】** 在声明函数的同时声明函数抛出的异常类型。下面是一个根据三角形三边长度判断三边是否构成一个合法三角形的案例。

```
    // tenth_13.cpp
 1. #include <iostream>
 2. using namespace std;
 3. void check(int a,int b,int c) throw(char*);
 4. // 在函数声明时说明该函数可能抛出的异常
 5. void main()
 6. {   int a,b,c;
 7.     try{
 8.          cout<<" 请输入三角形三边 "<<endl;
 9.          cin>>a>>b>>c;
10.          check(a,b,c);
11.          cout<<" 三角形的三边为 "<<a<<","<<b<<","<<c<<endl;
12.     }
13.     catch(char* e)
14.     {   cout<<e<<endl;
15.     }
16. }
17. void check(int a,int b,int c)  // 判断是否构成三角形的函数
18. {   if(a+b<=c ||a+c<=b||c+b<=a)
19.         throw " 不构成三角形 ";     // 抛出异常
20. }
```

**分析：** 在该程序中，第 17 ～ 20 行为已知三边，判断是否构成三角形的函数 check，该函数在判断出三边不构成三角形时将抛出异常。第 3 行是对该函数的声明，它明确告诉调用该函数的程序员该函数会抛出 char* 类型的异常。

类的成员函数也可以抛出异常，此时在函数头中声明该成员函数抛出的异常类型。

**提示**：对程序中可能出现的异常进行检测并处理，可增强程序的容错性、安全性、健壮性等，这是程序员应该具有的良好素质。

**警示**：如果对程序中的异常不做检测和处理，放任不管，则程序中一旦出现异常就有可能会造成不可预想的破坏性后果，甚至会造成重大经济损失或威胁人类生命。

## 10.6　本章小结

- 异常处理的目的是提高程序的健壮性。异常处理可以将正常程序代码和异常处理代码分开，从而使得程序结构更清晰，易于理解和维护程序。同时，异常处理也可以将异常抛给函数的调用者去处理。

- 异常处理的三剑客：throw 语句负责抛出异常，try 块负责检测异常，catch 块负责捕获异常并进行处理。其中 catch 块要与 try 块配对，不能单独出现，一个 try 块可匹配多个 catch 块，catch 根据异常类型来捕获错误，因此 catch 块的顺序设置很关键。

- C++ 提供了许多异常类，程序员也可以使用 exception 异常类派生自定义的异常类。

- 一个函数若抛出异常，应该在函数头部声明抛出异常的类型，以告诉使用者在调用该函数时有可能出现哪些异常，以便处理相应的异常。

- 如果是简单的逻辑错误，一般采用 if 选择结构来进行判断并做出处理。

## 10.7　习题

**一、选择题**（以下每题提供四个选项 A、B、C 和 D，只有一个选项是正确的，请选出正确的选项）

1. 包含以下情况 C++ 程序能启动运行，但结果不正确：（　　　）。

　　A. 拼写错误　　　　　　B. 逻辑错误　　　　　C. 手工抛出异常语句　　D. 编译错误

2. 以下关于 C++ 中异常的说法正确的是（　　　）。

　　A. 程序中抛出异常一定会引发程序终止　　　　B. 可以通过继承 exception 类来定义新的异常类

　　C. 一个程序中 catch 块可以单独出现　　　　　D. 一个程序中只能有一个 catch 语句

3. 以下哪些异常可以被 try 检测到？（　　　）

　　A. 异常发生在当前的 try 块中

　　B. 异常发生在 try 块所调用的某个函数中

　　C. 所调用的函数又调用了另外一个函数，这个另外的函数中发生了异常

　　D. 以上都对

4. 以下哪个不是 catch 关键字后面可以使用的异常类型？（　　　）

　　A. int、char、float、bool　　　　　　B. 指针、数组和字符串

　　C. void　　　　　　　　　　　　　　　D. 结构体和类

5. 以下哪个类不是从 exception 类派生而来的？（　　　）

　　A. bad_typeid　　　B. bad_cast　　　C. error　　　D. out_of_range

**二、填空题**

1. C++ 程序中存在的错误分为＿＿＿＿、＿＿＿＿和＿＿＿＿三类。

2. C++ 语言本身以及标准库中函数抛出的异常都是＿＿＿＿类或其子类的异常。

3. 用 new 运算符进行动态内存分配时，如果没有足够的内存，会引发_____异常。

4. 用 vector 或 string 的 at 成员函数根据下标访问元素时，如果下标越界，则会抛出_____异常。

5. C++ 中，异常必须被_____抛出才能被探测和捕获；否则，即使有异常也检测不到。

### 三、阅读程序，写结果

1.
```cpp
#include <iostream>
using namespace std;
class A
{
public:
    A():a(0){ cout << "A 默认构造函数 " << endl; }
    A(const A& rsh){ cout << "A 拷贝构造函数 " << endl; }
    ~A(){ cout << "A 析构函数 " << endl; }
private:
    int  a;
};
int main(){
    try{
        A a ;
        throw a;
    } catch (A a)
    {
        cout << "Catch: a" << endl;
    }
    system("pause");
    return 0;
}
```

2.
```cpp
#include <iostream>
#include <string>
using namespace std;
int main() {
    string * S;
    try{
        S = new string("Hello Cpp"); // 可能抛出 bad_alloc 异常
        cout << S->substr(20,5);      // 可能抛出 out_of_range 异常
    }
    catch (out_of_range& e)
    {
        cout << "Catch: out of range" << endl;
    }
    system("pause");
}
```

### 四、编程题

1. 重载数组下标操作符 []，使之具有判断与处理下标越界的功能。

2. 编写一个程序，从标准输入读取两个整数，输出第一个数除以第二个数的结果，要求对可能的异常情况做出处理。

3. 编写一个程序，体会多级 catch 异常处理的执行过程。

4. 自定义异常类 MathException，用于处理求负数平方根和除 0 的数学运算类的异常。

# 第 11 章　输入输出流和文件

日常生活中会产生很多数据，这些数据有时需要长期以文件的形式保存，有时也需要对保存在文件中的数据进行处理，以便得到需要的结论。因此，编写程序不可避免地要对文件进行读或写操作。C++ 的标准类库中提供了非常丰富的用于对文件进行操作的流类，这是本章的学习重点。

本章内容包括标准流对象、格式输入输出、字符串的输入、文件流、文件的读写操作等。

## 11.1　标准流对象

在 C++ 中，输入输出数据的传送过程称为流处理，一个流就是一个字节序列。如果字节流是从设备（如键盘、磁盘驱动器、网络连接等）流向内存，这叫作输入操作（插入操作），例如从键盘输入数据、从文件读取数据等。如果字节流是从内存流向设备（如显示器、打印机、磁盘驱动器、网络连接等），这叫作输出操作（析取操作），例如将程序的处理结果输出到显示器或写入文件中等。

在 C++ 中，将进行数据输入输出的类统称为流类。之前用的 cin 就是输入流类 istream 的对象，cout 是输出流类 ostream 的对象，它们均在头文件 iostream 中声明，因此在使用时需要包含头文件 iostream。图 11.1 显示了 C++ 标准类库中提供的常用输入输出流类及其派生关系。为了避免多继承的二义性，从 ios 派生出 istream 和 ostream 时，均使用了 virtual 继承（虚继承）。

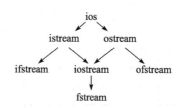

图 11.1　C++ 类库中的常用流类

其中，istream 是输入流类，提供数据输入功能，cin 就是该类的对象，与标准输入设备关联。ostream 是输出流类，提供数据输出功能，cout 就是该类的对象，与标准输出设备关联。而 iostream 是 istream 和 ostream 的派生类，它继承了 istream 和 ostream 的所有操作，因此 iostream 类型的对象既可用于输入也可用于输出。

ifstream 是用于从文件读取数据的流类。ofstream 是用于向文件写入数据的流类。而 fstream 继承自 iostream，因此它提供了既能从文件读取数据，又能向文件写数据的操作。

在 C++ 中，为了方便程序对数据的读写操作，在头文件 iostream 中定义了 4 个标准流对象：cin、cout、cerr 和 clog。

- cin 为 istream 流类对象，对应于标准输入流，用于从标准输入设备（默认为键盘）读取数据。
- cout 为 ostream 流类对象，对应于标准输出流，用于向标准输出设备（默认为显示器）输出数据。
- cerr 为 ostream 流类对象，对应于标准错误输出流，用于向屏幕输出出错信息（非缓冲方式）。

- clog 为 ostream 流类对象，对应于标准错误输出流，用于向屏幕输出出错信息。它与 cerr 的区别在于它先将信息输出到缓冲区，等缓冲区已满或刷新时才输出到屏幕，而 cerr 不使用缓冲区。

所谓重定向，就是指改变输入的源或输出的目的地。例如，cout 本来是输出到显示器的，但是经过重定向，就可以输出到文件中。

**注意**：istream 和 ostream 中的默认构造函数是私有的，因此不能用它们定义输入输出流对象，只能用 cin 和 cout。

### 11.1.1  数据输入输出的格式化控制

C++ 中，在输出数据时可以进行格式控制，以达到用户想要的格式效果。用输出流对象（例如 cout）进行格式输出时，既可以通过流操作算子进行格式化输出，也可使用输出流对象（cout 对象）的格式控制函数。一般情况下，流操作算子控制输出格式更方便一些，因此此处将介绍流操作算子及其使用。C++ 中常用的输出流操作算子在头文件 iomanip 中定义，具体如表 11.1 所示。

**表 11.1　流操作算子**

| 流操作算子 | 含　义 |
|---|---|
| dec\|oct\|hex | 对应数据的十进制、八进制和十六进制，默认是 dec |
| fixed | 以小数形式显示浮点数，默认是此方式 |
| scientific | 以科学计数法显示浮点数，对实型数据产生影响 |
| left | 输出时采用左对齐 |
| right | 输出时采用右对齐，默认是此方式 |
| setiosflags(参数) | 设置输出标志，它以 ios 流类中定义的标志为参数 |
| resetiosflags(参数) | 清除对应参数的输出标志 |
| boolapha | bool 型数据显示为 true 或 false |
| noboolalpha | bool 型数据显示为 1 或 0，默认是此方式 |
| showbase | 显示数据的基数前缀 |
| noshowbase | 不显示数据的基数前缀，默认是此方式 |
| showpoint | 实型数据显示小数点 |
| noshowpoint | 只有当小数部分存在时才显示小数点，默认是此方式 |
| showpos | 在非负数时显示 + |
| noshowpos | 在非负数时不显示 +，默认是此方式 |
| skipws | 输入数据时，跳过空白字符 |
| noskipws | 输入数据时，不跳过空白字符，默认是此方式 |
| uppercase | 显示十六进制位 OX，科学计数法显示 E |
| nouppercase | 显示十六进制位 ox，科学计数法显示 e，默认是此方式 |
| internal | 在数符和数字之间进行填充 |
| setbase(b) | 将此后的数值型数据的输出基数设置为参数 b（b=8、10 和 16） |
| setw(w) | 设置数据的输出宽度为 w 个字符，仅对其后的第一个数据产生影响 |
| setfill(c) | 用 c 填充空白字符，c 为参数 |
| setprecision(n) | 设置浮点型数据的精度为 n 位有效数字，C++ 默认的流输出数值有效位是 6 |

**注意**：setiosflags 流操作算子实际上是一个库函数，它以一些标志作为参数，这些标

志可以是 iostream 头文件中定义的以下 9 种取值。如果两个相互矛盾的标志同时被设置，如先设置 setiosflags(ios::fixed)，然后又设置 setiosflags(ios::scientific)，那么结果可能就是两个标志都不起作用。因此，在设置了某标志，又要设置其他与之矛盾的标志时，就应该用 resetiosflags 清除原先的标志，具体标志如表 11.2 所示，相关标志的含义和表 11.1 中的同名流操作算子含义相同，可参考学习。

**表 11.2   格式标志**

| | | | |
|---|---|---|---|
| ios::left | ios::right | ios::internal | |
| ios::showbase | ios::showpoint | ios::uppercase | ios::showpos |
| ios::scientific | ios::fixed | | |

当同时使用多个标志设置输出格式时，多个标志可以用"|"运算符连接，表示同时设置。例如：

```
cout << setiosflags(ios::scientific|ios::showpos) << 12.34;
```

**【例 11-1】** 演示流操作算子的使用，控制数据的格式输出。

```
// eleventh_1.cpp
1. #include <iostream>
2. #include <iomanip>
3. using namespace std;
4. int main(){
5.     int x = 2019;
6.     cout << "line 1: " << hex << x << " | " << dec << x << " | " << oct << x << endl;
7.     double a = 3.1415926, b = 2.718281828;
8.     cout << "line 2: " << setprecision(4) << a << " | " << b << endl;
9.     cout << "line 3: " << fixed << setprecision(4) << a << "| " << b << endl;
10.    cout << "line 4: " << scientific << setprecision(4) << a << " |" << b << endl;
11.    cout << "line 5: " << showpos << fixed << setw(10) << setfill('#') << 3.14 << endl;
12.    cout << "line 6: " << noshowpos << setw(10) << left << 3.14 << endl;
13.    cout << "line 7: " << setw(10) << right << 3.14 << endl;
14.    cout << "line 8: " << setw(10) << internal << -3.14 << endl;
15.    cout << "line 9: " << 3.14 << endl;
16.    return 0;
17. }
```

编译并运行程序，结果为：

```
line 1: 7e3 | 2019 | 3743
line 2: 3.142 | 2.718
line 3: 3.1416| 2.7183
line 4: 3.1416e+000| 2.7183e+000
line 5: ###+3.1400
line 6: 3.1400####
line 7: ####3.1400
line 8: -###3.1400
line 9: 3.1400
```

**分析：** 第 6 行语句分别以十六进制、十进制、八进制输出 2019。

第 8 行语句中，setprecision(4) 设置保留 4 位有效数字，输出实型数据。

第 9 行语句中，fixed 和 setprecision(4) 同时使用将设置保留小数点后面 4 位输出。

第 10 行语句中，scientific 和 setprecision(4) 同时使用将设置数据以科学计数法输出，且保留小数点后面 4 位。

第 11 行语句中，showpos 将设置对非负数输出显示正号，setw(10) 设置数据的输出宽度为 10 个字符，而 setfill('#') 设置后，若数据输出占用不了 10 个字符宽度时，右边用字符"#"填充，setfill 一经设置，对后续均产生影响。

第 12 行语句中，noshowpos 设置对非负数不显示正号，setw(10) 设置数据的输出宽度为 10 个字符，left 设置数据的对齐方式是左对齐，同时第 11 行语句中的 setfill('#')仍发生作用。

第 13 行语句中，setw(10) 设置数据输出宽度为 10 个字符，right 设置数据输出右对齐，同时第 11 行语句中的 setfill('#') 仍发生作用，宽度不足则填充字符"#"，同时第 12 行语句的 noshowpos 设置（对非负数不显示正号）也持续起作用。

第 14 行语句的含义同第 13 行语句，只是 internal 设置在数符和数字中间用字符"#"填充。

第 15 行语句由于没有数据输出宽度的设置，因此按照数据实际位数输出，填充、对齐方式等将不发生作用。但是当后面的输出语句继续设置了输出宽度且数据不能全部占满时，前面设置的填充、对齐等仍将发生作用。

**注意：** setw 算子所起的作用是一次性的，即只影响下一次输出。每次需要指定输出宽度时都要使用 setw 重新设置。

**【例 11-2】** 演示 setw 对 cin 流对象的影响。

```
// eleventh_2.cpp
1. #include <iostream>
2. #include <iomanip>
3. #include <string>
4. using namespace std;
5. int main()
6. {
7.     string s1, s2;
8.     cin >> setw(3) >> s1 >> setw(2) >> s2;
9.     cout << s1<<"," <<s2<< endl;
10.    return 0;
11. }
```

编译并运行程序，运行结果为：

从键盘输入：1234567890 ☑
屏幕输出：123,45

**分析：** 在读入字符串时，setw 算子设置字符串变量 s1 的宽度为 3，因此 s1 只接受了字符 123，同理 s2 只接收了字符 45。

## 11.1.2　字符串的输入

cin 是 istream 输入流类的对象，它代表标准输入设备键盘。当我们用 cin 从键盘给变量输入值时，有时会遇到一些问题，比如，利用 cin 来给一个字符串变量输入值时，如果字符型数据中包含空格，就不能完整输入。因此要灵活应用 cin 来输入数据，需要了解 cin 读取数据的原理。现对其描述如下：

　　C++ 程序的输入都有一个缓冲区，即输入缓冲区。在每次输入过程中，当一次键盘输入结束时，会将输入的数据首先存入输入缓冲区，而 cin 对象直接从输入缓冲区中取数据。正因为 cin 对象直接从缓冲区中取数据，所以有时候当缓冲区中有残留数据时，cin 对象会直接取得这些残留数据而不会请求键盘输入。

　　cin 读取数据的规则如下：

　　1）cin 在给变量读取数据时，当遇到 Enter、Space、Tab 键时，输入将结束。

　　2）当 cin 从缓冲区中读取数据时，若缓冲区中第一个字符是空格、Tab 或换行这些分隔符，cin 会将其忽略并清除，继续读取下一个字符，若缓冲区为空，则继续等待从键盘输入数据。但是如果读取成功，字符后面的分隔符将残留在缓冲区中，cin 不做处理（这点请注意，涉及字符串的读取时会出现错误）。

　　3）如果 cin 在读取数据时不想略过空白字符，可以使用 noskipws 流控制，比如 cin>>noskipws>>input;。

　　通过 cin 来给普通内置类型变量输入时比较简单，容易出现问题的地方主要是字符串的输入，在此我们将重点介绍字符串的输入，首先看一个案例。

　　**【例 11-3】** cin 读入字符串的问题。

```
    // eleventh_3.cpp
1.  #include <iostream>
2.  #include <string>
3.  using namespace std;
4.  int main()
5.  {
6.      string s1, s2;
7.      cin>> s1 >> s2;
8.      cout << s1<<"," <<s2<< endl;
9.      return 0;
10. }
```

假如想给 s1 赋值 "hello Zhang ming!"，给 s2 赋值 "how are you!"。
编译并运行该程序，在键盘上输入如下信息：

```
hello Zhang ming!  how are you! ⏎
```

则程序的输出结果为：

```
hello, Zhang
```

　　**分析**：显然程序的输出不是我们想要的，其原因就是上面给大家介绍的：cin 在遇到空格时会认为当前变量的输入结束，开始下一个变量的输入。因此第 7 行语句的 cin 在读取数据时，s1 的值确定为 "hello"，s2 就只能为 "Zhang"。那么怎样才能达到想要的效果呢？

　　答案是利用 C++ 提供的丰富的库函数和类来完成字符串的输入，下面分别对其进行介绍。

　　**1. gets 函数**

　　该函数在头文件 cstdio 中声明，是一个全局函数，其函数原型为：

```
char *gets(char *s);
```

　　其中，参数 s 为 char 类型的字符数组名或指针，该函数的作用是从标准输入设备（键盘）

读取字符串，直到遇到换行符结束，但换行符会被丢弃，然后在字符串末尾添加 '\0' 字符。

【**例 11-4**】对例 11-3 的重新实现，gets 函数的应用。

```
// eleventh_4.cpp
1. #include <iostream>
2. #include <cstdio>
3. using namespace std;
4. void main()
5. {    char s1[100],s2[100];
6.      gets(s1); //VS2015 中请用 gets_s 代替 gets
7.      gets(s2); //VS2015 中请用 gets_s 代替 gets
8.      cout<<s1<<s2<<endl;
9. }
```

编译并运行该程序，利用键盘输入如下信息：

```
hello Zhang ming, ☑
how are you!☑
```

程序的输出结果为：

```
hello Zhang ming, how are you!
```

**分析**：结果显然达到了预期效果，gets 函数在遇到回车换行符时才认为字符串的输入结束。

### 2. getline 函数

getline 在头文件 string 中声明，是一个全局函数，其函数原型为：

```
istream& getline ( istream& is, string& str, char delim );
```

或

```
istream& getline ( istream& is, string& str );
```

其中，参数 is 为 istream 类型的对象的引用，它指明从哪个设备读入数据；参数 str 为 string 类型的引用，它是接收读入数据的对象的引用；参数 delim 为读入字符串时的终止字符，遇到它，则字符串对象 str 的读入结束。第二个函数原型中的两个参数的意义和第一个函数原型相同，只是其默认的字符串结束符号为回车换行符。

**说明**：getline 在读取字符串时，前导空格等也被读入字符串中，直到遇到用户指定的终止字符（终止字符不读入字符串中）或文件结束符（在 Windows 系统中为 Ctrl+Z，在 Linux 系统中为 Ctrl+D）结束。

【**例 11-5**】对例 11-4 的重新实现，getline 函数的应用。

```
// eleventh_5.cpp
1. #include <iostream>
2. #include <string>
3. using namespace std;
4. void main()
5. {    string s1,s2;
6.      getline(cin,s1,'#');
7.      getline(cin,s2);
8.      cout<<s1<<"!"<<s2<<endl;
9. }
```

编译并运行该程序，利用键盘输入如下信息：

```
hello Zhang ming#how are you?☒
```

程序的输出结果为：

```
hello Zhang ming! how are you?
```

**分析**：结果显然达到了预期效果，输入字符中的 "#" 为第 6 行语句的输入结束标识符，而回车键则是第 7 行语句的输入结束标志。

### 3. 用 istream 类的成员函数实现字符串的输入

istream 类中定义了许多用于从流中提取数据和操作文件的成员函数，并对流的析取运算符 ">>" 进行了重载，实现了对内置数据类型的输入功能。而对字符串的输入，其常用的几个成员函数为 get、getline、read 等，下面分别对这些函数进行介绍。

#### （1）get 函数

get 作为 istream 类的成员函数，其原型有如下三种。

**1）int get();**

该函数从输入流中每次提取一个字符（包括空白字符），并且将该字符作为函数的返回值返回，当遇到文件结束符时，返回文件结束常量 EOF。

**2）istream& get(char &c);**

该函数从输入流中每次提取一个字符（包括空白字符），并且把它赋值给参数 c，当遇到文件结束符时返回 0，否则返回对 istream 对象的引用。

**3）istream& get(char*p,int n,char='\n');**

该函数从输入流中提取 n-1 个字符（包括空白字符），把它们赋值给字符数组 p，并在字符串结尾处添加 '\0'。函数中的第 3 个参数用于指定字符串的结束标识符，默认为 '\n'，用户也可自行设置第 3 个参数的取值。该函数在遇到以下情况时将结束字符串的读取操作：

- 读取了 n-1 个字符；
- 遇到了指定的字符串结束分隔符；
- 遇到了文件结束符。

**注意**：字符串结束分隔符不会被读入数组 p 中，也就是说不会从缓冲区中取走，这也是应用 get 函数容易出错的地方。

**【例 11-6】** 演示 cin 对象的成员函数 get 的使用。

```
// eleventh_6.cpp
1. #include <iostream>
2. using namespace std;
3. int main()
4. {
5.     int c;
6.     while ((c = cin.get()) != EOF)
7.     cout.put(c);
8.     return 0;
9. }
```

编译并运行程序，结果如下。

键盘输入：Hello world!☒

屏幕输出：Hello world!☑

键盘再输入：Ctrl+Z☑ 结束

**分析**：在输入流中碰到 ASCII 码等于 0xFF 的字符时，cin.get() 返回 0xFF 并赋值给 c，此时如果 c 是 char 类型的变量，其值就是 –1，即等于 EOF，程序会错误地认为输入已经结束。而在 c 为 int 类型的情况下，将 0xFF 赋值给 c，c 的值是 255，即除非读到输入流末尾，c 的值都不可能是 –1。因此，必须将变量 c 定义为 int 类型。

**（2）getline 函数——读取一行字符串**

getline 是 istream 类的成员函数，它有如下两个版本的函数原型：

```
istream & getline(char* buf, int bufSize);
istream & getline(char* buf, int bufSize, char delimer);
```

其中，第一个 getline 从输入流中读取 bufSize–1 个字符到字符指针 buf 所指的内存中，或是在读的过程中遇到 '\n' 为止。函数会自动在 buf 中读入数据的结尾添加字符串结束标志符 '\0'。第二个 getline 函数的前两个参数和第一个相同，不同的是在遇到字符串结束标识符 delimer 时也会终止字符串的读入。'\n' 或 delimer 都不会被读入 buf，但会被从输入流中取走。

这两个函数的返回值是输入流对象的引用。**如果输入流中 '\n' 或 delimer 之前的字符个数达到或超过 bufSize，就会导致读入出错。**

**【例 11-7】** istream 流类对象的 getline 函数的使用。

```
    // eleventh_7.cpp
 1. #include <iostream>
 2. #include <string>
 3. using namespace std;
 4. int main()
 5. {
 6.     char a[30];
 7.     cout << "请输入一个字符串： " << endl;
 8.     cin.getline(a, 3);
 9.     for (int i = 0; i<3; i++)
10.     cout << "第 "<<i+1<<" 个字符为： "<<a[i] << endl;
11.     return 0;
12. }
```

程序运行结果如下。

键盘输入：1234567890☑

屏幕输出：

```
第 1 个字符为： 1
第 2 个字符为： 2
第 3 个字符为：
```

**分析**：第 8 行语句从标准输入流 cin 中读取 1 ～ 3 个字符到数组 a 中，第 3 个字符为字符串结束字符 '\0'，存入 a[2] 中。第 9 ～ 10 行的 for 语句用 cout 输出流依次显示 a 中的字符，因为其第 3 位存放字符串结束符 '\0'，所以输出结果如上面所示。

**（3）ignore 函数——跳过指定字符**

ignore 是 istream 类的成员函数，它的原型是：

```
istream & ignore(int n =1, int delim = EOF);
```

ignore 函数的作用是跳过输入流中的 n 个字符或跳过 delim 及其之前的所有字符，哪个条件先满足就按哪个执行。默认情况下，cin.ignore() 等效于 cin.ignore(1,EOF)，即跳过一个字符。

该函数常用于跳过输入中不感兴趣的部分，以便提取感兴趣的部分。例如，输入的电话号码形式是"Tel:63652823"，其中"Tel:"可能是不感兴趣的内容。

**【例 11-8】** ignore 函数的应用案例。

```
// eleventh_8.cpp
1.  #include <iostream>
2.  using namespace std;
3.  int main()
4.  {
5.      int n;
6.      cin.ignore(4, 'X');
7.      cin >> n;
8.      cout << n;
9.      return 0;
10. }
```

编译并运行程序，运行时假如利用键盘输入 abcd123☒，则程序的输出结果为：

123

假如再次执行程序，利用键盘输入 23X56☒，则程序的输出结果为：

56

**分析：** 第一次输入 abcd123 时，第 6 行语句跳过了输入流中的前 4 个字符，其余内容被当作整数输入 n 中。第二次输入 23X56 时，cin.ignore() 跳过了输入流中的字符 'X' 及其之前的所有字符，其余内容被当作整数输入 n 中。

**（4）peek 函数——查看输入流中的下一个字符**

peek 是 istream 类的成员函数，它的原型是：

```
int peek();
```

此函数的功能是返回输入流中的下一个字符，但是并不将该字符从输入流中取走。cin.peek() 不会跳过输入流中的空格和回车符。在输入流已经为空的情况下，cin.peek() 返回 EOF。一般在输入数据的格式不同，需要预先判断格式再决定如何输入时，peek 可以起到作用。

**【例 11-9】** 编写程序，利用文件输入流从 cout.txt 读取字符串，处理后利用文件输出流写入文件 modified.txt 中。处理规则是：对于读取到的数字，进行加 1 处理后写入 modified.txt 中；对于读取到的字符，不进行处理，直接将原文写入 modified.txt 中。假设 cout.txt 中的字符串为：1 2 3 a b c d。（此段案例代码可在学习 11.2 节内容后学习。）

```
// eleventh_9.cpp
1.  #include <iostream>
2.  #include <string>
3.  #include <fstream>
4.  using namespace std;
5.  int main()
6.  {
```

```
 7.      char ch;
 8.      int number;
 9.      fstream inFile, outFile;
10.      inFile.open("cout.txt", ios::in);          // 以只读方式打开文件 cout.txt
11.      outFile.open("modified.txt", ios::out);    // 以写方式打开文件 modified.txt
12.      ch = inFile.peek();
13.      while (ch != EOF)                          // 如果文件没有结束，则读取字符并处理
14.      {
15.          if (isdigit(ch))                       // 判断 ch 是否为数字
16.          {
17.              inFile >> number;                  // 读取数字
18.              outFile << number + 1;
19.          }
20.          else
21.          {
22.              ch = inFile.get();                 // 读取单个字符
23.              outFile << ch;
24.          }
25.          ch = inFile.peek();
26.      }
27.      inFile.close();
28.      outFile.close ();
29.      return 0;
30. }
```

编译并运行该程序。打开文件 modified.txt 后，发现其文件内容为：2 3 4 a b c d。

**分析**：while 循环开始前的 inFile.peek() 调用用于判断第一个字符是否为 EOF。在 while 循环内每次都要调用 inFile.peek()，即反复调用 peek 读取当前字符，并判断其为数字或其他情况，在 if-else 块中分别进行不同的后续处理，然后通过文件输出流对象 outFile 写入 modified.txt 文件中。

**想一想：**

1）该程序中的第 17 行语句和第 22 行语句为什么采用了不同的读取方法？

2）可以删除第 22 行语句吗？

## 11.2　文件的输入输出

在编写程序的过程中，经常要将程序的处理结果写入文件以长期保存，而不是输出到显示器。另外，通常需要处理的大量数据事先是存放在文件中的，因此程序需要对文件进行读操作。文件是存储在存储介质（磁盘、磁带、光盘）上的数据集合。按照存储方式可以将文件分为文本文件和二进制文件。

文本文件用于在磁盘上存放相关字符的 ASCII 编码或 UNICODE 编码等。以 ASCII 编码为例，整型数据 123 是将 1、2 和 3 这 3 个字符的 ASCII 编码存放在文件中，故占用 3 个字节，而整数 1234 将占用 4 个字节存储，即同类型数据采用文本文件保存时占用的内存空间将不同。

二进制文件是基于值编码的文件，它是将内存里面存储的数据直接读 / 写入文件中。因此相同类型数据占用的存储空间是相同的，例如 int 类型数据占用 4 个字节、double 类型数据占用 16 个字节等。一般地，一个二进制文件用记事本直接打开将是乱码，而文本文件用记事本可直接打开。

由于不同操作系统对文本文件的处理方式不同，因此文本文件的可移植性较差，而二进

制文件则可跨平台使用，可移植性较好。

文件类型不同，其读写方式就不同，因此程序员必须了解不同文件类型的处理方式。一般来说，如果需要频繁地保存和访问数据，那么应该采用二进制文件进行存放，这样可以节省存储空间和转换时间。而如果需要频繁地向终端显示数据或从终端读入数据，那么应该采用文本文件进行存放，这样可以节省转换时间。

### 11.2.1　文件流

在 C++ 中，通过流对文件进行读写操作，一般需要先建立文件流，C++ 标准类库中有 3 个流类可以用于文件操作。

- ifstream：用于从文件中读取数据，继承自 istream。
- ofstream：用于向文件中写入数据，继承自 ostream。
- fstream：用于从文件中读取数据和向文件中写入数据，继承自 iostream。

这 6 个流类之间的继承关系如图 11.2 所示。

**注意**：使用这 3 个类时，程序中需要包含头文件 fstream。

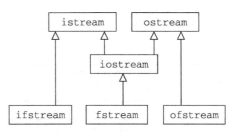

图 11.2　流类之间的继承关系

通过流对文件进行操作，需要建立文件流，具体的创建语句如下：

```
ifstream   FileIn;  //默认是输入流对象，通过该对象可读取文件数据
ofstream   FileOut; //默认是输出流对象，通过该对象可将数据写入文件
fstream    File;    //输入输出流类对象，通过该对象既可读也可写
```

### 11.2.2　文件的打开和关闭

对一个文件进行读写操作，首先要打开文件，读写完成后要关闭文件。一个文件流对象创建完成后，要与一个具体的文件建立链接，然后才能对其进行读写操作，方法是调用流类对象的成员函数 open()，该函数的作用为：

1）通过指定文件名，建立文件和文件流对象的关联并打开文件，以后要对文件进行操作时，就可以通过与之关联的流对象来进行。

2）指明文件的使用方式。使用方式有只读、只写、既读又写、在文件末尾添加数据、以文本方式使用、以二进制方式使用等。

以 ifstream 类为例，该类有一个 open 成员函数，其他两个文件流类也有同样的 open 成员函数，其函数原型为：

```
void open(const char* FileName, int mode, int access);
```

其中，第一个参数 FileName 是指向文件名的字符指针。

**注意**：文件名可以用绝对路径或相对路径两种表达方式，但绝对路径是平台相关的，因此可能会影响程序的可移植性，建议文件名采用相对路径。

第二个参数 mode 是文件的打开模式标记。文件的打开模式标记代表文件的使用方式，这些标记可以单独使用，也可以使用"|"进行组合。常见的文件打开模式标记如表 11.3 所示。

表 11.3    文件打开模式标记

| 打开模式 | 解释说明 |
| --- | --- |
| ios::in | 以读方式打开文件，ifstream 类的默认方式 |
| ios::out | 以写方式打开文件，ofstream 类的默认方式 |
| ios::app | 以添加方式打开文件，可在文件末尾进行写操作 |
| ios::ate | 以添加方式打开文件，新添加的内容写在文件尾部，但下次添加时则添加在文件当前位置 |
| ios::trunc | 打开一个文件，若文件已存在，则删除文件内容，若文件不存在，则建立新文件 |
| ios::binary | 打开文件，以二进制方式输入输出 |
| iso::nocreate | 打开已有文件，若文件不存在，则打开失败 |
| iso::noreplace | 若打开的文件已经存在，则打开失败 |

第三个参数 access 用于指定文件打开时的保护方式，其取值如表 11.4 所示。

表 11.4    文件的保护方式

| 文件的保护方式 | 解释说明 |
| --- | --- |
| filebuf::openport | 共享方式 |
| filebuf::sh_none | 独占方式 |
| filebuf::sh_read | 允许读共享 |
| filebuf::sh_write | 允许写共享 |

下面请看打开文件的语句。

假如用流对象 FileOut 将二进制文件 e:\cat.bat（二进制文件的扩展名通常为 .bat）以只读方式打开，则对应的 open 语句为：

```
FileOut.open("e:\\cat.bat",iso::in|iso::binary);        //语句 1
```

**注意**：路径分隔符是一个反斜线（\），而反斜线是 C++ 中的一个特殊字符，因此在字符串中需要用 "\\" 表示反斜线，其中第一个 "\" 为转义符，第二个 "\" 才为路径分隔符。

假如将二进制文件 e:\cat.bat 以既可读又可写的方式打开，则对应的 open 语句为：

```
FileOut.open("e:\\cat.bat",ios::in|iso::out|iso::binary); //语句 2
```

假如采用流对象 FileIn 将文本文件 cout.txt 以读写方式打开，它与当前应用程序在同一文件夹中，则对应的 open 语句为：

```
FileIn.open("cout.txt",ios::in|iso::out);               //语句 3
```

**注意**：若没有明确设置文件的打开方式为 iso::binary，则系统默认以文本方式打开。

在创建文件流时，可利用流类的带参数构造函数完成流的创建以及文件的打开操作，文件流类的带参数构造函数具体为：

```
ifstream (const char* FileName, int mode = ios::in, int=0);
ofstream (const char* FileName, int mode = ios::out, int=0);
ftream (const char* FileName, int mode, int=0);
```

例如语句：

```
ofstream  FileOut("e:\\cat.bat",iso::out|iso::binary);
```

等价于：

```
ofstream  FileOut;
FileOut.open("e:\\cat.bat",iso::out|iso::binary);
```

对文件的读写操作完成之后，应该将文件流对象关闭，这时可调用流类对象的成员函数 close()，例如：

```
FileOut.close();
FileIn.close();
```

关闭文件将断开文件流类对象和文件之间的链接关系，如果对文件进行写操作，则在关闭文件时，会将文件缓冲区中的数据写入文件。关闭文件后，文件流对象仍然存在，可用它的成员函数 open() 再次建立它和其他文件的链接关系。

### 11.2.3　文件的检测

C++ 中的每一个流都有流状态标志位，用来标识流的状态，利用流类提供的成员函数，程序员可了解流的状态信息，以便能正确对流进行操作。表 11.5 是流的状态标志位及其描述，表 11.6 是流类提供的状态检测函数。具体应用请看例 11-10。

表 11.5　流状态标志位描述

| 状态标志位 | 描述 |
| --- | --- |
| ios::eofbit | 当到达文件末尾位置时置 1 |
| ios::failbit | 当操作失败时置 1 |
| ios::hardbit | 当发生不可恢复的错误时置 1 |
| ios::badbit | 当试图进行非法操作时置 1 |
| ios::goodbit | 当操作成功时置 1 |

表 11.6　流状态检测函数说明

| 检测函数 | 描述 |
| --- | --- |
| eof() | 若 ios::eofbit 已置位，则返回 true |
| fail() | 若 ios::failbit 或 ios::hardbit 已置位，则返回 true |
| bad() | 若 ios::badbit 已置位，则返回 true |
| good() | 若 ios::goodbit 已置位，则返回 true |
| clear() | 将所有标志位复位 |

### 11.2.4　文件的读写操作

在定义了流类对象并用其成员函数 open 打开文件后，就可以对文件进行读写操作了，图 11.2 所示的流类之间的继承关系说明了 fstream、ifstream、ofstream 的对象同样可以使用它们继承自 iostream、istream 和 ostream 流类的成员函数进行输入和输出。

例如，可以用输出运算符 "<<" 进行输出操作，用 ">>" 或 get、gets、getline 等成员函数进行输入操作。下面请看对文件进行读写的案例。

#### 1. 文本文件的读取和写入

使用文件流对象打开文件后，文件就成为一个输入流或输出流，对流类对象的使用可以像使用 cin 和 cout 一样。

【例 11-10】编写一个程序，将文本文件 in.txt 中的整数拷贝到文本文件 out.txt 中，文件和应用程序放在相同位置。

若 in.txt 文件中的内容为：

```
1 2 34 9 45 6 879
```

则执行本程序后，生成的 out.txt 的内容为：

```
1 2 34 9 45 6 879
```

**设计分析**：显然对文本文件 in.txt 应该以读的方式打开，对文件 out.txt 应该以写的方式打开，打开两个文件之后就像平时利用 cin 从键盘输入、利用 cout 将数据显示在显示器上一样，对流类对象进行输入输出即可。

```
// eleventh_10.cpp
1.  #include <iostream>
2.  #include <fstream>
3.  using namespace std;
4.  int main() {
5.      int a[3000];
6.      int count = 0;
7.      ifstream srcFile("in.txt",ios::in);
8.      if(!srcFile)                         // 文件打开失败
9.      {   cout << "Can't open source file." << endl;
10.         return 0;
11.     }
12.     ofstream destFile("out.txt",ios::out);
13.     if(!destFile)                        // 文件打开失败
14.     {   srcFile.close();                 // 将已经打开的文件关闭
15.         cout << "Can't open destination file." << endl;
16.         return 0;
17.     }
18.     while(!srcFile.eof())                // 判断是否遇到文件结尾，若否，则继续读数
19.         srcFile>>a[count++];             // 读入的数存放在数组 a 中
20.     for(int i = 0;i < count; ++i)
21.         destFile << a[i] << " ";         // 将数组 a 中的数据写入文本文件
22.     destFile.close();                    // 关闭文件
23.     srcFile.close();                     // 关闭文件
24.     return 0;
25. }
```

编译并运行该程序，程序正常执行。

**分析**：该程序中，第 7 行语句在构造流类对象 srcFile 的同时以读方式打开了文本文件 in.txt，第 8 行语句通过调用该流类对象的 fail() 函数来判断文件是否正常打开。第 12 行语句在构造流类对象 destFile 的同时以写方式打开文本文件 out.txt，第 13 行语句判断文件 out.txt 是否正常打开，若没有正常打开，则关闭文件 in.txt，并在输出提示信息后退出程序。

当两个文件都正常打开之后，第 18 ～ 19 行语句的 while 循环反复从文件 in.txt 中读取 int 类型的数据到数组 a 中，当遇到文件结尾时，while 循环结束。

第 20 ～ 21 行语句实现了向文件 out.txt 写数据的操作。当操作结束时关闭文件。

### 2. 二进制文件的读取和写入

我们先来说一下为什么要使用二进制文件，相比文本文件，它有哪些好处呢？

用文本方式存储信息不但浪费空间，而且不便于检索。例如，一个学籍管理程序需要记录所有学生的学号、姓名和年龄信息，并且能够按照姓名查找学生的信息。程序中可以用一个类来表示学生：

```
class Student {
    char Name[20]; // 假设学生姓名不超过 19 个字符，以 '\0' 结尾
    char Id[10];   // 假设学号为 9 位，以 '\0' 结尾
    int age;       // 年龄
};
```

如果用文本文件存储学生的信息，文件可能是如下的样子：

```
Michael Jackson 110923412 17
Tom Hanks 110923413 18
```

这种存储方式不但浪费空间，而且查找效率低下。因为每个学生的信息所占用的字节数不同，所以即使文件中的学生信息是按姓名排好序的，要用程序根据姓名进行查找仍然没有什么好办法，只能从头到尾搜索。如果把全部的学生信息都读入内存并排序后再查找，速度会很快，但如果学生数巨大，则把所有学生信息都读入内存可能不现实。

可以用二进制的方式来存储学生信息，即把 Student 对象直接写入文件。在该文件中，每个学生的信息都占用 sizeof(Student) 个字节。对象被写入文件后一般称作"记录"。本例中，每个学生都对应于一条记录。该学生记录文件可以按姓名排序，使用折半查找的效率会很高。读写二进制文件不能使用前面提到的类似于 cin、cout 从流中读写数据的方法。这时可以调用 ifstream 类和 fstream 类的 read 成员函数从文件中读取数据，调用 ofstream 类和 fstream 类的 write 成员函数向文件中写入数据。

**（1）用 ostream::write 成员函数写二进制文件**

ofstream 和 fstream 的 write 成员函数实际上继承自 ostream 类，原型如下：

```
ostream & write(char* buffer, int count);
```

该成员函数将内存中 buffer 所指向的 count 个字节的内容写入文件，返回值是输出流类对象的引用，如 obj.write() 的返回值就是对 obj 的引用。write 成员函数向文件中写入若干字节，可是调用 write 函数时并没有指定这若干字节要写到文件中的什么位置。那么，write 函数在执行过程中到底把这若干字节写到哪里呢？答案是从文件写指针指向的位置开始写入。

文件写指针是 ofstream 或 fstream 对象内部维护的一个变量。刚打开文件时，文件写指针指向文件的开头（如果以 ios::app 方式打开文件，则文件的写指针指向文件末尾），用 write 函数写入 *n* 个字节，写指针指向的位置就向后移动 *n* 个字节。

**【例 11-11】** 编写一个程序，用二进制文件保存时间对象。从键盘输入若干时钟的时、分和秒的数值（每个对象输入完成后回车换行，全部输入结束时，按"回车 + Ctrl + Z + 回车"），并以二进制形式将所有对象存储到一个时间记录文件 clock.dat 中。

**设计分析**：一个时间对象至少应该由时、分和秒这 3 个数据成员构成，此例中只是完成一个个时间对象的数据存储，因此，可不用设计时间对象的成员函数，直接将其数据成员设置成公有，以方便访问，时间对象的值直接通过键盘来输入。要存储若干时间对象到二进制文件中，需要定义对二进制文件进行写操作的流类对象将文件打开，然后完成写操作。当结束从键盘输入数据时，需要输入文件结束标志"回车 +Ctrl+Z+ 回车"，流类对象 cin 遇到文件结束标志时将返回 0，从而控制 while 循环的结束。

```
// eleventh_11.cpp
1. #include <iostream>
2. #include <fstream>
3. using namespace std;
4. class Clock
5. {
6. public:
7.     int H,M,S;
```

```
 8. };
 9. int main()
10. {
11.     Clock c;
12.     // 以写方式打开二进制文件
13.     ofstream outFile("clock.dat", ios::out | ios::binary);
14.     while (cin >> c.H >> c.M >>c.S) // 从键盘输入
15.         outFile.write((char*)&c, sizeof(c));// 将数据写入二进制文件
16.     outFile.close();
17.     return 0;
18. }
```

编译并运行程序，从键盘输入如下数据：

```
8 20 15☑
8 50 40☑
9 40 50☑
^Z☑
```

**分析**：第 13 行语句创建文件流对象 outFile，并以写方式打开二进制文件 clock.dat，第 14 行语句中 while 循环的循环条件是：用流对象 cin 从键盘读时钟数据，若遇到文件结束标志"回车 +Ctrl+Z+ 回车"，cin 流的 eofbit 标志位将被置为 1，cin 将返回 0，此时 while 循环结束。循环体第 15 行语句将读入的时钟信息写入二进制文件。

用记事本打开文件 clock.dat，呈现乱码，原因是该文件为二进制文件，不是文本文件。

**（2）用 istream::read 成员函数读二进制文件**

ifstream 和 fstream 的 read 成员函数实际上继承自 istream 类，原型如下：

```
istream & read(char* buffer, int count);
```

该成员函数从文件中读取 count 个字节的内容，存放到 buffer 所指向的内存缓冲区中，返回值是输入流类对象的引用。

**注意**：在已读到文件结束附近时，read 函数未必能读取 count 个字节，因此如果想要知道本次 read 成功读取了多少个字节，可以在 read 函数执行后立即调用文件流对象的 gcount 成员函数，该函数的返回值就是最近一次 read 函数执行时成功读取的字节数。gcount 是 istream 类的成员函数，原型如下：

```
int gcount();
```

read 成员函数从文件读指针指向的位置开始读取若干字节。文件读指针是 ifstream 或 fstream 对象内部维护的一个变量。刚打开文件时，文件读指针指向文件的开头（如果以 ios::app 方式打开，则指向文件末尾），用 read 函数读取 *n* 个字节，读指针指向的位置就向后移动 *n* 个字节。因此，打开一个文件后连续调用 read 函数，就能将整个文件的内容读取出来。

**【例 11-12】**将例 11-11 创建的时间记录文件 clock.dat 的内容读取出来并显示在屏幕上，完成二进制文件的读操作。

此案例的分析可参考例 11-11。

```
   // eleventh_12.cpp
1. #include <iostream>
2. #include <fstream>
3. using namespace std;
```

```
 4. class Clock
 5. {
 6. public:
 7.     int H,M,S;
 8. };
 9. int main()
10. {
11.     Clock c;
12.     ifstream inFile("clock.dat",ios::in|ios::binary); // 以读方式打开二进制文件
13.     if(!inFile)                                          // 打开失败
14.     {
15.         cout << "clock.dat file not exist!" <<endl;
16.         return 0;
17.     }
18.     while(inFile.read((char *)&c, sizeof(c))) {         // 一直读到文件结束
19.         cout << c.H << ":" << c.M <<":" << c.S << endl;
20.     }
21.     inFile.close();
22.     return 0;
23. }
```

编译并运行该程序，运行结果为：

```
8:20:15
8:50:40
9:40:50
```

**分析**：该程序中，第 12 行语句实现以读方式打开二进制文件 clock.dat，若正常打开文件，此时文件读指针指向文件的开始位置。第 13 行语句判断文件是否正常打开，若打开失败，则给出提示信息后退出（执行第 14 ~ 17 行的语句块）。第 18 行 while 循环的循环条件为：流对象 inFile 调用其成员函数 read 读取数据到对象 c 中，若正常读取，则返回正常的流对象，while 循环条件成立，循环继续，若遇到文件结束标志，则返回无效的流，循环条件不成立，结束循环。从而实现了对整个文件内容的读取操作。第 19 行的语句为 while 循环体语句，输出时间对象到显示器上，因此，文件中的内容将被输出到显示器上。

**（3）用文件流类的 put 和 get 成员函数读写文件**

可以用 ifstream 和 fstream 类的 get 成员函数（继承自 istream 类）从文件中一次读取一个字节，也可以用 ofstream 和 fstream 类的 put 成员函数（继承自 ostream 类）向文件中一次写入一个字节。

**【例 11-13】**利用文件流类的 put 和 get 成员函数实现文件内容的复制，即将 clock.dat 中的内容复制到 clock_copy.dat。如果 clock_copy.dat 文件原本就存在，则原来的文件内容将会被覆盖。

```
   // eleventh_13.cpp
 1. #include <iostream>
 2. #include <fstream>
 3. using namespace std;
 4. int main()
 5. {
 6.     ifstream inFile("D:\\clock.dat", ios::binary | ios::in); // 以写方式打开二进制文件
 7.     if (inFile.fail()) {                                       // 判断打开是否成功
 8.         cout << "Source file open error." << endl;
 9.         return 0;
10.     }
```

```
11.        ofstream outFile("D:\\clock_copy.dat", ios::binary | ios::out);
12.        if (outFile.fail()) {                    // 判断打开是否成功
13.            cout << "New file open error." << endl;
14.            inFile.close();
15.            return 0;
16.        }
17.        char c;
18.        while (inFile.get(c))                     // 从流 inFile 中读字符
19.            outFile.put(c);                       // 将字符变量 c 的值写入 outFile 中
20.        outFile.close();
21.        inFile.close();
22.        return 0;
23. }
```

请读者根据程序注释自行分析本程序。

## 11.2.5 对文件的随机读写

在读写文件时，有时希望直接跳到文件中的某处开始读写，这就需要先将文件的读写指针指向该处，然后再进行读写。

- ifstream 类和 fstream 类有 seekg 成员函数，可以设置文件读指针的位置；
- ofstream 类和 fstream 类有 seekp 成员函数，可以设置文件写指针的位置。

所谓"位置"，就是指距离文件开头有多少个字节。文件开头的位置是 0。

这两个函数的原型如下：

```
ostream & seekp (int offset, int mode);
istream & seekg (int offset, int mode);
```

mode 代表文件读／写指针的设置模式，有以下三种选项。

- ios::beg：让文件读指针（或写指针）指向从文件开始向后的 offset 字节处。offset 等于 0 即代表文件开头。在此情况下，offset 只能是非负数。
- ios::cur：在此情况下，offset 为负数则表示将读指针（或写指针）从当前位置朝文件开头方向移动 offset 字节，为正数则表示将读指针（或写指针）从当前位置朝文件尾部方向移动 offset 字节，offset 为 0 则不移动。
- ios::end：让文件读指针（或写指针）指向从文件结尾往前的 |offset|（offset 的绝对值）字节处。在此情况下，offset 只能是 0 或者负数。

此外，我们还可以得到当前读／写指针的具体位置：

- ifstream 类和 fstream 类的 tellg 成员函数能够返回文件读指针的位置；
- ofstream 类和 fstream 类的 tellp 成员函数能够返回文件写指针的位置。

这两个成员函数的原型如下：

```
int tellg();        // 获取文件读指针的位置
int tellp();        // 获取文件写指针的位置
```

要获取文件长度，可以用 seekg 函数将文件读指针定位到文件尾部，再用 tellg 函数获取文件读指针的位置，此位置即为文件长度。

### C++ 的流对象函数 rdbuf()

rdbuf() 可以实现将一个流对象关联的内容用另一个流对象来输出，例如想把文件

test.txt 的内容输出到显示器上，可以用两行代码完成：

```
ifstream infile("test.txt");
cout << infile.rdbuf();            // 将 infile 流关联的文件内容在显示器上输出
```

【例 11-14】演示利用 seekg 和 tellg 函数计算 test.txt 文件的大小，并利用 rdbuf() 在显示器上显示文件的内容。test.txt 文件中的内容为：Hello cpp! ☑ name: djtu ☑ date:20200515。

```
    // eleventh_14.cpp
 1. #include <iostream>
 2. #include <fstream>
 3. using namespace std;
 4. int main() {
 5.     ifstream in("D:\\test.txt");      // 以读方式打开文件
 6.     in.seekg(0,ios::end);             // 将文件读指针定位到文件尾部
 7.     streampos sp=in.tellg();          // 返回文件读指针的位置
 8.     cout<<"File size: "<<sp<<" bytes"<<endl;
 9.     in.seekg(0,ios::beg);             // 将文件读指针定位到文件开始
10.     cout<<in.rdbuf();
11.     return 0;
12. }
```

编译并运行程序，运行结果为：

```
File size: 39 bytes
Hello cpp!
name: djtu
date: 20200515
```

## 11.3　本章小结

- C++ 提供了 istream 和 ostream 流类，定义了 cout 和 cin 对象，从而实现从键盘输入数据和向显示器输出数据。
- 为了对文件进行读写操作，C++ 提供了 ofstream 类向文件写数据、ifstream 类从文件读数据，而 fstream 类既可读文件，也可写文件。
- 对字符串的输入操作可以使用 getline 函数或 gets 函数，也可以使用 cin 对象的成员函数 get、getline 等。
- 对文件进行操作，可使用相应流对象的 open 函数打开文件，读写完成后，最好用流对象的成员函数 close 关闭文件。在对文件的操作过程中，可用流对象的 fail 函数检测文件是否存在，用 eof 函数判断是否达到文件末尾。
- 文件分为文本文件和二进制文件，其中二进制文件通过 write 函数进行写操作，通过 read 函数进行读操作。
- 文件访问方式可以采用顺序方式，也可以采用随机方式。采用随机方式时，seekp 和 seekg 函数可将文件指针移动到文件中的任何位置，从而进行相应的读或写操作。

## 11.4　习题

**一、选择题（以下每题提供四个选项 A、B、C 和 D，只有一个选项是正确的，请选出正确的选项）**

1. 要进行文件的输出，除了要包含头文件 iostream 之外，还要包含头文件（　　）。

　A. ifstream　　　　　　B. fstream　　　　　　C. ostream　　　　　　D. cstdio

2. 当使用 ifstream 定义一个文件流，并将一个文件与之链接时，文件默认的打开方式为（　　）。

    A. ios::in           B. ios::out           C. ios::trunk       D. ios::binary

3. istream 类有多个 get 的重载成员函数，其中 int get() 函数用于从输入流中读入（　　）。

    A. 一个字符          B. 当前字符          C. 一行字符          D. 指定长度的若干字节

4. 当使用 ofstream 定义一个文件流，并将一个文件与之链接时，文件默认的打开方式为（　　）。

    A. ios::in           B. ios::out           C. ios::trunk       D. ios::binary

5. 读文件最后一个字节（字符）的语句为（　　）。

    A. myfile.seekg(1,ios::end);             B. myfile.seekg(-1,ios::end);

      c=myfile.get();                      c=myfile.get();

    C. myfile.seekp(ios::end,0);             D. myfileseekp(ios::end,1);

      c=myfile.get();                      c=myfile.get();

## 二、填空题

1. iostream 头文件中定义了 4 个标准流对象：_____、_____、_____ 和 _____。

2. 如果字节流是从设备（如键盘、磁盘驱动器等）流向内存，这叫作 _____ 操作。

3. 如果字节流是从内存流向设备（如显示器、打印机、磁盘驱动器、网络连接等），这叫作 _____ 操作。

4. C++ 中常用的输出流操作算子是在头文件 _____ 中定义的。

5. C++ 中为了避免多继承的二义性，从 ios 派生出 istream 和 ostream 时，均使用了 _____。

6. 文件输入是指从文件向内存 _____，文件输出则指从内存向文件 _____。在进行文件的输入输出时，首先要打开文件，然后进行读写操作，最后关闭文件。

## 三、读程序并写出程序的运行结果

1.
```cpp
#include <iostream>
#include <iomanip>
using namespace std;
int main() {
    int a = 2020;
    cout.setf(ios_base::showbase);
    cout << dec << setw(15) << a << oct << setw(15) << a << hex << setw(15) << a << endl;
    system("pause");
    return 0;
}
```

2.
```cpp
#include <iostream>
#include <iomanip>
#include <string>
using namespace std;
int main(){
    string name;
    double wages;
    double hours;
    cout << "Enter your name: ";
    getline(cin, name);
    cout << "Enter your hourly wages: ";
    cin >> wages;
    cout << "Enter number of hours worked: ";
    cin >> hours;
    cout << "First format:" << endl;
    cout.setf(ios::showpoint);
    cout.setf(ios::fixed, ios::floatfield);
    cout.setf(ios::right, ios::adjustfield);
    cout << setw(30) << name << ": $";
```

```
    cout << setprecision(2) << setw(10) << wages << ":";
    cout << setprecision(1) << setw(5) << hours << endl;
    cout << "Second format:" << endl;
    cout.setf(ios::left, ios::adjustfield);
    cout << setw(30) << name << ": $";
    cout << setprecision(2) << setw(10) << wages << ":";
    cout << setprecision(1) << setw(5) << hours << endl;
    system("pause");
    return 0;
}
```

## 四、编程题

1. 编写一个程序，将键盘输入的内容复制到通过命令行指定的文件中。

2. 编写一个程序，将一个文件的内容复制到另一个文件中。

3. 编程实现以下数据的输入 / 输出：

1）以左对齐方式输出整数，域宽为 12。

2）以八进制、十进制、十六进制方式输入 / 输出整数。

3）实现浮点数的指数格式和定点格式的输入 / 输出，并指定精度。

4）把从键盘输入的字符串读入字符型数组变量中，要求输入串中的空格也全部读入，以回车符结束。

5）将以上要求用流成员函数和流操作算子各做一遍。

# 第 12 章 标准模板库

标准模板库（Standard Template Library，STL）是高效的程序库，是 ANSI/ISO 标准中最新的、极具革命性的一部分。该库包含计算机科学领域中常用的基本数据结构和基本算法，为广大程序员提供了一个可扩展的应用框架，高度体现了软件的可复用性。

STL 的核心内容是容器（container）、迭代器（iterator）、算法（algorithm），这三者协同工作，为各种编程问题提供了有效的解决方案。

容器是一种数据结构，STL 提供了列表（list）、集合（set）、动态数组（vector）和双向队列（deque）等数据结构，并以模板类的方式实现。为了访问容器中的数据，可以使用由容器类输出的迭代器（iterator）。若要很好地理解这些容器并熟练地对其进行应用，请学习数据结构中关于栈、线性表、队列等数据结构的操作特点。

迭代器如同指针，它提供了访问容器中元素的方法。例如，可以使用一对迭代器指定 list 或 vector 中一定范围的元素。事实上，C++ 的指针也是一种迭代器。但是，迭代器也可以是那些定义了 operator*() 以及其他类似于指针的操作符的方法的类对象。

算法是用来操作容器中数据的模板函数。例如，STL 用 sort() 函数可对一个 vector 中的数据进行排序，用 find() 函数可搜索一个 list 中的对象，函数本身与它们所操作数据的结构和类型无关，因此它们可以应用在从简单数组到高度复杂的容器的任何数据结构上。

本章将介绍 C++ 的各类容器、容器的成员函数、迭代器以及一些算法。

## 12.1 容器

STL 定义了顺序容器、容器适配器和关联容器。这些容器类共享部分公共接口，只定义了少量操作，大多数操作由算法库提供。如果两个容器提供了相同的操作，则它们的接口（函数名和参数个数）相同。

### 12.1.1 顺序容器

按位置顺序存储和访问顺序容器（sequence container）内的元素。顾名思义，这些元素是顺序存放的，元素排列顺序与元素值无关，而是由元素添加到容器里的顺序决定的。vector、deque 和 list 都属于此类容器。

- vector：将元素置于一个动态数组中加以管理，可以随机存取元素（用索引直接存取），在数组尾部添加或移除元素非常快速，但是在中部或头部插入元素比较费时。vector 所在头文件为 vector。
- deque："double-ended queue"的缩写，对应数据结构的双向队列，可以随机存取元素（用索引直接存取），在队列头部删除元素和在尾部添加元素都非常快速，但是在中部或头部插入元素比较费时。deque 所在头文件为 deque。
- list：双向链表，不提供随机存取，在任何位置上执行插入或删除动作都非常迅速，内部只需调整一下指针。list 所在头文件为 list。

### 1. 容器的定义

假设 C 为顺序容器 vector、deque 或 list 的模板类，则定义一个 C 类型容器的语法如表 12.1 所示。

表 12.1 容器定义语法

| 定义语法 | 解释说明 |
|---|---|
| C<T> c; | 创建一个存储 T 型数据的空容器，适用于所有容器 |
| C<T> c2(c); | 创建一个存储 T 型数据的容器 c 的副本 c2，适用于所有容器 |
| C<T> c(b,e); | 创建一个存储 T 型数据的容器 c，且用迭代器 [b,e) 范围内的元素构造容器，适用于所有容器 |
| C<T> c(n); | 创建一个含有 n 个默认值的 T 型数据的容器 c，仅适用于顺序容器（若 T 是类名，则 T 类中必须提供默认构造函数） |

**提示**：在将一个容器复制到另一个容器时，类型必须匹配，即容器类型和元素类型必须相同。

对于所有容器，容器中元素的类型 T 必须满足以下约束条件：

1）T 类型必须支持赋值运算；

2）T 类型的对象必须可以复制。

由上面的说明可知，所有内置类型或复合类型都可用作元素类型。引用不支持一般意义的赋值运算，因此没有元素是引用类型的容器；除了标准库中的输入输出流类和智能指针（auto_ptr 类型）之外，所有其他标准库类型都是有效的容器元素类型。

容器定义举例如下：

```
vector<double>  c;           // 定义存放 double 型数据的空的 vector 容器 c
int a[]={1,2,3,4,5,6,7,8,9,10};
list<int>  List(a,a+10);   // 定义存放 int 型数据的列表，该列表用数组 a 的元素进行初始化
```

### 2. 容器迭代器

每种容器都定义了自己的迭代器类型，迭代器的作用相当于指针，利用迭代器可遍历容器中的元素。具体定义 C 类型容器的迭代器的语法为：

```
C<T>::iterator    iter;    \\iter 为 C 类型容器的迭代器
```

每个容器都定义了 begin 和 end 函数，用于返回容器第一个元素的位置和最后一个元素的下一个位置。

例如，定义 vector 容器的迭代器：

```
vector<int>   c;                            // 定义容器 c
vector<int>::iterator  iter1=c.begin();     // 将迭代器 iter1 指向容器 c 的第一个元素
vector<int>::iterator  iter2=c.end();       // 将迭代器 iter2 指向容器 c 的最后一个元素之后的位置
```

**提示**：end 并不指向容器的任何元素，而是指向容器的最后一个元素的下一个位置，它被称为超出末端迭代器。如果 vector 为空，则 begin 返回的迭代器和 end 返回的迭代器相同。一旦像上面这样进行定义和初始化，就相当于把该迭代器和容器进行了某种关联，就像把一个指针初始化为某一内存空间地址一样。

迭代器的常用操作如表 12.2 所示。

表 12.2　迭代器的常用操作

| 操作 | 解释说明 |
|---|---|
| *iter | 返回迭代器所指向的元素的引用 |
| iter->mem | 对 iter 进行解引用，获取所指向元素的指定成员 |
| ++iter | iter 加 1，指向容器中下一个元素 |
| iter++ | |
| --iter | iter 减 1，指向容器中前一个元素 |
| iter-- | |
| iter1 == iter2 | 当两个迭代器指向同一个容器时，判断它们是否指向同一个元素，或者都指向同一个容器超出末端的下一个位置 |
| iter1 != iter2 | 当两个迭代器指向同一个容器时，判断它们是否指向容器的不同元素 |

下面的程序段利用 for 循环将容器 list 中的元素设置为 0：

```
int a[]={1,2,3,4,5,6,7,8,9,10};
list<int>  List(a,a+10);              //定义容器 List 并用数组 a 中的元素对其进行初始化
list<int>::iterator  p;               //定义 list 的迭代器
for(p=List.begin();p!=c.end();p++)    //for 循环将容器中元素设置为 0
    *p=0;
```

vector 和 deque 容器的迭代器还提供了额外的运算，迭代器的算术运算和关系运算如表 12.3 所示。

表 12.3　迭代器的算术和关系运算

| 操作 | 解释说明 |
|---|---|
| iter + n | 在迭代器上加（减）整数值，将产生指向容器中前面（后面）第 n 个元素的迭代器；新计算出来的迭代器必须指向容器中的元素或超出容器末端的下一位置 |
| iter - n | |
| iter1 += iter2 | 将 iter1 加上或减去 iter2 的运算结果赋给 iter1。两个迭代器必须指向容器中的元素或超出容器末端的下一个元素 |
| iter1 -= iter2 | |
| iter1 - iter2 | 两个迭代器相减得出两个迭代器对象的距离，该距离是名为 difference_type 的 signed 类型的值，该类型类似于 size_type 类型，也是由 vector 定义的 |
| >, >=, <, <= | 比较迭代器的位置关系；只适用于 vector 和 deque |

**提示：** list 的迭代器不支持上述运算，因为它是链表结构，即它的元素在内存中的存储是不连续的。

### const_iterator

每种容器还定义了一种名为 const_iterator 类型的迭代器，该类型的迭代器只能读取容器中的元素，不能改变容器中元素的值，**类似于指向常量的指针**，而普通的迭代器既可对容器进行读操作，也可进行写操作。const_iterator 的用法举例如下：

```
for(vector<int>::const_iterator iter=c.begin();iter!=c.end();++iter)
    cout<<*iter<<endl;       //合法，输出容器中的元素值，读操作
for(vector<int>::const_iterator iter=c.begin();iter!=c.end();++iter)
    *iter=0;                 //不合法，不能对容器中的元素进行写操作
```

### 3. 容器的常用成员函数

容器有一组公共的成员函数，不同容器的这些成员函数的函数名、参数、函数功能完全相

同，因此只要掌握了一种容器中这些函数的使用，其他容器也就基本掌握了。下面将分类说明。

1）容器的起止位置函数，如表 12.4 所示。

**表 12.4　容器的起止位置函数**

| 函数名 | 解释说明 |
| --- | --- |
| begin() | 返回指向容器中第一个元素的迭代器 |
| end() | 返回指向容器中最后一个元素的下一个位置的迭代器 |
| rbegin() | 返回指向容器中最后一个元素的逆序迭代器 |
| rend() | 返回指向容器中第一个元素前面位置的逆序迭代器 |

**说明**：表 12.4 中每个函数都有两个版本，即 const 成员函数和非 const 成员函数。逆序迭代器的加操作是将迭代器指向容器的前一个元素，减操作则是将迭代器指向容器的后一个元素。

2）向容器中增加元素的函数，如表 12.5 所示。

**表 12.5　增加元素的函数**

| 函数名 | 解释说明 |
| --- | --- |
| push_back(t) | 在容器的尾部添加值为 t 的元素，返回 void 类型 |
| push_front(t) | 在容器的前端添加值为 t 的元素，返回 void 类型<br>（**提示**：只适用于 list 和 deque 容器类型） |
| insert(p, t) | 在迭代器 p 所指向的元素前面插入值为 t 的新元素，返回指向新元素的迭代器 |
| insert(p, n, t) | 在迭代器 p 所指向的元素前面插入 n 个值为 t 的新元素，返回 void 类型 |
| insert(p, b, e) | 在迭代器 p 所指向的元素前面插入迭代器范围 [b,e) 内的元素，返回 void 类型 |

3）与容器大小有关的函数，如表 12.6 所示。

**表 12.6　与容器大小有关的函数**

| 函数名 | 解释说明 |
| --- | --- |
| size() | 返回容器中的元素个数，返回值类型为 C::size_type |
| max_size() | 返回容器最多可容纳的元素个数，返回值类型为 C::size_type |
| empty() | 如果容器为空，则返回 true，否则返回 false |
| resize(n) | 调整容器的大小，使其能容纳 n 个元素，新增元素采用默认值进行初始化 |
| resize(n, t) | 调整容器的大小，使其能容纳 n 个元素，所有新增元素的值为 t |

4）访问容器中元素的函数，如表 12.7 所示。

**表 12.7　访问元素的函数**

| 函数名 | 解释说明 |
| --- | --- |
| back() | 返回容器中最后一个元素的引用；如果容器为空，则该操作未定义 |
| front() | 返回容器中第一个元素的引用；如果容器为空，则该操作未定义 |
| c[n] | 返回下标为 n 的元素的引用；如果 n<0 或 n>=size()，则该操作未定义<br>**提示**：只适用于 vector 和 deque 容器，c 为容器对象 |
| at(n) | 返回下标为 n 的元素的引用；如果下标无效，则抛出 out_of_range 异常<br>**提示**：只适用于 vector 和 deque 容器 |

5）删除元素的函数，如表 12.8 所示。

表 12.8 删除元素的操作

| 函数名 | 解释说明 |
|---|---|
| erase(p) | 删除迭代器 p 所指向的元素。返回一个迭代器，它指向被删除的元素后面的元素。如果 p 指向容器内最后一个元素，则返回的迭代器指向容器超出末端的下一个位置；如果 p 本身就是指向超出末端的下一个位置的迭代器，则该函数未定义 |
| erase(b, e) | 删除 [b, e] 内的所有元素。返回一个迭代器，它指向被删除元素段后面的元素。如果 e 本身就是指向超出末端的下一个位置的迭代器，则返回的迭代器也指向超出末端的下一个位置 |
| clear() | 删除容器内的所有元素，返回 void |
| pop_back() | 删除容器内的最后一个元素，返回 void。如果容器为空，则该操作未定义 |
| pop_front() | 删除容器内的第一个元素，返回 void。如果容器为空，则该操作未定义<br>**提示：** 只适用于 list 和 deque 容器 |

**提示：** 由于对容器进行删除元素或移动元素等操作会修改容器的内在状态，这会使得原本指向被移动元素的迭代器失效，也可能同时使其他迭代器失效。使用无效迭代器会导致严重的运行时错误。

6）赋值与交换操作，如表 12.9 所示。

表 12.9 赋值与交换操作

| 操作示例 | 解释说明 |
|---|---|
| c1 = c2 | 将 c2 的元素复制给 c1。c1 和 c2 的类型必须相同。c1 中的元素将被全部删除 |
| c1.swap(c2) | 交换内容：调用该函数后，c1 中存放的是 c2 原来的元素，c2 中存放的是 c1 原来的元素。c1 和 c2 的类型必须相同。该函数的执行速度通常要比将 c2 的元素复制到 c1 的操作快 |
| c.assign(b, e) | 重新设置 c 的元素：将迭代器 b 和 e 标记的范围内的所有元素复制到 c 中。b 和 e 必须不是指向 c 中元素的迭代器 |
| c.assign(n, t) | 将容器 c 重新设置为存储 n 个值为 t 的元素 |

下面的语句块将利用 assign 函数完成对 vector 容器的复制操作。

```
int a[]={1,2,3,4,5,6,7,8,9,10};
vector<int> b;
b.assign(a+5,a+10);  // 利用数组 a 对容器 b 赋值，b 中以前的元素将被清除
```

### 4. 顺序容器的特征

下面介绍顺序容器的特征。

1）vector 和 deque 容器采用的是类似数组的连续存储，因此提供了对元素的快速访问，但付出的代价是在容器的任意位置插入或删除元素，比在容器尾部插入和删除的开销更大，因为要保证其连续存储，需要移动元素。

2）list 容器的存储结构是链表结构，因此在任何位置都能快速插入和删除，但付出的代价是元素的随机访问开销较大。

3）deque 容器提供了高效地在其首部进行插入和删除的操作，就像在尾部一样。在 deque 容器首部或尾部删除元素只会使指向被删除元素的迭代器失效。在 deque 容器任何

其他位置的插入和删除操作将使指向该容器元素的所有迭代器都失效。

**提示：** 请了解每种容器的特征，在解决问题时选择最适合的容器。

**【例 12-1】** 顺序容器应用案例，对 vector 容器的操作。

```
    // twelfth_1.cpp
 1. #include <iostream>
 2. #include <vector>
 3. using namespace std;
 4. int main()
 5. {    int a[]={1,2,3,4,5};
 6.      int i;
 7.      vector<int>  v(a,a+5);        //创建容器 v 并用数组 a 的 0 到 5 位置上的元素初始化容器
 8.      cout<<"v 中的初始化元素个数为 "<<v.size()<<endl;
 9.      for ( i=0;i<v.size();i++)       //size 函数返回容器中元素的个数
10.          cout<<v[i]<<"  ";           //用下标方式引用容器中的元素
11.      cout<<endl;
12.      v.assign(8,10);                 //赋 8 个值为 10 的元素给 v，v 中以前的元素将被清除
13.      cout<<"赋值操作后，输出 v 中的元素 "<<endl;
14.      vector<int>::iterator iter;     //定义 vector<int> 类型的容器迭代器
15.      for (iter=v.begin();iter<v.end();iter++)
16.          cout<<*iter<<"   ";         //利用迭代器逐个访问容器 v 中的元素
17.      cout<<endl;
18.      v.push_back(3);
19.      v.push_back(3);
20.      cout<<"压入新元素后输出 v 中的元素 "<<endl;
21.      for( i=0;i<v.size();i++)
22.          cout<<v.at(i)<<"   ";
23.      cout<<endl;
24.      v.insert(v.begin()+5,5);        //在容器 v 的第 5 个元素之后插入 5
25.      v.insert(v.begin()+5,2,1);      //在容器 v 的第 5 个元素之后插入两个 1
26.      cout<<"插入新元素后输出 v 中的元素 "<<endl;
27.      for ( i=0;i<v.size();i++)
28.          cout<<v.at(i)<<"   ";
29.      cout<<endl;
30.      v.pop_back();                   //弹出容器 v 的最后一个元素
31.      v.pop_back();                   //弹出容器 v 的最后一个元素
32.      cout<<"弹出元素后输出 v 中的元素 "<<endl;
33.      for ( i=0;i<v.size();i++)
34.          cout<<v.at(i)<<"   ";
35.      cout<<endl;
36.      v.clear();                      //清除容器中的所有元素
37.      cout<<"清除操作后，容器为空吗? "<<v.empty ()<<endl;
38. }
```

编译并运行该程序，则程序的输出结果为：

**输出语句行号    对应结果**

| 行号 | 对应结果 |
|---|---|
| 8 | v 中的初始化元素个数为 5 |
| 10 | 1  2  3  4  5 |
| 13 | 赋值操作后，输出 v 中的元素 |
| 16 | 10  10  10  10  10  10  10  10 |
| 20 | 压入新元素后输出 v 中的元素 |
| 22 | 10  10  10  10  10  10  10  10  3  3 |
| 26 | 插入新元素后输出 v 中的元素 |
| 28 | 10  10  10  10  10  1  1  5  10  10  10  3  3 |
| 32 | 弹出元素后输出 v 中的元素 |

| 34 |   | 10 | 10 | 10 | 10 | 10 | 1 | 1 | 5 | 10 | 10 | 10 |

37        清除操作后，容器为空吗？1

**分析**：程序中第 7 行语句创建一个存放整型数据的 vector 容器 v，并用数组 a 从第 0 个元素开始连续的 5 个元素对容器进行初始化。因此初始化后 v 中有 5 个元素，这就与第 8 行语句的输出结果对应。第 9 ~ 10 行的 for 循环语句采用下标方式输出容器 v 的元素值，因此输出结果为：1 2 3 4 5。

第 12 行语句是 assign 函数的应用，它的用法有两种，其中一种为本案例中的用法，第一个参数表示赋值次数，第二个参数表示赋的值，该操作将清除容器中原有元素。可结合第 15 ~ 16 行的 for 语句的输出结果来理解该函数。

第 14 行语句定义了一个容器迭代器，迭代器类似指针。第 15 行语句中的 begin() 函数返回指向容器首元素的迭代器，同理 end() 函数返回指向末尾元素下一位置的迭代器。因此第 15 ~ 16 行的 for 语句就实现了对容器 v 的遍历。

第 18 行 push_back 函数的功能是在容器末尾插入一个元素。第 21 ~ 22 行语句的功能与第 15 ~ 16 行语句的功能相同，完成对容器 v 的遍历，但方法是采用容器的 at 函数。

第 24 行语句为 insert 函数调用，其功能是在容器 v 的第 5 个元素之前插入 5，第 25 行 insert 函数的功能是在容器 v 的第 5 个元素之前连续插入两个 1，请结合第 27 ~ 28 行 for 语句的具体输出结果来理解该函数。

第 30 ~ 31 行 pop_back 函数的功能是将容器最后一个元素删除，该函数执行完成后，请观察第 34 行语句的输出结果。

第 36 行的 clear() 函数清除容器中的元素，第 37 行语句输出了其执行结果。

**【例 12-2】** 利用 list 容器解决问题。

```cpp
1.  // twelfth_2.cpp
2.  #include <iostream>
3.  #include <list>
4.  using namespace std;
5.  int main()
6.  {   int a[]={1,2,3,4,5};
7.      int i;
8.      list<int>  List (a,a+5);            // 创建列表容器 List 并用数组 a 中元素对其进行初始化
9.      cout<<" 输出 List 中的初始化元素个数为 "<<List.size()<<endl;
10.     list<int>::iterator iter;
11.     for (iter=List.begin();iter!=List.end();iter++)
12.         cout<<*iter<<"   ";             // 利用迭代器访问 List 中的每一个元素
13.     cout<<endl;
14.     List.assign(8,10);                  // 清除 List 中的所有元素，并用 10 重新对 List 赋值 8 次
15.     cout<<" 赋值操作后，输出 List 中的元素 "<<endl;
16.     for (iter=List.begin();iter!=List.end();iter++)
17.         cout<<*iter<<"    ";
18.     cout<<endl;
19.     List.push_front(3);                 // 在 List 首元素之前插入元素 3
20.     List.push_front(3);
21.     cout<<" 前面压入新元素后输出 List 中的元素 "<<endl;
22.     for (iter=List.begin();iter!=List.end();iter++)
23.         cout<<*iter<<"   ";
24.     cout<<endl;
25.     List.pop_front();                   // 弹出 List 的首元素
26.     List.pop_front();
```

```
27.        cout<<"弹出前面元素后输出 List 中的元素 "<<endl;
28.        for (iter=List.begin();iter!=List.end();iter++)
29.            cout<<*iter<<"    ";
30.        cout<<endl;
31.        list<int> l2;                        //创建一个空的列表容器 l2
32.        l2.push_back(0);                     //插入元素
33.        l2.push_back(0);
34.        l2.push_back(0);
35.        iter=List.begin();
36.        List.merge(l2,greater<int>());       //将 l2 和 List 按照降序合并
37.        cout<<"合并后输出 List 中的元素 "<<endl;
38.        for (iter=List.begin();iter!=List.end();iter++)
39.            cout<<*iter<<"    ";
40.        cout<<endl;
41.        List.remove(0);                      //删除刚刚插入的 3 个 0 元素
42.        cout<<"删除插入的元素后输出 List 中的元素 "<<endl;
43.        for (iter=List.begin();iter!=List.end();iter++)
44.            cout<<*iter<<"    ";
45.        cout<<endl;
46. }
```

编译并运行该程序，输出结果为：

对应语句行号　　对应输出结果

| | |
|---|---|
| 9 | 输出 List 中的初始化元素个数为 5 |
| 12 | 1　2　3　4　5 |
| 15 | 赋值操作后，输出 List 中的元素 |
| 17 | 10　10　10　10　10　10　10　10 |
| 21 | 前面压入新元素后输出 List 中的元素 |
| 23 | 3　3　10　10　10　10　10　10　10　10 |
| 27 | 弹出前面元素后输出 List 中的元素 |
| 29 | 10　10　10　10　10　10　10 |
| 37 | 合并后输出 List 中的元素 |
| 39 | 10　10　10　10　10　10　10　10　0　0　0 |
| 42 | 删除插入的元素后输出 List 中的元素 |
| 44 | 10　10　10　10　10　10　10 |

**分析**：该案例相关语句的后面加了注释，通过查看注释，同时配合输出语句的输出结果，很容易理解相关操作的功能。可将程序中的第 11 ～ 13 行语句改为如下语句：

```
for (iter=List.begin();iter<List.end();iter++)
    cout<<*iter<<"    ";
cout<<endl;
```

重新编译程序，看看有什么问题。

将第 11 ～ 13 行语句改为如下语句呢？

```
for (int i=0;i<List.size();i++)
    cout<<List.at(i)<<"    ";
```

第 36 行的 merge 函数将两个 list 容器合并，但前提是两个 list 容器的元素要按照相同规则排好序。

第 41 行的 remove 函数将容器中的某个元素值去掉，同时它还修改容器的 size。

### 12.1.2 容器适配器

适配器（adaptor）是 STL 中的通用概念，包括容器适配器（container adapter）、迭代器适配器（iterator adapter）和函数适配器（function adapter）。本质上，适配器是使一个事物的行为类似于另一个事物的行为的一种机制。容器适配器让一种已存在的容器类型采用另一种不同的抽象类型的工作方式实现，只是发生了接口转换而已。这就类似于手机充电的时候需要电源适配器来把 220V 的交流电转换成较低电压的直流电以供手机充电使用，我们不需要那么高的电压，而且高电压还有可能产生其他很多不良后果。

C++ 提供了三种容器适配器：`stack`（栈）、`queue`（队列）和 `priority_queue`（优先级队列）。默认的适配器 `stack` 和 `queue` 基于 `deque` 实现，适配器 `priority_queue` 则基于 `vector` 实现。

每个适配器都定义了默认构造函数，用于创建空对象；一个带容器参数的构造函数将参数容器的副本作为其基础值。

下面以栈的创建为例，说明容器适配器的创建：

```
stack<int> s;          // 采用默认构造函数创建一个空的栈对象 s，基于 deque 实现
stack< int, vector<int> > stk;                    // 建立一个以 vector 实现的空栈
list<double>    values {1.414, 3.14159265, 2.71828};   // 创建一个 list 对象 values
stack<double,list<double> > my_stack (values);       // 建立一个以 list 实现的栈
stack<double,list<double> >  copy_my(my_stack);
```

**1. stack**

`stack` 定义在头文件 `stack` 中，它是一种后进先出的数据结构，其操作比其底层的容器操作要少得多，栈的具体操作如表 12.10 所示。

**表 12.10　栈的操作**

| 函数名 | 解释说明 |
| --- | --- |
| `top()` | 返回栈顶元素的引用，类型为 `T&`。如果栈为空，则返回值未定义 |
| `push(const T& obj)` | 压栈操作，将对象 `obj` 压入栈顶 |
| `push(T&& obj)` | 以移动对象的方式将对象压入栈顶。这是通过调用底层容器的有值引用参数的 `push_back()` 函数完成的 |
| `pop()` | 出栈，弹出栈顶元素 |
| `size()` | 返回栈中元素的个数 |
| `empty()` | 在栈中没有元素的情况下返回 `true`，否则返回 `false` |
| `emplace()` | 用传入的参数调用元素对象的构造函数，在栈顶生成对象 |
| `swap(stack<T> & other_stack)` | 将当前栈中的元素和参数中的元素交换。参数所包含元素的类型必须和当前栈的相同。对于 `stack` 对象，可以使用一个特例化的全局函数 `swap()` |
| `=` | 可以对相同类型的栈对象进行赋值操作 |

`stack` 有广泛的应用。例如，Word 编辑器中的 `undo`（撤销）机制就是用栈来记录连续的变化。撤销操作可以取消最后一个操作，这也是发生在栈顶部的操作。C++ 编译器使用栈来解析表达式，当然也可以用栈来记录 C++ 代码的函数调用。

【例 12-3】栈应用案例。

```
1. // twelfth_3.cpp
2. #include <stack>
3. #include <iostream>
```

```
4.  using namespace std;
5.  void main()
6.  {
7.      stack<int>  stack1;
8.      stack1.push(1);                              // 压栈
9.      stack1.push(2);
10.     stack1.push(3);
11.     stack1.push(4);
12.     stack1.push(5);
13.     cout<<" 栈的大小为: "<<stack1.size()<<endl;   // 返回栈的大小
14.     while(!stack1.empty())                        // 输出栈中所有元素
15.     {   cout<<stack1.top()<<endl;
16.         stack1.pop();                            // 元素出栈
17.     }
18.     cout<<" 栈的大小为: "<<stack1.size()<<endl;
19. }
```

编译并运行该程序，程序的运行结果为：

```
栈的大小为: 5
5
4
3
2
1
栈的大小为: 0
```

**分析**：主函数中的第一条语句创建一个栈 stack1，第 8 ～ 12 行语句依次压栈，存放 5 个数据，因此第 13 行语句输出栈的大小为 5，第 14 ～ 17 行语句构成的循环完成栈中元素的输出和出栈，直到所有元素都出栈，第 18 行语句再次获取栈的大小，因此输出为 0。

**2. queue**

queue 定义在头文件 queue 中，queue 队列也是一个线性存储结构，数据的插入操作在队尾进行，删除操作在队首进行，从而构成了一个先进先出（First In First Out，FIFO）的容器。队列的创建与栈类似，因此可参考前面栈的创建语句。队列的常用操作如表 12.11 所示。

表 12.11　队列的操作

| 函数名 | 解释说明 |
| --- | --- |
| push(x) | 入队，将 x 插入队列的末端 |
| pop() | 出队，弹出队列的第一个元素。**注意**：并不会返回被弹出元素的值 |
| front() | 访问队首元素，例如 q.front()，即最早被插入队列的元素 |
| back() | 访问队尾元素，例如 q.back()，即最后被插入队列的元素 |
| empty() | 判断队列是否为空，例如 q.empty()，当队列为空时，返回 true，否则返回 false |
| size() | 返回队列中的元素个数，例如 q.size() |

**3. priority_queue**

priority_queue 在头文件 queue 中定义，优先级队列底层的数据结构采用堆实现（可查阅数据结构书籍中关于堆的介绍），优先级高的元素在堆顶。和队列不一样的是，优先级队列没有 front() 函数与 back() 函数，而只能通过 top() 函数来访问队首元素，也就是优先级最高的元素。优先级队列中元素的比较默认按元素值由大到小进行，可以重载

"<" 操作符来重新定义比较规则。优先级队列可以用向量（vector）或双向队列（deque）来实现，其常用操作如表 12.12 所示。

表 12.12　优先级队列的操作

| 函数名 | 解释说明 |
|---|---|
| push(x) | 入队，将 x 插入队列的末端 |
| pop() | 出队，弹出队列的第一个元素。**注意**：并不会返回被弹出元素的值 |
| top() | 访问队首元素 |
| empty() | 判断队列是否为空，当队列为空时，返回 true，否则返回 false |
| size() | 返回队列中的元素个数，例如 q.size() |

```
priority_queue<Type, Container, Functional>
```

其中，Type 为优先级队列元素的数据类型，Container 为保存数据的容器，Functional 为元素比较方式。

如果不写后两个参数，那么容器默认使用 vector，比较方式（优先级）默认使用 operator<，也就是说优先级队列是大顶堆，队首元素最大。

**【例 12-4】**优先级队列的创建语句如下：

```
priority_queue<int> q;  // 以默认容器创建一个可容纳整数的优先级队列 q
priority_queue<int,vector<int>, greater<int> > q2;
priority_queue<vector<int>, less<int> > pq1;
```

**提示**：greater<type> 和 less<type> 是系统提供的模板函数，在头文件 functional 中定义，greater 为大于函数，less 为小于函数。

**分析**：第一条语句创建优先级队列 q，元素默认按照由大到小的顺序出队；第二条语句创建优先级队列 q2，按照元素由小到大的顺序出队，其中，模板参数 greater<int> 指定了元素按照由小到大的顺序出队。第三条语句创建优先级队列 pq1，队列元素按照由大到小的顺序出队。

**【例 12-5】**优先级队列的应用案例

```
1.  // twelfth_5.cpp
2.  #include <queue>
3.  #include <iostream>
4.  using namespace std;
5.  void main()
6.  {
7.      priority_queue<int> pq;
8.      pq.push(1);
9.      pq.push(2);
10.     pq.push(13);
11.     pq.push(4);
12.     pq.push(5);
13.     cout<<" 优先级队列的大小为: "<<pq.size()<<endl;
14.     while(!pq.empty())
15.     {   cout<<pq.top()<<endl;
16.         pq.pop();
17.     }
18.     cout<<" 优先级队列的大小为: "<<pq.size()<<endl;
19.  }
```

编译并运行该程序，运行结果为：

```
优先级队列的大小为: 5
13
5
4
2
1
优先级队列的大小为: 0
```

**分析**：主函数中第 7 行语句建立优先级队列，第 8～12 行语句通过调用 push 进行入队操作，第 13 行语句输出优先级队列的长度。第 14～17 行的 while 循环则完成优先级队列的元素出队操作，通过程序的输出结果，可发现元素按照由大到小的顺序出队。第 18 行语句在所有元素都出队后，输出优先级队列的大小（为 0）。

对本案例进行修改，其中加粗的语句为修改或增加的地方：

```
// twelfth_5.cpp
#include <queue>
#include <functional>
#include <iostream>
using namespace std;
void main()
{
    priority_queue<int,vector<int>,greater<int>> pq;
    pq.push(1);
    pq.push(2);
    pq.push(13);
    pq.push(4);
    pq.push(5);
    cout<<"优先级队列的大小为: "<<pq.size()<<endl;
    while(!pq.empty())
    {   cout<<pq.top()<<endl;
        pq.pop();
    }
    cout<<"优先级队列的大小为: "<<pq.size()<<endl;
    }
```

编译并运行该程序，程序的输出结果为：

```
优先级队列的大小为: 5
1
2
4
5
13
优先级队列的大小为: 0
```

请结合程序的输出结果对比此程序和原程序的区别，从而理解优先级队列的定义。

**作业**：请将原程序中第 7 行的优先级队列定义语句改为队列定义语句，调试程序并运行，观察程序的输出结果。

### 12.1.3　关联容器

关联容器（associated container）的特点是元素位置按元素键值（key）排序确定，与插入顺序无关，因此在插入、删除和查找操作中有很大优势，时间复杂度可以达到 $\log_2 N$，支持通过键来高效地查找和读取元素，这是关联容器和顺序容器最大的区别。

两种基本的关联容器是 map 和 set，其中 map 的元素以键 – 值对（key-value）的形式组织，键表示元素在 map 中的索引，而值表示所存储和读取的数据。set 仅包含一个键，并有效地支持关于某个键是否存在的查询。multiset 和 multimap 分别是 set 和 map 容器的扩展，区别是 set 和 map 容器的键唯一（即使插入了重复的值，它也只保留一个），而 multiset 和 multimap 允许键重复。由于这些容器中的元素要按照键值大小确定其存储位置，因此对于用户自定义数据类型，要定义这些类型的比较函数。

**提示**：关联容器与顺序容器的本质区别在于——关联容器是通过键值来存储和读取元素的，而顺序容器则通过元素在容器中的位置顺序存储和访问元素。关联容器不提供 front、push_front、pop_front、back、push_back 和 pop_back 操作。

### 1. set/multiset

使用 set/multiset 必须先包含头文件 set，set 仅包含一个键，set 内相同数值的元素只能出现一次，multiset 可包含多个数值相同的元素。下面介绍 set 的常用操作，如表 12.13 所示，该表中加粗的函数同样适用于 map 对象。

表 12.13　**set 的常用操作**

| 函数名 | 解释说明 |
| --- | --- |
| set<T>　a; | 定义一个集合 a，它可以存放 T 类型数据 |
| **a.begin()** | 返回指向集合中第一个元素的迭代器 |
| **a.end()** | 返回指向集合中最后一个元素下一个位置的迭代器 |
| **a.clear()** | 清除集合元素 |
| **a.empty()** | 判断集合是否为空 |
| **a.size()** | 返回集合的元素个数 |
| **a.count(x)** | 返回集合中 x 的原始个数，通常为 0 或 1；对应于 map 对象，x 为键值 |
| **a.insert(x)** | 插入元素 x；对应于 map 对象，x 为一个 pair 对象 |
| **a.insert(b,e)** | 插入迭代器区间 [b,e] 之间的元素 |
| **a.erase(x)** | 删除元素 x；对应于 map 对象，x 为键值 |
| **a.erase(b,e)** | 删除区间 [b,e] 之间的元素 |
| **a.erase(iterator)** | 删除迭代器 iterator 指定的元素 |
| **a.lower_bound(x)** | 返回第一个不小于元素 x 的元素的迭代器；对应于 map 对象，x 为键值 |
| **a.upper_bound(x)** | 返回最后一个大于元素 x 的元素的迭代器；对应于 map 对象，x 为键值 |
| **a.find(x)** | 若元素在集合中，则返回它的迭代器，否则返回结束迭代器；对应于 map 对象，x 为键值 |

【**例 12-6**】set 应用案例。通过下面的应用理解 set 的操作。

```
// twelfth_6.cpp
1. #include <iostream>
2. #include <iterator>
3. #include <set>
4. using namespace std;
5. void Print( set<int> s )
6. {
7.     cout<<" 正向迭代器: "<<endl;
8.     set<int>::iterator  it1 = s.begin();        // 迭代器 it1，它指向 s 对象的第一个元素
```

```
9.      while( it1 != s.end() )
10.     {   cout<<*it1<<" ";                        // 输出 s 中的元素值
11.         ++it1;
12.     }
13.     cout<<endl;
14. }
15. void RPrint( set<int> s )
16. {   cout<< 反向迭代器: "<<endl;
17.     set<int>::reverse_iterator it1 = s.rbegin();  // rbegin() 返回 s 的最后一个元素的迭代器
18.     while( it1 != s.rend() )
19.     {   cout<<*it1<<" ";
20.         ++it1;
21.     }
22.     cout<<endl;
23. }
24. void main()
25. {
26.     set<int> s1;
27.     // 插入数据
28.     for( int i = 0; i < 10; i++ )
29.     {   s1.insert(i*10);    }
30.     Print(s1);                                  // 正序输出
31.     RPrint(s1);                                 // 反序输出
32.     cout<<" 容量大小: "<<s1.size()<<endl;
33.     set<int>::iterator pos = s1.find(20);
34.     if( pos != s1.end() )
35.         s1.erase(pos);
36.     s1.erase(30);
37.     cout<<" 删除 20 30 后: "<<endl;
38.     Print(s1);
39.     set<int>::iterator low = s1.lower_bound(15);
40.     set<int>::iterator up = s1.upper_bound(50);
41.     s1.erase(low,up);                           // 删除 15 ～ 50 之间的数
42.     Print(s1);
43.     if( s1.count(60) )                          // 判断 60 是否存在
44.         cout<<"60 存在 "<<endl;
45.     else
46.         cout<<"60 不存在 "<<endl;
47.     s1.clear();                                 // 删除 set 容器中的所有元素
48.     if (s1.empty ())
49.         cout<<"s1 容器中的元素被清除 "<<endl;
50. }
```

**编译并运行该程序，程序的输出结果为：**

对应语句行号　　对应输出结果

| 对应语句行号 | 对应输出结果 |
| --- | --- |
| 30 | 正向迭代器: |
| 30 | 0 10 20 30 40 50 60 70 80 90 |
| 31 | 反向迭代器: |
| 31 | 90 80 70 60 50 40 30 20 10 0 |
| 32 | 容量大小: 10 |
| 37 | 删除 20 30 后: |
| 38 | 正向迭代器: |
| 38 | 0 10 40 50 60 70 80 90 |
| 42 | 正向迭代器: |
| 42 | 0 10 60 70 80 90 |
| 44 | 60 存在 |
| 49 | s1 容器中的元素被清除 |

**分析**：该程序中，Print 函数实现集合的正向输出，RPrint 函数实现集合的逆向输出。第 32 行语句调用 set 的成员函数 size() 返回集合 s1 的容量大小，第 33 行语句调用 set 的成员函数 find()，查找元素 20 在集合中的位置，从而返回它对应的迭代器。第 34 行语句判断是否找到元素 20，若找到则第 35 行语句将其删除。第 36 行语句删除元素 30。

第 39 行语句调用 set 的成员函数 lower_bound() 获取元素 15 的最小迭代器，第 40 行语句调用 set 的成员函数 upper_bound() 获取元素 50 的最大迭代器。第 41 行语句的功能是调用 erase 成员函数删除 15 ～ 50 之间的元素值。

其他语句的功能请参考注释。

**数学上，常见的集合运算有并、交、差、对称差（异或）等**。在 STL 中提供了对集合进行相应运算的算法，它们所在的头文件为 algorithm，算法如下。

- set_union：该函数模板实现了集合的并集运算，它至少需要 5 个参数，即两个迭代器用来指定左操作数的集合范围，另两个迭代器用来指定右操作数的集合范围，还有一个迭代器用来指向结果集合的存放位置。

  **注意**：set_union 函数需要参数集合以相同顺序事先排序。

  ■ set_union 函数原型 1：

  ```
  set_union(A.begin(),A.end(),B.begin(),B.end(),inserter(C1 , C1.begin()));
  ```

  它的功能是对集合 A 和集合 B 的元素求并集，并将结果插入集合 C1 中。

  ■ set_union 函数原型 2：

  ```
  set_union(A.begin(),A.end(),B.begin(),B.end(),ostream_iterator<int>(cout," "));
  ```

  它的功能是对集合 A 和集合 B 的元素求并集，并将结果通过流 cout 输出到显示器，元素之间用空格隔开。其中，ostream_iterator 是输出流类 ostream 的迭代器，在头文件 iterator 中。

下面 4 个函数模板的参数和 set_union 的前 4 个参数一样，第 5 个参数有多个版本。

- set_intersection：求两个集合的交集，函数原型同 set_union。
- set_symmetric_difference：求两个集合的对称差集，函数原型同 set_union。
- set_difference：求两个集合的差集，函数原型同 set_union。
- includes：判断一个集合是否包含另一个集合，函数原型同 set_union。

**【例 12-7】**集合运算案例。该案例实现集合的并、交、差、对称差等运算。

```
     // twelfth_7.cpp
1.  #include <iostream>
2.  #include <set>
3.  #include <algorithm>
4.  #include <iterator>
5.  using namespace std;
6.  void print(set<int>& s)                        // 输出集合 s 中的元素的函数
7.  {
8.      set<int>::iterator pos;                     // 定义迭代器 pos
9.      cout << " {";
10.     for (pos = s.begin(); pos != s.end(); pos++)// 迭代器的作用
```

```
11.       {
12.             if (pos != s.begin())  cout << ", ";
13.             cout << *pos;                                // 迭代器的作用, 迭代器是一种特殊的指针
14.       }
15.       cout << "}" << endl;
16. }
17. int main()
18. {
19.       set<int>A,B,C1,C2,C3,C4,C5,C6;
20.       set<int>::iterator pos;                            // 定义迭代器, 作用是输出 set 元素
21.       A.insert(2);
22.       A.insert(4);
23.       A.insert(6);
24.       A.insert(8);
25.       B.insert(1);
26.       B.insert(2);
27.       B.insert(3);
28.       B.insert(4);
29.       cout << "A = ";
30.       print(A);
31.       cout << "B = ";
32.       print(B);
33.       set_union(A.begin(), A.end(), B.begin(), B.end(), inserter(C1, C1.begin()));
          /*set_union(A.begin(),A.end(),B.begin(),B.end(),ostream_iterator<int>(cout," "));
          取并集运算, 其中 ostream_iterator 的头文件是 iterator */
34.       cout << "A u B = ";
35.       print(C1);
36.       set_intersection(A.begin(), A.end(), B.begin(), B.end(), inserter(C2, C2.begin()));
37.       cout << "A n B = ";
38.       print(C2);
39.       set_difference(A.begin(), A.end(), B.begin(), B.end(), inserter(C3, C3.begin()));
40.       cout << "A - B = ";
41.       print(C3);
42.       set_difference(C1.begin(), C1.end(), A.begin(), A.end(), inserter(C4, C4.begin()));
43.       cout << "S - A = ";
44.       print(C4);
45.       set_difference(C1.begin(), C1.end(), B.begin(), B.end(), inserter(C5, C5.begin()));
46.       cout << "S - B = ";
47.       print(C5);
48.       set_symmetric_difference(A.begin(), A.end(), B.begin(), B.end(), inserter(C6, C6.begin()));
49.       cout << "A ⊕ B = ";
50.       print(C6);
51.       A.clear();
52.       B.clear();                                  // 各个集合清零, 否则下次使用会出错
53.       C1.clear();
54.       C2.clear();
55.       C3.clear();
56.       C4.clear();
57.       C5.clear();
58.       C6.clear();
59. }
```

编译并运行该程序, 程序的输出结果为:

对应语句行号    对应输出结果

```
29 ~ 30          A = {2, 4, 6, 8}
31 ~ 32          B = {1, 2, 3, 4}
34 ~ 35          A u B = {1, 2, 3, 4, 6, 8}
```

```
37 ~ 38        A n B =  {2, 4}
40 ~ 41        A - B =  {6, 8}
43 ~ 44        S - A =  {1, 3}
46 ~ 47        S - B =  {6, 8}
49 ~ 50        A ⊕ B =  {1, 3, 6, 8}
```

**分析**：该程序中第 6 ~ 16 行语句为 print 函数的定义，该函数实现集合数据的输出操作。主函数主要实现集合 A 和集合 B 的并、交、差、对称差等运算，其中，第 33 行语句实现集合 A 和 B 的并，第 36 行语句实现集合 A 和集合 B 的交，第 39 行语句实现集合 A 和集合 B 的差，第 48 行语句实现集合 A 和集合 B 的对称差。

### 2. map/multimap

使用 map 或 multimap 必须包含头文件 map，map 的元素是"键 – 值"对的二元组形式，键表示元素在 map 中的索引，值则表示所存储和读取的数据，map 内相同数值的元素只能出现一次。multimap 内可包含多个数值相同的元素。

创建 map 或 multimap 类型对象的语句的一般格式为：

```
map< 键的类型 , 值的类型 >   map1;// 键和值的类型可自由确定
```

例如：

```
map<int, string>  students;
map<string,int>   schools;
```

在介绍 map 的操作之前，首先介绍与之密切关联的、标准库中提供的类 pair，该类所在的头文件为 utility，它有两个公有的数据成员 first 和 second，map 的每个元素就是一个 pair 对象，pair 对象的创建可采用如下语句：

```
pair<T1,T2>  p;
```

该语句创建一个空的 pair 对象，它的数据成员 first 的类型为 T1，second 的类型为 T2。

或者采用如下语句：

```
pair<T1,T2>   p<v1,v2>;
```

该语句创建一个 pair 对象，它的数据成员 first 的类型为 T1，second 的类型为 T2，并且 first 的值为 v1，second 的值为 v2。

make_pair 模板函数的功能是返回一个 pair 对象，一般在使用 pair 对象时会经常用到此函数，其函数原型为：

```
pair<T1,T2>  make_pair(T1 v1,T2 v2);
```

其中，pair<T1,T2> 为 make_pair 的返回值类型，T1 和 T2 为其两个参数的类型。

用法举例：

```
pair<int,string> p;        // 定义一个 pair 对象 p
p=make_pair(1, "demo1");   // 对 p 赋值
```

（1）创建 map 对象

创建 map 对象的语法有如下形式：

```
map<T1,T2>  m;      // 创建一个名为 m 的空 map 对象，其键和值的类型分别为 T1 和 T2 类型
map<T1,T2> m(m2);   // 创建一个 m2 的副本 m，m 和 m2 必须有相同的键和值类型
map<T1,T2> m(b,e);  /* 创建 map 类型的对象 m，存储迭代器 b 和 e 所标记范围内所有元素的副本。
                    元素的类型必须能转换为 pair<const k,v> */
```

## （2）map 中插入元素

### ● 利用下标方式向 map 对象中插入元素

```
map<string,int>  M;     // 定义一个 map 对象 M
M["tom"]=5;             // 向 M 容器中插入元素
```

### ● 利用成员函数 insert 插入元素

```
M.insert(pair<string,int>("jerry",1));      // 或者
M.insert(make_pair("jerry",1));             // 或者
M.insert(map<string,int>::value_type("peter",6));
```

有关 map 容器的其他操作如表 12.13 所示，这里不再赘述。下面请看 map 容器的操作案例。

【例 12-8】map 或 multimap 容器的操作案例。该案例实现对 map 元素的添加、遍历和删除操作。

```
1.  // twelfth_8.cpp
2.  #include <iostream>
3.  using namespace std;
4.  #include <map>
5.  #include <string>
6.  void main()
7.  {
8.      map<int, string> map1;                    // 键值对需要包含两个类型
9.      // 4 种插值方法
10.     // 1.第一种插值法（利用 pair< 第一种类型，第二种类型 >（第一个参数，第二个参数））
11.     map1.insert(pair<int, string>(1, "demo1"));
12.     map1.insert(pair<int, string>(2, "demo2"));
13.     // 2.第二种插值法（利用 make_pair（第一个参数，第二个参数））
14.     map1.insert(make_pair(3, "demo3"));
15.     map1.insert(make_pair(4, "demo4"));
16.     // 3.第三种插值法（利用 map< 第一种类型，第二种类型 >::value_type（第一个参数，第二个参数））
17.     map1.insert(map<int, string>::value_type(5, "demo5"));
18.     map1.insert(map<int, string>::value_type(6, "demo6"));
19.     // 4.第四种插值法（利用：集合名 [key]=value）
20.     map1[7] = "demo7";
21.     map1[8] = "demo8";
22.     // 遍历 map 集合
23.     for (map<int, string>::iterator it = map1.begin(); it != map1.end(); it++)
24.     {
25.         cout << it->first << "\t" << it->second << endl;
26.         /*it 是指向 map 集合的迭代器指针，it->first 指向 map 迭代器的第一个值，
            it->second 指向 map 迭代器的第二个值 */
27.     }
28.     // 删除 map 集合中的所有元素
29.     while (!map1.empty())
30.     {
31.         map1.erase(map1.begin());
```

```
32.        }
33.        cout << map1.size() << endl;
34. }
```

编译并运行该程序，程序的输出结果为：

```
1        demo1
2        demo2
3        demo3
4        demo4
5        demo5
6        demo6
7        demo7
8        demo8
0
```

**分析**：第 8 行语句定义了 map1 对象，其键–值对由整型–字符串类型构成，第 9 ～ 21 行语句介绍了向 map 对象中插入元素的 4 种方法。

第 17 ～ 18 行语句中的 value_type 是 pair 类型，对应的就是 map 中的键–值对。

第 20 行语句中，下标 7 对应的是 map 对象键–值对中的键，而字符串 "demo7" 对应键–值对中的值。

第 23 ～ 27 行语句完成了对 map1 集合中的值的输出，first 对应 map1 当前元素的键，second 对应 map1 当前元素的值。

第 29 ～ 32 行语句完成删除 map1 容器中所有元素的操作，因此第 33 行语句输出 map1 容器的大小为 0。第 29 ～ 32 行语句可换成"map1.clear();"或"map1. erase(map1.begin(), map1.end());"来实现相同的功能。

## 12.2 STL 迭代器

迭代器广泛用于容器，标准容器都有自己的迭代器类型，迭代器是指针的范化形式，它允许程序员用相同的方式访问不同结构的容器中的元素。

### 12.2.1 迭代器的类型

迭代器的意义类似于指针，STL 中预定义的迭代器类型有 iterator、const_iterator、reverse_iterator 和 const_reverse_iterator。每个一级容器都定义了这些迭代器类型。const_iterator 和 iterator 类似，区别在于 const_iterator 迭代器不允许修改容器中元素的值，类似于第 2 章中介绍的指向常量的指针。反向迭代器 reverse_iterator 是一种反向遍历容器的迭代器，也就是从容器的最后一个元素到第一个元素遍历容器。反向迭代器自增（或自减）的含义是反过来的，对于反向迭代器，"++"运算符用于访问前一个元素，"--"运算符用于访问下一个元素。

声明一个容器的迭代器的方法为：

容器类型 < 元素类型 >::iterator    迭代器标识符 ;

例如：

vector <int> ::iterator  p1;        // p1 是 vector<int> 容器的迭代器

```
vector <int>::const_iterator  p2; // p2 只能读 vector<int> 容器的元素，不可以修改 vector<int>
                                  // 容器中的元素
```

**提示：** C++11 标准支持类型推测，使用的关键字是 auto，在这里 auto 不是一个类型的"声明"，而是一个"占位符"，编译器在编译时会将 auto 替换为变量实际的类型。使用 auto 定义变量时必须对其进行初始化，在编译阶段编译器需要根据初始化表达式来推导 auto 的实际类型。

使用 auto 来定义一个迭代器，其格式一般为：

```
auto   迭代器标识符 = 容器对象 .begin();
```

或

```
auto   迭代器标识符 = 容器对象 .end();
```

编译器遇到这样的语句时，将根据赋值运算符后的表达式类型来推测迭代器的类型，这非常方便，但需注意必须赋初值。

还可以使用 auto 定义普通变量或对象，例如：

```
int   a=10;
auto b=a;   // 编译器将根据变量 a 的类型推导出变量 b 为整型
```

迭代器允许的运算和指针的运算类似，在此不再赘述，请通过下面的案例学习和总结。

**【例 12-9】** 迭代器应用案例。利用二分查找法判断容器中是否存在某元素。

**设计分析：** 要使用二分查找法必须保证元素按照一定的顺序存储，且一般是连续存储，本案例中不妨用 vector 容器来存储元素值（vector 容器是连续存储的），若 vector 容器中的元素无序，请在查找之前一定完成 vector 容器的排序操作。

```
// twelfth_9.cpp
1. #include <iostream>
2. using namespace std;
3. #include <vector>
4. int main()
5. {    vector<int> v;
6.      v.push_back(1);
7.      v.push_back(5);
8.      v.push_back(10);
9.      v.push_back(20);
10.     v.push_back(80);
11.     cout << " 请输入需要查找的值: ";
12.     int temp;
13.     cin >> temp;
14.     vector<int>::iterator   beg = v.begin();
15.     auto end = v.end();          // 编译器将推导 end 为 vector<int> 类型迭代器
16.     auto mid = v.begin()+ (end - beg) / 2;
17.     // 用二分查找法查找 temp
18.     while (mid != end && * mid != temp)
19.     {    if (temp < *mid)
20.              end = mid;
21.          else
22.              beg = mid+1;        // beg 迭代器指向 mid 迭代器之后的一个元素
23.          mid = beg + (end - beg) / 2;
24.     }
25.     if (* mid == temp)
```

```
26.         cout << "find" << endl;
27.     else
28.         cout << "Not find" << endl;
29.     return 0;
30. }
```

编译并运行该程序，结果如下。

请输入需要查找的值：
输入 5 并回车后，则程序输出：
find

**分析**：主函数中第 5 ～ 13 行语句向 vector 容器存入由小到大的值，并提示输入要找的值，主函数第 14 ～ 16 行语句定义了三个 vector<int> 容器的迭代器，v.begin() 返回容器 v 的首元素迭代器，v.end() 返回容器 v 的末尾元素的下一位置的迭代器，而 v.begin()+(end - beg)/2 表达式则计算容器 v 的中间元素的迭代器。第 18 ～ 24 行语句的 while 循环进行二分查找，第 25 ～ 28 行语句则对查找结果进行判断并输出。

**【例 12-10】**反向迭代器的应用案例。

```
// twelfth_10.cpp
1. #include <iostream>
2. using namespace std;
3. #include <vector>
4. int main()
5. {   vector<int> V;
6.     V.push_back(10);
7.     V.push_back(23);
8.     V.push_back(40);
9.     cout<<"正向迭代输出 ";
10.    auto p1=V.begin();
11.    for(;p1!=V.end();p1++)      // 将容器 V 中的元素按照正常顺序输出
12.        cout<<*p1<<"  ";
13.    cout<<endl;
14.    cout<<"反向迭代输出 ";
15.    vector<int>::reverse_iterator p2=V.rbegin ();
16.    for(;p2!=V.rend();p2++)     // 利用 p2 对 V 中元素逆向输出
17.        cout<<*p2<<"  ";
18.    return 0;
19. }
```

编译并运行该程序后的输出结果为：

正向迭代输出 10   23   40
反向迭代输出 40   23   10

**分析**：查看程序输出结果，分析第 9 ～ 12 行语句和第 14 ～ 17 行语句的不同，总结规律如下——反向迭代器的自增运算符的增长方向和正向迭代器的增长方向相反，需要采用逆向思维来理解。

## 12.2.2　迭代器的类别

迭代器按照其操作特点可分为 5 种。

- 输入迭代器（input iterator）：用于从容器中读取元素，每一步只能向前方移动一个元素。

- 输出迭代器（output iterator）：用于向容器中写入元素，每一步只能向前方移动一个元素。
- 正向迭代器（forward iterator）：包含输入 / 输出迭代器的所有功能，每一步只能向前方移动一个元素。
- 双向迭代器（bidirectional iterator）：包含向前迭代器的所有功能，还有向后移动的能力，每一步都可自由选择向前或向后移动。
- 随机访问迭代器（random access iterator）：具有任意访问元素的能力，既可向前，也可向后，还可跳跃访问。

不同容器由于其内存组织结构不同，因此支持的迭代器操作也不同，表 12.14 列出了不同容器支持的迭代器类别。

表 12.14 容器支持的迭代器类别

| 容器 | vector | deque | list | set | multiset | map | multimap | 容器适配器 |
|---|---|---|---|---|---|---|---|---|
| 迭代器类别 | 随机访问 | 随机访问 | 双向 | 双向 | 双向 | 双向 | 双向 | 不支持 |

不同迭代器类别的常见操作如表 12.15 所示。

表 12.15 不同迭代器类别的操作

| 迭代器操作 | | 说明 |
|---|---|---|
| 所有迭代器均支持 | p++ | 后置自增迭代器，使迭代器指向容器的下一个元素 |
| | ++p | 前置自增迭代器，使迭代器指向容器的下一个元素 |
| 输入迭代器 | *p | 引用迭代器指向的元素，作为运算符的右值 |
| | p=p1 | 将一个迭代器赋给另一个迭代器 |
| | p==p1 | 比较迭代器的相等性 |
| | p!=p1 | 比较迭代器的不等性 |
| 输出迭代器 | *p | 引用迭代器指向的元素，作为运算符的左值 |
| | p=p1 | 将一个迭代器赋给另一个迭代器 |
| 正向迭代器 | 提供输入 / 输出迭代器的所有功能 | |
| 双向迭代器 | --p | 前置自减迭代器 |
| | p-- | 后置自减迭代器 |
| 随机访问迭代器 | p+=i | 将迭代器递增 i 位 |
| | p-=i | 将迭代器递减 i 位 |
| | p+i | p 加 i 位后的迭代器 |
| | p-i | p 减 i 位后的迭代器 |
| | p[i] | 返回 p 偏离 i 位的元素的引用 |
| 迭代器的比较运算，例如 p<p1 | | 如果迭代器 p 的位置在 p1 之前，则返回 `true`，否则返回 `false` |

## 12.2.3 迭代器失效问题

**提示**：当向一个容器中插入或删除一个元素时，容器中元素的组织有可能发生变化，会使相应的迭代器产生失效的问题，因此在编程时要注意避免。对于不同容器，元素在内存中的组织形式不一样，发生失效的情况也不一样。

对于顺序容器（如 vector、deque），元素在内存中的组织采用数组形式，即分配了连续的内存空间，删除当前元素会使后面所有元素的迭代器都失效。这是因为删除一个元素导致后面所有元素会向前移动一个位置。所以不能使用 erase(iter++) 的方式删除一个元素，否则迭代器 iter 将失效，还好 erase 方法可以返回下一个元素的有效迭代器，请看例 12-11。

【例 12-11】迭代器失效案例。该程序删除容器中元素值大于 3 的元素。

```
// twelfth_11.cpp
1. #include <iostream>
2. #include <vector>
3. using namespace std;
4. void main()
5. {    vector<int> container;
6.      for (int i = 0; i < 10; i++)
7.      {    container.push_back(i);                        // 向容器中存入元素 0 ～ 9
8.      }
9.      vector<int>::iterator iter;
10.     for (iter = container.begin(); iter != container.end(); )// 删除容器中大于 3 的元素
11.         if (*iter > 3)
12.             container.erase(iter++);
13.         else
14.             iter++;
15.     for (iter = container.begin(); iter != container.end(); iter++)// 输出容器中剩余元素
16.         {    cout<<*iter<<" ";      }
17. }
```

编译并运行该程序，程序的输出结果为：

```
0  1  2  3  5  7  9
```

**分析**：程序中第 6 ～ 8 行语句向 vector 容器中存入 0 ～ 9 的数据，第 10 ～ 14 行的循环结构将该容器中大于 3 的元素全部删除。第 15 ～ 16 行语句输出容器的剩余元素，但从输出结果看，显然程序出错了，原因是什么？

请重新查看第 10 ～ 14 行的循环结构，它将容器中大于 3 的元素删除，但 vector 容器的元素是采用类似数组的连续存储形式，当一个元素被删除后，它后面的元素会自动前移，因此被删除元素后面的元素的迭代器已经发生了变化。程序中第 12 行语句删除元素后，容器后面的元素自动前移，也就是在元素 4 被删除后，容器后面的元素 5、6、7、8、9 均向前移动一位，即元素 5 移动到了当前迭代器 iter 所指的位置，但第 12 行语句又让 iter 自增 1，造成迭代器指向了元素 6，因此下次循环时，跳过元素 5，直接判断元素 6 是否大于 3，满足条件则删除。同理可分析后面元素的操作结果，这就造成程序的输出没有达到预期的结果。

修改程序中的第 12 行语句如下：

```
container.erase(iter);
```

编译并重新运行程序，程序的输出结果为：

```
0  1  2  3
```

这显然达到了预期效果，在本例中，元素 4 被删除后，下一个元素 5 移动到了它的位置，因此，iter 不用像程序中那样做自增运算。

**提示**：对于关联容器（如 map、set、multimap、multiset），由于它们使用不连续的存储结构，删除当前迭代器 iterator 所指元素，仅仅会使当前的 iterator 失效，只要在

erase 时，递增当前 iterator 即可让其指向下一个元素，因此一般采用 erase(iter++) 的方式删除迭代器所指元素。

**【例 12-12】**实现 set 容器的 erase 操作，将 set 容器中大于 3 的元素删除，请与例 12-11 进行比较。

```
// twelfth_12.cpp
1.  #include <iostream>
2.  #include <set>
3.  using namespace std;
4.  void main()
5.  {
6.      set<int> s1;
7.      for (int i = 0; i < 10; i++)              // 向容器 set 中插入 0 ~ 9 的元素
8.      {
9.          s1.insert(i);
10.     }
11.     for (auto iter = s1.begin(); iter != s1.end(); )    // 删除容器中大于 3 的元素
12.         if (*iter > 3)
13.             s1.erase(iter++);
14.         else
15.             iter++;
16.     for (auto iter = s1.begin(); iter != s1.end(); iter++)
17.     {
18.         cout << *iter <<" ";
19.     }
20. }
```

编译并运行该程序，程序的输出结果为：

```
0  1  2  3
```

**分析：**该案例与例 12-11 同样实现了从一个包含 0 ~ 9 共 10 个元素的容器中删除大于 3 的元素，除了容器采用 set 之外，其他操作一样，但程序的运行结果却达到了相应效果。要找寻原因，请再次体会"提示"中的内容。

## 12.3 算法

STL 为程序员提供了大约 100 多个可以用来对容器进行操作的函数模板。它不仅可用于系统提供的容器类型，而且适用于普通的 C++ 数组或自定义容器。学习和熟悉 STL 提供的算法，可以大大减轻编程负担，提高编程效率和编程质量。算法所在的头文件有 algorithm、numeric 和 functional。

头文件 algorithm 是所有 STL 头文件中最大的一个，它是由许多函数模板组成的，可以认为每个函数在很大程度上都是独立的，其中常用的功能涉及比较、交换、查找、遍历、复制、修改、移除、反转、排序、合并等。

头文件 numeric 只包含几个在序列上进行简单数学运算的函数模板，包括序列上的加法和乘法操作。

头文件 functional 中定义了一些模板类，用于声明函数对象。

**说明：**STL 算法用于处理一个或多个迭代器区间的元素，第一个区间通常以起点和终点表示，对于其他区间多数情况下只需提供起点，其终点可以根据第一区间的元素数量推导出来。调用者需保证区间的有效性。

STL 算法在命名时,引入了两种特殊的后缀:

1)**后缀 _if**:如果某算法有两种形式,其中一种有后缀 _if,另一种没有,且参数个数相同,则没有后缀的要求传入数值,有后缀 _if 的要求传入函数或函数对象(function object)。

例如,常用的查找函数 find() 用来查找具有某值的元素,而 find_if() 则查找满足某个准则函数或函数对象的第一个元素。但请注意,并非所有要求传递准则函数或函数对象的函数都有后缀 _if。

2)**后缀 _copy**:表明区间中的元素不仅被操作,而且还会被复制到目标区间中。

例如,reverse() 函数将区间中的元素逆序。而 reverse_copy() 则将区间中的元素逆序并拷贝到另一个目标空间中。

STL 中的算法大致分为 7 类。

- 非更易型算法(nomodifying algorithm):指不直接修改其所操作的容器元素的算法。
- 更易型算法(modifying algorithm):指可以修改所操作的容器元素的算法。
- 移除型算法(removing algorithm):去除不满足条件的元素的算法,但实际上并不直接将元素删除掉。
- 变序型算法(mutating algorithm):修改元素在区间中的顺序的算法。
- 排序型算法(sorting algorithm):对序列进行排序和合并的算法。
- 已排序区间算法(sorted-range algorithm):在已排序区间上进行操作的算法,要求其操作的容器是有序的,例如二分查找。
- 数值算法(numeric algorithm):对容器内容进行数值计算的算法。

### 12.3.1 非更易型算法

表 12.16 列出了一些常用的非更易型算法及其功能。

**表 12.16 非更易型算法**

| 函数名称 | 功能描述 |
|---|---|
| for_each() | 对每个元素执行某种操作,使用频率较高,类似 for 循环 |
| count() | 返回元素个数 |
| count_if() | 返回满足某个条件的元素个数 |
| min_element() | 返回最小的元素 |
| max_element() | 返回最大的元素 |
| minmax_element() | 返回最小和最大的元素 |
| find() | 在指定容器区间中查找与参数相同的元素,找到则返回其位置,否则返回容器最后一个元素之后的位置 |
| find_if() | 在指定容器区间中查找满足某规则的元素,找到则返回第一个满足条件的元素的位置,否则返回容器最后一个元素之后的位置 |
| find_if_not() | 在指定容器区间中查找不满足某规则的元素,找到则返回第一个满足条件的元素的位置,否则返回容器最后一个元素之后的位置 |
| search_n() | 查找具备某特性的前面 n 个连续元素的位置 |
| search() | 查找某个子区间第一次出现的位置 |
| find_end() | 查找某个子区间最后一次出现的位置 |
| find_first_of() | 查找数个可能元素中第一个出现元素的位置 |

（续）

| 函数名称 | 功能描述 |
|---|---|
| adjacent_find() | 查找两个连续相等元素或满足某规则的元素中第一个元素的位置 |
| equal() | 判断两区间是否相等 |
| is_permutation() | 判断两个不定序区间是否存在相同元素 |
| mismatch() | 返回两区间对应元素中第一组不相等的元素 |
| is_sorted() | 返回给定区间的元素是否已排序 |
| is_sorted_until() | 返回给定区间中第一个违反排序准则的元素 |
| is_partitioned() | 返回区间内的元素是否基于某准则被分成两组 |
| partition_point() | 返回区间内的一个分割元素，它将元素分成两组，一组满足某规则，另一组不满足 |
| is_heap() | 返回区间内的元素是否形成一个堆 |
| is_heal_until() | 返回区间内第一个未遵循堆排序的元素 |
| all_of() | 返回是否所有元素都满足某种规则 |
| any_of() | 返回是否至少有一个元素满足某规则 |
| none_of() | 返回是否没有元素满足某规则 |

下面介绍几个常用函数的函数原型。

**注明：** 若未加说明，则本章进行剩余部分函数介绍时，参数 begin 和 end 均代表容器的迭代器。

1）for_each(begin, end, fun)

for_each() 遍历容器从起始位置 begin 到终止位置 end 之间的每个元素，并把元素对象作为回调函数 fun 的参数，由 fun 进行处理。其中，第一个参数是起始迭代器，第二个参数是终止迭代器，第三个参数是回调函数（回调函数的形参类型与容器中的元素类型一致）。

2）count(begin, end, T val)

count 函数统计容器从 begin 到 end 区间中值为 val 的元素的个数。

3）find(begin, end, T val)

find 函数在容器的 begin 到 end 区间查找值为 val 的元素，若找到则返回其迭代器，否则返回最后一个元素下一位置的迭代器。

4）search(begin1, end1, begin2, end2)

search 函数查找某一容器区间 begin2 到 end2 的值序列在另一容器区间 begin1 到 end1 中首次出现的位置，若找到则返回其首次出现位置的迭代器，否则返回最后一个元素下一位置的迭代器。

【例 12-13】非更易型算法应用案例。

```cpp
1. // twelfth_13.cpp
2. #include <iostream>
3. #include <algorithm>
4. #include <vector>
5. using namespace std;
6. void fun1(const int &n){ cout << n << " "; }
7. bool fun2(int i) {return i < 4; }
8. bool fun3(int i) {return i > 5; }
9. bool fun4(int i) {return i <5; }
```

```
10.  bool fun0(int i) {return i <20; }
11.  int main()
12.  {   int a[]={1,2,2,4,5,6,7,8,9,10 };
13.      vector<int> ivec(a,a+10);
14.      vector<int> v(a+5,a+10);
15.      if (all_of(ivec.begin(), ivec.end(), fun0))   // 判断容器内是否所有元素都满足 <20
16.          cout << "容器内所有元素都满足条件 <20" << endl;
17.      if(any_of(ivec.begin(),ivec.end(),fun2))        // 判断容器内是否有元素满足 <4
18.          cout << "容器内有元素满足条件 <4" << endl;
19.      if (none_of(ivec.begin(), ivec.end(), fun3))  // 判断容器内是否所有元素都不满足 >5
20.          cout << "容器内所有元素都不满足条件 >5" << endl;
21.      for_each(ivec.begin(), ivec.end(), fun1);       // 遍历容器内元素，输出元素值
22.      cout <<"\n 等于 2 的元素有 "<< count(ivec.begin(), ivec.end(), 2) <<" 个 "<< endl;
23.      cout <<"小于 4 的元素有 "<< count_if(ivec.begin(), ivec.end(), fun2) <<" 个 "<< endl;
24.      cout << "返回第 1 个 5 的位置为 "
               <<find(ivec.begin(), ivec.end(), 5)-ivec.begin() << endl;
25.      cout <<"返回第 1 个小于 5 的元素的位置为 "
               << *find_if(ivec.begin(), ivec.end(), fun4)-ivec.begin()<<endl;
26.      cout <<"返回第 1 个不小于 5 的元素为 "
               <<*find_if_not(ivec.begin(), ivec.end(), fun4) << endl;
27.      cout << *find_end(ivec.begin(), ivec.end(), v.begin(),v.end())<<endl;
28.      cout << *find_first_of(ivec.begin(), ivec.end(), v.begin(), v.end()) << endl;
29.      cout << *adjacent_find(ivec.begin(), ivec.end()) << endl;
30.      cout << "返回满足元素 2 出现 2 次的条件时 2 第一次出现的位置为 "
               << search_n(ivec.begin(), ivec.end(), 2, 2)-ivec.begin() << endl;
31.  }
```

**编译并运行该程序，程序的输出结果为：**

对应语句行号    对应输出结果

| 行号 | 输出结果 |
|---|---|
| 16 | 容器内所有元素都满足条件 <20 |
| 18 | 容器内有元素满足条件 <4 |
| 21 | 1 2 2 4 5 6 7 8 9 10 |
| 22 | 等于 2 的元素有 2 个 |
| 23 | 小于 4 的元素有 3 个 |
| 24 | 返回第 1 个 5 的位置为 4 |
| 25 | 返回第 1 个小于 5 的元素的位置为 0 |
| 26 | 返回第 1 个不小于 5 的元素为 6 |
| 27 | 6 |
| 28 | 6 |
| 29 | 2 |
| 30 | 返回满足元素 2 出现 2 次的条件时 2 第一次出现的位置为 1 |

**分析**：请结合本程序的应用案例和相应语句的输出结果来理解相应算法的应用效果。find 函数、search 函数、adjacent_find 函数返回的是迭代器，因此为了输出对应于迭代器位置的元素的值，增加了运算符 *。部分函数的功能在相应语句后的注释中已经给出，这里不再说明，下面说明没有注释的函数的功能。

第 28 行语句中函数 find_first_of 的功能为返回两个区间中首个相等元素在第一个区间内的迭代器，如果没有则返回第一个区间的末端迭代器，因此该语句的返回值为 6。

第 29 行语句中函数 adjacent_find 的功能是返回相应区间中首对相等的相邻元素的第一个元素的迭代器，如果没有则返回末端迭代器。因为 ivec 容器中有相邻元素相等的情况，且第一个元素为 2，所以该语句输出 2。

第 30 行语句中 search_n 函数在区间中判断元素 2 是否满足出现两次的条件，若满

足，则返回 2 第一次出现的位置的迭代器。因为 2 在容器中出现了两次，所以该语句的输出结果为 1，即第一个 2 出现的位置为 1。

### 12.3.2　更易型算法

表 12.17 列出了所有更改容器元素的算法及解释说明。

表 12.17　更易型算法

| 函数名称 | 功能描述 |
| --- | --- |
| for_each() | 针对每个元素，执行某项操作 |
| copy() | 从第一个元素开始复制某个区间 |
| copy_if() | 复制区间内满足条件的元素 |
| copy_n() | 复制 n 个元素 |
| copy_backward() | 从最后一个元素开始复制某个区间的元素 |
| move | 从第一个元素开始，搬移某个区间 |
| move_backward() | 从最后一个元素开始，搬移某个区间 |
| transform() | 将一个区间中的元素以某种方式处理后复制到另一个区间 |
| merge() | 将两个区间合并 |
| swap_ranges() | 交换两个区间中的元素 |
| fill() | 用给定值替换每一个元素 |
| fill_n() | 用给定值替换 n 个元素 |
| generate() | 用某个操作的结果替换每个元素 |
| generate_n() | 用某个操作的结果替换 n 个元素 |
| iota() | 将每个元素用一系列的递增值替换 |
| replace() | 将具有某特定值的元素替换成另一个元素 |
| replace_if() | 将满足某条件的元素替换成另一个元素 |
| replace_copy() | 复制整个区间，并将具有某特定值的元素替换成另一个元素 |
| replace_copy_if() | 复制整个区间，并将符合某准则的元素替换成另一个元素 |

常用函数原型说明如下。

1）copy(begin, end, iterator p)

copy 完成将某容器 begin 到 end 区间的元素拷贝到另一个以 p 作为开始位置的容器中。其中第三个参数也可以为 back_inserter()、inserter() 或 front_inserter() 函数。例如：

```
copy(v.begin,v.end,back_inserter(v1));
```

该语句的作用是将 v 中的元素插入容器 v1 中，且每个元素每次都从 v1 的末尾插入。而 front_inserter() 则正好相反。inserter(v1,p) 则指定插入容器 v1 中从 p 开始的某个位置。

move 函数和 copy 函数用法类似，但区别是 move 的区间可以重叠。

2）transform(begin1, end1, begin2, operation)

transform 函数将第一个以 begin1 开始到 end1 区间的元素执行 operation 操作后复制到以 begin2 开始的某区间中。

3）merge(begin1, end1, begin2, end2, result, compare)

该函数将某容器从 begin1 到 end1 区间的元素和另一容器从 begin2 到 end2 区间的元素按照 compare 定义的规则合并到容器 result 中，前提是要求两个容器中的元素都必须有序。

4）replace(begin, end, T before, T sub)

该函数的作用是将容器从 begin 到 end 区间的元素 before 用 sub 替换。

5）replace_if(begin, end, bool pred, T sub)

该函数的作用是将容器从 begin 到 end 区间中使函数 pred 为真的元素用 sub 替换。

【例 12-14】更易型算法应用举例。

```cpp
// twelfth_14.cpp
1.  #include <vector>
2.  #include <list>
3.  #include <algorithm>
4.  #include <iostream>
5.  #include <cmath>
6.  #include <ctime>
7.  #include <iterator>
8.  using namespace std;
9.  int square(int x) { return x * x; }            // 求平方函数
10. void print(int x) { cout << x << " "; }        // 输出函数
11. int gen() { return rand()%10; }
12. void main()
13. {
14.     srand((unsigned long)time(0));
15.     vector<int> v(5);
16.     generate(v.begin(), v.end(), gen);
17.     for_each(v.begin(), v.end(), print);       // 输出 v 中的所有元素
18.     cout << endl;
19.     list<int> l(6);
20.     // 将 v 中元素求平方后复制到从 l 开始的位置
21.     transform(v.begin(), v.end(), ++l.begin(), square);
22.     for_each(l.begin(), l.end(), print);       // 输出 l 中的元素
23.     cout << endl;
24.     replace(l.begin(), l.end(), 0, 6);         // 将 l 中的元素 0 替换成 6
25.     for_each(l.begin(), l.end(), print);
26.     cout << endl;
27.     l.resize(10);                              // 重置 l 的大小为 10
28.     generate_n(l.rbegin(), 4, gen);            // 对 l 的后 4 个元素利用 gen 函数生成后填入
29.     for_each(l.begin(), l.end(), print);
30.     cout << endl;
31.     fill(v.begin(), v.end(), 100);             // 用 100 填充容器 v
32.     for_each(v.begin(), v.end(), print);
33.     cout << endl;
34.     fill_n(v.begin(), 2, 20);                  // 对 v 的前 2 个元素用 20 填充
35.     copy(v.begin(), v.end(), ostream_iterator<int>(cout, " "));
36.     cout << endl;
37.     vector<string> a{ "Hello","this","is","an","example" };
38.     list<string>b;
39.     copy(a.cbegin(), a.cend(), back_inserter(b));// 将 a 的字符串拷贝到 b
40.     // 将 b 的字符串移动到输出流 cout 输出
41.     move(b.begin(), b.end(), ostream_iterator<string>(cout, " "));
42.     cout << endl;
43. }
```

编译并运行该程序，程序的运行结果为：

对应语句行号　　对应输出结果

```
17              5  4  8  7  0
22              0  25  16  64  49  0
25              6  25  16  64  49  6
29              6  25  16  64  49  6  1  9  3  5
32              100  100  100  100  100
35              20 20 100 100 100
41              Hello this is an example
```

**分析**：第 16 行语句的功能是利用 gen 函数的生成数据替换容器 v 中的每一个元素。第 17 行语句则将第 16 行语句产生的操作结果输出到显示器。for_each 函数对 v 中的每个元素执行 print 操作。第 21 行语句的 transform 函数将 v 容器中元素执行 square 操作后移到容器 1 的开始位置上，第 22 行语句的输出结果验证了此操作。第 24 行语句的 replace 函数实现将容器 1 中的元素 0 用 6 替换的功能，第 25 行语句是其对应的输出操作，将第 22 行语句和第 25 行语句的输出结果进行对比，可对此操作有深入了解。

第 27 行语句重置了容器 1 的大小，现在变为 10 个元素，第 28 行语句中的 generate_n 函数负责利用 gen 函数对容器 1 的后 4 个元素赋值。通过第 29 行语句的输出可发现其赋值结果。

第 31 行语句的 fill 对容器 v 的所有元素均填充 100，其对应的结果可查看第 32 行语句的输出内容，第 34 行语句利用 fill_n 对容器 v 的前 2 个元素重新填充为 20，对应结果可查看第 35 行语句的输出内容。第 35 行语句是将容器 v 中的元素依次复制到流迭代器 ostream_iterator<int> 指向的流 cout，并且元素之间用空格隔开，从而实现输出功能。

第 39 行语句利用 copy 将容器 a 的字符串拷贝到容器 b 的末尾，其中 back_inserter 函数在容器 b 的末尾进行添加。第 41 行语句的功能在此处和第 35 行语句一样。

**注意**：本程序每次的执行结果不一定相同，因为用了随机生成函数来产生数据。

### 12.3.3　移除型算法

表 12.18 列出了所有更改容器元素的算法及解释说明。

**表 12.18　移除型算法**

| 函数名称 | 功能描述 |
| --- | --- |
| remove() | 将等于某特定值的元素全部移除，返回逻辑上新终点的位置 |
| remove_if() | 将满足某准则的元素全部移除 |
| remove_copy() | 将不等于某特定值的元素全部复制到别处 |
| remove_copy_if() | 将不满足某准则的元素全部复制到别处 |
| unique() | 移除相邻的重复值，返回值是一个迭代器，它指向去重后容器中不重复序列的最后一个元素的下一位置 |
| unique_copy() | 移除毗邻的重复值并复制到别处 |

**提示**：移除型算法只是从"逻辑上"移除元素，其手段是将不应移除的元素往前覆盖应被移除的元素，因此其并未改变操作区间内元素的个数，而是返回逻辑上新终点的位置。

常用移除型函数的原型说明如下。

1）remove_if 将满足某个规则的元素移除，移除后返回容器中新的最后一个元素的位置。函数的一般形式为：

```
iterator remove_if(begin, end, predict);
```

其中参数 begin 和 end 为执行移除操作的容器的开始和结束迭代器，参数 predict 为返回 bool 值的函数，意思是将容器中使 predict 为真的元素移除。

2）remove_copy 将某元素值从容器中移除，并将其余元素拷贝到另一个容器，返回最后一个被拷贝的元素在容器中的位置。

```
iterator remove_copy(begin1, end1, begin2, val);
```

其中参数 begin1 和 end1 为执行移除操作的容器的开始和结束迭代器，begin2 为拷贝目标容器的开始迭代器，val 为要移除的元素。

3）unique 移除相邻的重复值，返回逻辑上未被删除的最后一个元素的下一位置的迭代器，其函数原型为：

```
iterator  unique(begin, end);
```

其中 begin 和 end 为执行移除操作的容器的开始和结束迭代器。

【例 12-15】移除函数应用案例。

```
// twelfth_15.cpp
1.  #include <vector>
2.  #include <algorithm>
3.  #include <iostream>
4.  #include <iterator>
5.  using namespace std;
6.
7.  bool even(int x) { return x % 2 ? 0 : 1;}
8.
9.  void main()
10. {
11.     vector<int> v;
12.     for (int i = 1;i <= 10;i++)
13.         v.push_back(i);
14.     vector<int>::iterator ilocation;
15.     cout << "移除前: ";
16.     copy(v.begin(), v.end(), ostream_iterator<int>(cout, "  "));
17.     cout << endl;
18.     auto result=remove_if(v.begin(), v.end(), even);
19.     cout << "移除后: ";
20.     copy(v.begin(), result, ostream_iterator<int>(cout, "  "));
21.     cout << endl;
22.     fill_n(result, 5, 4);
23.     cout << "填充相同的数字4之后: ";
24.     copy(v.begin(), v.end(), ostream_iterator<int>(cout, "  "));
25.     cout << endl;
26.     result=unique(v.begin(), v.end());
27.     cout << "去掉相邻的重复值之后: ";
28.     copy(v.begin(), result, ostream_iterator<int>(cout, "  "));
29.     cout << endl;
30. }
```

编译并运行该程序，程序的输出结果为：

```
移除前: 1  2  3  4  5  6  7  8  9  10
```

```
移除后: 1  3  5  7  9
填充相同的数字4之后: 1  3  5  7  9  4  4  4  4  4
去掉相邻的重复值之后: 1  3  5  7  9  4
```

**分析**: even() 为判断一个整数是否为偶数的函数, 第 12 ～ 13 行语句构成的 for 循环将容器 v 的元素赋值为 1 ～ 10 (共 10 个元素值)。第 16 行语句将容器 v 中的元素输出, 即对应输出结果为移除前的内容。第 18 行语句调用了 remove_if 函数, 该函数将容器 v 中不是奇数的元素移除, 同时返回移除操作后容器逻辑上最后一个元素的末尾位置, 并不是容器 v 实际的最后一个元素的末尾。第 19 ～ 21 行语句的输出验证了 remove_if 操作的效果, 对应移除后的内容。

为了验证 unique 函数, 第 22 行语句对容器 v 从 result 位置开始向后连续填充了 5 个 4, 第 23 ～ 25 行语句输出了 v 中的所有元素。第 26 行语句则调用 unique 函数将相邻的重复元素移除, 其返回值同 remove_if, 为该容器逻辑上最后一个元素的末尾位置, 第 27 ～ 29 行语句的输出结果验证了 unique 执行的效果。

### 12.3.4 变序型算法

表 12.19 中列出了变序型算法及其解释说明。

**表 12.19 变序型算法**

| 函数名称 | 功能说明 |
| --- | --- |
| reverse() | 将元素逆序 |
| reverse_copy() | 复制元素的同时将元素逆序 |
| rotate() | 旋转元素的次序 |
| rotate_copy() | 复制的同时旋转元素的次序 |
| next_permutation() | 得到元素的下一个排列次序 |
| prev_permutation() | 得到元素的上一个排列次序 |
| shuffle() | 将元素的次序随机打乱 (C++11) |
| random_shuffle() | 将元素的次序随机打乱 |
| partition() | 改变元素次序, 使得符合某种规则的元素移到前面 |
| stable_partition() | 与 partition() 类似, 但保持满足规则和不满足规则的元素的相对位置不变 |
| partition_copy() | 改变元素次序, 使得符合某种规则的元素移到前面, 同时复制 |

常用函数原型说明如下。

1) reverse: 将某容器中的元素逆序。其函数原型为:

```
bool reverse(begin, end);
```

其中, 参数 begin 和 end 为容器的开始和结束迭代器。

2) reverse_copy: 将容器中的元素逆序拷贝到目的容器中。其函数原型为:

```
bool  reverse_copy(begin, end, begin2);
```

将一个容器从 begin 到 end 区间中的元素逆序拷贝到目的容器, begin2 为目的容器的开始迭代器。partition_copy 函数与此函数的参数相同。

3) rotate: 将容器中的元素旋转。该函数原型为:

```
bool  rotate(begin, newBeg, end);
```

将容器区间 [begin,end) 内的元素进行旋转，执行后 *newBeg 成为新的第一个元素。

4）next_permutation（prev_permutation）：得到容器中元素的下一个（前一个）排序次序，若能返回下一个（前一个）排列次序，则函数返回 true，否则返回 false。其函数原型为：

```
bool   next_permutation(begin, end);
```

**提示：** prev_permutation、random_shuffle、partition 和 stable_partition 与 next_permutation 函数的参数相同。

**【例 12-16】** 变序型算法案例。输出序列 {1,2,3,4,5} 的字典序全排列。

**设计分析：** 要返回 1 ~ 5 所有数字的全排列，首先需要将 5 个数存放在一个容器中，容器可选择数组，也可选择 vector，本程序中不妨选择熟悉的数组。要将所有数字的全部排列输出，需要将 5 个数字由小到大排序，此处不妨用头文件 algorithm 中定义的 sort 排序函数实现。1 ~ 5 的全排列有很多，因此需要用循环来实现，每循环一次，求出一个排列，直到没有下一个排列为止，因此选择 next_permutation 函数来实现。程序的具体实现如下：

```
// twelfth_16.cpp
1.  #include <iostream>
2.  #include <algorithm>
3.  using namespace std;
4.  int main()
5.  {   int a[5]={1,5,3,4,2};
6.      sort(a,a+5);         // 对数组元素由小到大排序
7.      int j = 0;
8.      do{
9.          j++;
10.         for(int i=0;i<5;i++)
11.             cout<<a[i];
12.         cout<<"   ";
13.         if (j == 5)
14.         {
15.             cout << endl;j = 0;
16.         }
17.     }while(next_permutation(a,a+5));
18.     return 0;
19. }
```

编译并运行该程序，则输出由 1、2、3、4 和 5 构成的序列的全排列。

**分析：** 第 6 行语句的目的是将数组中的数据由小到大排序，排序完成后，执行循环操作，利用 next_permutation 函数来实现程序的功能。程序中，第 8 ~ 17 行语句的 do-while 循环中，变量 j 控制每输出 5 个排列就换行，第 10 ~ 11 行语句的 for 循环实现输出一个排列的功能。

**想一想：** 将第 17 行 while 循环条件中的函数 next_permutation 换为 prev_permutation，程序还能实现该功能吗？若不能，如何改变程序中的其他语句，使得程序仍能实现该功能呢？

**【例 12-17】** partition 函数及 random_shuffle 函数的应用案例。

```
1.  // twelfth_17.cpp
2.  #include <vector>
```

```
3.  #include <algorithm>
4.  #include <iostream>
5.  using namespace std;
6.  bool greater5(int x) { return x> 5;}
7.  void print(int x) { cout << x << " "; }
8.  void main() {
9.      vector <int> v1;
10.     for (int i = 0; i <= 10; i++)
11.     {  v1.push_back(i);  }
12.     cout << "v1 中元素的初始值: ";
13.     for_each(v1.begin(), v1.end(), print);      // 输出容器 v1 中的所有元素
14.     cout << endl;
15.     random_shuffle(v1.begin(), v1.end());       // 随机排列 v1 中的元素
16.     cout << "v1 中元素的随机排列为: ";
17.     for_each(v1.begin(), v1.end(), print);
18.     cout << endl;
19.     partition(v1.begin(), v1.end(), greater5);
20.     cout << "partition 将 v1 中元素以规则函数 greater5 分为两部分 :";
21.     for_each(v1.begin(), v1.end(), print);
22.     cout << endl;
23. }
```

编译并运行该程序，程序的输出结果为：

v1 中元素的初始值：0 1 2 3 4 5 6 7 8 9 10
v1 中元素的随机排列为：10 1 9 2 0 5 7 3 4 6 8
partition 将 v1 中元素以规则函数 greater5 分为两部分 :10 8 9 6 7 5 0 3 4 2 1

**分析**：第 6 行语句为布尔型函数，判断参数的值是否大于 5。第 7 行语句为输出函数。

主函数中，第 10 ~ 11 行语句向容器 v1 中存入 0 ~ 10 的元素值，第 13 行语句输出容器 v1 中的元素值，对应程序第一行的输出结果。

第 15 行语句调用函数 random_shuffle 将容器 v1 中的元素随机排列，第 16 ~ 17 行语句产生程序第二行的输出结果。

第 19 行语句调用函数 partition，利用规则函数 greater5 将容器 v1 中的元素分为两部分，一部分大于 5，另一部分小于 5，第 20 ~ 21 行语句产生其对应的输出结果。

## 12.3.5 排序型算法

表 12.20 中列出了排序型算法及其解释说明。

表 12.20 排序型算法

| 函数名称 | 功能说明 |
| --- | --- |
| sort() | 对所有元素排序 |
| stable_sort() | 对所有元素排序，并保持元素间的相对顺序 |
| partial_sort() | 排序，直到前 n 个元素就位 |
| partial_sort_copy() | 排序，直到前 n 个元素就位，并将其复制到别处 |
| nth_element() | 根据第 n 个位置进行排序 |
| make_heap() | 将某个区间转换成一个堆 |
| push_heap() | 将元素加入一个堆 |
| pop_heap() | 将元素移出一个堆 |
| sort_heap() | 对堆进行排序，排序后就不是堆了 |

排序操作在日常的工作中应用较为频繁，因此希望读者能对以上排序算法熟练应用。这里以堆排序为例进行介绍，其中 make_heap() 为建堆，push_heap() 向堆中增加一个元素，pop_heap() 将堆顶元素移除。它们的函数原型为：

```
bool    make_heap(begin,end);        // 将容器中的元素建堆，之后存储在容器中
bool    push_heap(begin,end);        // 将容器中不属于堆的元素添加到堆中
bool    pop_heap(begin,end);         // 弹出堆顶元素
bool    sort_heap(begin,end);        // 堆排序
```

**【例 12-18】** 关于堆操作的应用案例。

```
    // twelfth_18.cpp
 1. #include <iostream>
 2. #include <algorithm>
 3. #include <vector>
 4. using namespace std;
 5. void func(int x){cout<<x<<"  ";}
 6. int main()
 7. {   int a[]={ 3,10,2,4,40,6,7,8,11,12 };
 8.     vector<int> ivec(a,a+10);
 9.     make_heap(ivec.begin(), ivec.end());          // 建堆
10.     for_each(ivec.begin(), ivec.end(),func);       // 输出元素
11.     cout<<endl;
12.     pop_heap(ivec.begin(), ivec.end());            // 删除堆顶元素
13.     for_each(ivec.begin(), ivec.end(),func);       // 输出容器结果
14.     cout<<endl;
15.     push_heap(ivec.begin(), ivec.end());           // 将容器中不属于堆的元素添加到堆中
16.     for_each(ivec.begin(), ivec.end(),func);       // 输出
17.     cout<<endl;
18.     sort_heap(ivec.begin(), ivec.end());           // 将堆进行排序
19.     for_each(ivec.begin(), ivec.end(),func);       // 输出
20.     cout<<endl;
21. }
```

编译并运行该程序，程序的输出结果为：

对应语句行号    对应输出结果

```
10              40  12  7  11  10  6  2  8  4  3
13              12  11  7  8   10  6  2  3  4  40
16              40  12  7  8   11  6  2  3  4  10
19              2   3   4  6   7   8  10 11  12  40
```

**分析：** func 函数为一个输出函数。主函数中第 7 ~ 8 行语句的功能是建立容器 ivec，并赋 10 个初始值。第 9 行语句调用 make_heap 函数建堆，这样 ivec 中的 10 个元素全部在堆上。

第 10 行语句调用 for_each 函数，该函数的功能是对堆容器区间上的每个元素都执行某个操作，此处的参数为 func，因此它的功能是对 ivec 容器的每个元素执行输出操作。观察第 10 行语句的输出结果，可发现 40 为堆顶元素。

第 12 行语句调用 pop_heap 函数，删除堆顶元素，通过第 13 行 for_each 函数的输出结果可看出，堆顶元素并没有被彻底删除，只是放在了堆底。

第 15 行语句调用 push_heap 函数，将容器中每个非堆中的元素插入堆中，第 16 行语句的输出结果说明了该函数的功能。

第 18 行语句调用 sort_heap 函数，完成堆排序，第 19 行语句验证了该函数的执行效果。

### 12.3.6 已排序区间算法

表 12.21 中列出了已排序区间算法及其解释说明。

表 12.21 已排序区间算法

| 函数名称 | 功能说明 |
| --- | --- |
| binary_search() | 采用二分查找法判断某个区间是否包含某个元素 |
| includes() | 判断某个区间的元素是否涵盖另一个区间的元素 |
| lower_bound() | 查找第一个小于等于某给定值的元素 |
| upper_bound() | 查找第一个大于某给定值的元素 |
| equal_range() | 返回等于某给定值的所有元素构成的区间 |
| merge() | 将两个区间的元素合并 |
| set_union() | 求两个区间的并集 |
| set_intersection() | 求两个区间的交集 |
| set_difference() | 求位于第一个区间但不位于第二个区间的元素构成的集合 |
| set_symmetric_difference() | 求只位于两区间之一的元素构成的集合 |
| inplace_merge() | 将两个连贯的已排序区间合并 |

**说明：** 已排序区间算法要求所操作的容器数据必须先排好序，然后才能调用它们来执行相关操作。

【例 12-19】已排序区间算法案例。

```
1.  // twelfth_19.cpp
2.  #include <iostream>
3.  #include <algorithm>
4.  #include <vector>
5.  using namespace std;
6.  void fun0(int i){cout<<i<<", ";}
7.  int main()
8.  {    int a[]={ 3,2,2,4,4,3,5,4,9,10 };
9.        vector<int>    v(a,a+10);
10.       sort(v.begin(), v.end());            // 排序
11.       for_each(v.begin(),v.end(),fun0); // 输出
12.       cout << "\n 第一个不小于 4 的元素: "
                <<*lower_bound(v.begin(), v.end(), 4)<<endl;
13.       cout << " 第一个大于 5 的元素: "
                << *upper_bound(v.begin(), v.end(), 5) << endl;
14.       cout << " 判断元素 5 是否在区间内: ";
15.       if( binary_search(v.begin(), v.end(), 5) )
16.           cout<<"yes"<< endl;
17.       else
18.           cout<<"no"<< endl;
19.   cout<<" 第一个不小于 4 的元素的迭代器为: "
            << equal_range(v.begin(), v.end(), 4).first-v.begin() << " \n"
            <<" 第一个不大于 4 的元素的迭代器为: "
            << equal_range(v.begin(), v.end(), 4).second-v.begin() << "  \n";
20. }
```

编译并运行该程序，程序的输出结果为：

对应语句行号    对应输出结果

```
10              2, 2, 3, 3, 4, 4, 4, 5, 9, 10,
12              第一个不小于 4 的元素: 4
13              第一个大于 5 的元素: 9
15              判断元素 5 是否在区间内: yes
19              第一个不小于 4 的元素的迭代器为: 4
                第一个不大于 4 的元素的迭代器为: 7
```

**分析**：本案例中，第 10 行语句对容器 v 进行了排序，排序后利用第 11 行语句输出容器中的元素，第 12 行语句返回第一个不小于给定值的元素的迭代器，前面的"*"表明返回该处的元素，因此输出 4。第 13 行语句的作用和第 12 行语句类似，返回第一个大于给定值的元素的迭代器所指向的元素。

第 15 行语句中的函数 binary_search 在指定容器中二分查找某个元素，若找到则返回 true，没有找到则返回 false。

第 19 行语句中的函数 equal_range 返回等于给定元素 4 的元素组成的区间迭代器，它们构成一个 pair 对象，first 为第一个等于 4 的元素的迭代器，second 为第一个大于给定值 4 的元素的迭代器。也就是说，first 相当于 lower_bound，second 相当于 upper_bound，它们都是迭代器。

### 12.3.7  数值算法

表 12.22 中列出了数值算法及其解释说明，数值算法在头文件 numeric 中。

**表 12.22  数值算法**

| 函数名称 | 功能说明 |
| --- | --- |
| accumulate() | 对区间所有元素求和、求乘积等 |
| inner_product() | 求两区间内对应元素的乘积的累加和 |
| adjacent_difference() | 求每个元素和其之前相邻元素的差 |
| partial_sum() | 求每个元素和其之前所有元素的累加和 |

以 accumulate 函数为例，它可以对容器区间内的元素求累加和、累乘积、累减、累除、累取模等。它的两个版本如下：

```
T accumulate(begin, end, init);
T accumulate(begin, end, init, op);
```

第一个版本完成容器中元素的累加功能，参数 begin 和 end 为容器的开始迭代器和结束迭代器，参数 init 为累加的初始值。

第二个版本的 accumulate 函数以第一个版本为基础，前两个参数与第一个版本意义一样，第三个参数 init 为进行 op 操作的初始值，第四个参数 op 为一个二元操作符，它可以是自定义函数或伪函数，也可以是标准库 functional 给出的几种常用的二元操作符，如加、减、乘、除、取模等。

【**例 12-20**】accumulate 函数应用案例。

```
1. // twelfth_20.cpp
2. #include <iostream>
```

```
3.   #include <numeric>
4.   #include <vector>
5.   #include <functional>
6.   using namespace std;
7.   int func(int x, int y)
8.   {
9.       return x*y;
10.  }
11.  template <typename T>    //函数对象定义，functional中有很多这样的函数对象定义
12.  class  fun {
13.      T operator()(T x, T y)
14.      {
15.          return x+2*y;
16.      }
17.  };
18.  void main()
19.  {   int a[]={1,2,3};
20.      vector<int> v(a,a+3);
21.      cout<<accumulate(v.begin(),v.end(),0)<<endl;//对 v 容器从 0 开始累加
22.      cout << accumulate(v.begin(), v.end(), 1, func) << endl;
23.      cout << accumulate(v.begin(), v.end(), 0, fun<int>()) << endl;
24.      cout << accumulate(v.begin(), v.end(), 0, minus<int>()) << endl;
25.  }
```

编译并运行该程序，程序的输出结果为：

```
6
6
12
-6
```

**分析：** 主函数中第 20 行语句创建 vector 容器并赋初值，第 21 行语句调用函数 accumulate 求容器 v 内元素的累加和，因此该语句的输出结果为 6。第 22 行语句同样调用函数 accumulate，该函数的第 3 个参数为 1，第 4 个参数为函数 func，它是一个二元函数，根据程序中第 7 ～ 10 行语句的定义可知其完成乘法运算，因此第 22 行语句中调用函数 accumulate 是为了求容器 v 内元素的累乘积，结果为 6。

该程序中，第 11 ～ 17 行语句实现一个函数对象的定义。

第 23 行语句的功能与第 22 行语句类似，只不过其第 4 个参数为 fun<int>()，请查看第 11 ～ 17 行语句给出的类定义，从而可判断第 23 行语句中的函数调用的功能为求容器 v 中元素的 2 倍的累加和，因此结果为 12。

第 24 行语句中函数 accumulate 的第 4 个参数为 minus<int>()，该函数是头文件 functional 中的减函数，因此第 24 行语句中的函数调用实现了容器 v 中元素的累减，所以输出结果为 –6。

## 12.4  本章小结

- C++ 的 STL 中提供了一些有用的数据结构模板，例如线性表结构的 vector、deque 及 list 等容器，这些容器由连续的内存空间构成，也称为顺序容器；非线性结构的容器如 set、multiset、map 和 multimap；容器适配器如 stack、queue 和 priority_queue，这些容器从顺序容器变化而来，是操作受限的顺序容器。

- STL 容器类广泛使用迭代器来遍历容器中的元素，迭代器是指针抽象，它提供了一种访问容器中元素的简单方法。
- STL 提供了众多算法，使用相关算法并借助容器迭代器可以很方便地对容器进行操作。
- 常用算法如下：`copy` 函数将一个容器中的元素拷贝到另一个容器；`sort` 函数用于对容器中的元素排序；`find`、`find_if`、`find_end` 和 `find_first_of` 函数用于在容器中查找元素；`replace` 和 `replace_if` 函数将容器中的某个元素进行替换；`remove` 和 `remove_if` 函数用于将容器中的某些元素删除；`fill` 和 `fill_n` 函数用于将指定值填入容器中；`merge` 函数将两个有序容器合并成一个；`reverse` 函数将容器中的元素逆序；`swap` 函数交换两个变量的值；`iter_swap` 函数交换两个迭代器指向的值；`swap_range` 函数交换两个容器中的值；`count` 函数统计容器中一个给定值出现的次数。
- STL 提供了一些集合运算的算法，`set_union` 函数求集合的并集，`set_intersection` 函数求两个集合的交集，`set_difference` 函数求两个集合的差集，`set_symmetric_difference` 函数求两个集合的对称差集。
- STL 提供了一些数值算法，如 `accumulate`、`inner_product`、`adjacent_difference` 和 `partial_sum` 等。

## 12.5 习题

### 一、读程序并写出程序的运行结果

```cpp
1. #include <algorithm>
   #include <vector>
   #include <iostream>
   #include <functional>
   #include <iterator>
   using namespace std;
   int main(){
       ostream_iterator<int> output(cout,"    ");       // 声明一个输出迭代器
       int ia[18]={23,29,5,37,13,23,11,61,7,31,41,2,59,19,17,53,43,3};
       vector<int> vec(ia,ia+9);
       vector<int> vec2(18);
       if(vec.empty())    cout<<"vector 空 "<<endl;
       else{
           cout<<"vector 不空,"<<"vector 中的元素: "<<endl;
           sort(vec.begin(),vec.end());
           unique_copy(vec.begin(),vec.end(),output);
           cout<<endl;
       }
       cout<<" 当前分配元素空间数量 :"<<vec.capacity()<<endl;
       vec.reserve(12);
       cout<<" 当前为 vector 保留的最小分配元素空间数量 :"<<vec.capacity()<<endl;
       vec.erase(vec.begin(),vec.end());
       cout<<" 当前分配元素空间数量 :"<<vec.capacity()<<endl;
       vec.resize(10);
       cout<<" 当前重新分配元素空间数量为 10, 实际分配元素空间数量 :"
           <<vec.capacity()<<endl;
       vec.assign(ia+10,ia+16);
       cout<<"vector 存放序列容许最大长度: "<<vec.max_size()<<endl;
       cout<<"vector 中的元素: "<<endl;
       unique_copy(vec.begin(),vec.end(),output);
```

```
        cout<<endl;
        vec.assign(ia,ia+18);
        cout<<"vector 中的元素: "<<endl;
        unique_copy(vec.begin(),vec.end(),output);
        cout<<endl;
        sort(vec.begin(),vec.end(),greater<int>());          // 降序排列
        cout<<"vector 中的元素: "<<endl;
        unique_copy(vec.begin(),vec.end(),output);
        cout<<endl;
        cout<<" 用反转迭代子输出 vector 中的元素: "<<endl;
        unique_copy(vec.rbegin(),vec.rend(),output);
        cout<<endl;
        cout<<" 第 1 个元素: "<<vec.front()<<endl;
        cout<<" 最后 1 个元素: "<<vec.back()<<endl;
        cout<<" 第 8 个元素: "<<vec[6]<<endl;
        cout<<" 原 vector2 中的元素: "<<endl;
        unique_copy(vec2.begin(),vec2.end(),output);
        cout<<endl;
        vec2.swap(vec);
        cout<<" 交换后 vector2 中的元素: "<<endl;
        unique_copy(vec2.begin(),vec2.end(),output);
        cout<<endl;
        return 0;
    }

2. #include <iostream>
   #include <string>
   #include <stdlib.h>
   #include <vector>                                          // vector 向量
   #include <list>                                            // list 链表
   #include <map>                                             // map 表示映射
   using namespace std;

   void funtest1()
   {
       vector<int>vec;                                        // 定义了 vec 向量 (vector 为一个类)
       vec.push_back(3);
       vec.push_back(4);
       vec.push_back(6);
       vector<int>::iterator itor = vec.begin();
       for (; itor != vec.end(); itor++)
       {
           cout << *itor << "|";
       }
       cout<<endl;
   }
   // 学习关于 list 的操作
   void funtest2()
   {
       list<int>list1;
       list1.push_back(2);
       list1.push_back(3);
       list1.push_back(5);
       // 使用迭代器
       list<int>::iterator itor=list1.begin();
       for (; itor!=list1.end(); itor++)
       {
           cout << *itor << "|";
```

```
        }
        cout<<endl;
    }
// map
void funtest3()
{
    map<int, string>m;                          // 成对出现对应关系
    pair<int, string>p1(3, "hello");
    pair<int, string>p2(6, "world!");

    m.insert(p1);
    m.insert(p2);
    cout << m[3] << endl;
    cout << m[6] << endl;
    map<int, string>::iterator itor = m.begin();
    for (; itor != m.end(); itor++)
    {
        cout << itor->first << endl;
        cout << itor->second << endl;
    }
}
// 主函数
int main()
{   funtest1();
    funtest2();
    funtest3();
    return 0;
}
```

## 二、编程题

1. 创建一个 vector 容器，存入 10 个整型数据，利用排序算法 sort 对之进行排序，并对排序后的元素正序输出一次、逆序输出一次。

2. 定义一个 map 对象，其元素的键为家庭姓氏，值为 vector，用于存储这个家庭的每个成员的姓名，并能实现给定一个姓氏就可查询到该家庭中所有成员的功能。

# 第 13 章 综合实践案例

## 13.1 旅行商问题

### 1. 问题描述

旅行商问题（Traveling Salesman Problem，TSP）是指旅行商旅行 $n$ 个城市后回到出发城市，要求经过每个城市且仅经过一次，并要求所走的路程最短。

### 2. 设计思路

求解旅行商问题的方法有很多，如遗传算法、禁忌搜索算法、粒子群算法、贪心法等。本案例首先采用能求出问题的近似最优解的最近邻策略来求解该问题，该算法的思想是从任意城市出发，每次在没有到过的城市中选择最近的一个，直到经过了所有的城市，最后回到出发城市。即给定初始的城市 $a$，寻找与其邻接的最短距离的城市 $b$，记录两者之间的路径并增加总路径长度；下一次从城市 $b$ 开始，寻找与 $b$ 邻接的最短距离的城市，循环查找，直到找到 $n-1$ 条路径（$n$ 为城市个数），最后加上终点回到起点的距离即可。

### 3. 算法分析

对旅行商问题的描述采用类实现，类名不妨定义为 TSP，对该问题的描述至少有以下数据成员：

- 城市个数（int）
- 城市间距离（实型数组）
- 出发城市（int）
- 旅行经过的城市（int）
- 路径长度（int）

成员函数应包含以下几种。

- 构造函数：该函数完成城市个数、城市间距离、出发城市等的初始化操作。
- 输出函数：完成城市间距离矩阵的输出操作。
- 邻域贪心法函数：求旅行线路。
- 输出旅行线路函数：将贪心法求得的旅行线路输出。

### 4. 具体算法实现

```cpp
#include <iostream>
#include <string>
#include <iomanip>
using namespace std;
// 类 TSP
class TSP{
private:
    int city_number;                    // 城市个数
    int **distance;                     // 城市间距离矩阵
    int start;                          // 出发点
```

```cpp
    int *flag;                              // 标志数组，判断城市是否加入哈密尔顿回路
    int TSPLength;                          // 路径长度
public:
    TSP(int city_num);                      // 构造函数
    void correct();                         // 纠正用户输入的城市间距离矩阵
    void printCity();                       // 输出用户输入的城市间距离
    void TSP1();                            // 用贪心法的最近邻策略求旅行商问题
    void printroad();                       // 输出旅行线路
};

// 构造函数
TSP::TSP(int city_num)
{
    int i=0,j=0;
    int start_city;
    city_number=city_num;                   // 初始化起点
    cout<<" 请输入本次运算的城市起点，范围为：" <<0<<"-"<<city_number-1<<endl;
    cin>>start_city;
    start=start_city;
    // 初始化城市间距离矩阵
    distance=new int*[city_number];
    srand(unsigned int(time(0)));
    for(i=0;i<city_number;i++)
    {
        distance[i]=new int[city_number];
        for (j = 0;j < city_number;j++)
        {
            if (i == j) distance[i][j] = 0;
            else
                distance[i][j] = rand() % 100;
        }

    }
    // 初始化标志数组
    flag=new int[city_number];
    for(i=0;i<city_number;i++)
    {           flag[i]=0;              }
    // 初始化旅行线路长度为 0
    TSPLength=0;
}

// 打印城市间距离
void TSP::printCity()
{
    int i,j;                                // 打印代价矩阵
    cout<<" 您输入的城市间距离如下 "<<endl;
    for(i=0;i<city_number;i++)
    {    for(j=0;j<city_number;j++)
            cout<<setw(5)<<distance[i][j];
        cout<<endl;
    }
}
// 用贪心法的最近邻策略求旅行商问题
void TSP::TSP1()
{
    int edgeCount=0;
    int min,j;
    int start_city=start;                   // 起点城市
```

```
    int next_city;                          // 下一个城市
    flag[start]=1;
    while(edgeCount<city_number-1)          // 循环直到边数等于 city_number-1
    {   min=10000;
        for(j=0;j<city_number;j++)          // 求当前距离矩阵的最小值
        {   if((flag[j]==0) && (distance[start_city][j] != 0) &&
                (distance[start_city][j] < min))
            {   next_city=j;
                min=distance[start_city][j];
            }
        }
        TSPLength+=distance[start_city][next_city];
        edgeCount++;
        flag[next_city] = edgeCount+1;      // 将顶点加入哈密尔顿回路
        start_city=next_city;               // 下一次从 next_city 出发
    }
    TSPLength+=distance[start_city][start];
}
// 打印旅行线路
void TSP::printroad()
{
    cout << "旅行线路为: ";
    int i,j=1;
    while(j<=city_number)
    {
        for (i = 0;i < city_number;i++)
        {
            if (flag[i] == j) {
                cout << i << "-->";
                break;
            }
        }
        j++;
    }
    cout << start << endl;
    cout << "旅行线路长度为 " << TSPLength;   // 哈密尔顿回路的长度
}


// 主函数
int main(){
    cout<<"欢迎用贪心法的最近邻策略求旅行商问题，请输入城市个数 ";
    int city_number;
    cin >> city_number;
    TSP tsp(city_number);                    // 初始化
    tsp.printCity();                         // 打印输入的城市
    tsp.TSP1();                              // 求解
    tsp.printroad();
    return 0;
}
```

# 13.2　简易版贪吃蛇游戏

### 1. 游戏介绍

　　贪吃蛇游戏是一款经典的小游戏，一条蛇在围墙内寻找随机出现的食物（一个时刻只能有一个食物），当蛇头碰到食物时，则视为蛇吃到食物，玩家积分增加 10 分，蛇身长度增长一节。当玩家按下方向键后，蛇的运动方向发生相应的改变；当蛇碰触围墙或蛇头碰到自己身体时，则游戏结束。游戏共有两个模式，在普通模式下，蛇的游走速度共 8 个等级，一旦设置初始游戏等级，则蛇的游走速度在游戏过程中不变，只是增加积分和蛇的长度；而在冒险模式下，积分每增加 60 分，蛇的速度会提升一个等级，共 5 个等级。

**2. 设计思路**

1）在游戏中，应能设置游戏模式，本游戏可设置为普通模式和冒险模式这两种模式之一，蛇的速度对应 8 个等级。

2）蛇的描述：本案例中，蛇头用 @ 符号表示，蛇身和蛇尾用 0 来表示，蛇的初始长度为 3。每当蛇吃到食物，则蛇身增长 1。需要在游戏过程中记录蛇头和蛇尾的位置，并需要记录蛇头移动方向和蛇尾前一个蛇身的移动方向，以便在更新蛇的位置时，根据反向键的控制更改蛇头和蛇尾的位置。

3）同一时刻只能出现一个食物，用符号 % 表示。一旦食物被蛇吃掉，则此食物消失，在游戏框的其他位置随机出现一个食物。

4）游戏框、食物、蛇的相关信息均存储在一个二维数组中，随着蛇的游走速度进行更新。游戏框每次不发生变更，变更的是游走的蛇，而蛇每游走一次，变化主要发生在蛇头和蛇尾的位置，其他位置不变，每变化一次，则刷新输出二维数组。若在一个游走时间单位中没有按下方向键，则按照蛇的原方向继续游走，蛇长不变，刷新输出二维数组。

**3. 算法分析**

本案例中类的设计如下。

蛇（snake）类，它描述蛇头、蛇尾的位置，因此其数据成员定义为横坐标 $x$ 和纵坐标 $y$。
食物（Food）类，它描述食物的位置，因此其数据成员由横坐标 $x$ 和纵坐标 $y$ 组成。

Map 类，它描述整个游戏的属性及动作，**其数据成员包括：**食物、蛇头、蛇尾（记录它们的位置）、当前的游戏模式（普通和冒险）、当前的游戏等级（1～8 个等级）、当前取得的成绩（每吃掉一个食物成绩增加 10）、蛇当前的游走方向队列（deque）、蛇当前的游走速度（由游戏的等级和模式确定的值）、游戏地图（记住当前时刻蛇的位置、游戏框、食物等位置信息）、蛇的可游走方向（5 个常量值，上、下、左、右及暂停）、游戏可允许的速度（8 个常量值）。

**成员函数包括以下几种。**

1）构造函数：完成上述数据成员的初始化操作。

2）游戏的初始信息设置函数 hello：完成游戏模式、游戏等级的设置。

3）游戏初始化算法 initialize_Map：完成对游戏框、蛇头、蛇尾、食物的初始化。

4）输出当前游戏窗口 Show_Map：完成 map 数组信息的输出操作。

5）更新游戏信息模块 Update_Map：对二维数组 map 的更新操作。这是本游戏的主要核心模块。

6）重置模块 Reset：完成游戏信息的重新设置，开始一场新的游戏。

**4. STL 函数应用介绍**

（1）_khbit() 函数

该函数的作用是检查控制台窗口的按键是否被按下，其格式为：

```
int _kbhit( void );
```

如果在调用该函数时，有按键被按下，则返回一个非零值，否则该函数的返回值是 0。需要注意的是，该函数是一个非阻塞函数，不管有没有按键被按下，该函数都会立即返回。_khbit() 函数一般与 _getch() 函数和 getche() 函数组合使用获取按键信息。

（2）_getch() 函数

该函数的作用是从控制台中获取输入的字符，在获取输入的字符之后，并不会在控制台中显示该字符。该函数的格式为：

```
int _getch( void );
```

该函数的返回值是获取到的字符值。需要注意的是，_getch() 函数是一个阻塞函数，直到有字符输入时才会返回，所以该函数不会返回错误值。

**注意**：_khbit() 函数和 _getch() 函数都在 conio.h 头文件中定义。

（3）clock() 函数

该函数返回从"开启这个程序进程"到"程序中调用 clock() 函数"之间的 CPU 时钟计时单元数，单位是毫秒。

**注意**：键盘的上下左右键的 ASCII 码为两个字节，其中第一个字节的 ASCII 码均为 224，第二个字节的 ASCII 码分别为 72、80、75 和 77。空格键的 ASCII 码是 32，回车键的 ASCII 码是 13，它们均为一个字节。

### 5. 具体实现

```cpp
/*********************** 贪吃蛇 ***********************/
#include <iostream>
#include <deque>
#include <windows.h>                //包含隐藏光标
#include <conio.h>                  //包含 _getch() 和 _kbhit()
#include <ctime>
#define N 30                        //游戏场地的宽度
#define Up 1                        //Up 方向键对应的 ASCII 码为 72
#define Down 2                      //Down 方向键对应的 ASCII 码为 80
#define Left 3                      //Left 方向键对应的 ASCII 码为 75
#define Right 4                     //Right 方向键对应的 ASCII 码为 77

using namespace std;
//蛇坐标类
class snake {
public:
    int x;
    int y;
};
//食物坐标类
class Food {
public:
    int x;
    int y;
};
//地图类
class Map {
private:
    Food food;
    snake head, tail;               //蛇头，蛇尾
```

```
        deque<int> direction;              // 保存每次前进的方向，最近一次前进添加到最前面
        int mod;                           // 游戏模式：普通模式 == 0，冒险模式 == 1
        int score;                         // 游戏成绩
        int grade;                         // 游戏等级
        int autoSpeed;                     // 更新游戏自动更新速度
        char map[N][N];                    // 保存输出
        int opposite_direction[5] = { 0, 80, 72, 77, 75 };    // 保存各方向的反方向的 ASCII 码
        int speed[9] = { 0, 800, 600, 500, 420, 250, 100, 40, 5 };// 保存自动前进速度，单位为毫秒
public:
    Map() : head({ N / 2, N / 2 }), tail({ N / 2, N / 2 - 2 }),      // 构造函数
        mod(0), score(0), grade(1), autoSpeed(speed[grade]) { }
    void Hello();                          // 欢迎界面
    void Print_Hello(int);                 // 打印欢迎界面
    void Start_Game();
    void Initialize_Map();                 // 初始化游戏窗口
    int Update_Map();                      // 更新游戏 map 数组的值
    void Show_Map();                       // 显示输出游戏窗口
    void Rand_Food();                      // 随机食物位置
    void Reset();                          // 复位
};

void Map::Hello()
{
    while (true) {
        system("cls");                     // 清屏
        Print_Hello(mod);

        if (_getch() != 13) {              // 判断是否为回车键，确定选择的模式
            switch (_getch()) {            // 判断上下移动
            case 80: mod = 1; break;
            case 72: mod = 0; break;
            }
            continue;
        }
        // Enter 的 ASCII 码为 13，按回车键确定模式
        if (mod == 0) {                    // 普通模式
            do {
                system("cls");
                cout << "\n\n\n\t\t\t 请输入你需要的游戏级别 : (1 ~ 8)     ";
                cin >> grade;
            } while (grade > 8 || grade < 1);// 判断等级输入是否正确
            autoSpeed = speed[grade];      // 更新自动快进速度
            break;
        }
        else                               // 冒险模式
            break;
    }
    Start_Game();                          // 开始游戏
}

void Map::Print_Hello(int mod)
{
    srand((unsigned)time(nullptr));        // 用时间产生随机种子
    cout << "\n\n\t\t\t\t 贪吃蛇 \n\n\n\n";
    cout << "\t\t\t     请选择你的模式 :";
    cout << "\n\n\t\t\t     普通模式 :";
    if (mod == 0) cout << "   *";          // 让玩家知道未按回车键确定前选择的模式
    cout << "\n\n\t\t\t     冒险模式 :";
    if (mod == 1) cout << "   *";
```

```
        cout << "\n\n\n\n\n\n\n 版本 :V2.0            \t\t\t\t\t 作者 :ying";
}

void Map::Start_Game()
{
    char choose;
    Initialize_Map();                   // 初始化地图
    Rand_Food();                        // 产生第一个食物
    do {
        Show_Map();
    } while (Update_Map());

    cout << "\t\t Game Over!!!      你要继续吗？ (Y/Others)";
    cin >> choose;
    if (choose == 'Y' || choose == 'y') {
        Reset();
        Hello();
    }
}

void Map::Initialize_Map()
{
    for (int i = 0; i < N; i++)         // 左右边框
        map[0][i] = map[N - 1][i] = '*';
    for (int i = 1; i < N; i++)         // 上下边框
        map[i][0] = map[i][N - 1] = '*';
    for (int i = 1; i < N - 1; i++)     // 中间空白
        for (int j = 1; j < N - 1; j++)
            map[i][j] = ' ';

    map[N / 2][N / 2] = '@';                                // 初始蛇头
    map[N / 2][N / 2 - 1] = map[N / 2][N / 2 - 2] = 'O';    // 初始蛇身
    direction.push_front(Right);        // 初始化方向
    direction.push_front(Right);        // 初始为 OO@，尾部要向右行进两步才能到蛇头位置
}

void Map::Show_Map()                    // 输出游戏画面
{
    system("cls");
    for (int i = 0; i < N; i++) {
        cout << "\t";
        for (int j = 0; j < N; j++)
            cout << map[i][j] << ' ';
        if (i == N / 4)
            cout << "\t Score: " << score;
        if (i == N / 4 + 4)
            cout << "\t grade: " << grade;
        if (i == N / 4 + 8)
            cout << " 按空格键暂停 / 继续 ";
        cout << endl;
    }
}

int Map::Update_Map()                                       // 更新游戏（最主要的）
{
    int tmp_direction, tmp_others, sign = 0;                // sign == 1( 读入方向键 )
    double start_time = (double)clock() / CLOCKS_PER_SEC;   // 游戏开始的时间，单位为秒

    do {// 判断蛇的游走方向是否有改变或是一个时间单位到了，蛇走一步
```

```
        if (_kbhit()) {        // _kbhit() 判断是否有按键输入，但不读入
            tmp_others = _getch();                        // 代码前有介绍
            if (tmp_others == 32)                         // 为空格键，暂停游戏
                while (_getch() != 32);                   // 当读入空格键时退出循环
            // 否则若读入的是方向键，其中 224 为方向键的第一个字节的 ASCII 码
            else if (tmp_others == 224) {
                tmp_direction = _getch();                 // 读取方向键的第二个字节的 ASCII 码
                if (opposite_direction[direction.front()] == tmp_direction)
                // 是否为蛇的游走方向的反向，若为反向，则忽略
                    continue;
                // 若为其他方向，则记录蛇的转换方向
                switch (tmp_direction) {                  // 判断方向
                case 72: direction.push_front(Up); sign = 1; break;
                case 80: direction.push_front(Down); sign = 1; break;
                case 75: direction.push_front(Left); sign = 1; break;
                case 77: direction.push_front(Right); sign = 1; break;
                }
                if (sign) break;                          // 读入方向键，退出循环，判断情况
            }
        }
        // 若未读入方向键或空格，判断是否超过自动前进时间，若是，则自动前进，和前一次的前进方向一样
        if ((double)clock() / CLOCKS_PER_SEC - start_time > autoSpeed / 1000.0) {
            direction.push_front(direction.front());
            break;
        }
    } while (true);
    // 根据循环的结果，控制蛇的位置变化
    map[head.x][head.y] = 'O';                            // 更新地图，把原蛇头的位置置为蛇身
    switch (direction.front()) {                          // 更新蛇头坐标
        case Up: head.x -= 1; break;
        case Down: head.x += 1; break;
        case Left: head.y -= 1; break;
        case Right: head.y += 1; break;
    }
    // 判断蛇头位置信息，共 3 种情况
    //（1）若蛇头碰到食物，则吃到食物、积分增加、蛇身变长、速度提升
    if (head.x == food.x && head.y == food.y) {           // 是否吃到食物
        map[head.x][head.y] = '@';//
        score += 10;
        if (mod == 1) {    // 更新冒险模式的游戏等级和速度，每吃 6 个增加一级，最高 5 级
            if (score / 60 >= grade) {
                if (grade < 5)
                    grade++;
                autoSpeed = speed[grade];
            }
        }
        Rand_Food();                                      // 更新食物
    }
    //（2）若没有吃到食物，且没有碰到围墙，也没有碰到自己，则移动蛇尾
    else if (map[head.x][head.y] == ' ')
    {
        map[tail.x][tail.y] = ' ';                        // 更新地图中的蛇尾
        map[head.x][head.y] = '@';                        // 更新地图中的蛇头
        switch (direction.back())
        {                                                 // 更新蛇尾坐标
        case Up: tail.x -= 1; break;
        case Down: tail.x += 1; break;
        case Left: tail.y -= 1; break;
        case Right: tail.y += 1; break;
```

```
        }
        direction.pop_back();
    }
    //(3)否则，碰到墙或吃到自己，游戏结束
    else
    {
        return 0;                               // 游戏结束
    }
    return 1;                                   // 未撞墙或吃到自己，游戏继续
}

void Map::Rand_Food()
{
    do {
        food.x = rand() % (N - 2) + 1;
        food.y = rand() % (N - 2) + 1;
    } while (map[food.x][food.y] != ' ');
    map[food.x][food.y] = '%';
}

void Map::Reset()
{
    Initialize_Map();
    head = { N / 2, N / 2 };
    tail = { N / 2, N / 2 - 2 };
    mod = 0;
    score = 0;
    grade = 1;
    autoSpeed = 800;
    direction.clear();
}

int main()
{
    HANDLE handle = GetStdHandle(STD_OUTPUT_HANDLE);    // 获得标准输出设备的句柄
    CONSOLE_CURSOR_INFO CursorInfo;                     // 控制台光标信息对象
    GetConsoleCursorInfo(handle, &CursorInfo);          // 获取控制台光标信息
    CursorInfo.bVisible = false;                        // 隐藏控制台光标
    SetConsoleCursorInfo(handle, &CursorInfo);          // 设置控制台光标状态
    Map m;
    m.Hello();
    return 0;
}
```

## 13.3　学生信息管理系统的设计

### 1. 问题描述

　　该系统的主要功能是完成学生信息的维护工作，也就是对学生信息进行增、删、改、查操作。学生信息存放在一个二进制文件中，通过该程序对其进行维护和管理。学生信息包括学号、姓名、班级、年级、性别、联系电话等。要求由管理人员来完成学生信息的维护工作，也就是说不能随便什么人都可以对学生信息进行修改，以便保证学生信息的安全性。管理人员有多个，每个管理人员均可对学生信息进行维护操作，但只有主任管理人员才可对管理人员的信息进行维护。当首次使用本系统时，第一个注册的人员自动是主任管理人员，他拥有系统的所有操作权限，他还可以增加其他管理人员来对学生信息进行维护工作。

### 2. 设计思路

根据面向对象程序设计的思路，设计类如下。

1）账号类记录管理人员的用户名和密码信息，并包括对账户信息进行简单设置和获取的相关操作。

2）学生类的数据成员包括学号、姓名、班级、年级、性别、联系电话，成员函数包括设置和输出函数，其中设置函数完成对数据成员的赋值操作，输出函数可具体输出一个学生的信息。

3）控制类没有数据成员，主要完成对账户信息和学生信息的维护工作，例如增加、删除、修改、写文件、显示信息等。

### 3. 详细设计及类图

可用类图描述设计的类之间的关系，如图 13.1 所示。

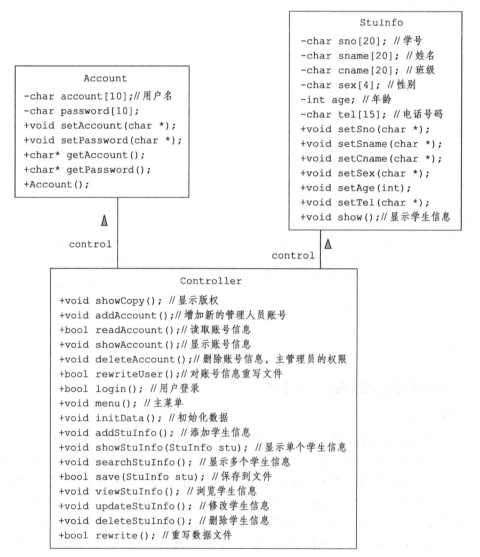

图 13.1　学生管理类图

## 4. 具体实现

```cpp
#pragma warning(disable:4996);
#include <iostream>
#include "windows.h"
#include <iostream>
#include <fstream>
#include <vector>
#include <conio.h>
#include <cstring>
#define FILENAME "stuInfo.bat"
using namespace std;
//管理人员账户类
class Account
{
    char account[10];
    char password[10];
public:
    void setAccount(const char* acc) { strcpy(account, acc); }
    void setPassword(const char* pass) { strcpy(password, pass); }
    char* getAccount() { return account; }
    char* getPassword() { return password; }
    Account(char acc[], char pass[])
    {
        setAccount(acc);
        setPassword(pass);
    }
    Account() {}
};
//学生类
class StuInfo
{
private:
    char sno[20];           //学号
    char sname[20];         //姓名
    char cname[20];         //班级
    char sex[4];            //性别
    int age;                //年龄
    char tel[15];           //电话号码
public:
    StuInfo(){}
    StuInfo(char sno[], char sname[], char cname[], char sex[], int age, char tel[])
    {
        setSno(sno);
        setSname(sname);
        setCname(cname);
        setSex(sex);
        setAge(age);
        setTel(tel);
    }
    void setSno(char sno[])
        {   strcpy(this->sno, sno);   }

    void setSname(char sname[])
        {   strcpy(this->sname, sname);   }

    void setCname(char cname[])
        {   strcpy(this->cname, cname);   }
```

```
    void setSex(char sex[])
        {   strcpy(this->sex, sex);   }

    void setAge(int age)
        {   this->age = age;   }
    void setTel(char tel[])
        {   strcpy(this->tel, tel);   }

    void show()
        {
            cout << "\n\t  " << sno << "\t   " << sname << "\t   "
                << cname << "\t  " << sex << "\t   " << age << "\t   " << tel << endl;
        }

    char* getSno()
        {   return this->sno;     }
};
// 控制类，完成相关信息的维护
class Controller
{
public:
    void showCopy();               // 显示版权
    void addAccount();             // 向账号文件中增加新的管理人员账号和密码
    bool readAccount();            // 读取账号信息，主任管理人员的权限
    void showAccount();            // 显示账号信息
    void deleteAccount();          // 删除账号信息，主任管理人员的权限
    bool rewriteUser();            // 对账号信息重写文件
    bool login();                  // 用户登录
    void menu();                   // 主菜单
    void initData();               // 初始化数据
    void addStuInfo();             // 添加学生信息
    void showStuInfo(StuInfo stu); // 显示单个学生信息
    void searchStuInfo();          // 显示多个学生信息
    bool save(StuInfo stu);        // 保存到文件
    void viewStuInfo();            // 浏览学生信息
    void updateStuInfo();          // 修改学生信息
    void deleteStuInfo();          // 删除学生信息
    bool rewrite();                // 重写数据文件
};
// 全局数据
vector<StuInfo> stuInfos;          // 全局的 vector 容器
vector<Account> Vuser;             // 全局的容器
Account operatorUser;              // 用来记录当前管理员名称，当前账户不能删除自己

// 从文件读取账户信息
bool Controller::readAccount()     // 读出所有的账号信息
{
    Account user ;
    ifstream Userfile("user.dat", ios::in | ios::binary);
    if(Userfile.is_open()) {       // 打开成功，则读取所有账号信息
        while (Userfile.read((char*)&user, sizeof(Account)))
        {
            Vuser.push_back(user);
        }
        Userfile.close();
    }
    if (Vuser.size() == 0) {
        cout << "\n\n\t 请您先设置账号和密码 " << endl;
```

```
        return 0;                           // 需要设置账号和密码
    }
    else
        return 1;                           // 返回主菜单
}
// 显示所有账户信息
void Controller::showAccount() {
    system("cls");
    showCopy();
    cout<< "\n\n\t*********************** 显示管理账户信息 ************************";
    if (Vuser.empty())
    {
        cout << "\n\t 暂无账户信息可显示…";
    }
    else
    {// 当前账户的密码会显示，其他账户的密码显示为 ***，保证密码安全
        cout << "\n\n\t 账户名 " << "\t 账户密码 ***";
        for (int i = 0;i < Vuser.size();i++) {
            if(strcmp(Vuser[i].getAccount(),operatorUser.getAccount ())==0)
                cout << "\n\n\t" << Vuser[i].getAccount() << "\t"<< operatorUser.getPassword ();
            else
                cout << "\n\n\t" << Vuser[i].getAccount() <<"\t******";
        }
    }
    cout << "\n\n 按回车键之后可进行其他操作 ";
    _getch();
}


void Controller::deleteAccount()
{
    system("cls");
    showCopy();
    cout << "\n\n\t******************** 删除管理账户信息  *********************";
    if (strcmp(Vuser[0].getAccount(),operatorUser.getAccount())!=0)
        { cout << "\n\n\t 您没有删除账户信息的权限…"; }
    else
    {
        char acc[10];                       // 存放要删除的用户信息
        cout << "\n\n\t 请输入您要删除的账户名: ";
        cin >> acc;
        if (strcmp(acc, operatorUser.getAccount())==0) {
            cout << "\n\n\t 您不能删除自己的账户信息，请联系管理员: ";
        }
        else {                              // 删除操作
            int i, len = Vuser.size();
            for (i = 0; i < len; i++)       // 查找要删除的账户
            {
                if (strcmp(acc, Vuser[i].getAccount()) == 0) break;
            }
            // 判断有没有找到，以便进行相应操作
            if (i >= len)
            {
                cout << "\n\n\t 对不起! 没有您要删除的账户信息…";
            }
            else
            {
                char result;
                cout << "\n\n\t 您确定要删除此账户信息吗？是请输入 y, 否请输入 n";
```

```
                                cin >> result;
                                if (result == 'y' || result == 'Y')          // 说明确定删除
                                {
                                    Vuser.erase(Vuser.begin() + i);
                                    // 重写数据文件
                                    if (rewriteUser())
                                    {
                                        cout << "\n\n\t 账户信息删除成功…" << endl;
                                    }
                                    else
                                    {
                                        cout << "\n\n\t 账户信息删除失败…" << endl;
                                    }
                                }
                            }
                        }
                    }
                }
                cout << "\n\n\t< 按回车键返回可进行其他操作 >" << endl;
                getch();
            }
// 添加管理账户信息
void Controller::addAccount()
{
    system("cls");
    showCopy();
    char account[10];
    char password[10];
    char password2[10];
    int index = 0;
    char ch;
    // 系统的第一个账户将具有主任管理人员的权限，可增、删除管理人员
    if(Vuser.size ()==0||strcmp(operatorUser.getAccount(),Vuser[0].getAccount())==0){
        if(Vuser.size() == 0){
            cout << "\n\n\t 你将是本系统的首要账户，你可添加其他账户，但其他人员没有此权限 ";
        }
    again2:
        cout << "\n\n\t********************* 添加账号信息 ************************";
        cout << "\n\n\t 请输入用户账号信息: ";
        cin >> account;
        cout << "\n\n\t 请输入用户密码: ";
        index = 0;
    // 获取用户输入的密码
        while ((ch = getch()) != 13) {                        // 回车键的键值
            if (ch == 8) {   // Backspace   回退
                if (index <= 0) {
                    index = 0;
                }
                else {
                    cout << "\b \b";
                    index--;
                }
            }
            else {                                            // 读入的是密码字符
                password[index++] = ch;
                cout << '*';                                  // 显示器显示
            }
        }
        password[index] = '\0';                               // 数组中数据结束的标志
```

```
                // 再次确认密码
                index = 0;
                cout << "\n\n\t 请再次确认用户密码: ";
        // 获取用户输入的密码
                while ((ch = getch()) != 13) {         // 回车键的键值
                    if (ch == 8) { // Backspace  回退
                        if (index <= 0) {
                            index = 0;
                        }
                        else {
                            cout << "\b \b";
                            index--;
                        }
                    }
                    else {                             // 读入的是密码字符, 以 * 显示
                        password2[index++] = ch;
                        cout << '*';                   // 显示器显示
                    }
                }
                password2[index] = '\0';               // 数组中数据结束的标志
                if (strcmp(password, password2) != 0) {
                    cout << "\n\n\t 输入的密码不正确 " << endl;
                    goto again2;
                }
        // 密码正确, 则存入用户文件, 并写入 Vuser 中
                ofstream Userfile("user.dat", ios::out | ios::binary | ios::app);
                if (Userfile.is_open()) {              // 打开成功
                    Account acc(account, password);
                    Userfile.write((char*)&acc, sizeof(Account));
                    Userfile.close();
                    Vuser.push_back(acc);
                    cout << "\n\n\t 账户添加成功 ";
                }
                else
                    cout << "\n\n\t 你没有增加新账户的权力 ";
                }
        cout << "\n\n\t 按回车键后可返回做其他操作 ";
        _getch();
}


// 保存账户信息到 user.dat 文件
bool Controller::rewriteUser()
{
    int len = Vuser.size();
    if (len <= 0)                                      // 说明没有账户信息, 则清空文件中的内容
    {
        ofstream file("user.dat", ios::out | ios::trunc);
        file.close();
    }
    else
    {
        fstream out("user.dat", ios::out | ios::binary);
        if (out.is_open())
        {
            for (int i = 0, len = Vuser.size(); i < len; i++)
            {
                out.write((char*)&Vuser[i], sizeof(Account));
            }
```

```
            out.close();
            return true;
        }
        else {
            return false;
        }
    }
    return false;
}
```

**// 显示版权信息**
```cpp
void Controller::showCopy()
{
    cout << "\n\n\t******************* 欢迎使用学生信息管理系统 ***********************";
    cout << "\n\n\t******************** 改自源晨信息版权所有 **********************";
}
```
**// 登录函数**
```cpp
bool Controller::login()                // 成员函数的实现
{
    system("cls");
    showCopy();
    int index = 0, count = 0;           // index 记录密码的输入位数，count 记录尝试账号和密码的次数
    string account;
    char pwd[20];
    char ch;
    if (!readAccount())                 // 将账户信息读入 Vuser，若没有账户信息，则增加账户
    {
        addAccount();                   // 设置账户
    }

    // 登录
    do {
        index = 0;
        count++;
        cout << "\n\n\t 请输入您的账号 :";
        // 获取用户输入的账号
        cin >> account;
        cout << "\n\t 请输入您的密码 :";
        // 获取用户输入的密码
        while ((ch = getch()) != 13) {  // 回车键的键值
            if (ch == 8) {              // Backspace   回退
                if (index <= 0) {
                    index = 0;
                }
                else {
                    cout << "\b \b";
                    index--;
                }
            }
            else {                      // 读入的是密码字符
                pwd[index++] = ch;
                cout << '*';            // 显示器显示
            }
        }
        pwd[index] = '\0';              // 数组中数据结束的标志
        // 判断用户输入的账号和密码是否正确
        for(auto Viter=Vuser.begin();Viter<Vuser.end();Viter++)// 比较账号和密码是否正确，
                                                        // 若正确，则可以进行下面的操作
```

```
        if (account ==Viter->getAccount() && strcmp(pwd, Viter->getPassword ()) == 0) {
            initData();                                   //读取所有的学生信息
            operatorUser.setAccount(account.c_str());     //将当前登录的账户进行记录
            operatorUser.setPassword(pwd);
            return true;
        }
        if (count == 3) {                                 //如果已经尝试了 3 次
                cout << "\n\n\t 对不起，您暂无权限，系统将自动退出….\n\t";
                exit(0);
        }
        else {
                cout << "\n\n\t 账号或密码错误，请确认后重新输入＜您还有 "
                << (3 - count) << " 次输入机会，按回车键后继续＞!!!" << endl;
        }

    } while (count > 0);
    return false;
}
//将学生信息全部写入全局容器 stuInfos 中
void Controller::initData()
{
    fstream file(FILENAME, ios::in | ios::binary);
    if (file.is_open()) {                                 //打开成功
        StuInfo stu;
        while (file.read((char*)&stu, sizeof(StuInfo)))
        {
            stuInfos.push_back(stu);
        }
        file.close();
    }
}
```

## // 操作显示主菜单
```
void Controller::menu()
{
    int option = 0, count = 0;
    again1:system("cls");                                 //清屏
    count = 0;
    showCopy();
    cout << "\n\n\t********************       主菜单       *********************\n";
    cout << "\n\t******************** 1.浏览学生信息 *********************";
    cout << "\n\t******************** 2.查询学生信息 *********************";
    cout << "\n\t******************** 3.添加学生信息 *********************";
    cout << "\n\t******************** 4.修改学生信息 *********************";
    cout << "\n\t******************** 5.删除学生信息 *********************";
    cout << "\n\t******************** 6.退 出 系 统 *********************";
    cout << "\n\t******************** 7.增加管理账户 *********************";
    cout << "\n\t******************** 8.删除管理账户 *********************";
    cout << "\n\t******************** 9.浏览管理账户 *********************";
    cout << "\n\n\t 请选择您的操作 (1-9):";
    while (true) {
        cin >> option;
        if (option <= 0 || option > 9)
            cout << "\n\n\t 对不起，没有该选项，请重新选择 (1-9):";
        else
            break;
    }
```

```
    switch (option) {
        case 1: viewStuInfo(); break;
        case 2: searchStuInfo(); break;
        case 3: addStuInfo(); break;
        case 4: updateStuInfo(); break;
        case 5: deleteStuInfo(); break;
        case 6: exit(0);break;
        case 7: addAccount();break;
        case 8: deleteAccount();break;
        case 9: showAccount();break;
    }
    goto again1;
}
// 增加学生信息
void Controller::addStuInfo()
{
    system("cls");
    // int result;
    char sno[20];                          // 学号
    char sname[20];                        // 姓名
    char cname[20];                        // 班级
    char sex[4];                           // 性别
    int age;                               // 年龄
    char tel[15];                          // 电话号码
    cout << "\n\n\t*********************    添加学生信息    ************************";
    cout << "\n\n\t********************* 请输入以下学生信息 *********************\n";
    cout << "\n\t 请输入学生学号: ";
    cin >> sno;
    cout << "\n\t 请输入学生姓名: ";
    cin >> sname;
    cout << "\n\t 请输入所在班级: ";
    cin >> cname;
    cout << "\n\t 请输入学生性别: ";
    cin >> sex;
    cout << "\n\t 请输入学生年龄: ";
    cin >> age;
    cout << "\n\t 请输入联系方式: ";
    cin >> tel;
    StuInfo stu(sno, sname, cname, sex, age, tel);
    cout << "\n\n\t 您要添加的学生信息如下，请确认: " << endl;
    showStuInfo(stu);
    cout << "\n 您确定要添加此数据吗？是，请输入 y，否请输入 n";
        char result;
        cin >> result;

    if (result =='y'|| result == 'Y')
    {
        if (save(stu)) {
            stuInfos.push_back(stu);
            cout << "\n\t 学生信息添加成功…" << endl;
        }
        else {
            cout << "\n\t 学生信息添加失败…" << endl;
        }
    }
    cout << "\n\n\t< 请按回车键返回 >" << endl;
    getch();
}
```

**// 保存学生信息到学生信息文件**

```cpp
bool Controller::save(StuInfo stu)
{
    fstream out(FILENAME, ios::out | ios::app | ios::binary);
    if (out.is_open())
    {
        out.write((char*)&stu, sizeof(StuInfo));
        out.close();
        return true;
    }
    else {
        return false;
    }
}
```

**// 重新对学生信息文件进行写操作**

```cpp
bool Controller::rewrite()
{
    int len = stuInfos.size();
    if (len <= 0)           // 若没有学生信息，则清空文件中的内容
    {
        ofstream file(FILENAME, ios::out | ios::trunc);
        file.close();
    }
    else
    {
        fstream out(FILENAME, ios::out | ios::binary);
        if (out.is_open())
        {
            for (int i = 0, len = stuInfos.size(); i < len; i++)
            {
                out.write((char*)&stuInfos[i], sizeof(StuInfo));
            }
            out.close();
            return true;
        }
        else {
            return false;
        }
    }
    return false;
}
```

**// 显示学生信息**

```cpp
void Controller::showStuInfo(StuInfo stu)
{
    cout << "\n\t 学号 " << "\t 姓名 " << "\t   班级 " << "\t        性别 " << "\t 年龄 "
        << "\t   电话 " << endl;
    stu.show();
}
```

**// 浏览学生信息**

```cpp
void Controller::viewStuInfo()
{
    system("cls");
    showCopy();
    cout << "\n\n\t*********************  浏览学生信息  ********************" ;
    if (stuInfos.size() <= 0)
    {
        cout << "\n\n\t 暂无学生信息…";
    }
```

```
    else
    {
        cout << "\n\n\t******** 共有 " << stuInfos.size() << " 个学生 *********" << endl;
        cout << "\n\n\t学号 " << "\t 姓名 " << "\t    班级 " << "\t          性别 "
            << "\t年龄 " << "\t   电话 " << endl;
        for (int i = 0, len = stuInfos.size(); i < len; i++)
        {
            stuInfos[i].show();
        }
    }
    cout << "\n\n\t< 请按回车键返回 >" << endl;
    getch();
}
```

**// 查询学生信息**

```
void Controller::searchStuInfo()
{
    system("cls");
    showCopy();
    cout << "\n\n\t*********************** 查询学生信息  ***********************";
    if (stuInfos.size() <= 0)
    {
        cout << "\n\t暂无学生信息…";
    }
    else
    {
        char sno[20];                       // 存放用户要查找的商品编号
        cout << "\n\n\t请输入您要查询的学生学号：";
        cin >> sno;
        cout << "\n\n\t学号 " << "\t 姓名 " << "\t    班级 " << "\t          性别 "
            << "\t年龄 " << "\t   电话 " << endl;
        int count = 0;                      // 记录满足条件的学生个数
        int length = strlen(sno); // \0
        int temp = 0, j = 0;
        char arr[20];
        for (int i = 0, len = stuInfos.size(); i < len; i++)   // 循环处理所有学生信息
        {
            strcpy(arr, stuInfos[i].getSno());
            temp = strlen(arr);
            length = length > temp ? temp : length;
            /*if (strcmp(sno,stuInfos[i].getSno()) == 0)
            {
                count++;
                stuInfos[i].show();
            }*/
            for (j = 0; j < length; j++)
            {
                if (arr[j] != sno[j])
                {
                    break;
                }
            }
            if (j >= length)                // 说明满足条件
            {
                count++;
                stuInfos[i].show();
            }
        }
```

```
            if (count > 0)
            {
                cout << "\n\n\t****** 共有 " << count << " 个基本满足条件 ******" ;          }
            else
            {
                cout << "\n\t 没有您要查找的学生信息…";
            }
        }
        cout << "\n\n\t< 请按回车键返回 >" << endl;
        getch();
}
// 修改学生信息
void Controller::updateStuInfo()
{
    system("cls");
    showCopy();
    cout << "\n\n\t****************** 修改学生信息 ***********************";
    if (stuInfos.empty())
    {
        cout << "\n\t 暂无学生信息…";
    }
    else
    {
        char sno[20];                        // 学号
        cout << "\n\n\t 请输入您要修改的学生学号: ";
        cin >> sno;
        // StuInfo stu;
        int i, len = stuInfos.size();
        for (i = 0; i < len; i++)
        {
            if (strcmp(sno, stuInfos[i].getSno()) == 0)
            {
                cout << "\n\t 您要修改的学生信息如下: ";
                cout << "\n\n\t 学号 " << "\t 姓名 " << "\t   班级 " << "\t       性别 "
                     << "\t 年龄 " << "\t   电话 " << endl;
                stuInfos[i].show();
                break;
            }
        }
        if (i >= len)
        {
            cout << "\n\t 对不起! 没有您要修改的学生信息…";
        }
        else
        {
            char sname[20];                // 姓名
            char cname[20];                // 班级
            char sex[4];                   // 性别
            int age;                       // 年龄
            char tel[15];                  // 电话号码
            cout << "\n\t 请输入学生姓名: ";
            cin >> sname;
            cout << "\n\t 请输入所在班级: ";
            cin >> cname;
            cout << "\n\t 请输入学生性别: ";
            cin >> sex;
            cout << "\n\t 请输入学生年龄: ";
            cin >> age;
```

```cpp
                cout << "\n\t 请输入联系方式: ";
                cin >> tel;
                char result;
                cout<<" 您确定要修改此学生信息吗？是请输入 y，否请输入 n";
                cin >> result;
                if (result == 'y'||result=='Y')         // 说明确定
                {
                    stuInfos[i].setSname(sname);
                    stuInfos[i].setCname(cname);
                    stuInfos[i].setSex(sex);
                    stuInfos[i].setAge(age);
                    stuInfos[i].setTel(tel);
                    // stuInfos[i].set = stu;
                    // 重写数据文件
                    if (rewrite())
                    {
                        cout << "\n\n\t 学生信息修改成功…" << endl;
                    }
                    else
                    {
                        cout << "\n\n\t 学生信息修改失败…" << endl;
                    }
                }
            }
        }
    cout << "\n\n\t< 请按回车键返回 >" << endl;
    _getch();
}
// 删除学生
void Controller::deleteStuInfo()
{
    system("cls");
    showCopy();
    cout << "\n\n\t*********************** 删除学生信息   ***********************";
    if (stuInfos.empty())
    {
        cout << "\n\t 暂无学生信息…";
    }
    else
    {
        char sno[20];                              // 存放用户要查找的学生学号
        cout << "\n\n\t 请输入您要删除的学生学号: ";
        cin >> sno;
        int i, len = stuInfos.size();
        for (i = 0; i < len; i++)
        {
            if (strcmp(sno, stuInfos[i].getSno()) == 0)
            {
                cout << "\n\n\t 学号 " << "\t 姓名 " << "\t   班级 " << "\t         性别 "
                    << "\t 年龄 " << "\t   电话 " << endl;
                stuInfos[i].show();
                break;
            }
        }
        if (i >= len)
        {
            cout << "\n\t 对不起！没有您要删除的学生信息…";
        }
```

```
            else
            {
                char result;
                cout << "您确定要删除此学生信息吗 ? 是请输入 y, 否请输入 n";
                cin >> result;
                if (result == 'y' || result == 'Y')  // 说明确定
                {
                    stuInfos.erase(stuInfos.begin() + i);
                    // 重写数据文件
                    if (rewrite())
                    {
                        cout << "\n\n\t 学生信息删除成功…" << endl;
                    }
                    else
                    {
                        cout << "\n\n\t 学生信息删除失败…" << endl;
                    }
                }
            }
        }
        cout << "\n\n\t< 请按回车键返回 >" << endl;
        getch();
}
// 主函数
int main()
{
    Controller controll;

    if (controll.login())
    {
        controll.menu();
    }
    else {
        cout << "\n\n\t 对不起，您暂无权限，系统将自动退出….\n\t";
        exit(0);
    }
    return 0;
}
```

# 参 考 文 献

[1] 陈刚. C++ 高级进阶教程 [M]. 武汉：武汉大学出版社，2008：225-228.

[2] 杜茂康，李昌兵，曹慧英，王勇. C++ 面向对象程序设计 [M]. 2 版. 北京：电子工业出版社，2011.

[3] Y Daniel Liang. C++ 程序设计（原书第 3 版）[M]. 刘晓光，李忠伟，任明明，等译. 北京：机械工业出版社，2015.

[4] 宋存利，田宏，等. C++ 基础、上机指导及习题解答 [M]. 北京：清华大学出版社，2013.

[5] C++ 项目案例 [Z/OL]. https://blog.csdn.net/qfxsxhfy/java/article/details/80288595.

[6] C++ 之贪吃蛇（详细注解）[Z/OL]. https://blog.csdn.net/yinggcy/java/article/details/78173936.

[7] 郑莉，董渊，张瑞丰. C++ 语言程序设计 [M]. 3 版. 北京：清华大学出版社，2003.

[8] 钱能. C++ 程序设计教程 [M]. 北京：清华大学出版社，1999.

[9] Bruce Eckel. C++ 编程思想（第 2 版）第 1 卷：标准 C++ 引导 [M]. 刘宗田，袁兆山，潘秋菱，等译. 北京：机械工业出版社，2002.